高等学校教材

# 材料设计教程

戴起勋　赵玉涛　主编
陶　杰　陈志刚　主审

U0391990

化学工业出版社
·北京·

材料设计与模拟已发展成为一个新兴的学科领域。全书体系分四个层次：首先介绍材料设计的基本概念和内涵，材料设计的主要技术与途径；在材料设计主要技术的基础上，进一步介绍材料设计的第一性原理计算、相图热力学设计、数值模拟设计和半经验设计与预测等方面的思路、方法和应用实例；然后介绍目前研究和应用比较典型的设计领域的模拟设计方法及所取得的成果，如复合材料、材料加工过程、材料变形与断裂和材料表面技术等模拟设计等；最后以大量实例介绍了目前国际上材料模拟与设计的部分最新研究成果和发展趋势。本书重点论述各种计算途径的方法、思路、特点、应用及其局限性。

该书既是材料类各本科专业学生的公共知识平台教材，也可以作为研究生课程教学的教材或参考书，还可作为从事材料工作技术人员的参考书。

**图书在版编目（CIP）数据**

材料设计教程/戴起勋，赵玉涛主编．—北京：化学工业出版社，2007.9（2022.8 重印）
高等学校教材
ISBN 978-7-122-00983-8

Ⅰ．①材…　Ⅱ．①戴…②赵…　Ⅲ．①材料-设计-高等学校-教材　Ⅳ．①TB30

中国版本图书馆 CIP 数据核字（2007）第 128630 号

---

责任编辑：杨　菁　彭喜英　　　　　　文字编辑：李　玥
责任校对：凌亚男　　　　　　　　　　装帧设计：史利平

---

出版发行：化学工业出版社（北京市东城区青年湖南街 13 号　邮政编码 100011）
印　　装：北京科印技术咨询服务有限公司数码印刷分部
787mm×1092mm　1/16　印张 16¾　字数 426 千字　　2022 年 8 月北京第 1 版第 3 次印刷

---

购书咨询：010-64518888　　　　　　售后服务：010-64518899
网　　址：http://www.cip.com.cn
凡购买本书，如有缺损质量问题，本社销售中心负责调换。

---

定　　价：59.00 元

# 前　言

　　材料设计科学是综合了材料科学、数学、物理学、化学、力学、计算机科学和工程科学等学科发展起来的交叉学科领域，由于逐渐在材料科学与工程学科各领域中发挥了巨大的作用而发展成为一个新兴学科领域。现代材料科学与工程的研究，几乎是各个领域都涉及材料的计算、模拟及设计的内容。现代企业在技术开发、产品设计中也都会使用相关软件或方法来进行优化设计、模拟，并在生产加工过程中实现计算机控制，以提高产品质量。

　　随着科学与技术的发展，对高校的人才培养提出了更高的要求，各学科、专业的内涵也发生了很大的变化。有关材料设计与模拟的基本概念、思路方法和应用特点等基本知识已逐渐纳入高校人才培养计划中成为必修的课程内容，这已成为大家的共识。因此，近年来许多高校在研究生、本科生中都相继开设了材料计算学、材料计算设计或材料模拟设计等名称的课程，特别是研究生教学计划中，几乎都设置了名称不一、程度不一的课程。目前，虽然也出版了一些著作或教材，但基本上都是从计算设计理论角度来描述教材的内容，在面向工科类学生教学授课时有较大的难度，实际应用性也比较欠缺。

　　本书特点是层次结构较系统科学、知识概念突出应用性、内容实例注重新颖典型。

　　本书较系统地介绍了第一性原理计算方法、各种计算机模拟技术、相图设计，也介绍了传统经验计算设计等内容。全书体系分为四个层次：第一为材料设计的基本概念和内涵，材料设计的主要技术与途径（第1、2章），以使读者对材料设计科学有一个宏观的认识和掌握材料设计的基本概念；第二部分是在材料设计主要技术的基础上，进一步介绍材料设计的第一性原理计算、相图热力学设计、数值模拟设计和半经验设计与预测等方面的思路、方法和应用实例，分别为第3～6章；然后在第7～11章介绍比较典型的材料领域模拟设计方法及其研究应用，如复合材料、材料加工过程、材料变形与断裂和材料表面技术等模拟设计。最后，作为正在快速发展中的学科交叉领域，第12章以大量实例介绍了目前国际上材料模拟设计的部分最新研究成果和发展趋势。

　　在各部分内容的取舍上突出应用性，理论及模拟理论基础的演化过程一般不作详细介绍，重点是论述各种计算途径的方法、思路、特点、应用及其局限性。因为本书主要是作为材料类各专业本科生或研究生的教材，所以在内容、体系上注重其教学适用性的特点。

　　对于具体材料及设计领域的各章，在内容安排上力求选择新而典型的成功研究成果。例如：在第5、11章分别选取了黄克智教授主持的国家自然科学基金重大项目"材料的宏微观力学与强韧化设计"所取得的部分杰出成果；第9章收入了翁宇庆教授等主持的973项目"新一代钢铁材料重大基础研究"所取得的成果；在第3章选取了 Lenente Vitos 和 G. B. Olson 等利用第一性原理计算设计奥氏体钢膜量参数、谢佑卿等高温 Ti 合金的优化设计成果；第10章部分内容编译了 Brian Cox 等在2006年《Science》期刊上报道的复合结构裂纹形成模拟的成果；第12章则更是重点选取了在《Science》、《Nature》、《Acta Mater.》、《Materials Today》等国际著名刊物上最新报道的材料计算与模拟方面的最新研究成果；书中各章许多有关内容还参考了《Comput. Mater. Sci.》、《CALPHAD》、《Mater. Sci. & Eng.》等其他国际著名刊物上最近报道的研究成果。有许多内容是交叉的，如凝固数值模拟放在第9章，是以内容特点来考虑的，其他各章内容也有类似的情况。所举的一些实例是研究者应用计算理论或模拟软件解决实际问题的研究成果，虽不能说是材料计算与模拟设计研究的准则，但可给大家提供一个应用计算（模拟）设计理论与方法来研究问题的思路、方法和启示。

编者从事材料模拟设计开发方面的研究已有多年，如奥氏体钢力学性能和相变热力学等参数的数值模拟计算、原位增强铝基复合材料的优化设计等。随着材料科学的发展和教学的改革，编者近年来为研究生、本科生开设了计算材料学和材料模拟设计的课程，不断地学习新知识、积累资料充实教学内容。本教材侧重于描述材料各领域计算设计与模拟的思路、方法、应用、可行性及可靠性。另外，金属材料、无机材料、高分子材料和复合材料等方面的内容与例子尽量都能兼顾到，以扩大学生的知识面，增强学生的材料科学与工程（MSE）学科素质。对本科生开设该课程，目的是使学生了解和掌握材料设计与模拟的基本概念、思路方法和应用特点等基本知识。在研究生教学中，在基本知识的基础上根据不同学科的内涵可在某些方面深入介绍。利用该教材，教师在授课时可根据本科生或研究生的教学要求和学时数，可选择重点授课的内容。在讲授过程中应尽可能地补充一些最新研究成果的实例和图片，以取得更好的教学效果。另外，根据具体情况可安排一些计算模拟实验。

材料设计科学发展到现在，逐步形成了较完整的体系，但毕竟还处于初级阶段。因此，虽然该教材是新的体系，但还有进一步完善的较大空间。在材料科学与工程领域，有关设计与模拟的研究成果很多，不胜枚举。由于本书篇幅有限，并且限于编者的水平和占有的资料，所以难以一一概全、重点而典型。有关研究成果中建模及理论依据一般不作详细介绍，读者如有兴趣可查阅原始文献。

本书为江苏大学品牌、特色专业（江苏省金属材料工程品牌专业、江苏省材料成型与控制特色专业和江苏省无机非金属材料工程特色专业）建设的重要内容之一。是江苏省高等学校立项精品教材。本书第1、2、4～6章由戴起勋教授编写，其中毕凯博士参与了第2、4章的编写工作，第7～9章由赵玉涛教授编写，第10章由戴起勋教授和刘军教授编写，第11章由刘军教授编写，第3、12章由袁志钟博士编写。全书由戴起勋教授和赵玉涛教授构思、统稿，由南京航空航天大学陶杰教授、江苏工业大学陈志刚教授主审。编写过程中参考了许多国内外文献资料，主要参考文献列于各章后，在此谨向所有参考文献的作者诚致谢意。刘瑜、韩剑、曹健峰、夏小江、李长胜、刘瑞霞、何毅、陈曦等研究生对部分有关文献进行了翻译，江苏省教育厅对立项精品教材给予了支持，化学工业出版社对本书的出版付出了辛勤的劳动，在此一并表示衷心的感谢。

该教材既是材料类各本科专业学生公共知识平台课程的教材，也可以作为研究生课程教学的教材或参考书，还可作为从事材料工作技术人员的参考书。限于编者的知识水平，书中难免有谬误，敬请同行和读者批评指正，以利于今后的补充、修改和完善。

戴起勋　赵玉涛

2007 年 6 月于江苏大学

# 目　录

# 第1章
# 材料设计概述

材料设计是材料科学发展的必然趋势，材料设计的提出是材料科学方法论的一次革命。材料设计使材料科学方法论由"选择"（select）转为"设计"（design），从而大为降低了新材料开发成本，缩短了新材料的研制周期，而且使材料科学的发展进入了一个新的台阶。早期的一些名词有：数量冶金学、计算金属学、合金设计、计算机模拟、计算机分析与模型化等。目前在国际上基本都认可了"计算材料学"、"材料设计学"。对金属来说，更多的是采用"合金设计"。有人给材料设计下的定义是"按照科学原理制备预先确定性能目标的材料"，该定义显得很苛刻。目前，人们所进行的工作离此定义距离太远了。谢佑卿等[1]认为对待材料设计，也要和对待材料科学一样，应以历史的发展的观点来看待。为此给材料设计下了一个比较宽容的定义：材料设计是依据积累的经验、归纳的实验规律和总结的科学原理制备预先确定目标性能材料的科学。

## 1.1 材料设计发展的历史与作用

### 1.1.1 材料设计的发展阶段

长期以来，材料研究在大多数情况下是先试制出系列材料，然后根据用途选择材料。这种研究要依赖于大量的实验，进行大面积的筛选才能得到比较好的材料。这种研究方法有很大的盲目性和偶然性，并且要消耗大量的人力、物力和时间。采用计算机辅助设计或模拟仿真试验进行材料设计，可以用比较少的实验获得比较理想的结果。例如：Hachiro Ijuin 等利用相图分析了三元合金的液相外延生长机理，在此基础上利用计算机进行辅助设计，结果与实验吻合得很好。东京大学 Makishima 等利用玻璃材料的数据库和知识库开发了一个玻璃材料计算机辅助设计系统。利用计算机技术，材料科学的发展走材料设计之路，从理论到实际两方面向人们提供了材料研究由必然王国到自由王国的可能。

任何一门科学的发展，在不同历史时期的内涵是不同的，它决定于该时期社会生产力和科学技术的水平。材料科学的发展也并不例外。金属、陶瓷、塑料等各种材料的发展都经历了简单到复杂、宏观到微观、表面到本质、盲目到理性、偶然到必然、经验到理论的过程。如果把它们的发展历程和研究开发都认为是具有材料设计的内涵，那么，可将材料设计分为以下几个阶段[1]。

#### 1.1.1.1 材料的经验设计阶段

这一阶段人们是根据积累的经验来研究和制备材料的，如调整钢中的成分以制造锋利的刀剑等工具；调整矿砂的种类和比例生产各种特性的玻璃等。虽然此时材料作为一门科学还尚未形成，还处于经验积累的阶段，但是这种具有预定性能目标的材料制备，尽管是在很大程度上还带有盲目性和朦胧的意识，也可以认为是具有了材料设计的初期内涵。

### 1.1.1.2 材料的科学组织设计阶段

自从金相显微镜被用于观察材料的组织形貌后，发现材料的性质与组织密切相关，宏观热力学和溶液理论成为解释组织与成分和工艺关系的理论基础，这时材料科学进入了金相学阶段。从此，人们有目的地通过调整材料的成分，改进制造生产工艺，以获得特定的组织来保证材料的性质符合预定的要求。式（1.1）表示了组织设计的内涵：

$$Q_k = \sum X_{kp}(Q_{kp} + \Delta Q_{kp}) \tag{1.1}$$

式中，$Q_k$ 是材料的总体性质；$Q_{kp}$ 是材料的各项性质；$X_{kp}$ 是 $k$ 种材料 p 相的浓度百分数；$\Delta Q_{kp}$ 是相的形状、大小和分布及组元浓度的函数。

$Q_k$ 并不是性质 $Q_{kp}$ 的简单相加，而是在简单加和式中加入一个相的相关修正函数。要进行定量的组织设计必须知道各相的性质 $Q_{kp}$ 以及各相的相对含量 $X_{kp}$ 和 $\Delta Q_{kp}$。然而在组织设计的初级阶段，这些条件都不能满足，当时对 $Q_{kp}$ 和 $\Delta Q_{kp}$ 只有定性的了解，所以也只能进行定性的材料设计。

### 1.1.1.3 材料的相结构设计阶段

20 世纪初，英国物理学家 W. H. Bragg 和 W. L. Bragg 父子俩首次应用 X 射线衍射方法测定了 NaCl 的晶体结构，开创了 X 射线晶体结构分析的历史，建立了现代晶体学。使人们对材料的结构认识由组织结构层次向相的结构层次深入。随之，材料设计也进入了相结构设计阶段。

晶体学的形成，使人们对材料相结构认识得到了深化，从而大大丰富了材料科学的内容，也增加了为获得预定性能目标而进行材料设计的手段。例如，为了提高合金的强度可以采用固溶强化、弥散强化、细晶强化等多种方法。位错理论所揭示的现象促进了合金的塑性变形、加工硬化、回复再结晶等理论的建立和发展。合金强度的理论计算获得了很大的进展，材料设计朝着定量化的方向迈出了重要的一步。

在合金相中，组元浓度可在比较大的范围内变化，原子的排列服从一定的统计规律，为了反映合金相中原子排布的特征，促使宏观热力学向统计热力学发展，人们选取适当的原子排布模型求得的 Gibbs 自由能、生成热等热力学性质随浓度的变化。合金统计热力学的建立促使对合金设计具有重要意义的相图由实验测定向理论计算方向发展。

统计热力学、晶体学、位错理论等材料科学中的理论是合金相结构层次设计的理论基础。合金相结构性质的一般关系式：

$$Q_{kp} = \sum X_{pa}(Q_a + \Delta Q_{kpa}) \tag{1.2}$$

$$q_{kp} = \sum X_{kpa}(q_a + \Delta Q_{kpa}) \tag{1.3}$$

式中，$Q_{kp}$ 是 p 相的摩尔性质；$q_{kp}$ 是 p 相的平均原子性质；$X_{kpa}$ 是 p 相中 a 组元的浓度百分数；$Q_a$ 是 a 组元单质的摩尔性质；$q_a$ 是 a 组元单质的平均原子性质；$\Delta Q_{kpa}$ 是原子相关修正量，它是原子空间排布的几何特征、化学环境及浓度的函数。

纯单质的性质是由实验确定的，反映了原子相关性影响的能量和体积的修正量，可用由统计热力学导出的关系式来描述，但其中待定的相互作用参数仍需要由实验确定。这表明即使根据科学原理进行材料设计，也并不意味完全不依赖实验，只是减少了实验工作量而已。

### 1.1.1.4 原子结构层次设计阶段

20 世纪初，原子结构被揭示和量子力学理论的建立使人们对材料结构的认识由相结构层次向原子结构层次深入，材料设计随之向原子结构层次设计发展。

自由原子的电子结构研究揭示了元素周期表的结构本质，从而进一步发挥了元素周期表在新材料设计开发中选择组成元素的指导作用。材料的原子结构层次设计的基础，也是材料设计走向定量化的前提。其主要任务是在自由原子的电子结构已知的情况下预计同类原子聚合时，原子外层相互作用所引起的电子空间分布和能量状态的变化，进而由变化后的电子结构预计纯单质的晶体结构类型、晶体结构参数和性质。最后预计异类原子的电子结构的变化所引起的相结构和性质的变化。

材料科学的发展是依赖于实验技术的发展和学科理论水平的提高。材料科学按照从宏观到微观的结构层次顺序不断地深化，材料设计也是沿着相应的四个结构层次顺序而发展的。

材料科学理论和材料实验是材料设计的基础。材料科学的发展方向决定了材料设计的方向。材料科学中现有的理论大多数是从单一的结构层次和单一性质出发建立的。材料中各结构层次间是相互联系的，而结构又决定了性质。因此，不同结构层次和不同性质的理论必将互相沟通，逐步形成有机联系的知识系统。材料科学也必将发展成为材料系统科学。材料单一结构层次的设计也必将向材料设计系统工程发展。

### 1.1.2 材料设计的发展概况[2~7]

#### 1.1.2.1 材料设计前期研究的回顾

材料计算设计始于 20 世纪 50 年代末 60 年代初，前苏联开展了关于合金设计及无机化合物的计算机计算预报。前苏联学者于 1962 年在理论上提出了人工半导体超晶格的概念。在 1969 年，Easki（江崎）和 Tsu（朱兆详）正式从理论和实践结合上提出了通过改变组分或掺杂来获得人工半导体超晶格。20 世纪 70 年代美国首次用计算设计方法开发了镍基超合金。

在 20 世纪 80 年代，材料设计在理论和应用上都取得了重大的进展。所涉及的材料范围也日益扩大：无机材料、有机材料、金属材料、核材料、超导材料和各种特殊性能材料等。日本文部省组织了材料设计工作的综合研究软课题。在玻璃、陶瓷、合金钢等材料的数据库、知识库和专家系统方面开展了很多工作，取得了不少成果。1985 年日本东京大学三岛良绩编写出版了材料设计的第一部专著《新材料开发和材料设计》，首次提出了"材料设计学"这一专门方向。并在大学里开设了材料设计的课程。这些成果和工作都标志着材料设计进入了一个新的发展阶段。1988 年由日本科学技术厅组织功能性梯度材料（fuctionally gradient materials）的研究任务，提出了将设计-合成-评估三者紧密结合起来，按预定要求做出材料。为此已连续组织有关这方面课题的国际学术讨论会。

在 20 世纪 80 年代的中期，大量的材料设计在美国很多的大学和国立实验室进行，并创建了一些材料研究中心，大批的科学家被吸引在一起。比较突出的是，在美国西北大学建立了一个多元的横跨大学/生产企业/政府的钢铁研究协会（SRG）计划项目中心。该 SRG 中心创立了工程哲学系统，探索普遍的方法，创建了数据库，以高性能钢作为研究对象，开发材料计算设计系统。结合材料用户、供应商和设计者的观点，以材料定量性能为目的，以科学理论模型为基础，设计开发了一些新合金。在 1983 年的材料设计 Gorden 研讨会上，该材料设计系统广受好评，在美国被公认为五大权威技术，并将计算材料作为美国主要的发展方向。

1989 年，美国组织了一些专业委员会进行调查分析后，编写出版了《90 年代的材料科学与工程》的报告。在报告中对材料的计算机分析与模型化作了比较充分的论述，认为材料科学与工程的性质正在发生变化，计算机分析与模型化技术的进展，将使材料科学从定性描述逐渐进入定量科学的阶段。

1990 年、1992 年召开了以计算机辅助设计新材料开发为主题的第一、第二届国际会议。

同时，有关材料设计的国际性杂志也应运而产生。如英国物理学会的"Modelling and Simulation in Materials Science and Engineering"和荷兰ELSEVIER出版公司的"Computational Materials Science"。并且在日本的大学材料系开设了与材料设计有关的课程。美国的橡树岭国家实验室、美国国家标准和试验研究院、美国麻省理工学院、卡耐基-梅隆大学在新材料设计方面作出了重大的贡献。我国虽然比较滞后，但很重视。在"973"中设立了专题研究方向，2000年作为重大基础研究项目，国家把材料计算设计的研究正式列入了计划。国内很多单位都设立了该研究方向，并招收硕士生、博士生。

材料设计是多学科多技术交叉的研究方向或领域。在以往的十多年中，材料设计与模拟或材料的计算机分析与模型化日益受到大家的重视，材料设计取得了良好的进展，主要是得益于物理、化学、数学、计算机、力学等其他学科的成就和材料科学本身的发展。主要有以下几个方面。

① 固体物理、量子化学、统计力学、计算数学等相关学科在理论概念和方法上都有了很大的发展，为材料的微观结构设计提供了理论基础。

② 现代计算机的运算速度、容量等技术水平有了空前的提高。几年前在数学计算、数据分析方面还难以解决的问题，现在已有可能得到解决。

③ 科学测试仪器的进步提高了试验定量测试的水平，提供了丰富的实验数据，为理论计算设计提供了必要的条件。同时反过来，在这种情况下更需要借助计算机技术将理论和实验沟通起来。

④ 材料研究和制备过程的复杂性增加，许多复杂的物理、化学过程需要用计算机进行模拟和计算，这样就可以部分或全部地替代既耗资又费时的复杂而繁琐的实验过程。特别是有些实验在现实条件下是难以实施或无法实施的，但通过理论和模拟计算却可以在无实物消耗的情况下进行理论分析，从而提供信息。

⑤ 以原子、分子为起点进行材料的合成，并在微观尺度上控制其结构，是现代先进材料合成技术的重要发展方向，如纳米粒子的组合、胶体化学方法等。对于这些微、纳米材料器件的研究对象，材料的微观计算设计是大有用武之地。

### 1.1.2.2　材料设计研究的热点

1995年，美国海军科学研究实验室（Naval Research Laboratory，NRL）为制定长期战略计划，组织了专门小组对"材料科学的计算与理论技术"进行调查。调查小组报告的重点是考察原子水平上的材料研究前景。共调查了13个领域：新材料、半导体、光学、表面与界面、人工膜、纳米工程、化学动力学、爆燃流体动力学、材料强度与缺陷及高温材料、复合材料、聚合物及陶瓷、合金相图、磁性材料以及强相互作用系统。应该说，报告比较全面地分析了当时这些方面的研究进展。对于材料设计的研究进展和发展趋势，主要有如下几个方面。

（1）新材料及其理论方法　在材料设计领域重要的理论计算方法有局域密度近似（LDA）、GW准粒子近似、第一性原理的分子动力学方法，事实证明这些方法在一定的领域有很好的应用。其他方法如新赝势法、紧束缚（TB）总能量法、量子Monte-Carlo方法等都有了较好的进展。

应用这些计算方法，在新材料的性能预测等计算方面发挥了关键的作用。如高$T_c$铜氧化物理超导体、$C_{60}$及其衍生物、纳米材料、超硬材料、人工低维量子结构材料等新材料已从基础理论研究对象转化为实际应用对象。

随着计算机计算能力的提高，可以提出展望：将现有的理论方法尽可能移植到大规模并行计算机上，以扩大应用范围。例如，可望 LDA 方法计算的 Supercells 含 1000 个原子以上；用量子分子动力学方法计算自由能，可发展到研究材料的熔点和相变；不仅将现有方法过渡到并行计算，而且要发展更有效的新计算方法，目标是能计算几万个原子的系统；发展处理多电子效应的更好的理论方法。虽然 LDA、GW 方法取得了很好的成功，但是在强关联的磁性材料，这种从头算起的方法仍然不适用。关键问题是如何处理大系统中的电子交换-关联效应。

（2）表面与界面的研究　在材料设计研究中，关键技术中的一个核心问题就是如何描述不同材料怎样在原子和化学水平上结合而成固体表面。在不同化学介质层之间的界面上，界面结构表现出完全不同于体材料的光、电、磁和力学等性质。那么，揭示发生在表面、界面上的各种现象的物理内涵是计算材料物理的一个任务。材料动力学行为的纳米工程也成为研究的热点，有很多重要技术中的界面问题要求在纳米尺度上和相应的时间尺度上来描述原子水平的动力学行为。例如要求设计特定技术所要求的固-固、固-液界面材料，包括控制其摩擦、磨损、优化润滑和动态接触过程等。如何利用第一性原理的计量化学来了解固体表面化学微观机制，包括氧化、腐蚀、催化等。特别是腐蚀是一个包含表面化学、相变、裂纹扩展、力学性质变化等多个材料转变的复杂过程。这些问题都寄希望于计算机能力和计算理论水平的提高，才能进一步作出科学合理的理论预测。

这里有一个微观层次与连续介质层次在理论计算方法上的相互衔接的问题。这需要从两个方面的共同努力来解决。一方面连续理论要致力于发展细观力学，另一方面要从头算起的量子力学计算中提取出原子水平的各种参数，并使之延伸到连续理论所用的本构方程模型（constitution models）中去。

（3）各种薄膜材料的研究开发　人工生长薄膜的过程也是原子水平上的物理学和化学所主宰的。生长过程中发生的许多现象都涉及到非平衡过程的问题。目前常用的理论分析或模拟的手段是分子动力学模拟和蒙特卡洛模拟。关于薄膜材料的设计，要求理论和计算比实验省时省钱，能了解微观机制，并能设计和预测新材料。一般来说，按照空间尺度可分为四个计算范围，相应的理论方法分别为量子力学、经典分子动力学、多原子缺陷动力学和连续介质力学。目前，这四种方法各有自己的局限，相互之间还存在"间隙"，还无法统一，构成一体化。

（4）复合材料的设计　复合材料有金属基、高分子聚合物基和无机非金属材料基三大类。在理论上首先应设计好作为构建单元（building blocke）的介观实体（entities）。这种介观实体由几十个原子至几千个原子组成，它们的结构和特性是多变的，有很强的可装配性。虽然复合材料是最具可设计性的材料，但是复合材料的设计仍然是很复杂的，目前还有赖于经验模型。在原子水平计算的介观实体的电子结构，目前可做到原子数达到 1000，但加入基体后，特别是有应力场时，情况就很复杂。当原子间势足够简单时，用分子动力学模拟，可以做到包含数百万个原子的系统，并开始用于模拟陶瓷的应力与裂纹生长之间的相互作用。复合材料在原子水平上的设计研究是富有挑战性的。

（5）从理论上预报和计算设计材料　一般来说，在平衡态下材料的许多性能预测与实验结果符合得很好，包括力学、运输性质、热学关系等。但是实际材料大部分都是处在非平衡状态，显然，必须要解决非平衡态下材料性能预测和各种转变过程预报的各种材料计算设计的问题。更具挑战性的研究任务是，根据材料加工历史预报材料使用性能，尤其是当材料涉及表面、界面反应时这类预报则更为困难。随着先进材料的最优化使用，这种预测的必要性正在增强。

### 1.1.2.3　材料设计研究的挑战

美国在计算材料科学方面处于世界领先地位。十多年以前在美国已有一些公司开发了材料方面的计算软件，如 Biosym/MIS 公司，较早地在世界上推销原子水平上的有关材料光、电、磁、热等性能的计算软件。美国 Motorola 公司专门成立了计算材料科学实验室，他们认为到 2006 年左右，半导体工业技术中起关键控制作用的将是材料中的原子过程。美国惠普公司也宣称，到 2010 年，现有的微处理器都将不再被采用。因此，要加紧在理论和计算指导下，设计和开发新的材料和器件。

层次结构的设计需要有层次结构的模型。在 SRG 研究中，实用的以材料设计为目的的量子物理学已经建立了具有层次的模型，那些模型可用来设计超高强度的马氏体钢等新材料。例如，在 SRG 系统中，整合了材料科学、应用力学和量子物理等理论，在热力学角度能准确描述杂质偏聚晶界而诱发脆化的现象，采用精确的晶界原子结构进行量子物理学的计算，以表述在亚原子水平下的钢铁工程学。美国 NRL 对材料科学计算设计领域的发展趋势进行了分析，提出了所面临的以下几个方面的机遇。

① 软件并行化将有利于现有理论方法的相互结合，并可使软件发展得到商业的支持。

② 处理复杂问题的能力增强，从而使理论计算与实验配合的可能性大为提高。材料计算的精度可能提高到热化学的精度。

③ 处理电子关联效应的理论方法可望得到进步。可望实现各种材料的线性和非线性光学性质的计算。从电子结构计算中可获得原子间相互作用的唯象势。

④ 在材料动力学特性研究方面，可以覆盖从原子尺度到介观尺度的范围。计算材料强度的软件可能大为改善。相图计算设计和相变热力学与动力学方面计算预测的精度将大为提高。

1999 年美国能源部发表了关于材料部件的战略模拟计划（strategic simulation initiative，即 SSI 计划）。他们认为，太拉（$10^{12}$）级计算机的出现，为材料科学带来了空前的机遇。计划提出，新建立的"计算材料科学中心"要加快建设国家级的设施，组成多学科研究人员的队伍，以迎接材料模拟计算设计的革命性大发展。

SSI 计划的目标是实现可靠地计算预报实际材料性能的能力。其基本构想是：当前的计算机能力已达到可以对包括几千个原子的大系统进行求解，因此已有可能开展介观尺度上的模拟计算。介观尺度上的模拟计算结果将被输入到连续介质模型中，从而实现材料的宏观工程设计。在计算方法上必须取得突破，要做到可靠地模拟不同空间和时间尺度上的物理现象，发展所谓的"统一的多尺度模拟"（unified multiscale simulation）。关键的任务是，模拟发生在不同空间和时间尺度上的现象和过程，揭示这些层次之间的联系，探明主宰材料性能（如材料力学性能、磁学性能等）的复杂规律性。

SSI 计划提出了用计算机模拟来发展所谓的"粗粒化"（coarse graining）的数学模型和参数。"粗粒化"是指对大系统进行适当的平均化（averaging）或集团化（aggregating），各集团块中的力场将精确地用新的"重整化的"（renormalized）相互作用模型来描述。图1.1 是适用于材料力学性能模拟计算的"粗粒化"概念示意。

"粗粒化"设想的关键问题是建立起系统的数学模型。为了建立完善的模拟计算机体系，SSI 计划提出了必须事先具备的至少五种不同的模拟模式：①发现复杂特性的新关系、新模式；②提供检验数学模型结构的基准点；③直接为数学模型计算输入参数；④与实验比较，以确认模型的适用性；⑤预报复杂材料难以进行观测的适用性。

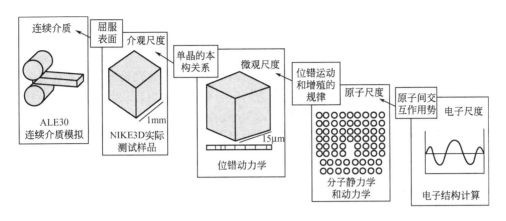

图 1.1  材料力学性能模拟计算的"粗粒化"概念示意

## 1.2 材料设计范围与内容[5,8]

在材料设计的范围方面，有不同的看法。日本三岛良绩等撰写的《新材料开发和材料设计学》一书中勾画了材料设计的目标和内容，即从材料制备到使用的全过程都应是材料设计的研究范围。但也有认为单纯利用理论物理、理论化学进行从头计算的研究工作才算是材料设计。计算和模拟也是交织在一起的，常常对材料性能等参数或数值进行计算而满足材料设计要求的方法或过程称为材料计算，而对材料的各制备加工过程采用多种方法、途径进行设计以达到过程控制和预测目的的研究称为材料模拟设计或模拟仿真。

材料设计应包括理论、模型、计算、实验和统计等几个部分，因此材料设计的系统研究需要各个学科学者和专家的合作，如材料科学家、材料工程专家、化学家、数学家、物理学家、计算机专家等。一般认为材料设计的范围应该包含了从材料制备到应用的全过程，如材料的制备、材料的组织与性能、材料的使用、材料的评价与寿命预测等，如图 1.2 所示。材

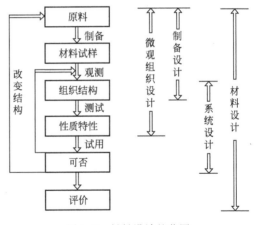

图 1.2  材料设计的范围

料计算、材料制备、特性评价和性能检测的过程基本上完成了一个材料设计周期。材料计算、材料制备、特性评价和性能检测之间的快速重复是材料发展的主要手段。材料设计要求这些步骤统一在一个系统过程中，即所谓的一体化设计。

1974 年由 M. Cohen 教授主持的 COSMAT 研究就第一次确立了材料设计研究的范围、特性和对社会的影响，强调了材料结构-性能相互关系的基本规律，描述了该领域的交叉学科的知识背景、工程实践的意义和材料整个生命周期对社会的影响。1980 年后各高校和研究所开展了大量的材料设计研究工作。美国科学基金会（NSF）支持的 Workshop on Material Design Science and Engineering 认为，应将 SRG 的设计工作推广到其他种类材料的设计研究上，材料的计算设计已经成为最主要的机遇。

因为材料系统分析需要确切地了解结构-性能和工艺-结构之间的关系，关键是建立它们

之间较精确的数学模型。SRG 在钢的研究方面进行了有效的研究工作,取得了有效的成果[6]。下面介绍 SRG 在钢的研究方面设计层次及其研究内容。

Olson 领导的 SRG 首先收集用户的需求、有关材料的发展前景,更重要的是收集了大量的各类材料计算模型与试验数据,再根据材料的制备、结构、性能等之间的有机关系进行分析,然后利用计算模型和数据库,寻找合适的组分和制备方案,从而获得符合设计要求的合金。他们进行了五个层次内容设计的研究,每个层次内容必须有相应的计算模型和试验数据,当然不同层次内容所用的数学模型和方法也是不同的。

第一个最粗的层次是凝固设计(solidification design)。采用了 Thermo-Calc 热力学程序,可以模拟 $10\sim100\mu m$ 尺度内金属合金的凝固过程。在过去的十多年里,材料热力学的数据已达到了足够的精度。液相成分变化预测已可包含通常的凝固缺陷。

第二个层次内容是相变设计(transformation design)。在以往研究成果的基础上,研究了材料淬火时的动力学过程,高温下原子扩散所引起的相变规律,建立了 Thermo-Calc 平台以预测相变驱动力。目的是确定和控制加工温度等工艺参数,得到所要求的组织结构及其形态和所要求的断裂韧性等力学性能。

第三是微观力学的设计(micromechanics design)。能计算模拟在 0.1nm 范围内的微观形变与断裂过程,以适用于连续介质模型下的应用力学原理上的计算。例如,在高温条件下晶粒容易长大而产生脆性,要控制其过程使晶粒细化。采用有限元力学分析方法,建立一定的模型准确地模拟在材料变形和断裂情况下微观结构的演化过程。现在关心的是要解决材料科学与力学的交叉问题,即所谓的相变塑性规律的计算模拟,以提供定量计算设计的依据,再转化到相变韧化的模拟,开发所谓的自适应类型的高性能钢。

第四为纳米设计(nano design)。传统的钢回火工艺,在基体上产生了均匀分布的 1nm 数量级沉淀析出粒子,使钢的强度和塑韧性同时得到了提高,而位错理论的创立为强韧化设计奠定了科学基础,这是大部分材料强韧化定量计算设计的可能性。如 Hall-Petch 公式就是组织结构与性能之间典型的关系式。由于高分辨率测量仪器的进步,如 transmisson electron microscopy(TEM)、atom-probe field-ion microanalysis(APFIM)、X-ray diffraction(XRD)、small-angle neutron scattering(SANS)等先进仪器的诞生,使纳米级设计能力得到了很大的发展。

第五是量子设计(quantum design)。量子设计是材料电子水平上的设计,SRG 也需要用量子力学在亚原子水平上设计钢材料。可研究材料杂质引起的材料晶界脆性、晶界原子结构的精确模型,以满足工业应用钢的实际设计需要。

在当今信息时代,新材料的研发能力主要取决于信息技术的巨大进步。扩展的计算能力和材料科学最新的数字设备成为主要的研发工具。宽广的材料计算的发展趋势使得未来的设计成为可能。开发描述材料连续统一体的不同类型的模型,并且在亚原子水平上可以用来修正概率密度函数理论,可以形成一个有效地联结长度尺寸的途径,建立更多的多元尺度行为下的模型是很有可能的。

## 1.3　材料设计的层次与特点

### 1.3.1　材料设计的层次

材料设计的主要工作及其相互关系如图 1.3 所示。

材料计算设计是多学科交叉结合、相互渗透的新兴领域。一般认为,材料设计可分为微观、介观、宏观三个层次，或称为微观层次、连续模型层次、工程应用层次。

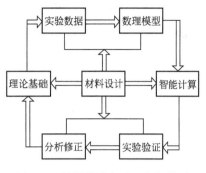
图 1.3　材料设计主要工作相关图

① 微观设计层次：空间尺度约 1nm 数量级，是电子、原子、分子层次的设计。

② 介观设计层次：典型尺度约 $1\mu m$ 数量级，材料被看作是连续介质，是组织结构层次的设计。

③ 宏观设计层次：尺度对应于宏观材料，涉及大块材料的成分、组织、性能和应用的设计研究，是工程应用层次的设计。

随着纳米技术的发展，也有认为应将材料模型按尺度分为纳观、微观、介观、宏观四个层次，对应的空间尺度为 $10^{-9}\,\mathrm{m}$、$10^{-6}\,\mathrm{m}$、$10^{-3}\,\mathrm{m}$、$<10^0\,\mathrm{m}$。美国 G. B. Olson 领导的 steel research group（SRG）认为[6]，不同层次的计算设计主要是建立不同层次基于科学的数学模型，SRG 开展了凝固设计（$>10\mu m$）、相变设计（$1.0\mu m$）、微观力学设计（$0.1\mu m$）、纳米设计（$1.0\mathrm{nm}$）和量子设计（$0.1\mathrm{nm}$）五个层次方面的研究，并在实际应用方面取得了很好的成功。美国 SSI 计划中提出了量子、纳观、介观、宏观四个层次。各层次在空间和时间上的尺度如表 1.1 所示。

表 1.1　不同材料模型的空间和时间尺度特征[3]

| 尺　　度 | 量子/分子 | 原子学的 | 介　　观 | 宏　　观 |
|---|---|---|---|---|
| 空间尺度/m | $10^{-11}\sim 10^{-8}$ | $10^{-9}\sim 10^{-6}$ | $10^{-6}\sim 10^{-3}$ | $>10^{-3}$ |
| 时间尺度/s | $10^{-16}\sim 10^{-12}$ | $10^{-13}\sim 10^{-10}$ | $10^{-10}\sim 10^{-6}$ | $>10^{-6}$ |

从定量上弄清楚材料的宏观性能和微观组织结构之间的关系，一直是材料科学的一个主要目标。但实际材料是有许多晶体缺陷的，因此要达到这一目标，必须要确定和描述对材料宏观性质有重要作用的晶格缺陷及其静态与动态的特性。图 1.4 是不同晶体缺陷所确立的微观结构体系与其特征尺寸之间的对应关系。

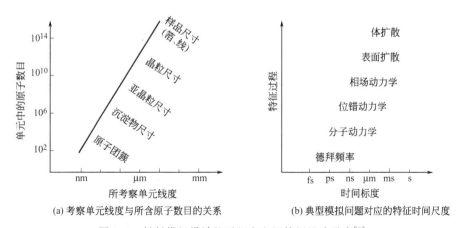

(a) 考察单元线度与所含原子数目的关系　　(b) 典型模拟问题对应的特征时间尺度

图 1.4　材料模拟设计的时间和空间特征尺寸示意[8]

由于微结构组分在空间和时间上分布范围很大，晶格缺陷之间各种可能的相互作用是很复杂的，要从物理上量化地预言微结构的演化与微结构性质之间的关系是比较困难的。所以采用各种模型和模拟方法进行研究是非常必要的（见表 1.2、表 1.3 和表 1.4），尤其是对不能给出严格解析解或不易在实验上进行研究的问题，应用模型和模拟更为重要。而且，就实

表 1.2　材料模拟中的各种方法与空间尺度（纳观至微观层次）的对应关系[8]

| 空间尺度/m | 模 拟 方 法 | 典 型 应 用 |
| --- | --- | --- |
| $10^{-10} \sim 10^{-6}$ | Metropohs 蒙特卡罗 | 热力学、扩散及有序化系统 |
| $10^{-10} \sim 10^{-6}$ | 集团变分法(或称为团簇变分法) | 热力学系统 |
| $10^{-10} \sim 10^{-6}$ | 伊辛模型 | 磁性系统 |
| $10^{-10} \sim 10^{-6}$ | Bragg-Williams-Gorsky 模型 | 热力学系统 |
| $10^{-10} \sim 10^{-6}$ | 分子场近似 | 热力学系统 |
| $10^{-10} \sim 10^{-6}$ | 分子动力学方法(包括嵌入原子、壳模型势、经验对势、键序模型、有效介质理论和次极矩势等) | 晶格缺陷的结构与动力学特性 |
| $10^{-12} \sim 10^{-8}$ | 从头计算(即第一性原理)分子动力学方法(包括紧束缚势和局域密度泛函理论) | 简单晶格缺陷的结构与动力学特性，以及材料的各种常数计算 |

表 1.3　材料模拟中的不同方法与其空间尺度（微观至介观层次）的对应关系[8]

| 空间尺度/m | 模 拟 方 法 | 应 用 举 例 |
| --- | --- | --- |
| $10^{-10} \sim 10^{0}$ | 元胞自动机 | 再结晶、晶粒生长、相变现象、流体动力学、结晶织构、晶体塑性 |
| $10^{-7} \sim 10^{-2}$ | 弹簧模型 | 断裂力学 |
| $10^{-7} \sim 10^{-2}$ | 顶点模型、拓扑网格模型、晶界动力学 | 子晶粗化、再结晶、二次再结晶、成核、再生复原、晶粒生长、疲劳 |
| $10^{-7} \sim 10^{-2}$ | 几何模型、拓扑学模型、组分模型 | 再结晶、晶粒生长、二次再结晶、结晶织构、凝固、晶体构造 |
| $10^{-9} \sim 10^{-4}$ | 位错动力学 | 晶体塑性、再生复原、微结构、位错分布图、热活化能 |
| $10^{-9} \sim 10^{-5}$ | 动力学金兹堡-朗道型相弱模型 | 扩散、界面运动、脱溶物的形成与粗化、多晶及多相晶粒粗化现象、同构相与非同构相之间的转变、第Ⅱ类超导体 |
| $10^{-9} \sim 10^{-5}$ | 多态动力学波茨模型 | 再结晶、晶粒生长、相变、结晶织构 |

表 1.4　材料模拟中的不同方法与其空间尺度（介观至宏观层次）的对应关系[8]

| 空间尺度/m | 模 拟 方 法 | 典 型 应 用 |
| --- | --- | --- |
| $10^{-5} \sim 10^{0}$ | 大尺度有限元法、有限差分法、线性迭代法、边界元素方法 | 宏观尺度下差分方程的平均求解(力学、电磁场、流体动力学、温度场等) |
| $10^{-6} \sim 10^{0}$ | 晶体塑性有限元模型、基于微结构平均性质定律的有限元法 | 多元合金的微结构力学性质、断裂力学、结构、晶体滑移、凝固 |
| $10^{-6} \sim 10^{0}$ | Taylor-Blshop-Hiu 模型、弛豫约束模型、弗赫特(Voigt)模型、萨克斯(Sachs)模型、罗伊斯(Reuss)模型、Hashin-Shtrikman 型、厄谢拜及克隆纳自洽模型 | 多相或多晶体的弹性和塑性、微结构均匀化、结晶织构、泰勒因子、晶体滑移 |
| $10^{-8} \sim 10^{0}$ | 集团模型 | 多晶体弹性 |
| $10^{-10} \sim 10^{0}$ | 逾渗模型 | 成核、断裂力学、相变、塑性、电流传输、超导体 |

际应用而言，应用数值近似方法进行预测计算，可以有效地减少在优化材料和设计新工艺方面所必须进行的大量实验。

## 1.3.2　多尺度关联模型

　　不同层次所用的理论及方法是不同的，不同层次间常常是交叉、联合的，不同层次的目的、任务及应用也不尽相同，如图 1.5 所示。各层次的研究关键是根据基础理论和数据能否发展出符合实际的解析与数理模型，解决不同层次间计算方法的选择与整合。材料设计在宏观上是一个系统工程，建立成分、工艺、组织、性能及可靠性之间的数理模型是整个系统优化和控制的基础，也是实现计算机智能化设计材料的前提。

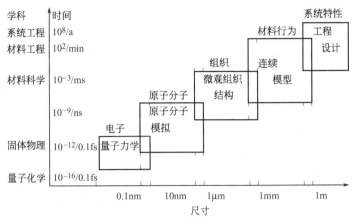

图 1.5　材料设计方法与空间、时间尺度的对应关系

材料科学将发展为材料系统科学，材料设计也必将是系统设计。不同结构层次与不同性质间的理论需要沟通，逐步形成有机联系的知识体系。单一层次的设计必将被多层次设计所代替。多层次设计必须要建立多尺度材料模型（multiscale materials modeling，MMM）和各层次间相互关联的数理模型。

多尺度材料模型是指包含一定空间和时间的多尺度材料模拟结合了以上各个尺度的模拟方法。发展多尺度材料模型通常需要结合多个学科的方法和技术。目前的多尺度耦合模型主要集中在原子模拟方法与连续介质力学的结合，主要有[9]：①建立在大尺度原子模拟方法上的原子充分逼近法，试图通过逐步增加系统尺寸来达到连续介质极限；②原子模拟的边界技术；③原子模拟方法与有限元方法耦合技术；④本构关系逼近法。

（1）大尺度原子模拟方法　大尺度原子模拟方法的思想非常简单，仅仅要求不断增加系统的尺寸直至大于所研究问题的本征尺寸（如微裂纹的长度或两个位错间的距离）。但是这种复杂的模拟有一定的局限性，所以由这些模拟所得到的对材料过程的认识通常是定性的，它与连续介质力学模型以及实验结果的联系也不完全正确。目前，大尺度分子动力学原子模拟方法主要成功地应用在动态断裂过程的研究中。

（2）原子模拟的边界技术　大尺度原子模拟系统的大小受到计算机能力的限制，因此发展了柔性边界技术和位移边界技术等有效增加原子系统尺寸的方法。这些技术已被成功地应用在缺陷的静态弛豫计算中，但用于三维问题还有一些困难。对于应力边界和位移边界技术，包围缺陷体的系统边界原子区的应变由位错或裂尖弹性连续介质力学所得到的应力场或位移场得到。在实际模拟过程中，除了边界的一行或多行原子外，系统中所有原子都根据原子间势而移动。因此，该技术有一个明显的缺点，即边界的应力或位移由类似于初始裂纹或位错原子组态的弹性连续介质力学的解法得到，致使对原子区的任何修正从原则上说都将使边界条件无效。这些技术更为严重的缺陷是只局限于由等价的连续介质力学描述来计算初始应力和位移的问题。

（3）原子模拟方法与有限元方法耦合技术　原子模拟方法与有限元方法耦合技术是一种更为灵活的多尺度结合技术，这是基于内部完全的原子区和外层有限元区的直接耦合。从方法上说，有限元技术与以上所描述的柔性边界技术没有实质上的区别，主要差别在于有限元是基于连续介质力学的数值计算方法，而柔性边界技术是一种自然的分析方法。和柔性边界技术相比，原子模拟与有限元耦合技术的主要长处在于它比较容易处理各向异性的三维问题及连续介质区的非线性应力-应变关系。

（4）本构关系逼近法　另一种联结原子尺度与介观或宏观尺度的方法是使用已经广泛应用于连续介质力学的本构关系（CR）。本构关系逼近法的基本思想是在远离缺陷的体材料区假设一个标准的组分模型（如线弹性），同时在缺陷附近区域描述材料的特殊行为（如应用运动位错 Peierls 模型描述特殊应力-应变关系等）。这种方法以一种自然的方式将原子层次的信息引入连续介质的描述，并且不需要无限地增加系统的尺寸。最近应用表象本构关系的连续介质力学模型包括了界面原子键断裂、裂尖位错形核、空位形核及裂纹分支等方面的研究。

虽然已有许多多尺度材料计算模型，但每一种方法都有其优点和缺点，离实现理想的计算材料模型还有较大的距离。尽管如此，这些方法在多尺度材料过程的模拟计算中发挥了重要的作用。其中大尺度原子模拟方法逐渐成为多尺度材料计算模型的研究热点。由原子微观过程到传统的连续介质力学宏观模型的清晰思路还有待于进一步建立，应该更注重于单个尺度模型和方法的改进，探索更合理、可行的多尺度关联方法和耦合技术。另外，相关的实验工作能引导和验证理论计算结果，所以也是多尺度模型研究不可缺少的部分。

### 1.3.3　材料设计的特点

目前，材料设计的特点主要有以下几个方面[5,10]。

① 经验设计和科学设计并存与兼容　从长远的观点看，各结构层次的理论将构成具有指导材料设计功能的知识系统。然而不管这一知识系统发展到何等程度，总存在大量尚未被理性化的经验和实验规律，它们将会在材料设计中得到充分的应用。完全不依赖经验和不进行探索性实验的材料设计在相当长的时期内是不可能实现的。人们不可超越材料科学的水平，对材料设计提出不切实际的要求，而应该一步一步地攀登。

② 材料设计将逐渐综合化　随着材料系统科学的逐步形成和发展，单一的结构层次的材料设计必将逐步被多结构层次设计所代替。单纯的结构设计必然转化为结构和性质相结合的综合设计。例如在复合材料的设计中，除了考虑单一材料的形态、大小、分布和相对比例对相关性修正项 $\Delta Q_k$ 的影响外，还需考虑复合后单一材料的边界结构对 $\Delta Q_k$ 的影响。甚至在许多情况下边界的结构成为影响 $\Delta Q_k$ 的主要因素。

③ 材料设计将逐步计算机化　计算机科学和材料科学将是材料设计的两大支柱。人们可根据材料科学的知识系统将大量丰富的实验数据和结果存储起来，形成数据库，如合金系相图、合金系的热力学性质、晶体结构参数和力学物理性质等。随着材料科学准确性的提高，又将出现基础合金系的相结构参数图、相的主要性能图等。具有实用性的各种专门材料设计系统将会相继出现。

## 1.4　材料设计的类型和方法

目前世界上对材料设计的内涵还没有完全达成共识。一般认为材料设计（materials design）是指通过理论计算来预报新材料的组分、结构与性能，或者说通过计算设计来"订做"具有特定性能的新材料。但实际上材料设计不仅仅是指开发新材料，传统材料的设计和加工制备工艺过程的设计与控制在现实生产中显得更为重要。

根据不同的性质，材料设计的类型主要有计算设计、模拟设计和经验设计等几大类。计算设计又有第一性原理计算、相图计算、专家系统设计等；模拟设计一般有物理模拟和数值模拟；经验设计可分为半经验设计和传统设计等。

材料设计的研究工作可大可小，所以设计形式一般也分为：一体化综合设计、系统设计和局部或部分设计等。一体化综合设计最近也取得了很大的成功，如 G. Ghosh 和 G. B. Olson[12]研究了铌基超合金的一体化综合（integrated design）快速设计。他们应用 ab initio 方法计算预测固溶体和金属间化合物的相稳定性，如 Al、Hf、Nb、Ru、Pd 等元素的点阵参数，B2-PdAl、$L2_1$-$Pd_2$HfAl 等化合物的形成能，计算结果与实验数据相当一致。应用热力学和动力学数据库实现了多组元组织的设计预测。应用 Thermo-Calc 和 DICTRA 软件，结合热力学和动力学数据库，获得了许多基础数据。计算表明 1300℃时增加 Hf 能扩大 Al 在 Nb 中的固溶度，预示着这是提高 Nb 基超合金高温抗氧化性的好方法。在计算设计的指导下，完成了 45Nb-34Hf-21Al（原子百分数）典型合金在 1300℃时氧化规律的研究，为设计开发高温透平特殊合金材料打下了可靠的基础。这种方法同样能应用于其他高性能材料的设计。

各种材料性质、要求和特点都有一定的差别，所以进行材料设计所用的方法和形式也会有所不同。不同材料在发展过程中逐步形成了各自的思路和特色，如复合材料的设计、表面技术的设计、新材料开发设计、材料加工过程设计与控制、纳米材料与技术的设计等。

为了达到材料设计的目的，采用科学合理的研究方法很重要。最主要的是计算机技术，如专家系统、人工神经网络等；材料的设计离不开数学工具，除了基本的数学方法外，如有限元法、遗传算法、分形理论、小波分析、拓扑等方法越来越得到了广泛的应用。世界上各种设计应用的软件也越来越多，越来越好，如分子动力学模拟软件、各类材料数据库等。

## 1.5 材料设计的任务[5,10,13]

许多国家的著名研究单位、公司、大学都在争夺材料科学研究某个方面的领先地位，这些国家都加大了材料理论与计算设计方面研究的人力和财力的投入。美国在计算材料科学方面一直是处于领先水平。10 年以前，在美国已有一些公司开发材料计算的软件，例如 MIS 公司比较早地开发了有关材料光、电、磁、热等性质的计算软件。近年来，美国专门成立了"计算材料科学实验室"。美国的惠普公司宣称：到 2010 年，现有的微处理器无论从经济上还是从实际应用上都将不被采用，因此要加紧在理论和计算的指导下设计和开发新的材料和器件。日本在材料计算设计科学研究方面开展得比较早。从政府到大学、公司、研究单位都很重视。在"从头算起"、数据库、专家系统等方面取得了不少的成果。

日本三岛良绩等撰写的《新材料开发和材料设计学》一书中基本上描述了材料设计的目标和内容，即从材料制备到使用的全过程都是材料设计的研究范围。一般认为材料设计应包含两个方面的含义：从指定的目标出发规定材料性能，并提出合成手段；为新材料开发和新效应、新功能研究提供指导原理。

根据我国自然科学发展战略调研报告的精神，材料设计方面的主要任务是：

① 材料设计为国民经济和尖端技术服务　要结合国民经济建设和高技术项目开展材料设计工作。例如，要在厚壁压力容器材料、原子能应用材料、航空与航天用超高强度材料、高温合金、低温材料、电子信息材料、各种特殊功能材料等。

② 从分层次到多层次进行材料计算设计　分层次研究的弱点是不同学科互相分割，难以取得系统的合效果；特别是微观层次（电子、原子）的设计离开预报、设计实际材料还有很大的距离，难以解决工程实际问题。重点是多层次综合设计的突破。

③ 多学科的交叉、融合是必然的趋势　材料计算设计科学是材料、物理、化学、数学和计算机等多学科的交叉研究领域。鼓励材料科学和系统科学结合。整体化已成为当今科技

发展的重要趋势，多层次和跨学科正是计算材料学的特点和本质。

④ 数理模型的建立和实用化是关键　材料设计系统主要依赖于数理模型。师昌绪说：各层次研究的关键是根据基础数据能否发展出符号实际的解析与数理模型，解决不同层次间计算方法的选择与整合。

⑤ 材料计算设计科学的基础研究必须加强　我国在材料设计或计算材料学方面的研究落后于国外，且在观念、思维上也没有跳出国外现有的思路，有的还比较偏激。需要开展基础研究的工作较多：各层次的接口问题；大量实用性数理模型的建立；一些共性问题的解决；材料性能的可靠性设计等，特别是新材料的设计开发基础研究工作则更多。

开展材料计算设计的研究有很大意义：可促使材料科学与工程从定性描述走向定量预测的新阶段；为高技术新材料的研制提供理论基础及优选方案；加速建立我国的"计算材料科学"这门崭新的交叉学科。

目前材料计算设计的研究内容主要是：计算方法的发展。要提出新概念、发展新理论，建立描述真实过程的数理模型。发展材料设计中的多尺度分析方法；材料组分、结构与性能关系的预测。如位错运动对力学性能的影响，表面、界面的结构问题，缺陷间交互作用等；新材料的计算设计。材料计算设计的关键问题是：建立描述真实结构与过程的关键量及数理模型；解决不同层次间计算方法的选择与整合。

关于材料热力学计算的模型工作在 Ringberg 会议上进行了组织。共有五个主题[11]：

① 基于力学的定量方法、试验和 CALPHAD 方法之间的相互关系，焓、体积模量等参数的 ab initio 计算，在固体中表面能和扩散的计算；

② 晶相热力学模型，复合材料关键模型（体积分数、体积模量和热膨胀系数等）；

③ 多相液体和其他非晶相的热力学模型；

④ 热力学和扩散问题的辅助技术，数据库和软件装置；

⑤ 相变的模拟，包括形核、凝固、微观组织的演化和计算热力学的其他应用。

我国近几年来在材料计算设计方面取得了很大的进展。1996 年成立了"863 新材料模拟设计实验室"，开展原子级水平的模拟计算，也建立了数据库基础上的专家系统。在非线性光学晶体的分子设计、半导体材料的设计、低维材料的开发、有机聚合物的设计、半经验方法的材料设计系统、材料界面问题等方面开展了大量的研究。

# 本 章 小 结

按照研究对象所涉及的空间尺度和时间尺度，材料设计可分为不同层次，划分的方法也因不同的出发点而有所差别，但一般可分为微观设计、介观设计和宏观设计三个层次。不同层次材料设计所采用的方法、目的和任务是不同的。

材料设计是指通过理论与计算来预报或设计材料的组分、结构、性能，控制或预测材料过程的演化规律与使用寿命。材料科学的理论与计算设计研究是一项应用目标十分明确而带有基础性的工作。马克思说过，一种学科只有在成功地运用数学时，才能达到真正完善的地步。因此，尽管目前的材料设计还处于初级阶段，但材料设计是材料科学与工程学科发展的必然趋势，这是无疑的。材料计算设计的关键问题是：建立描述真实结构与过程的关键量及数理模型；解决不同层次间计算方法的选择与整合。

## 习题与思考题

1. 材料计算设计主要有哪几个层次，其关键的科学问题是什么？

2. 简单叙述材料计算设计的主要途径及方法。

3. 材料设计的主要任务是什么？

4. 在目前，材料设计领域的研究有哪些主要特点？

# 参 考 文 献

[1]  谢佑卿著. 金属材料系统科学. 长沙：中南工业大学出版社，1998.

[2]  熊家炯主编. 材料设计. 天津：天津大学出版社，2000.

[3]  冯端，师昌绪，刘治国. 材料科学导论——融贯的论述. 北京：化学工业出版社，2002.

[4]  吕允文，李恒德. 新材料开发与材料设计. 材料导报，1993，3：1～4.

[5]  戴起勋，赵玉涛等编著. 材料科学研究方法. 北京：国防工业出版社，2004.

[6]  Olson G B. Beyond Discovery：Design for a New Material World. CALPHAD，2001，25（2）：175～190.

[7]  Olson G B. Computational Design of Hierarchically Structured Materials. Science，1997，277：1237～1242.

[8]  [德] D. 罗伯编著. 计算材料学. 项金钟，吴兴惠译. 北京：化学工业出版社，2002.

[9]  郭雅芳，王崇愚. 多尺度材料模型研究与应用. 材料导报，2001，16（7）：9～11.

[10]  国家自然科学基金委员会. 金属材料科学. 北京：科学出版社，1995.

[11]  Editorial. The Ringberg workshop 2005 on Thermodynamic Modeling and First-Principles Calculations. Computer Coupling of Phase Diagrams and Thermochemistry，2007，31：2～3.

[12]  Ghosh G，Olson G B. Integrated design of Nb-based superalloys：Ab initio calculations，computational thermodynamics and kinetics，and experimental results. Acta Materialia，2007，55：3281～3303.

[13]  曹茂盛，黄龙男，陈铮编著. 材料现代设计理论与方法. 哈尔滨：哈尔滨工业大学出版社，2002.

# 第2章
# 材料设计的主要技术与途径

材料设计技术一般是指量子理论的各种计算方法、热力学计算方法、半经验和数值计算方法等。材料设计的途径有材料设计的知识库与数据库、材料设计专家系统、计算机模拟设计各个系统等。某种材料设计途径或方法往往会应用多种技术，随着计算机技术的迅速发展，几乎绝大部分的材料设计都要应用计算机，没有计算机技术可以说，就难以进行现代的材料计算或设计。所以在某种意义上来说，材料设计的技术与途径是很难完全区分的。

## 2.1　材料设计的知识库与数据库[1~4]

数据库是随着计算机技术的发展而出现的一门新兴技术。材料数据库和知识库是以存取材料知识和数据为主要内容的数值数据库。数据库一般应包括材料的性能及一些重要参量的数据，材料成分、处理、试验条件以及材料的应用与评价等内容。知识库主要是材料成分、组织、工艺和性能间的关系以及材料科学与工程的有关理论成果。知识库是人工智能派生出来的一种应用技术，它是实现人工智能的基本条件。实际上知识库就是材料计算设计中的一系列数理模型，用于定量计算或半定量描述的关系式。

数据库中存储的是具体的数据值，它只能进行查询，不能推理，就像仓库一样。而知识库中存储的是规则、规律，通过数理模型的推理、运算，以一定的可信度给出所需的性能等数据；也可利用知识库进行成分和工艺控制参量的计算设计。利用数据库和知识库可以实现材料性能的预测功能和设计功能，达到设计的双向性。

日本在建立数据库方面成绩很突出。利用大型知识库和数据库进行材料设计的一个典型例子是日本三岛良绩和岩田修一等建立的计算机辅助合金设计（computer-aid alloy design，CAAD 系统）。其主要的设计步骤为：

① 输入对材料性能的要求，如给出有关的定量数据及性能的上、下限等。

② 检索材料信息，在系统中寻找符合要求的材料及其相关资料。材料 M 由一系列变量（成分、工艺参数等）表征：$M=(m_1, m_2, \cdots, m_p)$。根据对材料的全面要求，求各 $S_i$ 的交集 $D$，即 $D=S_1 \bigcap S_2 \bigcap \cdots \bigcap S_r$。如 $D$ 不是空集，说明已有满足要求的材料。如 $D$ 是空集，说明需要开发新材料。将材料的性质分为成分决定的性质和与显微组织有关的性质两类。

③ 计算所选材料的性质。根据理论、经验式，采用内插、外推等方法估算其性质。

④ 在计算性质的基础上寻找指标高的未知材料，将预报点规定为初步选定材料。

⑤ 应用演绎法、归纳法和数据库中的资料，试图改善初步选定材料的性能，以推荐最后选定的材料。

⑥ 计算最终选定材料的性能。

在 CAAD 系统大型计算机中存储了各种与合金设计有关的信息，包括各种元素的物理化学数据、合金相图、各种经验关系式、各类合金体系的实验数据、各种合金的性能等。

CAAD 系统的初步成功显示了这类合金设计是有希望的。核材料的研究开发几乎无法进行实际条件的试验，所以利用 CAAD 系统，从数据库中选出核聚变堆第一壁材料的候选材料，再用知识库中有关的理论和经验公式等对候选材料进行改进，设计出符合使用要求的推荐材料。为进一步研究开发提供比较准确可靠的新材料设计信息。

美国是世界上数据库开发最早和应用最多的国家，目前美国拥有的数据库在规模和数量上都居世界首位。例如美国国家标准局就建有十个数据库，而大多为材料数据库，如合金相图数据库、陶瓷相图数据库、材料腐蚀数据库、材料摩擦数据库等。其中晶体数据库，测试和收集了十万多个晶体数据，包括金属材料、无机材料和高分子材料。还有材料力学性能数据库、金属弹性性能数据库和金属扩散数据中心等。许多数据库在世界上具有很高的权威性。

由于数据库涉及面广，工作量大，很难由一个单位完成，所以许多数据库都是由几个单位甚至几个国家联合建立。如欧洲热力学数据科学学会有英国、法国、德国、瑞士等国家参加，合作开发了无机和冶金热力学系统，该数据库可用于材料科学领域的热力学计算。

20 世纪 80 年代以来，我国在建立数据库方面取得了很大的进展。如北京科技大学等单位联合建立了材料腐蚀数据库，武汉材料保护研究所建立了材料磨损数据库，北京钢铁研究总院的合金钢数据库，航空航天部材料研究所的航空材料数据库等。清华大学等单位联合建成的数据库，包括金属和合金、精细陶瓷、新型高分子材料、先进复合材料和非晶材料五个子库。数据库的主要内容为材料牌号、产地、材料成分、技术条件、材料等级、材料性能及评价等信息。陶瓷材料数据库包括 $ZrO_2$、$Si_3N_4$、$SiC$ 等结构陶瓷材料，共收集了国内外有关实验数据 4000 组，每组数据都包括材料的组分、制备工艺、性能特点、应用及试验条件和试验方法等信息。采用了先进数据库管理系统，具有录入、查询、输出、图形等功能。利用该系统可根据所需的性能要求出发，迅速而方便地查询到满足性能要求的材料，并可给出成分、工艺等多种信息。二氧化锆知识库主要集中了有关二氧化锆组分、工艺与性能之间的关系。组分主要有部分稳定氧化锆（PSZ）和四方相氧化锆多晶（TZP）。根据不同的添加剂也可分为：Y-PSZ、Mg-PSZ、Ca-PSZ、Y-TZP 和 Ce-TZP。在性能方面包括硬度、弯曲强度、弹性模量和断裂韧性等与使用直接相关的一些力学性能。该知识库采用 turbo-prolog 逻辑程序语言编程，具有增加、修改、删除和查询等功能。利用知识库，可对各类组分的二氧化锆进行性能预测。只要输入材料的类型、拟采用的工艺方法和要求预测的性能名称及影响该性能的变量名等内容，即可从屏幕上选择一条规则（如某组分与性能之间的关系），再输入拟采用的组分含量，就可由系统推理输出可能获得的性能值。

## 2.2 材料设计的专家系统

材料设计专家系统是指具有相当数量的与材料有关的各种背景知识，并能运用这些知识解决材料设计中有关问题的计算机程序系统。图 2.1 是材料设计专家系统的流程。

传统的专家系统主要有下列几个模块[3]。

（1）优化模块 优化模块有两个方面的作用：一是如果能找到满足全部性能要求的材料，则通过加权、比较对满足性能要求的若干组材料进行综合性分析，从中选择最符合条件的材料。综合性分析就是最优化处理，最优的不一定是性能指标最高的，所以最佳的方案往往是既满足全部性能要求，而其工艺性、成本等综合指标又是最好的。另一种情况是在数据库中找不到符合要求的材料，这时就可利用优化模块对现有材料或经过初选的候选材料进行比较，找出虽然并不满足要求，但其综合指标是最接近要求值的材料。它将作为材料实验研究的参考。

（2）集成化模块　材料的设计往往会涉及多个数据库，这些数据库的内容、结构及系统有可能都不相同。为了方便材料的设计，需要将这些异构的数据库集成起来。另外，数据库和知识库之间也需要实现一体化。

（3）知识获取模块　材料的组分、工艺与性能之间的关系常存在于专家的头脑或隐含在数据库中，而它们在知识库中的显式表达则需要通过收集和整理专家知识或采用信息处理方法从原始数据中导出，从而得到所需要的规则或数值计算的模型。信息处理方法有简化、分类、对比、统计分析等。

（4）推理模块　当给定材料组分或工艺参数时，系统根据知识库中的规则，推出可能获得的性能，即材料性能的预测。反之则可实现材料的设计。

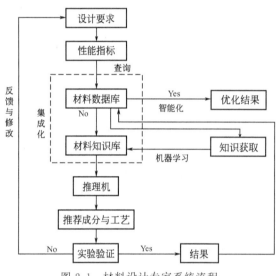

图 2.1　材料设计专家系统流程

最理想的专家系统是从基本理论出发，通过计算和逻辑推理预测未知材料的性能和制备方法。但由于影响材料的组织结构和性能的因素极其复杂，这种完全演绎式的专家系统还难以实现。目前的专家系统是以经验知识和理论知识相结合为基础的。一般情况下，材料设计专家系统的设计结果只能对实际设计提供建议和初步方案，不能代替实验。所以在专家系统设计结果的基础上，还需要进行必要的实验验证，实验验证的另一个作用是对材料设计方法进行修正，实验结果输入数据库系统，不断丰富专家设计系统。

材料设计专家系统主要有三类[2]：

① 以知识检索、简单计算和推理为基础的专家系统。

② 智能专家网络系统。这是以模式识别和人工神经网络为基础的专家系统。模式识别和人工神经网络是处理受多种因子影响的复杂数据集、用于总结半经验规律的有力工具。材料设计中的两个核心问题是结构-性能关系和工艺-结构关系。这两类问题都是受多种因素制约，所以可用模式识别和人工神经网络从已知实验数据集中总结出数学模型，并据此可预测材料的性能和达到此性能的优化成分和工艺等。

③ 以计算机模拟和计算为基础的材料设计专家系统。在对材料的物理、化学基本性能已经了解的前提下，有可能对材料的结构与性能关系进行计算机模拟或用相关的理论进行计算，以预测材料性能和工艺方案。

## 2.3　基于第一性原理的计算设计

实际材料是一个复杂的多粒子系统。虽然原则上经验通过量子力学对系统进行计算求解，但是由于系统非常复杂，也必须采用科学合理的简化和假设近似，才能用于实际材料的计算。目前，在高性能计算机的条件下，固体量子理论的发展已经可以用来探索和预测新材料。第一性原理的计算方法很多，如密度泛函理论、准粒子方程、Car-Parrinello 方法等。另外，和固体量子理论相互补充的量子化学方法也是基于第一性原理的计算方法。下面主要根据文献 [1]，介绍各种第一性原理计算方法的基本思路、框架及应用。

## 2.3.1 基本理论的近似假设

块状结构和微结构材料的许多基本物理性质是由其电子结构决定的。采用基于第一性原理的计算方法可确定材料的电子结构。第一性原理的出发点就是求解多粒子系统的量子力学薛定谔方程。这一系统的非相对论形式的哈密顿量可写成：

$$H = \sum_p -\frac{h^2}{2M_p}\nabla_p^2 + \frac{1}{8\pi\varepsilon_0}\sum_{p\neq q}\frac{Z^2 e^2}{|\boldsymbol{R}_p - \boldsymbol{R}_q|} + \sum_i -\frac{h^2}{2m}\nabla_i^2$$
$$+ \frac{1}{8\pi\varepsilon_0}\sum_{i\neq j}\frac{e^2}{|\boldsymbol{r}_i - \boldsymbol{r}_j|} - \frac{1}{4\pi\varepsilon_0}\sum_{i,p}\frac{Ze^2}{|\boldsymbol{r}_i - \boldsymbol{R}_p|} \qquad (2.1)$$

式中，$\boldsymbol{R}_p$、$\boldsymbol{R}_q$ 为原子核的位矢；$\boldsymbol{r}_i$、$\boldsymbol{r}_j$ 为电子的位矢；$M_p$、$m$ 分别为原子核和电子的质量。式中包括了离子和电子的动能项，也包括了离子之间、电子之间和离子与电子之间的相互作用项。因此，必须采用合理的简化和近似，才能进行计算。

由于核的质量比电子质量大得多，所以电子的响应速度非常快。相对于电子的速度而言，可以假设认为离子是静止的。这就是著名的玻恩-奥本海默（Born-Oppenheimer）进行的绝热近似。这样的假设近似后，就可将离子运动和电子运动分开来处理。

经过近似简化后，式(2.1) 中前两项就可以舍去，式中最后一项，即电子与离子的相互作用项，可以用晶格势场 $\sum_i V(\boldsymbol{r}_i)$ 来代替。因此，就可得到电子系统的哈密顿量简化的表达式：

$$H = -\sum_i \nabla_i^2 + \sum_i V(r_i) + \frac{1}{2}\sum_{i,j}\frac{1}{|\boldsymbol{r}_i - \boldsymbol{r}_j|} \qquad (2.2)$$

式中已采用原子单位，即 $e^2 = 1$，$h = 1$，$2m = 1$。

然而，式(2.2) 所对应的薛定谔方程实际上仍然很难求解，困难在于存在电子-电子之间和电子-离子之间的库仑相互作用项。系统的状态应该在库仑相互作用能和动能两方面取得均衡，使总能量为最小。进一步可通过哈利特-福克（Hartree-Fock）自洽场近似将多电子的薛定谔方程简化为单电子的有效势方程。在哈利特-福克的近似中，包含了电子与电子的交换能。电子系统的真实总能量与哈利特-福克总能量的差值称为关联能。下面介绍的局域密度泛函理论和准粒子方法能够较好地考虑了交换能和关联能。

## 2.3.2 密度泛函理论

20 世纪 60 年代，Hohenberg、Kohn 和 Sham（沈吕九）提出了密度泛函理论，简称DFT。该理论不但建立了将多电子问题化为单电子方程的理论基础，同时也给出了单电子有效势如何计算的理论依据。DFT 是研究多粒子系统基态的重要方法，其基本要点如下。

① 处在外势场 $V(r)$ 中的相互作用的多电子系统，电子密度分布函数 $\rho(r)$ 是决定该系统基态物理性质的基本变量。

② 系统的能量泛函可写成：

$$E[\rho'(r)] = \int V(r)\rho'(r)dr + T[\rho'(r)] + \frac{e^2}{2}\iint\frac{\rho'(r)\rho'(r')}{|r-r'|}drdr' + E_{XC}[\rho'(r)] \qquad (2.3)$$

式中，右边第一项为电子在外势场的势能；第二项为动能；第三项为电子间库仑作用能；第四项为交换-关联能。DFT 证明，当 $\rho'(r)$ 为基态的电子密度分布 $\rho(r)$ 时，能量泛函 $E[\rho'(r)]$ 达到最小值，且等于基态能量。

③ 将系统的电子密度分布写为 $\rho(r) = \sum_{i=1}^{N} |\psi_i(r)|^2$，其中 $\psi_i(r)$ 为单电子波函数。将 $\psi_i$ 代入式（2.3）求变分极小值，可导出 Kohn-Sham 方程：

$$\{-\nabla^2 + V_{KS}[\rho(r)]\}\psi_i(r) = E_i\psi_i(r) \tag{2.4}$$

其中，

$$V_{KS} = V(r) + \int \frac{\rho(r')}{|r-r'|}dr' + \frac{\delta E_{XC}[\rho]}{\delta\rho(r)} \tag{2.5}$$

非常重要的是交换-关联能量泛函 $E_{XC}[\rho]$ 到底取什么形式。在具体计算中，常用局域密度近似，简称 LDA（local density approximation）。它是一个简单而又实效的近似。在密度泛函理论中，LDA 占有重要的地位。

LDA 的基本思路是可利用均匀电子气的密度函数 $\rho(r)$ 得到非均匀电子气的交换-关联泛函。在 LDA 的框架下，可给出 $E_{XC}[\rho]$ 的具体形式，然后对式（2.4）进行自洽计算。

密度泛函理论认为固体的基态性质是由其电子密度唯一地确定。在局域密度近似下，可从求解一组单粒子在有效势场中运动的方程而得到此电子密度分布，在此基础上计算固体的有关特性。因此，局域密度近似比哈利特-福克自洽近似更为严格、精确。局域密度近似 LDA 是研究固体能带、表面、界面、超晶格材料和低维材料的强有力工具。对于许多半导体和一些金属的物理性质，如晶格常数、结合能、晶体力学性质等都能给出与实验结果符合相当好的计算结果。局域密度近似 LDA 可计算几百个原子的系统，应用该方法在许多方面取得了成功。例如：提示了高临界超导温度（$T_C$）铜氧化物超导体的正常态性质；预言了高压下 Si 材料的简六方相及其超导性；预报了超硬材料 $C_3N_4$；计算了富勒烯及其衍生物的结构和性质。但 LDA 方法也遇到了一些问题，如对金属的 d 带宽度以及半导体禁带宽度的计算结果与实验值有较大的误差。所以，LDA 方法仍然存在缺点，还有待于修正。

### 2.3.3 准粒子方程（GW 近似）

为了克服局域密度泛函理论的问题，利用理论物理中的一些成果，以寻求新的办法。早在 20 世纪 50 年代，Landau 在研究费米液体时引入了准粒子概念。在 20 世纪 60 年代，Hedin 提出从多粒子系统格林函数出发，计算各种复杂多体效应对准粒子能量贡献的方法，称为自能方法。Hybertsen 和 Louie 借助准粒子概念和由单粒子格林函数求自能的方法，提出了准粒子近似。

在准粒子近似中，半导体能隙可理解为相互作用电子气中准粒子元激发的能量，系统的低激态看成是由独立的准粒子元激发组成的电子气。在局域密度泛函理论中相似的单粒子方程为：

$$[T + V_{ex} + V_{coul}]\psi_{nk}(r) + \int dr' \sum (r,r',E_{nk})\psi_{nk}(r') = E_{nk}\psi_{nk}(r) \tag{2.6}$$

准粒子的能量 $E_{nk}$ 和波函数 $\psi_{nk}$ 可由式（2.5）来确定。式中，$T$ 为动能项，$V_{ex}$、$V_{coul}$ 分别为外势场和库仑项。和 Kohn-Sham 单粒子方程相比，式（2.5）中已将交换-关联项写成了新的形式，并且引入了自能算符 $\sum$。求解式（2.5）的主要问题在于寻找自能算符 $\sum$ 的近似。GW 近似就是为此而提出的。该近似认为，在最低一级近似下，自能算符可用单粒子格林函数 $G$ 和动力学屏蔽库仑作用 $W$ 表示，所以也称为 GW 近似，即

$$\sum (r,r',E) = \frac{1}{2}\int d\omega e^{i\delta} G(r,r',E-\omega)W(r,r',\omega) \tag{2.7}$$

式中，$\delta$ 是正的无限小量。

当然，实际应用时，还有许多具体的细节需要处理。原则上，准粒子方程式（2.6）需要

自洽求解。但幸运的是，局域近似的 Kohn-Sham 单粒子方程的波函数 $\psi_{nk}^{LDA}$ 与准粒子 GW 近似的波函数 $\psi_{nk}^{qp}$ 十分接近。因此，可将 $\psi_{nk}^{LDA}$ 作为零级近似，用它来构造单粒子格林函数，将自能用迭代式展开，用 $\psi_{nk}^{LDA}$ 代替自洽求解准粒子波函数 $\psi_{nk}^{qp}$，这样可得准粒子能量：

$$E_{nk}^{qp} = E_{nk}^{LDA} + \left\langle \psi_{nk}^{LDA} \left| \sum - V_{XC}^{LDA} \right| \psi_{nk}^{LDA} \right\rangle \tag{2.8}$$

准粒子 GW 近似已被成功地应用于半导体能隙的计算。以往用 LDA 方法的计算值 $E_g^{LDA}$ 普遍比实验值小，但采用准粒子 GW 近似方法后，金刚石、Si、Ge、GaAs、LiCl、GaN 等晶体的计算值 $E_g^{LDA}$ 与实验值符合得很好。LDA 计算中存在的问题是由于将多电子系统相互作用简单地归结为局域的交换-关联势引起的，而在 GW 近似中，用自能 $\Sigma$ 代替局域的交换-关联势能够更完善地反映非均匀系统的多体效应。所以，近年来 GW 近似取得了很大的成功与发展。目前能成功地计算固体中电子的激发能，用于计算半导体、绝缘体、简单金属、$C_{60}$ 等富勒烯衍生物的光学性质等。

### 2.3.4 Car-Parrinello 方法

在原子水平的计算机模拟计算中，分子动力学（molecular dynamics，MD）是十分有效的方法，其特点是利用原子间相互作用势（经验的或从理论导出的）模拟计算系统的平衡态和非平衡态的物理性质。对于惰性元素组成的系统，原子间势可用 Lennard-Jones 势。对于金属体系，近年来提出了原子嵌入媒质的模型势。对于共价晶体，可用 Stillinger-Weber 势。在固体电子结构计算中，局域密度泛函理论取得了很大的成功。如何将 LDA 和 MD 两种方法结合起来，是人们所追求的。1985 年，Car 和 Parrinello 成功地将两种方法有机地联系在一起。Car-Parrinello 方法最重要的一点是在真实的物理系统中引入一个虚拟的电子动力学系统，这样组成的新系统的势能 E 是离子和电子自由度的一个总泛函。虚拟系统的广义经典拉格朗日量为：

$$L = \sum_i^{occ} \int dr \mu_i |\dot{\psi}_i(r)|^2 + \frac{1}{2} \sum_I M_I \dot{R}_I^2 - E[\{\psi_i\}, \{R_I\}] + \sum_{i,j} \Lambda_{i,j} \left[ \int dr \psi_i^*(r) \psi_j(r) - \delta_{ij} \right] \tag{2.9}$$

式中，L 为二套参量 $\{\psi_i\}$ 和 $\{R_I\}$ 泛函；$\mu_i$ 是具有适当量纲的任意参量。从式(2.9)可看出，$\mu_i$ 相当于电子的"质量"，实际上它起着调节电子运动时间标度的作用。为简单起见，可令 $\mu_i$ 与电子波函数 $\{\psi_i\}$ 无关。式中第一项和第二项分别是电子和离子的动能。$E[\{\psi_i\}, \{R_I\}]$ 是电子和离子耦合虚拟系统的势能。其表达式为：

$$E[\{\psi_i\}, \{R_I\}] = \sum_i^{occ} dr \psi_i^*(r) \left( -\frac{1}{2} \nabla^2 \right) \psi_i(r) + \int dr V_{ex}(r) \rho(r)$$

$$+ \frac{1}{2} \iint dr dr' \frac{\rho(r)\rho(r')}{|r-r'|} + E_{XC}[\rho(r)] + \frac{1}{2} \sum_{I \neq J} \frac{Z_I Z_J}{|R_I - R_J|} \tag{2.10}$$

式(2.9)中最后一项的拉格朗日乘子 $\Lambda_{ij}$ 是为了保证 $\{\psi_i\}$ 的正交性约束条件而引入的。从式(2.9)容易得到相应的 Euler 方程，即

$$\mu \ddot{\psi}_i = -\frac{\delta E}{\delta \psi_i^*} + \sum_j \Lambda_{ij} \psi_j \tag{2.11}$$

$$M_I \ddot{R}_I = -\frac{\delta E}{\delta R_I} \tag{2.12}$$

式(2.11)相当于式(2.4)Kohn-Sham 方程，式(2.12)相当于离子运动的经典动力学方程。

在这些理论框架中，电子参量 $\{\psi_i\}$ 的动力学是一种想象的过程，仅作为一个工具来实

现动力学模拟退火（dynamical simulated annealing）。当 $\{\dot{\psi}_i\}$、$\{\dot{R}_I\}$ 等变小（相当于系统的温度 $T$ 下降）而直至温度 $T\rightarrow 0$ 时，系统达到 $E$ 为极小的平衡态。在平衡态 $\dot{\psi}_i=0$，就会过渡到 Kohn-Sham 方程。该方法建立以来，已被证明是研究凝聚态系统结构特性、电子特性和动力学特性的有力工具。不仅能得到系统基态的结构和电子性质，而且可用以研究有限温度下系统的离子和电子特性。

上面介绍了三种具有代表性的第一性原理计算方法，可分别用于研究系统的基态、激发态和动力学过程。当然，研究开发的固体量子计算理论还有一些其他的方法，如紧束缚（TB）方法、赝势法、有效质量理论等，它们在实际材料的理论计算中都有一定的重要作用。

## 2.4　材料设计的计算机模拟

计算机模拟是针对一个复杂真实系统或拟设计研究的系统，用计算机方法建立系统抽象的数学模型，然后通过计算机程序实现这个模型。计算机模拟是介于实验和理论之间的一种方法。它既有自己的独立性，又与实验和理论方法相辅相成。与实验方法相比：它需要建立必需的数学模型，基本上是依赖于有关的物理、化学定律；通过模拟确定材料结构与性能之间的关系也要比实验过程快得多，比较适宜于筛选实验；另外，计算机模拟也可以完成在苛刻条件下的模拟[5]，如高温、高压等条件一般的实验是比较难做到的。通过计算机模拟结果和实验结果比较，可验证模型的正确性和合理性。和理论方法相比，计算机模拟更接近于实际情况，因为它可以引入一些缺少理论依据而又非常实用的经验方程。

利用计算机进行新材料性能预测与设计等研究，首要的问题就是计算机模拟方法的灵活运用。针对研究对象的特点，可采用分子动力学（MD）、蒙特卡洛方法（MC）、最小能量化（energy minimization）等方法进行模拟计算。最小能量化方法是利用计算机计算晶体的能量，通过调整原子位置、原子间化学键长和键角得到最可能的结构，使系统能量得到最小。该方法广泛用于低温结构、高温非振动结构、液态、非晶及晶体缺陷等方面的研究。

计算机模拟是利用计算机对真实的材料系统进行模拟"实验"，提供实验结果和指导新材料研制，是材料设计的有效方法之一。计算机模拟对象遍及从材料研究到使用全过程，包括材料的合成、组织结构、性能及使用等。人们往往把材料的某一过程、某一层次上物理现象的基本性质比较准确地转化为数学模型，这些数学模型一方面可以由计算机来求解计算，另一方面可以描述或预测某些可观察的材料性能。这是计算机模拟的基本方法。如美国麻省理工学院使用计算机模拟技术，开发了使用更稳定和更廉价的 $Li(Ni_{0.5}Mn_{0.5})O_2$ 材料制造电池[6]，其充电速度比 $LiCoO_2$ 要快很多，实现了他们的设计目标，并已确定了一种具有高能量和高功率密度的材料。

从模拟尺度可分为原子尺度、显微尺度和宏观尺度三类模拟计算方法。原子尺度模拟主要是分子动力学方法和蒙特卡洛方法。显微尺度模拟是以连续介质为基础的。如用热力学方法计算预测材料的相变过程及相变产物的微观结构，用模拟计算热应力分布来设计热功能梯度复合材料等。宏观尺度的模拟计算主要涉及材料各加工过程中参数设计与控制、材料宏观性能与组织、组织与工艺之间的有机联系。

### 2.4.1　分子动力学模拟

分子动力学方法首先是由 Alder 和 Waingrt 于 1957 年及 1959 年间应用于理想"硬球"

的液体模型，结果表明此方法在解决一些实际问题中能起到重要的作用。而后在模拟理论和方法上不断地发展，现在已成为研究凝聚态物质材料的一个强有力的方法。

分子动力学模拟是在原子层次上模拟材料的性质，关键是要确定一群有相互作用的粒子在时空中的演化规律。系统的所有粒子服从经典力学的运动规律，其动力学方程就是从拉格朗日（Lagrange）和哈密顿（Hamilton）两个经典力学的运动方程导出的。分子动力学模拟是假设这些粒子的行动仍然遵循经典的牛顿力学定律。模拟计算是要确定体系在空间中随时间推进的各个时刻的位形，运用统计方法得到系统的静态和动态特性，从而得到系统的宏观特性。

自从 20 世纪 50 年代开始，分子动力学方法得到了广泛的应用，它与蒙特卡洛模拟方法一起成为计算机模拟的重要方法。在材料设计领域，应用分子动力学方法已取得了许多重要的成果。分子动力学方法是研究多颗粒体系的一个有力工具。通过分子动力学模拟，既能得到原子的运动轨迹，又能像做实验一样作各种观察。对于平衡系统，可在一个分子动力学观察时间内以平均时间来计算一个物理量的统计平均值。对于非平衡系统，只要发生在一个分子动力学观察时间内的物理现象也可以用分子动力学计算进行直接模拟。

一般的分子动力学模拟[7]，首先是读入体系的初始条件，对体系进行初始化，然后计算所有作用在颗粒上的力，最后再积分求解牛顿运动方程。

### 2.4.2 蒙特卡罗模拟

蒙特卡洛（Monte Carlo，MC）模拟方法主要有直接方法和统计方法两种。直接方法用于模拟那些可以分解为各个独立过程的随机性事件，统计方法用于再求解多维定积分。蒙特卡洛模拟通常是采用无相关随机数进行大量的计算机实验。

一般地，建立蒙特卡洛模型可以分为三个步骤，如图 2.2 所示。首先是将所研究的物理问题演变为类似的概率或统计模型；其次，通过数值随机抽样实验对概率模型进行求解，包括大量的计算和逻辑操作；最后用统计方法对所得到的结果进行分析处理。

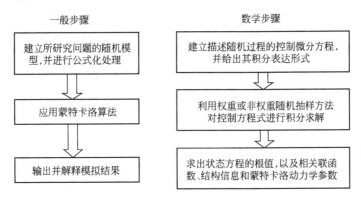

图 2.2　蒙特卡洛模型化的基本步骤

蒙特卡洛模拟方法的正确性是基于概率论的中心极限定理。根据随机数分布中随机数的选择，可以区分为简单抽样（simple or naive sampling）蒙特卡洛模拟方法和重要抽样（importance sampling）蒙特卡洛模拟方法。简单抽样使用均匀分布随机数，重要抽样采用与所研究问题和谐一致的分布。因此，重要抽样意味着在被积函数具有大值的区域要使用大的权重因素，而在被积函数取小值的区域则采用小的权重因素。蒙特卡洛模拟方法是介观尺度组织模拟的有效方法。最初的 MC 方法都是采用模拟时间，而不是真实时间进行计时，这样限制了模型的实际应用。后来提出了实际时间-模拟时间转换模型。张继祥等[8,9]应用 MC

方法对晶粒介观尺度变化进行了实时模拟。他们基于晶界迁移 Turnbull 线性速率方程，提出了一个应用于 MC 模拟的实时计算新模型，并应用于晶粒长大的 MC 实时模拟。模型有较强的理论基础，普遍适用于各种材料的晶粒长大过程。

在材料科学领域，简单抽样技术作为一种非权重随机积分方法常被用于逾渗模型，重要抽样作为 Metropolis 蒙特卡洛算法的根本原理，它以 q 态波茨模型的形式被广泛应用于微结构模拟。

### 2.4.3　人工神经网络在材料设计中的应用

神经网络是由大量简单的神经元组成的系统，它是在研究人的神经活动的前提下建立起来的一种数学模型，是一种数据处理方法。人工神经网络（artificial neural network）是一种信息处理技术，力图模拟人类处理方式去理解和利用信息。人工神经网络既可以解决定性问题，又可以用于直接解决定量问题，具有较好的稳定性，而且，特别擅长处理复杂的多元非线性问题；具有自学习能力，能从已有的试验数据中自动总结规律。

人工神经网络的具体模式多种多样，一般可根据下列要求进行选择。

① 准确性。人工神经网络通过训练或推理后，其实际输出与理想输出之间的误差应达到最小，或达到某个最低标准。误差反传学习算法（BP 法）是目前比较成熟、应用比较成功的一种算法。

② 自适应性。整个学习过程无需外界参与，即网络所有参数的调整，在学习过程中不能受到人为的干扰。

③ 收敛性。系统应具有收敛的功能，并能达到一定的收敛速度。

④ 可推广性。系统应尽可能地推广至不同的材料设计问题，包括不同的材料成分、工艺和性能等。

BP 人工神经网络是其中应用最广、较为成熟的一种神经网络。BP 人工神经网络属于前馈式的人工神经网络，其输入输出关系采用单调上升的非线性变换或线性阈值硬变换，可构成强有力的静态非线性学习系统。它的学习方法一般为有师学习，其学习过程就是改变权重来适合精度所需。它的关键问题是误差向后传递，依据误差来修改各层单元之间的连接权重。BP 人工神经网络主要应用于模式识别、分类、函数的近似及非线性系统建模、机器人轨迹和数据压缩等方面。对于某些新材料的开发，往往其内在规律还不很清楚。由于人工神经网络具有自学习的功能，它能从已有的实验数据中自动归纳出规律。虽然不能给出规律的函数形式，但却可以利用经训练后的神经网络直接进行推理，比较适用于材料设计的性能预测之类的问题。

人工神经网络已在机器人和自动控制、经济、军事、医疗、化学等领域得到了广泛的应用。人工神经网络在不断得到完善，在材料科学研究中也是一条新的有效途径，可应用于材料工艺的优化、材料识别、材料配方设计、性能预测及控制等许多方面。应用人工神经网络技术，采用 Neuralworks Predict 软件建立 BP 网络模型[10]，通过对 $R_2O\text{-}MO\text{-}Al_2O_3\text{-}SiO_2$ 系统玻璃组成与热膨胀系数关系实验数据的训练，预测该系统指定组成的玻璃热膨胀系数。研究结果表明，所建立的人工神经网络模型能较正确地反映玻璃氧化物组成与热膨胀系数之间的规律性，预测值与实际测试值的相对误差在 6.4% 以内。人工神经网络应用于材料设计取得成功的实例很多，如奥氏体相变临界点的模拟预测[11,12]、可伐合金和氮化钛膜的研究[3]等。大量研究表明，应用人工神经网络进行材料性能和组成的预测，可减少试验环节和实验次数，且有许多传统方法所不能比拟的优点。周古为等[13]采用改进的 BP 人工神经网络算法对 7055 铝合金二次时效热处理工艺参数与时效性能样本集进行了处理。研究结果表明，神经网络算法的预测值与实验值吻合较好。

利用 BP 人工神经网络，可对建立的数学模型所得到的结果进行验证，也可直接对相应的问题进行预测。BP 人工神经网络需要大量的实验数据作为输入参量，采用人工神经网络对这些原始误差较大的数据进行处理，可以充分发挥人工神经网络高的容错性和良好的自适应性能，能够给出比较满意的结果。

## 2.5  合金特征晶体理论[14,15]

合金是具有组织、相和原子三个结构层次的复杂系统。能量和形态是合金的基本特征或属性。从能量观点出发与三个层次相对应的理论是宏观热力学、统计热力学和能带理论；从形态出发，相对应的是金相学、晶体学和价键理论。将分立的理论整合成完整而系统的理论体系，就必须在各理论之间架起沟通的桥梁，建立定量计算的关系式。应该说，这是材料计算设计目前追求的目标，即从分层次到多层次进行材料的计算设计。

材料科学发展到今天，已经建立了合金组织、合金相和原子三个结构层次和多种性质的

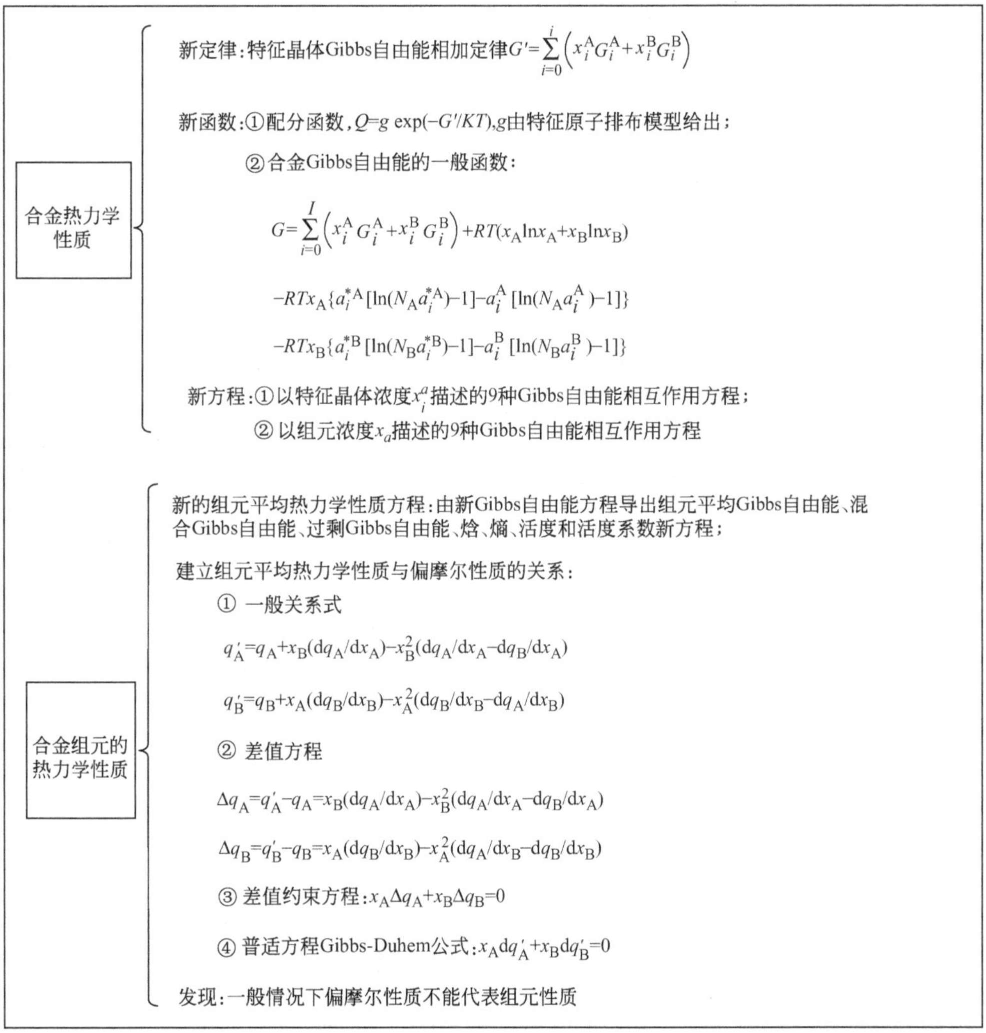

合金热力学性质

新定律：特征晶体 Gibbs 自由能相加定律 $G' = \sum_{i=0}^{I}\left(x_i^A G_i^A + x_i^B G_i^B\right)$

新函数：①配分函数，$Q = g\,\exp(-G'/KT)$，$g$ 由特征原子排布模型给出；

②合金 Gibbs 自由能的一般函数：

$$G = \sum_{i=0}^{I}\left(x_i^A G_i^A + x_i^B G_i^B\right) + RT(x_A\ln x_A + x_B\ln x_B)$$

$$-RTx_A\{a_i^{*A}[\ln(N_A a_i^{*A})-1] - a_i^A[\ln(N_A a_i^A)-1]\}$$

$$-RTx_B\{a_i^{*B}[\ln(N_B a_i^{*B})-1] - a_i^B[\ln(N_B a_i^B)-1]\}$$

新方程：①以特征晶体浓度 $x_a'$ 描述的9种 Gibbs 自由能相互作用方程；

②以组元浓度 $x_a$ 描述的9种 Gibbs 自由能相互作用方程

合金组元的热力学性质

新的组元平均热力学性质方程：由新 Gibbs 自由能方程导出组元平均 Gibbs 自由能、混合 Gibbs 自由能、过剩 Gibbs 自由能、焓、熵、活度和活度系数新方程；

建立组元平均热力学性质与偏摩尔性质的关系：

① 一般关系式

$q_A' = q_A + x_B(dq_A/dx_A) - x_B^2(dq_A/dx_A - dq_B/dx_A)$

$q_B' = q_B + x_A(dq_B/dx_B) - x_A^2(dq_B/dx_B - dq_A/dx_B)$

② 差值方程

$\Delta q_A = q_A' - q_A = x_B(dq_A/dx_A) - x_B^2(dq_A/dx_A - dq_B/dx_A)$

$\Delta q_B = q_B' - q_B = x_A(dq_B/dx_B) - x_A^2(dq_A/dx_B - dq_B/dx_B)$

③ 差值约束方程：$x_A\Delta q_A + x_B\Delta q_B = 0$

④ 普适方程 Gibbs-Duhem 公式：$x_A dq_A' + x_B dq_B' = 0$

发现：一般情况下偏摩尔性质不能代表组元性质

图 2.3  合金统计热力学计算的新框架

理论，更可贵的是大量的合金相图、晶体结构、点阵常数、热力学常数以及各种物理性能的实验资料已汇编成各种手册，这是一笔巨大的宝贵财富。但是现有各种理论并没有构成有机联系的整体。谢佑卿教授积毕生的努力，在纯金属 OA 系统理论的基础上，创建了合金特征晶体理论（CC 理论）。CC 理论可作为材料设计的知识系统，以它为基础可建立供材料设计用的数据库和专家系统。因此，根据 CC 理论可构建成分、结构和性能相关联的、多层次沟通的金属材料系统科学，建立材料设计的数据库和专家系统。

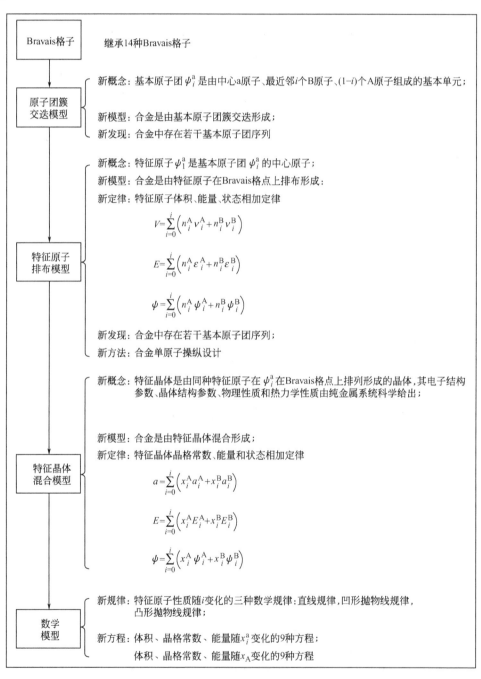

图 2.4　合金晶体物理与化学计算框架

### 2.5.1 合金相统计热力学理论

合金统计热力学采用经典统计热力学方法处理原子之间的相互作用，导出合金相的自由能与成分及温度的关系。配分函数是描述系统的基本函数。通常采用各种简化模型，如理想溶液、规则溶液、准化学近似和中心原子模型等导出 $g_i$ 和 $E_i$ 与成分的关系。其中规则溶液应用最广泛，但中心原子模型最接近实际。图 2.3 为合金统计热力学计算的新框架。

### 2.5.2 合金晶体物理与化学计算框架

合金除了具有一般系统的整体性、相关性、层次性、开放性和动态性以外，还具有如下一些特点：①合金是组元成分连续可变的系统；②合金中原子的排布可以是无序、偏聚、部分有序和完全有序。所以，在微观上它们一般不具有晶体的对称性和周期性两个基本属性，只是平均意义上的晶体。根据合金的特点，构建了以四个相互关联的模型为基础的合金晶体物理与化学计算的框架，如图 2.4 所示。

材料设计是一个综合性学科领域，因此有必要将材料科学、信息科学、计算机技术、数学、物理、化学等知识结合起来，对大量的实验资料、理论分析结果和计算公式进行分类疏理、完善整合，形成系统的知识库和数据库，为材料设计的发展服务。

## 2.6 基于相图计算的材料设计

20 世纪 70 年代以来，随着热力学、统计力学和溶液理论与计算机技术的发展，由 Kaufman、Hillert 和 Ansara 等奠基，经过几十年的努力，相图研究从以相平衡的实验测定为主进入了热化学与相图计算机耦合研究的新阶段，并已发展成为学科分支——CALPHAD（calculation of phase diagram）。相图计算 CALPHAD 是在收集、总结热力学数据的基础上发展形成的一门介于热力学、相平衡和计算机科学之间的交叉领域。现在已成为材料设计、冶金和化工等过程模拟设计的重要工具，使相平衡研究真正成为材料设计的一部分。

### 2.6.1 相图热力学计算模型[16]

#### 2.6.1.1 二元化学计量比相的热力学

化学计量比相的自由能等于纯物质的自由能加上化学计量比相的生成自由能。所以化合物相 $\theta$ 的自由能表达式为：

$$G^0 = X_A^0 G_A^\alpha + X_B^0 G_B^\beta + \Delta G^\theta \tag{2.13}$$

式中，A、B 原子的参考态分别为 $\alpha$、$\beta$，两者可以不同；$^0G_A^\alpha$、$^0G_B^\beta$ 为纯 A、B 分别在 $\alpha$ 态和 $\beta$ 态的自由能，$\Delta G^\theta$ 为 1mol 原子化合物的形成自由能。

#### 2.6.1.2 替换溶液模型

替换溶液（如液相与置换固溶体）的自由能一般可通过对理想溶液进行修正来实现，其自由能表达式可写成：

$$G_m^\alpha = X_A^0 G_A^\alpha + X_B^0 G_B^\alpha + RT[X_A \ln(X_A) + X_B \ln(X_B)] + G^{ex} \tag{2.14}$$

式中，$(X_A^0 G_A^\alpha + X_B^0 G_B^\beta)$ 为 $X_A$ 摩尔 $\alpha$ 态的 A 与 $X_B$ 摩尔 $\alpha$ 态的 B 的机械混合自由能，$RT[X_A \ln(X_A) + X_B \ln(X_B)]$ 为理想混合熵引起的自由能增量，两者之和为理想溶液的自由能。$G^{ex}$ 为超额自由能，表示溶液偏离理想溶液的程度。$G^{ex}$ 与成分的关系一般用多项式来表示，如 Redlish-Kister 多项式：

$$G^{ex} = X_A X_B \sum I_i (X_A - X_B)^i \tag{2.15}$$

式中，$I_i$ 称为相互作用参数。当 $i=0$ 时，就是规则溶液模型。在规则溶液中，A-A 键、

B-B 键、A-B 键的键能不相等，溶液中原子是随机混合的。

在二元系中，符合规则溶液模型的固液两相相互作用参数的变化对相图的影响是很大的。只要破坏同类原子而形成异类原子的键能 $\nu \neq 0$，溶体相内原子就不会是随机分布的。因此，规则溶液模型只是一个近似模型。为描述原子环境对成键的影响，可以采用次规则溶液模型（$i=1$），甚至次次规则溶液模型（$i=2$）。

### 2.6.1.3　准化学模型

在 $\nu < 0$ 的体系中，将出现短程有序，因此对混合熵产生了一定的影响。为了更能准确地描述这种变化，Benthe 提出了准化学模型。该模型假设 A 原子与 B 原子形成的键是互相独立并随机分布的。在平衡态有：

$$\frac{X_{AB}X_{BA}}{X_{AA}X_{BB}} = \exp\left(-\frac{2\nu}{kT}\right) \tag{2.16}$$

因为 $X_{AB} = X_{BA}$，对 1mol 原子，混合键数为 $NZ/2$ mol（$N$ 为原子总数，$Z$ 为配位数）。事实上，溶液中的无序度不会如此大，结合键不是相互独立且是随机分布的，所以应增加一个修正项。对 $\nu$ 比较小的体系，可以用理想溶液来修正。在理想溶液中，混合熵为理想混合熵，$\nu = 0$，原子随机混合，$X_{AA} = X_A^2$，$X_{BB} = X_B^2$，$X_{AB} = X_A X_B = X_{BA}$。所以混合自由能和混合熵变化为：

$$\begin{aligned}
{}^{M}G &= \nu NZ X_{AB} + \frac{1}{2}NZkT\left[X_{AA}\ln(X_{AA}) + X_{BB}\ln(X_{BB}) + X_{AB}\ln(X_{AB}) + X_{BA}\ln(X_{BA})\right] \\
&\quad - (Z-1)NkT\left[X_A\ln(X_A) + X_B\ln(X_B)\right]
\end{aligned} \tag{2.17}$$

$$\begin{aligned}
{}^{M}S &= -\frac{1}{2}NZk\left[X_A^2\ln(X_A^2) + X_B^2\ln(X_B^2) + 2X_A X_B\ln(X_A X_B)\right] \\
&\quad + (Z-1)Nk\left[X_A\ln(X_A) + X_B\ln(X_B)\right] \\
&= -Nk\left[X_A\ln(X_A) + X_B\ln(X_B)\right]
\end{aligned} \tag{2.18}$$

### 2.6.1.4　缔合物模型

在某些情况下，在某一成分处，相界线、焓、熵与成分关系曲线会出现尖点（图 2.5）。这时可以假设在相中存在某些固定成分的原子集团缔合物。如 $Ag_2Te$，溶液是由缔合物与端际组元共同构成的，组元之间及组元与缔合物之间的相互作用符合规则溶液模型。

例如，假设 A-B 二元系中存在 $A_iB_j$ 的缔合物，A-B、$A_iB_j$ 在相中所占的摩尔分数分别为 $y_A$、$y_B$、$y_{A_iB_j}$，$y_A + y_B + y_{A_iB_j} = 1$，所以该相的自由能可表示为：

$$\begin{aligned}
G_m^\alpha &= y_A {}^0G_A^\alpha + y_B {}^0G_B^\alpha + y_{A_iB_j} {}^0G_{A_iB_j}^\alpha + RT\left[y_A\ln(y_A) + y_B\ln(y_B)\right. \\
&\quad \left. + y_{A_iB_j}\ln(y_{A_iB_j})\right] + I_{A:A_iB_j}y_A y_{A_iB_j} + I_{B:A_iB_j}y_B y_{A_iB_j} + I_{A:B}y_A y_B
\end{aligned} \tag{2.19}$$

式中，${}^0G_{A_iB_j}^\alpha = i{}^0G_A^\alpha + j{}^0G_B^\alpha + \Delta G_{A_iB_j}$ 为 1mol 分子缔合物的自由能。$I_{A:A_iB_j}$、$I_{B:A_iB_j}$、$I_{A:B}$ 分别为溶液中 A 组元与 $A_iB_j$、B 组元与 $A_iB_j$ 及 A 组元与 B 组元的相互作用参数。

如果溶液中不止一个缔合物，缔合物与端际、组元与端际组元之间的相互作用可以假设成次规则溶液模型，甚至次次规则溶液模型，但总的思路不变。

### 2.6.1.5　团簇变分法

团簇变分法不仅能像准化学模型中一样考虑双原子键，也考虑了三原子以上的原子团簇。与缔合物模型一样，每一种原子团簇都有各自的自由能，原子团簇的形成自由能由团簇中 A—B 键的数量来估计。与缔合物模型不同的是，考虑了团簇共面、共边、共角的事实，因此团簇变分法对熵进行了修正。团簇变分法是目前处理有序化最为成功的模型。

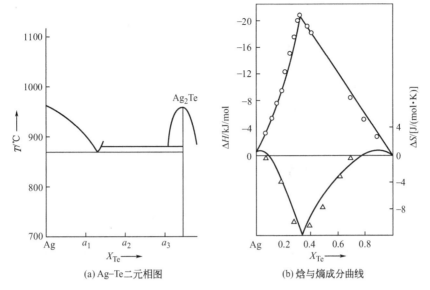

(a) Ag-Te二元相图    (b) 焓与熵成分曲线

图 2.5    在二元相图及其焓与熵成分曲线[16]

团簇变分法所得到的最后熵的表达式为：

$$S = -2R[y_A\ln(y_A) + y_{A_{0.75}B_{0.25}}\ln(y_{A_{0.75}B_{0.25}}) + y_{A_{0.5}B_{0.5}}\ln(y_{A_{0.5}B_{0.5}})$$
$$+ y_{A_{0.25}B_{0.75}}\ln(y_{A_{0.25}B_{0.75}}) + y_B\ln(y_B) - (y_{A_{0.75}B_{0.25}} + y_{A_{0.25}B_{0.75}})\ln(4)$$
$$- y_{A_{0.5}B_{0.5}}\ln(6)] + 6R[p_{AA}\ln(p_{AA}) + p_{AB}\ln(p_{AB}) + p_{BA}\ln(p_{BA})$$
$$+ p_{BB}\ln(p_{BB})] - 5R[X_A\ln(X_A) + X_B\ln(X_B)] \tag{2.20}$$

可以证明，在假设原子随机混合的情况下，缔合物模型的熵不等于规则溶液模型的熵，而团簇变分法模型的熵是等于规则溶液模型熵的。

### 2.6.1.6    亚点阵模型

对于有一定成分范围的化合物相，可以认为在化合物相中 A、B 原子占据了某一固定的位置（亚点阵），形成化学计量比相，但往往是有一定的溶解度。实际晶体也确实存在亚点阵。在间隙固溶体中，大原子占据点阵位置，而间隙位置由小原子所占据，从而形成了两种不同的亚点阵。现在假设：①每一亚点阵内的原子只与其他亚点阵内的原子相邻；②最近邻相互作用是常数；③各亚点阵之间的相互作用可忽略不计，过剩自由能是描述同一亚点阵内原子的相互作用，并与另一亚点阵内原子种类有关；④亚点阵内原子遵循规则溶液模型。

设亚点阵的形式为 $(A, B)_P (B, A)_Q$，在第一个亚点阵中以 A 原子为主，在第二个亚点阵中以 B 原子为主。A 在第一个亚点阵中的点阵分数为 $y_A^1$，B 在第二个亚点阵中的点阵分数为 $y_B^1$，如此，有 $y_A^2$、$y_B^2$。并且 $y_A^1 + y_B^1 = 1$，$y_A^2 + y_B^2 = 1$。根据这些合理的假设和实际相中亚点阵的形式，就可以写出亚点阵模型的自由能表达式。亚点阵模型可以广泛地用于不同类型的相。

(1) 固定成分的化合物    对于固定成分的化合物，可以认为每一个亚点阵只包含一种原子。所以，$y_A^1 = 1$，$y_A^2 = 0$，$y_B^1 = 0$，$y_B^2 = 1$。$A_PB_Q$ 相的形成自由能为：

$$G_{A_PB_Q} = y_A^1 y_B^{20} G_{A_PB_Q} = {}^0 G_{A_PB_Q} = P^0 G_A + Q^0 G_B + \Delta G_{A_PB_Q} \tag{2.21}$$

(2) 规则溶液    规则溶液，原子随机混合，两亚点阵完全相等，$(A, B)_P (B, A)_Q$ 相当于 $(A, B)_{(P+Q)}$，$y_A^1 = y_A^2 = X_A$，$y_B^1 = y_B^2 = X_B$，只考虑最近邻的相互作用，所以：

$$
\begin{aligned}
G_{(\mathrm{A,B})(P+Q)} &= X_\mathrm{A} X_\mathrm{A}{}^0 G_{\mathrm{A}_P \mathrm{B}_Q} + X_\mathrm{A} X_\mathrm{B}{}^0 G_{\mathrm{A}_P \mathrm{B}_Q} + X_\mathrm{B} X_\mathrm{A}{}^0 G_{\mathrm{B}_P \mathrm{A}_Q} \\
&\quad + X_\mathrm{B} X_\mathrm{B}{}^0 G_{\mathrm{B}_P \mathrm{A}_Q} + (P+Q)RT[X_\mathrm{A} \ln(X_\mathrm{A}) + X_\mathrm{B} \ln(X_\mathrm{B})] \\
&= (P+Q)[X_\mathrm{A} X_\mathrm{A}{}^0 G_\mathrm{A} + X_\mathrm{A}{}^0 G_\mathrm{A} + X_\mathrm{B}{}^0 G_\mathrm{B} + X_\mathrm{B} X_\mathrm{B}{}^0 G_\mathrm{B} \\
&\quad + X_\mathrm{A} X_\mathrm{B}(\Delta G_{\mathrm{A}_P \mathrm{B}_Q} + \Delta G_{\mathrm{B}_P \mathrm{A}_Q})] + (P+Q)RT[X_\mathrm{A} \ln(X_\mathrm{A}) + X_\mathrm{B} \ln(X_\mathrm{B})] \\
&= (P+Q)(X_\mathrm{A}{}^0 G_\mathrm{A} + X_\mathrm{B}{}^0 G_\mathrm{B}) + (\Delta G_{\mathrm{A}_P \mathrm{B}_Q} + \Delta G_{\mathrm{B}_P \mathrm{A}_Q}) X_\mathrm{A} X_\mathrm{B} \\
&\quad + (P+Q)RT[X_\mathrm{A} \ln(X_\mathrm{A}) + X_\mathrm{B} \ln(X_\mathrm{B})] \quad\quad (2.22)
\end{aligned}
$$

式中，$\Delta G_{\mathrm{A}_P \mathrm{B}_Q} + \Delta G_{\mathrm{B}_P \mathrm{A}_Q}$ 是形成 A-B 键所导致的自由能增量，即相互作用参数。这样亚点阵模型就回到了规则溶液模型。当 $\Delta G_{\mathrm{A}_P \mathrm{B}_Q} + \Delta G_{\mathrm{B}_P \mathrm{A}_Q}$ 为零时，就是理想溶液模型。

（3）间隙固溶体　间隙固溶现象最常见的例子是钢铁材料。可以假设铁和合金元素占据的点阵位置为一个亚点阵，而碳、氮等间原子的位置为另一亚点阵。间隙位置不可能完全被填满，就认为亚点阵的中有空位。这样，奥氏体的模型形式为（Fe、Cr、Mn、…）（C、N、Va、…），其中 Va 即空位。根据前面的假设，可写出其 Gibbs 自由能表达式。

（4）非计量离子化合物　在离子化合物中，一般阳离子周围总是阴离子，阴离子周围总是阳离子，形成了密堆结构。可以假设阳离子为一个点阵，阴离子为另一点阵。同样，与间隙固溶体一样，在亚点阵中可引入空位来描述离子的缺位。用于化合物的亚点阵模型又称为化合物能量模型。

（5）多元外推模型　实测的相图一般为二元或三元相图的一些截面，而实际材料通常是由多种元素组成。所以利用低元系的相图与热力学数据外推计算多元合金的相平衡对实际材料设计与工艺优化是非常重要的方法。机械混合自由能为：$X_\mathrm{A}{}^0 G_\mathrm{A} + X_\mathrm{B}{}^0 G_\mathrm{B} + X_\mathrm{C}{}^0 G_\mathrm{C} + \cdots$，理想混合引起的自由能增量为：$RT[X_\mathrm{A} \ln(X_\mathrm{A}) + X_\mathrm{B} \ln(X_\mathrm{B}) + X_\mathrm{C} \ln(X_\mathrm{C}) + \cdots]$。关键是确定超额自由能。多元系的超额自由能可以利用低元系的超额自由能来外推计算得到，外推计算公式有科勒外推公式、科里内特公式、姆加努方程、图普-希拉特方程等。不同的外推方法是吉布斯-杜亥姆方程沿不同路径积分的结果。对规则溶液其结果是一致的。对有多元实测相图与热力学数据的体系，不同模型的差别可通过多元参数的优化来弥补。一般的软件中只采用一种外推方法。这里仅简单介绍科勒外推公式。

科勒外推方法只考虑二元超额自由能对多元超额自由能的贡献，其通式为：

$$
G^{\mathrm{ex}} = \sum_{i=1}^{N} \sum_{j=i+1}^{N} (X_i + X_j)^2 G_{ij}^{\mathrm{ex}} \left( \frac{X_i}{X_i + X_j}, \ \frac{X_j}{X_i + X_j} \right) \quad\quad (2.23)
$$

对于三元系，可表示为：

$$
\begin{aligned}
G^{\mathrm{ex}} &= (X_\mathrm{A} + X_\mathrm{B})^2 G_{\mathrm{AB}}^{\mathrm{ex}} \left( \frac{X_\mathrm{A}}{X_\mathrm{A} + X_\mathrm{B}}, \ \frac{X_\mathrm{B}}{X_\mathrm{A} + X_\mathrm{B}} \right) \\
&\quad + (X_\mathrm{B} + X_\mathrm{C})^2 G_{\mathrm{BC}}^{\mathrm{ex}} \left( \frac{X_\mathrm{B}}{X_\mathrm{B} + X_\mathrm{C}}, \ \frac{X_\mathrm{C}}{X_\mathrm{B} + X_\mathrm{C}} \right) \\
&\quad + (X_\mathrm{C} + X_\mathrm{A})^2 G_{\mathrm{CA}}^{\mathrm{ex}} \left( \frac{X_\mathrm{C}}{X_\mathrm{C} + X_\mathrm{A}}, \ \frac{X_\mathrm{A}}{X_\mathrm{C} + X_\mathrm{A}} \right) \quad\quad (2.24)
\end{aligned}
$$

即三元系的过剩自由能等于二元系边界上图示三个点的过剩自由能的加权平均值，权重为 $(X_i + X_j)^2$。如果考虑三元超额自由能的贡献，可加入三元项。三元项的通式为：

$$
\begin{aligned}
G^{\mathrm{ex}} &= \sum_{i=1}^{N} \sum_{j=i+1}^{N} (X_i + X_j)^2 G_{ij}^{\mathrm{ex}} \left( \frac{X_i}{X_i + X_j}, \ \frac{X_j}{X_i + X_j} \right) + \sum_{i=1}^{N} \sum_{j=i+1}^{N} \sum_{k=i+2}^{N} \\
&\quad (X_i + X_j + X_k)^2 G_{ijk}^{\mathrm{ex}} \left( \frac{X_i}{X_i + X_j + X_k}, \ \frac{X_j}{X_i + X_j + X_k}, \ \frac{X_k}{X_i + X_j + X_k} \right) \quad\quad (2.25)
\end{aligned}
$$

### 2.6.2　Md 法计算相界成分[17]

N. Yugawa 等研究提出了利用 $\gamma$ 相的平均电子能级作为拓扑密排相（topologically close packed phase，TCP）析出判据的过渡金属 d 电子能级法（Md 法）。

由合金成分 $[x_i^0]$ 可求得 $\gamma$ 和 $\gamma'$ 相成分 $[x_i^\gamma]$ 和 $[x_i^{\gamma'}]$，合金成分 $[x_i^0]$ 是扣除碳化物等化合物之后的成分。由 $\gamma$ 相成分 $[x_i^\gamma]$ 可求出该相的平均 d 电子能级 $\overline{Md}$：

$$\overline{Md} = \sum_{i=1}^n (\overline{Md})_i X_i \tag{2.26}$$

式中，$(\overline{Md})_i$ 为元素 $i$ 的 d 电子能级，$X_i$ 为元素 $i$ 的原子分数。如确定一个临界 d 电子能级（critical d electron level）$(\overline{Md})_C$，就可用来表示 $\gamma$ 相与拓扑密排相的相边界，可作为合金设计时确定成分的依据。通常对于各种高温合金，都可确定为：$(\overline{Md})_C = 0.900 \sim 0.935$，也可以把临界 d 电子能级确定为温度的一次函数：

$$(\overline{Md})_C = 6.25 \times 10^{-5} T + 0.834 \tag{2.27}$$

d 电子能级和键级的计算虽然具有第一性原理的特征，但由于相平衡成分的计算具有经验性质，所以仍然将 Md 法列入经验合金设计的范围。Md 法不仅适用于镍基合金，而且对于钴基合金和铁基合金也有很好的适用程度。Md 法除了能计算过渡族元素的 d 电子能级，还能计算键级，可用来评价材料的力学和化学性能。如果 Md 法能够准确地预测两个主要合金相的成分，则该方法可走出经验设计，而走向第一性原理合金设计。

### 2.6.3　CALPHAD 计算模式[16,17]

#### 2.6.3.1　CALPHAD 计算步骤

相图按其获得的方法可分为实验相图、理论相图和计算相图三类。计算相图也就是热力学计算相图。随着计算机技术的不断发展，热力学计算相图已发展成为材料设计的一个主要领域。

运用 CALPHAD 方法计算相图主要有四个步骤：①根据体系中各相的结构特点，选择合适的热力学模型来描述其 Gibbs 自由能，模型中一般都含有一定数量的待定参数；②利用实测的相图与热力学数据优化出 Gibbs 自由能表达式中的待定参数；③采用适当的计算方法和相应的计算机程序在计算机上计算平衡相图；④最后，将计算结果与实验数据比较和分析。如果两者差别较大，就调整待定参数或重新选择热力学模型，再进行优化计算。反复进行该过程，直至计算结果与大部分相图数据及热力学数据在允许的误差范围内。

#### 2.6.3.2　CALPHAD 计算特点

CALPHAD 计算相图的模式的主要特点有以下五点。

① 热力学参数与相图之间的双向转换。热力学参数和相图之间的转换，就是由温度、平衡相成分向晶格稳定性参数、相互作用能等的转化。在热力学参数优化后计算稳态或亚稳态平衡相图时，进行的是相图方向的转化。

② 热力学性质和相图计算向多元系延伸。从二元系到三元系的延伸只要对二元系相互作用参数进行准确而对称性良好的描述就可以了。

③ 热力学性质和相图向亚稳平衡区外插。两相平衡向亚稳区外插，实际上是基于实测结果的热力学参数适用范围的扩展，当然前提是热力学模型和参数描述是合理的。

④ 逐步积累，形成材料热力学数据库（materials thermodynamics data base）。

⑤ 热力学参数评价（thermodynamic parameter evaluation）。CALPHAD 模式计算相图的重要基础是要有可靠的热力学参数。这些参数的评价过程如图 2.6 所示。图中②到③阶段

是对实验数据进行取舍；在第④阶段，要将选定的数据建立数学模型进行数字化；由④到⑤，是检查所确定的数值是否存在矛盾；第⑥阶段对研究对象的评价基本完成，Gibbs 自由能被表示成温度、压力、成分和体积等因素的函数式；⑦以下为将所得到的各参数进行自洽性检查。

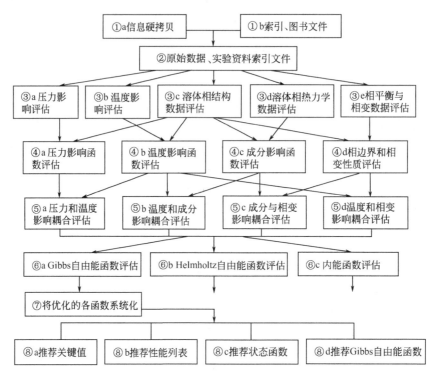

图 2.6　CALPHAD 模式的热力学参数评价过程

### 2.6.3.3　CALPHAD 计算数据库和功能[16～22]

CALPHAD 相图计算的主要功能：可计算稳态相图，也可计算亚稳态相图；计算相变驱动力或化学势；计算和表征相体积分数和活度、焓、相互作用系数等热力学有关参数；计算两相自由能相等的温度和成分的关系曲线（$T_0$）。

$T_0$ 的计算在分析无扩散型相变、研究液相快淬向玻璃态转化等问题有主要的实际应用价值。相变驱动力可了解形成一个新的、更为稳定相的可能性，这对成分设计和工艺制定都是有积极意义的。除了常用的温度-成分相图外，有时还需要知道化学势、活度或焓作为纵坐标的相图。这些问题都可以由 CALPHAD 相图的计算来解决。

现在，真正完善的三元相图还不是很多，四元以上的相图则更少。如果对三元和更多元的系统能通过热力学方法计算出所需要的相成分、体积分数等参数，那将是非常有意义的，这也正是材料设计热力学的核心所在和努力方向。

目前，主要的材料热力学数据库有以下四个。

① NBS/ASM 数据库（美国）。1977 年建，主要有二元、三元合金相图，也开发在线合金相图数据库等。

② ManLabs 数据库（美国）。CALPHAD 创始者之一的 L. Koufman 组建，内容以陶瓷材料等无机物为主，形式为典型的 CALPHAD 模式。

③ FACT 数据库（加拿大）。FACT（facility for the analysis of chemical thermodynamics）包括纯物质和溶体的热力学性质的两个数据库，一套热力学和相图计算优化软件。这些软件的共同特点是集成了具有自洽性的热化学数据库和先进的计算软件。

④ SGTE 数据库（欧洲）。目前在 CALPHAD 领域影响最大的是二十多年前欧洲七个实验室以 SGTE（scientific group thermo-data europe）为名称建立的热力学数据库，配以瑞典皇家工学院为主开发的热力学计算软件 Thermo-Calc。该软件功能广泛，可以进行多元相图计算和相关热力学数据评价及优化。

具有代表性的材料集成热化学数据库和相图计算软件是瑞典皇家工学院为主开发的 Thermo-Calc 系统和加拿大蒙特利尔多学科性工业大学计算热力学中心开发的 FACT 系统。Thermo-Calc 系统有 WINDOWS 版和 DOS 版。完整的 Thermo-Calc 系统有 SGTE 纯物质数据库、SGTE 溶液数据库、FEBASE 铁基合金数据库、KAUFMAN 合金数据库等。该软件分成若干模块的 600 多个子程序，其中最主要的模块有 POLY-3，可用于各种类型的二元、三元和多元相图的平衡计算。FACT 系统由 Christopher W. Bale 教授等创建于 1976 年，得到了世界各国学者的支持，向 FACT 的研究机构提供了大量的热力学数据和资料。经过多年的建设，FACT 系统日益完善，功能逐渐强大。目前，FACT 系统主要有：①化合物模块中超过 5000 个化合物的热力学数据（如焓、热容、热导率、密度、膨胀系数等）；②溶液模块中有超过 100 个非理想溶液的数据库；③许多反应模块有大量的用于计算化学反应的数据和多元多相平衡系统；④计算二元化合物相图，如 $CaO-SiO_2$、$NaCl-KCl$、$Cu_2S-FeS$ 系相图，以及二元系相图优化和三元相图计算等。

目前，相图计算方法已逐步成为一个比较成熟的学科分支，其内涵已由相图和热化学的计算机耦合拓展到宏观热力学计算与第一性原理计算相结合、宏观热力学计算与动力学模拟相结合和新一代计算软件与多功能数据库的建立，其科学内容非常丰富。

第一性原理计算与相图计算可密切地结合起来，首先是预测体系的热力学性质，充实 CALPHAD 热力学数据库。其次，第一性原理计算的电子结构计算和统计力学相结合可以获得合金的热力学函数随成分、温度和压力的变化规律，并以具有可接受的精度转换成 Redlicirkister/Braggwilliams 公式的系数存入热力学数据库，用 CALPHAD 方法计算相图，例如 Kaufman 等用此方法计算了 Cr-Ta-W 相图。第一性原理计算与集团变分法或蒙特卡罗方法模拟计算相结合可以直接计算相图，Coliler 等列表总结了这方面的成果，将第一性原理计算的结构、热力学和相图信息输入热力学数据库还可以进一步用 CALPHAD 方法预测多元合金系的热力学性质和相图。例如，超高强度结构钢的环境破裂是由于杂质元素在晶粒间的偏聚或形成夹杂物所致，脆化效应的产生应该是晶界处的偏析能量有所不同。在 SRG 研究的研究中，他们整合了材料科学、应用力学和量子物理，准确表达了热力学中的晶体边界的杂质诱发脆化的现象，采用精确的晶体界面原子结构进行量子物理学的计算，以表述在亚原子水平下的钢铁工程学。Olson 等根据现有热力学数据库的计算，非常有说服力地说明了这种偏析能量的不同。基于这种晶粒间脆性的热力学描述，应用全位势线扩张平面波（FLAPW）与群离散变量方法（DVM）在电子水平上计算了各种情况的总能量。计算了元素电荷转移曲线、能态密度曲线和电子轨道，其结果都证明了脆性元素磷、硫都与铁原子有着非杂化电子静电相互作用，这更加有利于这些杂质元素在晶界处的强烈偏析。

瑞典皇家工学院（KTH）和马克斯普朗克（MPI）钢铁研究所开发了一个重要的程序 DICTRA。这是一个模拟计算扩散性相变的软件，可以同时解决液态和固态下控制相变相关扩散和热力学方程的问题。因此，使用 DICTRA 可同时应用热力学数据库中的多元合金热力学数据计算扩散的热力学因子和动力学数据库中的迁移率数据计算合金的互扩散系数。运用 DICTRA 中不同的模型可以模拟计算许多很重要的过程，如多组分合金的成分均匀化、渗碳、微偏析、烧结、焊接和第二相粗化等。因此，材料过程的热力学和动力学计算模拟已经成为深入理解材料性质和优化处理的重要途径。

## 2.7　基于数据采掘的材料设计

材料结构与性能关系和材料制备或加工过程控制是材料研究开发的共同问题。由于这些问题涉及的体系非常复杂，所以用解析方法是很难得到解决的，而相似理论、量纲分析和无量纲参数往往有用武之地。材料科学中的各种数据和结果很多，并且正在以惊人的速度积累。这些实验数据是人类的宝贵财富，如何从数据的"宝藏"中"采掘"有用信息为人类作贡献，是一个非常有价值的工作，但目前还没有得到足够的重视。Q. X. Dai 等[23]根据析出相变热力学和动力学理论，采集了大量试验数据，结合自己的试验结果，建立了高氮奥氏体钢在 $700\sim950℃$ 温度范围内时效过程中 $Cr_2N$ 析出的定量计算数理模型。该数学模型可用于高氮奥氏体钢时效 $Cr_2N$ 析出的计算设计和预测。

上海大学陈念贻教授[1]创立了基于数据信息采掘的半经验材料设计方法，发展的一套数据信息采掘方法已经在国内外推广使用。他们开发了以多种模式识别新算法为基础，结合人工神经网络、非线性和线性回归、遗传算法的综合性材料设计软件 "Materials Research Advisor" 和 "Complex Data Analyser"。主要的方法是：

① 尽可能根据理论知识设计出能描述研究对象的多个无量纲数或参数，以其为坐标轴张成多维空间，作为研究半经验规律的工具；

② 将大量的实测数据或经验知识记入上述多维空间，考查多维空间中数据样本分布规律，建立数学模型，并用以预测、解决实际问题；

利用这些软件可以预测合金相，预报材料性能和合金相图特征量，可以优化材料制备工艺，进行辅助实验探索和辅助智能加工等。

## 2.8　数学方法在材料设计中的应用[4,12,24~26]

数学是科学技术中一门重要的基础性学科，在长期的发展过程中，它不仅形成了自身完美、严谨的理论体系，而且成为其他科学技术必需的研究手段和工具。随着科学技术的飞速发展，数学的科学地位发生了巨大的变化。现代数学在理论上更加抽象，方法上更加综合、更加精细，应用上也更加广泛。数学与材料科学交融产生了许多新的生长点，数学直接为材料科学中非线性现象的定性和定量分析提供了精确的语言，有利于我们从理论的高度研究材料的内在规律。现代数学方法的科学严谨的特点将为材料优化设计、热应力计算、断裂分析、数值模拟以及结构表征、缺陷分析等许多方面提供强有力的研究工具，也为材料科学目前遇到的大量无规律、非线性的复杂问题提供解决办法的新思路，今后将会得到更为广泛的应用。

### 2.8.1　有限元法

有限元法（finite element method，FEM）是 20 世纪 50 年代以来逐步发展起来的一种新的数值方法，由于计算机技术的不断发展，有限元法的应用范围和应用水平都得到了很大的拓展和提高。在许多领域中已成为科学研究和工程分析的一种重要分析方法和手段。有限元法的基本思想是将结构物质看成是由有限个划分的单元组成的整体，以单元结点的位移或结点力作为基本未知量求解，按照基本未知量的不同，可分为位移法、力法和混合法。位移法选取结点位移作为基本未知量，力法选取结点力作为基本未知量，而混合法则选取一部分结点位移和一部分结点力作为基本未知量。在实际研究中，根据研究对象的不同，选取的方法也不同，在材料研究中，多数采用位移法。

有限元法对于研究材料的力学分析特别是内应力、热应力及残余应力等是非常有效的方法。随着航空航天工业的发展，为了适应超高温环境中的工程应用，日本学者新野正之等提出了梯度功能材料（FGM）。典型的金属-陶瓷梯度功能材料的主要设计思想是：材料的一端是耐高温、耐冲刷、耐腐蚀的陶瓷材料，而另一端是导热性好、强度高、有韧性的金属材料。材料的组成从陶瓷向金属是连续过渡的，从而使材料内部的热应力能够得到缓和、减小甚至消除。因此，掌握热应力的大小和分布是 FGM 制造和成分设计的关键。

采用有限元方法研究 FGM 中的热应力时，首先建立 FGM 的成分分布函数，然后建立有限元模型，利用混合律等法则确定材料的物理性能参数（如热导率 $k$、线膨胀系数 $\alpha$、弹性模量 $E$、泊松比 $\nu$ 等），再采用计算机程序计算。采用这种方法研究了 Ti-Ni 梯度功能材料的组成分布与热应力最大值之间的关系。因此，采用有限元分析方法可以优化设计梯度中间层的厚度、层数及最佳成分分布情况。对实际非均匀介质，要得到热应力分布的解析解几乎是不可能的，而有限元法是解决此类问题的最有效方法。有限元法在材料加工过程的数值模拟技术中得到了广泛的应用，但是当网格高度畸变时，有限元法有着一定的局限性。

无网格方法是最近几年兴起的一种与有限元法相类似的数值方法。无网格方法中常用的近似理论主要有核估计、移动最小二乘近似、重构核近似和单位分解。按照其出现的先后顺序，有代表性的有：光滑粒子法 SPH、扩散单元法 DFM、无网格伽辽金法 EFGM、重构核粒子法 RKPM 和单位分解法 PUFEM。研究表明，移动最小二乘近似与重构核近似具有相同的本质，核估计是重构核近似的特殊形式，而核估计、移动最小二乘近似、重构核近似都具有单位分解的特点。无网格方法材料加工数值模拟关键技术主要有：

（1）无网格方法的离散化方案　配点法和伽辽金法是无网格方法中两种主要的离散化方案。光滑粒子法 SPH 中主要采用配点法，配点法可以直接实现离散化，其求解速度比较快，但其稳定性和收敛速度不太理想；无网格伽辽金法 EFGM 和重构核粒子法 RKPM 等主要采用伽辽金法实现离散化，对于比较复杂的材料加工过程的数值模拟，伽辽金法往往需要计算大量的数值积分，从而使求解过程复杂化。

（2）本质边界条件的处理　由于无网格方法的形函数一般不具有常规有限元和边界元形函数所具有的插值函数的特征，因此本质边界条件的处理成为无网格方法实施中的一个难点。在初边值问题的变分方程中，本质边界条件一方面可通过拉格朗日乘子法和罚函数法引入，也可采用与有限元耦合的无网格方法来实现，也可通过在变分方程中运动许可试函数的适当选择来实现，如完全变分法、混合变分法等。

（3）材料不连续性的处理　材料不连续性的处理主要采用可视性准则、衍射法则和透射法等。可视性准则是处理无网格计算中场函数不连续性最简单的方法，在构造核函数时，物体的边界及内部的不连续面都被看成不可穿透的界面；衍射法则适用于中心对称的核函数，它可以使影响区域绕过不连续线的尖端；透射法通过在不连续区域的尖端通过透射的概念对函数施以不同程度的光滑来实现。

无网格方法是一种不需要划分单元，只需要节点参数信息的数值计算方法。一方面它与有限元有相似之处，另一方面它又克服了有限元方法的某些不足，在计算精度、前后处理过程、局部特征描述和自适应实现等方面具有其独特的优点。虽然近年来无网格方法越来越成为国内外的研究热点，但在材料加工数值模拟方面的研究还刚刚开始，随着无网格方法的进一步发展，它在材料加工过程的数值模拟中将大有作为。

目前，有限元软件主要有[12]以下几种。

① SAP（Strucyural Analysis Program）：美国加州大学伯克利分校 M. J. Wilson 教授的线性静、动力学结构分析程序。

② NASTRAN（NASA Structural Analysis）：美国国家航空和宇航局（NASA）的结构分析程序。

③ ADINA（A Finite Element Program for Automatic Dynamic Incremental Nonlinear Analysis）：美国麻省理工学院机械工程系统的自动动力增量非线性分析有限元程序。

④ ANSYS（Analysis System）：世界著名力学分析专家、匹兹堡大学教授 J. Swanson 创立的 SASI（Swanson Analysis System Inc.）的大型通用有限元软件，是世界上最权威的有限元产品。ANSYS/LS-DYNA 是以显式为主、隐式为辅的通用非线性动力分析有限元程序，特别适用于求解各种非线性动力冲击问题。

⑤ IDEAS（Integrate Design Engineering Analysis System）：美国 SDRC 公司的机械通用软件，集成化设计工程分析系统。集设计、分析、数控加工、塑料模具设计和测试数据为一体的工作站用软件。

⑥ ALOOR：由美国 AIGOR 公司在 SAP5 和 ADINA 有限元程序的基础上针对微机平台开发的通用有限元系统。

## 2.8.2 遗传算法

遗传算法（genetic algorithm，GA）是借鉴生物界自然选择和群体进化机制形成的一种全局性参数优化方法。它最早由美国科学家 J. H. Holland 提出。由于其思想的新颖性，该算法已渗透到许多领域，并且成为解决各领域中复杂问题的有力工具。近年来，遗传算法被引入材料研究领域，也取得了较大的进展。

遗传算法不对优化问题的实际决策变量进行操作，所以应用该方法首先需要将问题空间中的决策变量通过一定的编码方法表示成遗传空间的个体，它是一个基因串结构数据。最常用的编码方法是二进制编码，即用二进制数构成的符号串来表示个体。其编码串长度由决策变量的定义域和优化问题所要求的搜索精度决定。在遗传算法中，以个体的适应值大小来确定该个体被遗传到下一代中的概率。为计算这一概率，要求所有个体的适应值是非负的。此外，遗传算法一般要求将最优化问题表示为最大化问题，所以在实际应用中需要对目标函数 $f(X)$ 进行相应转换。遗传算法的三个主要操作算子是选择、交叉和变异。选择用来实施适者生存的原则，即把当前群体中的个体与适应值成比例的概率复制到新的群体中，构成交配池（当前代与下一代之间的中间群体）。选择的作用效果是提高群体的平均适应值。选择是不产生新个体的，所以群体中最好个体的适应值不会因为选择操作而有所改进。交叉操作可以产生新的个体，它首先使交配池中的个体随机配对，然后将两两配对的个体按照某种方式相互交换部分基因。变异是将个体的某一个或某一些基因值按某一较小概率进行改变。从产生新个体的能力方面来说，交叉操作是产生新个体的主要方法，它决定了遗传算法的全局搜索能力；而变异只是产生新个体的辅助方法，但也必不可少，因为它决定了遗传算法的局部搜索能力。交叉和变异相配合，共同完成对搜索空间的全局和局部的搜索。

遗传算法与传统的优化算法相比具有如下的优点：不是从单个点，而是从多个点构成的群体开始搜索，具有本质的并行计算特点，所以搜索过程不容易陷入局部最优值；在搜索最优解过程中，只需要由目标函数值转换来的适应值信息，而不需要导数等其他辅助信息，这使得遗传算法可以解决许多用其他优化算法无法解决的问题，如目标函数的导数无法求得和目标函数不连续时的优化问题。

在实际应用中，许多材料设计问题都归结为一个优化问题，如工艺参数优化、成分和结构的最优化设计等。由于材料的结构、成分、工艺及性能之间常常存在复杂的非线性关系，而且这种关系的存在形式又多种多样，所以用通常的优化方法不容易求得这类优化问题的解。而遗传算法在求解这类复杂优化问题时却有其独到之处。

(1) 在复合材料优化设计中的应用　复合材料的选择与普通材料的选择不同，它涉及基体的选择、增强体的选择、增强体形状的选择、增强体排列方式和体积分数的选择等。所以针对某一性能要求，从大量组合中选择一种合适的材料是非常困难的事情。目前已有一些专家系统帮助设计者进行选择，但这些专家系统有许多限制，如专家系统是针对某一问题的，不具有通用性；不同的设计者可能使用不同的基于启发式规则的专家系统，无法统一等。可以用遗传算法来解决其中一些问题：按照一定的性能要求，从材料数据库中优选出一种最符合条件的材料；在保证材料其他性能的基础上，从数据库中选出合适的材料，使其某一性能达到最优值。Sadagopan 等将遗传算法用在复合材料设计中，取得了很好的效果。在他们的研究中，将基体材料与增强体材料的性质（如弹性模量、热导率、热膨胀系数等）及经过模型化处理后的增强体的形状、排列方式和体积分数看作决策变量。针对上述两类问题，借助材料模型库中的相关模型构造相应的适应值函数，通过遗传操作，给出满足设计要求的材料复合形式。袁杰等[27]以遗传算法作为引擎，在开放源代码软件平台下，创建了多薄层吸波材料计算设计和性能预报智能系统，对几种典型材料进行了多代遗传、进化等优化计算，得到了比较理想的设计结果。

(2) 在功能梯度材料设计中的应用　功能梯度材料（FGM）的残余热应力的大小与材料的使用性能密切相关。功能梯度材料的残余热应力因组成参数（如组成配比和厚度等）的不同而不同。为了能使制备出的功能梯度材料具有最优性能，在制备前对其进行合理的热应力缓和设计是非常必要的。目前使用的方法大都是利用有限元分析法对具有不同组成参数的功能梯度材料的残余热应力进行预测，即找出残余热应力与组成参数的对应关系。由于功能梯度材料组成参数的不连续性，用有限元分析法获得的热应力与组成参数的对应关系也是不连续的。从这样的关系出发，用通常的优化方法是无法求解热应力最小时的组成参数问题的。而遗传算法在求解最优化问题时不要求函数的连续性，可以用来解决这类问题。Shimojima 等开发了一个有限元分析法结合遗传算法的材料设计系统，用于 Mo-MoSi$_2$ 系的功能梯度材料。他们将层数为 $n$ 的梯度材料的组成参数（即组成配比 $x_1$, $x_2 \cdots x_{n-1}$, $x_n$ 和厚度 $y_1$, $y_2 \cdots y_{n-1}$, $y_n$）编码为一个基因型串结构数据。在随机产生一个种群后，用有限元模型对各个体进行评估，按照评估结果进行选择、交叉和变异操作，直至找到该材料热应力最小时的组成参数。

(3) 在合金设计中的应用　合金的热力学和动力学等宏观性质可以通过模拟微观结构和运动，并在此基础上用数值运算统计求和的方法，如分子动力学法来估算。但是，对于一个多组分体系，由于计算量太大，完全通过分子动力学法来设计合金相组成几乎是不可能的。Ikeda 等提出了一种分子动力学模拟与遗传算法相结合进行合金设计的方法，并用于镍基超合金的设计中。为了能获得 $\gamma$ 相和 $\gamma'$ 相的最佳组成，将镍基超合金两相中的组成表示成遗传算法种群中的个体。该个体由三部分组成：$\gamma$ 相、$\gamma$ 相中 Ni 亚晶格位和 Al 亚晶格位。其中每一部分又是由 Al、Ti、V、Cr、Co、Ni、Mo、W、Re 等元素在该相中或该亚晶格位上的实际原子数的二进制编码所组成。百分数总和不等于 100%，所以在这里采用各组分的实际原子数而不是摩尔分数来表示合金的组成。对于达到平衡状态的合金，其各组分在各相中的化学势应该相等。可通过分子动力学方法求得各组分的化学势，并用来构造适应值函数以反映对上述相平衡基本原理的满足程度。在此基础上进行遗传操作就可求得对这一原理满足程度最大的合金相组成，即相平衡组成。Ikeda 等将该方法用于 Ni-Al-Cr-Mo-Ta 系和 Ni-Al-Cr-Co-W-Ti-Ta 系的合金设计中，其设计结果与实验结果吻合得很好。

（4）在工艺参数优化中的应用  在大多数的材料工艺研究中，常常是仅有成分、工艺和性能之间的相关数据，而其间的内在规律还不很清楚，还无法建立完整精确的理论模型。以往人们都是借助回归实验数据来获得一些经验公式以满足工艺优化的需要。由于不满足于回归法解决复杂问题的能力，近年来人们将人工神经网络应用于材料工艺设计研究中，利用其自学习能力，从已有的工艺数据中自动总结规律。目前人工神经网络已广泛应用于材料工艺研究中，并且成为一种有效的研究手段。

用人工神经网络建立材料制备工艺过程模型后，常常需要寻找合适的工艺参数（网络输入），以使材料的性能（网络输出）达到最大或最小，这是一个材料工艺参数优化问题。由于人工神经网络不能给出确定的函数关系，所以通常的优化方法不能用来求解此类工艺参数优化问题。用遗传算法可以有效地解决这一问题，将每组工艺参数编码为一个个体，并利用已训练好的神经网络模型将每组工艺参数所对应的输出值换算成适应值，设计 $m$ 组输入构成遗传算法的种群，进行选择、交叉和变异。当完成规定的遗传代数后，从种群中选出适应度最大的个体解码，即得到最优工艺参数。

人工神经网络与遗传算法相结合的思路已在有些研究工作中得到了应用，我国在这方面做了比较多的工作。用人工神经网络建立了描述 7175 铝合金工艺与其性能间关系的模型，在此基础上结合遗传算法对该制备工艺进行了优化。用人工神经网络研究了 1Cr18Ni9Ti 不锈钢激光表面熔凝工艺参数与腐蚀性能间的关系，并用遗传算法优化该工艺以提高材料的腐蚀性能。应用人工神经网络对反应烧结 $ZrO_2$-SiC 材料制备工艺参数与原位反应 SiC 颗粒生成量的关系进行模拟，并结合遗传算法优化出了最佳制备工艺。用人工神经网络与遗传算法相结合的方法应用于无 Co 高强韧钢的优化设计中，也取得了很好的效果。

遗传算法与现有的一些材料研究方法，如材料数据库、有限元分析法、分子动力学模拟和人工神经网络相结合，解决了材料设计中的许多优化问题，并已应用于复合材料优选、功能梯度材料设计、合金设计和工艺参数优化中。随着研究的深入，遗传算法会在材料研究中得到更广泛的应用。

## 2.8.3  分形理论

分形是由 IBM 公司研究中心物理部研究员和哈佛大学数学系教授 Benoit B. Mandelbort 在 1975 年首先提出来的。Mandelbort 教授面对天上的星星分布、雪松树等自相似构型体，通过灵感创造性地提出非整数维的分形几何理论（fractal geometry）。它与耗散结构理论、混沌理论被认为是 20 世纪 70 年代科学上的三大发现，是非线性科学研究中的重要成果。分形理论的研究对象是自然界和社会活动中广泛存在的无序而又自相似性的系统。分形是指各个部分组成的形态，每个部分以每种方式与整体相似；它既可以是几何图形，又可以是由"功能"或"信息"构成的数理模型，也就是说，它既可以同时具备形态、功能、信息三方面的自相似性，也可以是某种某一方面的自相似性，这种自相似性可以是严格的，也可以是统计意义上的，其有着层次结构和级别上的差异。这些特性对曲折不平的海岸线、粗糙无规的表面形貌、处于不断分裂和凝聚过程中的超微粒子以及裂纹随机分叉等现象的定量表征，是一个准确而严谨的数学方法。分形理论借助相似性原理，洞察隐藏于混乱现象中的精细结构，为人们从局部认识整体，从有限认识无限提供了新的方法。

目前对分形还没有严格的数学定义，只能给出描述性的定义。粗略地说，分形是对没有特征长度但具有一定意义下的自相似图形和结构的总称。将分形看作具有如下所列性质的集合 $F$：①$F$ 具有精细结构，即在任意小的比例尺度内包含整体；②$F$ 是不规则的，以至于不能用传统的几何语言来描述；③$F$ 通常具有某种自相似性，或许是近似的或许是统计意义下的；④$F$ 在某种方式下定义的"分形维数"通常大于 $F$ 的拓扑维数；⑤$F$ 的定义常常是非常简单的。

分形既可以是几何图形，也可以是由"功能"或"信息"等构成的物理模型，并且它们都具有自相似性和标度不变性。所谓自相似性是指某种结构或过程的特征从不同的空间尺度或时间尺度来看都是相似的，或者某系统或结构的局域性质或局域结构与整体相似。所谓标度不变性是指在分形上任选一局域，对它放大，这时得到的放大图又会显示出原图的形态特征。分形理论可由科赫曲线简单表示，当用放大倍数不同的放大镜去观察它时，所看到的曲线都是一样的，而与放大倍数（尺度）无关；在从大到小的各种尺度上具有相同的粗糙度。这就是说，它除了本身的大小外，不存在能表示其内部结构的特征尺度。没有特征尺度，就必须考虑从大到小的各种尺度，这正是用传统几何语言描述它的困难所在。但它在不同尺度上表现出的不变性即无标度性，正是解决问题的关键所在。分形维数给出了自然界中复杂几何形态的定量描述。

分形维数是定量刻画分形特征的参数，在一般情况下是一个分数，它表征了分形体的复杂程度，分形维数越大，其客体就越复杂。

欧氏几何中的维数 $D$ 可以用公式（2.28）表达：

$$D = \frac{\ln K}{\ln L} \tag{2.28}$$

式中，$K$ 为规则图形的长度、面积或体积增大（缩小）的倍数，$L$ 是指规则图形的每个独立方向都扩大（缩小）的倍数。例如，如将直线段的长度增至原来长度的 2 倍（$L=2$），所得到的线段长度为原来线段的 2 倍（$K=2$），所以直线是一维的；如将正方形每边长都增至原来的 2 倍（$L=2$），所得到的正方形面积将增至原来的 4 倍（$K=4$），所以正方形是二维的；如将立方体的每边长都增至原来的 2 倍（$L=2$），所得到的立方体的体积将增至原来的 8 倍（$K=8$），所以立方体是三维的。

相反的，如把一个图形划分为 $N$ 个大小和形状完全相同的小图形，则每个小图形的线度是原来图形的 $r$ 倍，此时分形维数 $D$ 为：

$$D = \frac{\ln N}{\ln(1/r)} \tag{2.29}$$

对于无规分形，其自相似性是通过大量的统计抽象出来的，而且它们的自相似性只存在于所谓的"无标度区间"之内。因此其分形维数的计算要比有规分形维数的计算复杂得多。目前还没有适合计算各类无规分形维数的方法。实际测定分形维数的方法有以下五类：①改变观察尺度求维数；②根据测度关系求维数；③根据相关函数求维数；④根据分布函数求维数；⑤根据频谱求维数。计算分形维数的具体方法有多种，用来计算曲线分形维数的方法有量规法（divider）、周长-面积法、变量法（variation）；用来计算平面分形维数的方法有网格法、Sandbox 法、半径法、密度-密度相关函数法；面积分形维数的计算方法有表面积-体积法、相关函数与功率谱分析法。

材料表面层的腐蚀、催化剂表面的反应活性、半导体表面的导电特性都与其表面状况密切相关。而固体的表面是非常复杂的，存在成分的变化、结构上的重构、台阶和弛豫等现象，同时还有物理和化学吸附发生。用分形理论来分析表面是由 Mandel-bort 首先推动的，人们正在将分形与表面的腐蚀、磨损机理、催化剂催化机理、导电机理等相联系，并取得了一定的成果。例如，在催化剂作用机理研究中表明，催化剂表面分形维数 $D_f$ 介于 2～3 之间作用比较好。用分形维数的方法来量化磨损后的铜表面，发现分形维数随铜表面抛光度的增加而增大。对复相陶瓷磨损表面形貌特征作定量的研究和分析，从理论上推导出了计算公式，实验结果和理论计算相一致。梯度功能材料界面存在分形。采用分形法，通过电镜（SEM）图片，利用分维计算程序对 Mo/β′-Sialon 与 Ta/β′-Sialon 系梯度功能材料界面的分形维数进行了计算，计算出 Mo/β′-Sialon 与 Ta/β′-Sialon 系梯度功能材料界面的分形维数分别为 1.518 和 1.521，而实验也证实了其界面存在扩散现象，而且烧结过程为扩散所控制，分形维数的计算结果与实验结果是一致的。

分形还可以用来研究材料的结构。例如，高分子的分形结构有两种模型描述：无规行走模型（NRW）和自回避无规行走模型（SAW）。另外，人们在材料研究中发现了准晶态，从而进一步发现准晶中的分形结构。所谓准晶态是指介于晶态和非晶态之间的新的凝聚态。研究表明，准晶态的形成是受分形规律的制约而构成分维结构的。

在薄膜的生长过程中，人们发现了分形结构。从纳米 Si 薄膜的生长过程的动力学分析出发，提出了扩散与化学限制凝聚模型（DCLA）。在薄膜沉积初期，形成不均匀结构，形态很不规则，枝杈结构少且枝杈曲率大，所以在薄膜生长初期分维数比较高。在半导体纳米 Si 薄膜的分形结构研究中指出，分形结构的形成对应于薄膜物性的突变和局部的有序化过程。分形理论还可用于薄膜裂纹的研究中，研究者利用有关公式计算了薄膜产生裂纹的分形结构分维数，并指出存在着分维的不确定性。

材料的断裂面具有某种随机的或统计意义上的自相似结构。近年来，材料断裂方面的研究一直关注着应用分形理论研究材料断裂表面形貌与其力学性能之间的关系。对大多数材料的断裂研究结果表明，断裂表面的分维值越大，则材料的断裂面越粗糙，材料的断裂韧性就越好。研究了各种陶瓷的断裂面分维值、断裂韧性、临界裂纹扩展力等的理论计算与实验结果，分析表明，在大多数情况下理论计算与实际值相符。Sebastian 等[28,29]应用单一和多维轮廓线分形法描述材料断裂形貌。根据模拟分析和试验结果，提出了联合多维轮廓线分形方法来检测材料断裂表面，认为对于材料表面断裂形貌的描述和评价具有更好的优越性。

### 2.8.4 其他方法

（1）小波分析法　在材料研究中，可以根据研究对象建立相应的数学函数，这往往和物理学相联系。为了研究这函数，常常用同一个多项式或函数或幂级数近似代替。传统的方法是利用傅里叶变换，例如研究固体的能带及求解薛定谔方程。但是傅里叶变换在处理局部问题时显得十分粗糙。Carbor 在 1946 年首先提出用 Carbor 变换来对信号作局部化分析，后来发展为窗口傅里叶变换。但是在进行信号分析时，经常需要同时对信号的时间域（或空间域）和频率域上实行局部化，这是傅里叶变换无法做到的。所以小波变换就应运而生。

小波分析是探测信号奇异性的有效手段，因此在材料的缺陷探伤及裂纹探测分析上有广泛的应用。根据噪声、机械杂波、裂纹回波、楞边回波等在 $C^a$ 空间中 Lipschitz 常数的差异提出了在不锈钢堆焊层下裂纹的超声检测信号模型，经采样且模型化信号的小波变换模极大值因 $a$ 的值不同而随分辨尺度 $j$ 的变化关系不同，通过小波分析实现了裂纹楞边回波的检测。利用小波分析研究了铸件中的缺陷。利用计算机图像纹理小波分析方法研究了钒催化剂表面活性微区分布及特性，计算了催化剂表面的 SEM 图像对像素的奇异强度值，结果表明，奇异强度值在 3.0～4.0 范围内为催化剂表面活性区。由此导出活性区占 15%～18%，非活性区占 1.8%。这为研究材料表面活性机理、合成新材料提供了新的思路。

（2）拓扑学　拓扑学是研究图形在拓扑变换下不变性质的科学。包括点集拓扑学、代数拓扑学等分支。拓扑学研究几何图形的性质，在晶体结构描述上有重要的应用前景。20 世纪 70 年代至 80 年代分子拓扑学的出现为研究晶体结构提供了更为有利的工具。通过以每个顶点代表分子中的一个原子，每条边代表原子之间形成的化学键，可以将分子结构抽象为一个分子图。分子图的各种拓扑不变量称为分子拓扑指数。目前有拓扑指数、分子连通指数和分子信息拓扑指数等。

近五年来，人工晶体的研究一直是材料研究的热点之一，而研究人工晶体离不开分子动力学，分子动力学中一个重要的概念是势能面。近年的研究表明，势能面是一种多维空间的超曲面，具有拓扑特性，从而代数拓扑学中的基本群的理论、微分拓扑学中关于临界点的理论，都成为研究人工晶体势能面的有力工具。例如曹先凡等[30]研究了拓扑描述函数在材料设计中的应用，将拓扑描述函数表示成含参数的基函数之和，将材料微结构拓扑优化问题转化为设计基函数描述参数的尺寸优化问题，使问题求解更为方便。基于拓扑描述函数的方法可以准确地确定设计域上任意点的材料分布，避免了密度法常出现的棋盘效应、设计变量和有限元单元相关的缺点。并以具有正泊松比和负泊松比的特定弹性材料的设计为例，说明基于拓扑描述函数的材料设计方法的有效性。

## 本 章 小 结

材料设计的技术或途径主要有：材料设计的知识库与数据库、材料设计的专家系统、基于第一性原理的计算设计、计算机模拟、基于相图计算的材料设计、基于数据采掘的半经验材料设计等。材料设计是一个涉及材料科学、物理、数学、力学、化学和计算机技术等多学科的交叉学科领域，并且材料设计是一个复杂的系统工程，所以材料设计的各种方法或途径并不是对所有设计领域都适用的，有其突出的优点，也存在一定的不足。应根据研究的对象和目的要求，选择合适的设计途径和方法。

目前，各种设计途径都取得了较大的成功。就材料设计性质而言，理论计算设计和经验设计往往都是有机地结合起来。在很多情况下，经验设计和数值模拟设计是起了主导的作用，但并不是说第一性原理计算设计就没有实际应用价值。材料设计真正能从微观到宏观的一体化设计有所突破，取决于各种层次计算设计数理模型的建立及其相互有机联系的建构。就材料设计的内容来说，材料设计的准确性、可靠性和实用性还有待于各种数学方法、力学理论、物理与化学理论和材料科学理论的有机结合。对于材料科学与工程发展本身而言，许多方面的研究将突破现有的理论、思路和概念，最典型的是纳米材料的研究开发所涉及的许多问题都与传统的材料科学理论并不符合，甚至相悖。

### 习题与思考题

1. 什么是材料设计的数据库和知识库？数据库和知识库在材料设计中的重点作用是什么？
2. 在材料设计领域中常用哪些数学方法，各有什么特点和应用？
3. 在材料设计与模拟中，有限元方法主要适用于解决哪些问题？
4. 试述分子动力学方法（MD）和蒙特卡洛（MC）模拟方法的特点。

5. 简述材料计算设计的主要途径及方法。

6. 相图热力学计算主要有哪些模型？各有什么特点和应用？

7. CALPHAD 计算相图方法的主要特点是什么？

8. 什么是遗传算法？在材料设计方面有什么特点和应用？

# 参 考 文 献

[1] 熊家炯主编. 材料设计. 天津：天津大学出版社，2000.

[2] 吕允文，夏宗宁，赖树纲等. 材料设计专家系统与人工神经网络的应用. 材料导报，1994，6：1～4.

[3] 吕允文，李恒德. 新材料开发与材料设计. 材料导报，1993，3：1～4.

[4] 戴起勋，赵玉涛等编著. 材料科学研究方法. 北京：国防工业出版社，2004.

[5] François Gygi and Giulia Galli. Ab initio simulation in extreme conditions. Materials Today，2005，8 (11)：26～32.

[6] Kisuk Kang，Ying Shirley Meng，Julien Bréger，et al. Electrodes with High Power and High Capacity for Rechargeable Lithium Batteries. Science，2006，311：977～980.

[7] 赵宇军，姜明，曹培林. 从头计算分子动力学. 物理学进展，1998 (3)：47～66.

[8] 张继祥，关小军. 晶粒长大介观尺度 Monte Carlo 方法实时模拟. 金属热处理，2006，31 (12)：76～79.

[9] 张继祥，关小军，孙胜. 一种改进的晶粒长大 Monte Carlo 模拟方法. 金属学报，2004，40 (5)：457～461.

[10] 肖卓豪，卢安贤，刘树江等. 人工神经网络在玻璃配方设计中的应用研究. 材料导报，2005，19 (6)：17～19.

[11] 戴起勋，戴希敏. 神经网络在奥氏体钢设计中的应用. 钢铁研究学报，1997，9 (6)：37～39.

[12] 许鑫华，叶卫平主编. 计算机在材料科学中的应用. 北京：机械工业出版社，2003.

[13] 周古为，郑子樵，李海. 基于人工神经网络的 7055 铝合金二次时效性能预测. 中国有色金属学报，2006，16 (9)：1583～1588.

[14] 谢佑卿著. 金属材料系统科学. 长沙：中南工业大学出版社，1998.

[15] 谢佑卿. 金属材料系统科学框架. 材料导报，2001，15 (4)：12～15.

[16] 冯端，师昌绪，刘治国. 材料科学导论——融贯的论述. 北京：化学工业出版社，2002.

[17] 郝士明编著. 材料热力学. 北京：化学工业出版社，2004.

[18] J. O. Anderson，Thomas Helander，Lars Hoglund，et al. Thermo-Calc & DICTRA，Computational tool for materials science. CALPHAD，2002，26 (2)：273～312.

[19] 戴占海，卢锦堂，孔纲. 相图计算的研究进展. 材料导报，2006，20 (4)：94～97.

[20] Larry Kaufman，P E A Turchi，Weiming Huang，et al. Thermodynamics of the Cr-Ta-W system by combining the Ab initio and CALPHAD methods. CALPHAD，2001，25 (3)：419～433.

[21] G. B. Olson. Beyond Discovery：Design for a New Materials World. CALPHAD，2001，25 (2)：175～190.

[22] G. B. Olson. Computational Design of Hierarchically Structured Materials. Science，1997，277：1237～1242.

[23] Dai Q X，Yuan Z Z，Cheng X N，et al. Numerical simulation of NitrideAge-precipitation in High Nitrogen Stainless Steels. Mater. Sci. Eng. A，2004，385：445～448.

[24] 刘国华，包宏，李文超. 遗传算法及其在材料设计中的应用. 材料导报，2001，15 (8)：10～12.

[25] 陈海燕，王成国. 分形理论及其在摩擦学研究中的应用. 材料导报，2002，16 (12)：6～8.

[26] 黄剑锋，曹丽云. 现代数学方法在材料科学中的应用进展. 材料导报，2002，16 (2)：40～42.

[27] 袁杰，肖刚，曹茂盛. 用遗传法计算设计多薄层雷达吸波材料的程序实现技术. 材料工程，2005，6：13～16.

[28] Sebastian Stach and Jerzy Cybo. Multifractal description of fracture morphology：theoretical

basis. Mater. Charact. ，2003，51：79～86.

［29］ Sebastian Stach，Stanistaw Roskosz，Jerzy Cybo et al. Multifractal description of fracture morphology：investigation of the fractures of sintered carbides. Mater. Charact. ，2003，51：87～93.

［30］ 曹先凡，刘书田. 基于拓扑描述函数的特定性能材料设计方法. 固体力学学报，2006，27（3）：217～221.

# 第*3*章
# 基于第一性原理的材料设计

材料是由许多相互接近的原子排列组成，排列形式可以是周期性的，也可以是非周期性的。因为固体材料中存在复杂的电子-离子、电子-电子的相互作用，即使对于理想的材料系统也是一个非常复杂的多粒子系统。虽然原则上可以通过量子力学理论对材料系统进行求解，但是由于系统太复杂，也必须采用合理的假设简化和近似处理，才能解决一些实际问题。目前，固体量子理论的发展在利用计算机的条件下已经可以用来探索、计算和预测尚未合成的新材料。Cohen 教授依据量子理论发展了用第一性原理进行材料设计的方法，近年来在预测新材料性能方面取得了很好的成功。最典型的突出例子是预报了存在 Si 的高压金属相及其超导性和预报了 $C_3N_4$ 的超硬材料。第一性原理计算设计的方法很多，而且还在快速地发展着。下面仅介绍部分的研究进展。

## 3.1 原子相互作用势的计算应用

### 3.1.1 第一性原理原子间相互作用对势的严格表达[1]

晶体的结合能 $E(x)$ 一般可表示为原子间势函数的无穷求和，即

$$E(x) = \frac{1}{2} \sum_{i \neq j} \phi_1(R_{ij}) + \frac{1}{6} \sum_{k \neq i \neq j} \phi_2(R_{ijk}) + \frac{1}{24} \sum \phi_3(R_{ijkl}) + \cdots \tag{3.1}$$

式中，右边第一项为二体势（对势项），其后是三体势项、四体势项等。$\phi$ 为原子对势，$R$ 为原子间距离。在很多情况下，二体势项对结合能的贡献占主导地位。特别是对金属而言，由于结合力来自共有电子气的作用，所以用与方向无关的二体势来表示原子间相互作用力是相当好的近似，能满足绝大部分的应用需求。

从原子相互作用势曲线（图 3.1）中可看出，原子间距 $r$ 较大时有吸引作用，原子间距较小时有排斥作用。势能曲线最低点代表双原子分子平衡距离 $r_0$。最常用的 Lennard-Jones (L-J) 势可表示为：

$$\phi(r) = \frac{A}{r^n} - \frac{B}{r^m} \tag{3.2}$$

一般取 $m=6$，$n=12$。系数 $A$ 和 $B$ 可根据点阵常数和升华热导出。

另一种常用的 Morse 势可表示为：

$$\phi(r) = D\{[e^{-a(r-r_0)} - 1]^2 - 1\} \tag{3.3}$$

单纯表示斥力的 Born-Mayer 势则为：

$$\phi(r) = A\exp\left(-a\frac{r-r_0}{r_0}\right) \tag{3.4}$$

描述距离为 $r_{ij}$ 的 $i$、$j$ 两原子间的 Born-Mayer-Huggins 二体势为：

$$\phi_{ij} = A_{ij} \exp\left(-\frac{r_{ij}}{\rho}\right) + \frac{Z_i Z_j e^2}{r_{ij}} \mathrm{erfc}\left(\frac{r_{ij}}{\beta_{ij}}\right) \tag{3.5}$$

式中，$eZ_i=q_i$ 是离子电荷；$A_{ij}$、$\rho$ 和 $\beta_{ij}$ 均为常数；erfc 是补余误差函数。

但即使是二体势也有相当多的不确定性，不同的理论依据和不同的近似方法会得到不同的结果。图 3.1 给出了铝原子的几种二体相互作用势，由此可见这种不确定性是相当大的。因此，寻找理论依据充分、方法严谨的获得二体势的方法是非常重要的。

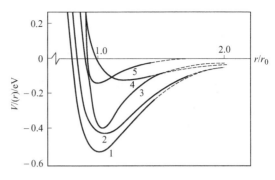

图 3.1　铝原子对的相互作用势

1—基于考虑最近邻相互作用的升华能 Morse 势；2—基于考虑最近邻与次近邻相互作用的升华能 Morse 势；3—基于考虑最近邻相互作用的升华能（$m=6$，$n=12$）Lennard-Jones 势；4—基于考虑最近邻相互作用的升华能（$m=4$，$n=7$）Lennard-Jones 势；5—基于考虑最近邻相互作用的空位形成能 Morse 势

### 3.1.2　陈氏晶格反演定理[1]

从第一性原理结合能曲线运用三维晶格反演方法可严密地导出原子间相互作用对势。在此以同种原子构成的晶体为例来说明。设从第一性原理计算出的晶体结合能函数为：

$$E(x)=\frac{1}{2}\sum_{n=1}^{\infty}r_0(n)\phi[(b_0(n)x] \tag{3.6}$$

式中，$x$ 为原子间最近邻距离；$r_0(n)$ 为 $n$ 级近邻配位数；$b_0(n)$ 是 $n$ 级近邻到参考原子的距离；$\phi(x)$ 为对势函数。通过 $\{b_0(n)\}$ 的自乘得到 $\{b(n)\}$。$\{b(n)\}$ 可认为构成乘法半群，这相当于多出不少虚格点，相应的虚配位数均为零。这时有：

$$E(x)=\frac{1}{2}\sum_{n=1}^{\infty}r(n)\phi[b(n)x] \tag{3.7}$$

式中，$r(n)=r_0[b(n)b_0^{-1}]$，当 $b(n)\in\{b_0(n)\}$

$r(n)=0$，当 $b(n)\notin\{b_0(n)\}$ $\tag{3.8}$

由此即得到反演出的原子间相互作用势普遍公式：

$$\phi(x)=2\sum_{n=1}^{\infty}I(n)E[b(n)x] \tag{3.9}$$

式中 $I(n)$ 满足：

$$\sum_{b(d)|b(n)}I(d)r\left\{b^{-1}\left[\frac{b(n)}{b(d)}\right]\right\}=\delta_{n1} \tag{3.10}$$

式中求和号下的 $b(d)|b(n)$ 表示对所有 $b(n)$ 的因子 $b(d)$ 求和，或对任何一个 $b(d)\in\{b(n)\}$ 都可在 $\{b(n)\}$ 中找到一个 $b(k)$，使 $b(d)b(k)=b(n)$。

关于异种原子间相互作用势问题可以一样解决。用新的方法结合 LAPW、ASW 和正则守恒赝势等方法积累了 300 多种不同原子间相互作用势，并通过应用对已有势库进行了多方面的评价。这种算法也已用于改进 EAM 方法，使参数减少。第一性原理原子间相互作用对势的计算不依赖于经验参数，直接由金属间化合物的第一性原理自洽能带计算和严格的晶格反演过程得到，特别有利于进行系列性的研究，在新材料微观结构设计与性能预测的应用方面有很大潜力。图 3.2 给出了几组第一性原理原子相互作用对势曲线。一般来说，一个二元系需要三条对势曲线来描述原子间的相互作用，即两条同种原子间相互作用势和一条异种原子间相互作用势。对三元系，则需六条对势曲线。

应用第一性原理对势对金属材料中许多问题进行模拟计算，表明这些作用势在金属材料中有很好的有效性。严格地说，在凝聚态下企图把材料内部的运动及其结合产生都归结到任

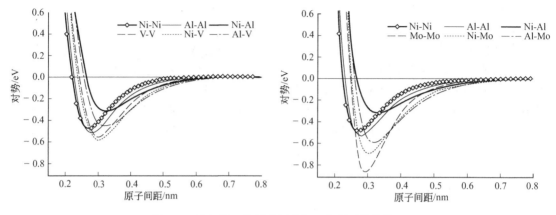

图 3.2　几组第一性原理原子相互作用对势曲线

何形式的原子相互作用势是不可能的。因此，在不同情况下，如何运用不同的有效原子相互作用势去系统地解决问题和理解问题是十分重要的。平常的势函数都是从材料平衡结构时的性能归纳出来的，近似很多。而 ab initio 第一性原理计算不仅涉及平衡结构，也涉及非平衡结构，这是非常好的。另外，在应用各种势解决问题的过程中，也可进一步检验现有的势函数，为继续发展更新更好的势函数作准备。

### 3.1.3　基于 ab initio 计算方法的理论模型[2]

计算材料科学的目标可能是设计特定性能的合金材料。为实现该目标，必须对材料行为的机理有一个全面的认识和了解。重要的是材料成分、温度和压力（CTP）的变化对合金性能的影响规律及微观机理。CTP 对合金性能的影响有大量的数据，一般都包含在合金相图中，这也被称为合金设计者的路线图（road maps）。

虽然在基础水平上对材料性能的认识有少许的疑惑，但要达到合金工程应用的目标，还有较长的路。现在，不仅对平衡态和非平衡态现象的理解上还有一定的差距，而且对性能的本质特征（如热力学和动力学性能以及它们与电子结构之间的联系）还了解不够深入。这样，材料的延性、形变机理、蠕变性能、断裂韧性、拉伸性能和许多其他性能经常会强烈地和特殊合金及化学性能相关。这些性能强烈地受短或长程的特别结构形式影响，其本质的因素是电子结构。研究合金性能和实现合金设计目标主要是获得电子结构的细节及其对材料宏观、微观行为的影响规律。基于量子力学的合金理论研究，连接电子结构（由统计力学和热力学所描述）和宏观行为是有希望的。建立理论和实验结果之间的关系要比单一理论研究或实验研究更具有光明的前景。目前，合金热力学和统计力学的研究基本上都是根据"Ising mode"发展起来的。

许多地方都需要特殊性能的材料。在反磁性或半导体基体中生长磁性纳米粒子和形成纳米结构，制备极小的纳米线和合成准晶体等过程都是可以实现的。最近新技术的发展增大了对理论预测的需求，结果产生了材料性能的 ab initio 计算模拟的研究领域。模拟是基于大部分基础物理定理，它不需要实验数据，也不需要在理论上调整参数。

在 Kohn 等建立了密度泛函理论（density functional theory，DFT）和局域自旋密度近似（local spin density approximation，LSDA）后，从第一性原理来研究分析材料性能的途径成为可能。许多材料科学的问题由 LSDA-DFT 方法成功地得到了解决。因此，材料的电子结构技术在物理、化学、冶金等领域的材料设计中得到了应用。

同时，不同的计算规则，导致了不同的结果。在有些情况下，其差别是很大的，最典型的是纯铁的相结构稳定性。用 LSDA-DFT 方法预测的结果是错误的，而采用 generalized gradient approximation（GGA）方法给出的结果是正确的。当然这结论不是普遍的。如果计算要取决于某特殊的计算技术，那么材料的计算模拟就变得比较混乱。例如，材料的混合能是一个敏感参数，对于不同的 ab initio 计算方法，得到的结果有较大的分散性。值得强调的是，虽然第一性原理都是基于基础理论的，但都包含了一定的近似，都有一定的约束或限制。模拟结果和实验数据之间的一致性是选择计算模型的最好依据。实际上，有些第一性原理计算方法的近似在固体物理环境中是不正确的。

一般情况下，对于固体等复杂多体系统，薛定谔等式（Schrödinger equation，SE）不是很有用的，因为从多体波函数中所获得的信息是不可能分析的。在复杂热力学分析计算中，这种计算的可能性不是很明显。在任何情况下，因为在一定体系中的粒子数量是 $10^{23}$，所以 SE 不能精确地解决问题，必须是近似处理。在所有的 ab initio 计算模型中，最容易最可能实现的近似处理是玻恩-奥本海默（Born-Oppenheimer）近似。

DFT 精确理论的重要问题是应力，在 DFT 中，独立电子系统的 Kohn-Sham（KS）可得到解决。KS-DFT 方法是材料 ab initio 计算模拟的主要规则，最近在量子化学中也得到了应用，但在固体情况下受到一定的限制。图 3.3 表示了 DFT 密度泛函理论 ab initio 模拟的基本概念。A 和 B 形成合金，电子密排于原子核周围保持为原子形式。最外层电子称为价电子，离开各自的原子，在原子间形成结合。根据 DFT 理论，合金中的电子分布、电子密度 $n(r)$ 决定了合金的热力学性能，ab initio 模拟的问题是计算 $n(r)$，可获得大部分重要的热力学性质，如状态、混合能等。

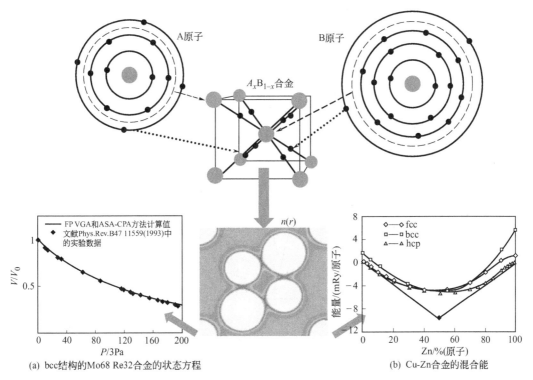

(a) bcc结构的Mo68 Re32合金的状态方程　　(b) Cu-Zn合金的混合能

图 3.3　在 DFT 密度泛函理论中，ab initio 模拟的一般概念[2]

图中 A 原子和 B 原子形成合金，电子密排于原子核周围保持为原子形式。最外层电子称为价电子，离开各自的原子，在原子间形成结合。根据 DFT 理论，合金中的电子分布、电子密度 $n(r)$ 决定了合金的热力学性能，ab initio 模拟的问题是计算 $n(r)$，可获得大部分重要的热力学性质，如状态（a）、混合能（b）等

## 3.2 高温 Ti 合金的优化设计[3]

金属材料信息科学是以实验资料和金属材料科学理论系统为基础,以合金系特征原子序列工程为先导,研究一般信息和目标信息的再生、表征、变换、存储、传递、检测和施效等运行规律。这是实现新合金计算机辅助设计的前提。下面以 Ti-Al 合金系为例,以优化 fcc-TiAl 有序高温合金为目的,简要地介绍计算设计的主要环节。

### 3.2.1 特性原子序列信息

晶胞是晶体的最小结构单元。完整的晶体具有对称性和周期性,对晶胞施行平移操作可获得晶体的整体结构。原子占位确定的晶体,定义为只适用于纯金属和具有化学计量成分、完全有序的化合物,并不适合成分和有序度可变的合金。合金特征晶体理论指出,应取一个中心原子和最近邻原子组成的原子团作为合金的最小基本单元。通过对基本原子团序列施行操作就可获得合金整体结构。这种原子团交叠模型可适用于传统意义上的确定性晶体,平均意义上的概率性晶体和非晶体。

fcc-TiAl 格子系统中基本原子团中心特征原子序列载有合金结构和性质的基本信息:原子状态、势能和体积等(有关具体数据略)。它们是计算系统对采集信息处理后的第一次再生信息。

在 Ti-Al 合金系统中,存在有成分可变的 fcc、hcp 和 bcc 格子系统以及液体。理论上,fcc 格子系统包括成分可变的无序相,TiAl 型、$TiAl_3$ 型和 $Ti_3Al$ 型有序相。可以表征特征原子浓度随 $x_{Al}$ 的变化。

### 3.2.2 fcc-TiAl 合金信息

对 fcc-TiAl 系统中特征原子序列信息作进一步处理可再生 fcc 无序合金,TiAl 型、$TiAl_3$ 型和 $Ti_3Al$ 型有序合金及其组元的平均原子状态 ($\psi$、$\psi_{Ti}$、$\psi_{Al}$)、原子势能 ($\varepsilon$、$\varepsilon_{Ti}$、$\varepsilon_{Al}$)、原子体积 ($v$、$v_{Al}$、$v_{Ti}$)、晶格常数 ($a$、$a_{Ti}$、$a_{Al}$) 和结合能 ($E_c$、$E_{c,Ti}$、$E_{c,Al}$)。它们可用数学关系式来表达,用数据表格形式列出,也可用图形描述。图 3.4 表示了晶格常数 ($a$、$c$、$c/a$) 随浓度的变化。

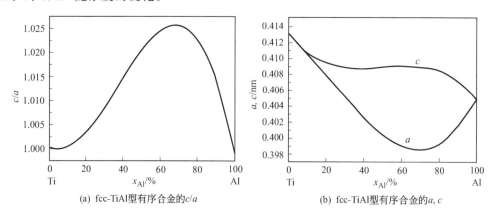

(a) fcc-TiAl型有序合金的c/a      (b) fcc-TiAl型有序合金的a, c

图 3.4 晶格常数 ($a$、$c$、$c/a$) 随浓度的变化

以实用为目的,将 fcc、hcp、bcc 和液体中相的各种结构参数和性质分类进行综合就可获得相应的表格和图形。例如,Gibbs 自由能随成分的变化和相图。图 3.5 展示出了无序 fcc-$Ti_xAl_{(1-x)}$ 合金,fcc-TiAl 型、fcc-$TiAl_3$ 型和 hcp-$Ti_3Al$ 型有序合金的 Gibbs 自由能随

浓度的变化曲线。

### 3.2.3 降低 fcc-TiAl 化合物脆性的信息综合

经计算结果可知：在 $\psi_8^{Ti}$ 原子中，方向性强、电子密度集中的 $d_c$ 电子多，球对称 $s_c$ 电子少，$d_c/s_c$ 比值大。这是 fcc-TiAl 化合物具有低塑性、高脆性的主要原子状态因素。

晶体结构与脆性的关系可见图 3.6，理论晶格常数和结合能：$a=0.40057\text{nm}$，$c=0.40885\text{nm}$，$c/a=1.0207$，$E_c=440.41\text{kJ/mol}$；实验晶格常数和结合能：$a=0.4005\text{nm}$，$c=0.4070\text{nm}$，$c/a=1.0160$，$E_c=434.81\text{kJ/mol}$。实际上，fcc-TiAl 具有轴比 $c/a>1$ 的 $LI_0$ 结构。在 （200）面间和 （020）面间结合的混合键中含有最强的 $[(Tid)_8\text{-}(Tid)_8]$ 方向性键成分。在 $[001]$ 的 $c$ 轴方向是分别由 $\psi_8^{Ti}$ 原子和 $\psi_4^{Ti}$ 原子占据的 $(002)_{Ti}$ 面和 $(002)_{Al}$ 面交替重叠组成，在面间结合的混合键中只含有 $[(Tid)_8\text{-}(Alp)_4]$ 方向性键成分，不含最强的 $[(Tid)_8\text{-}(Tid)_8]$ 方向性键成分，从而使轴比 $c/a>1$。因此，晶体的对称性降低，可滑动系统数减少。这是 fcc-TiAl 化合物低塑性、高脆性的晶体结构因素。

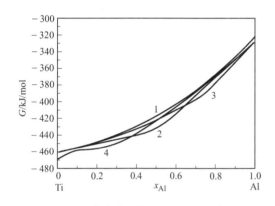

图 3.5　有序合金的 Gibbs 自由能随
浓度的变化（273K）

1—无序 fcc-Ti$_x$Al$_{(1-x)}$ 合金；2—fcc-TiAl 型；
3—fcc-TiAl$_3$ 型；4—fcc-Ti$_3$Al 型

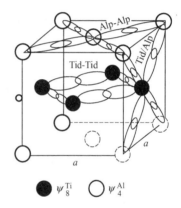

图 3.6　fcc-TiAl 化合物的晶体结构、原子
状态和方向性键

根据 $\psi_{12}^{Al}$、$\psi_8^{Ti}$ 和 $\psi_4^{Al}$ 原子势能 $\varepsilon_{12}^{Al}$、$\varepsilon_8^{Ti}$ 和 $\varepsilon_4^{Al}$ 值和格点的位置，可画出纯金属 fcc-Al 的 （222）势能面，fcc-TiAl 化合物中的 （222）、$(002)_{Ti}$ 和 $(002)_{Al}$ 势能面。比较这些势能面的特征，可知使 fcc-TiAl 化合物致脆的势能面主要因素是 $\varepsilon_8^{Ti}$ 和 $\varepsilon_4^{Al}$ 明显低于纯金属 fcc-Al 的原子势能 $\varepsilon_{12}^{Al}$，而且 $\varepsilon_8^{Ti}$ 和 $\varepsilon_4^{Al}$ 之间的差值很大，很 "粗糙"，使原子平面滑移难以进行。另外，以 （002）为代表的面族是由 $\varepsilon_8^{Ti}$ 和 $\varepsilon_4^{Al}$ 势能面交叠形成，$\varepsilon_4^{Al}$ 势能面的稳定性远低于 $\varepsilon_8^{Ti}$ 势能面，导致原子平面滑移变形难以协调进行。

当 $x_{Ti}/x_{Al}>1$ 时，可画出富 Ti 的 fcc-TiAl 有序合金的原子状态、晶胞、键网络和势能面的特征 （图略）。经分析表明，当 $x_{Ti}/x_{Al}>1$ 时，有利于合金降低脆性。

合金的有序度对脆性也有影响。图 3.7 为有序度 $s=0.9s_{max}$ 时的特征原子浓度随 $x_{Al}$ 的变化规律。对 $s<1$ 的 fcc-TiAl 有序合金的原子状态、晶体结构参数、键网络结构和势能波面特征进行分析后，同样也得出了降低有序度可使脆性降低的结论。

根据以上计算与分析，优化 fcc-TiAl 有序合金韧性的建议调整方案为：

① 调整 $x_{Ti}/x_{Al}$ 比值，使 $x_{Ti}$ 达到 fcc-TiAl 相的极限浓度，甚至合金中可以出现少量的 hcp-Ti$_3$Al 相。

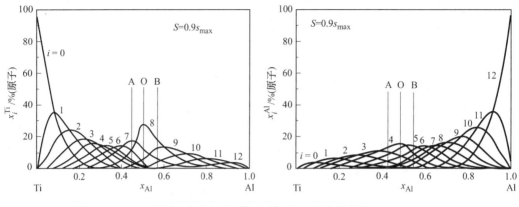

图 3.7　fcc-TiAl 型有序合金中 $x_i^{Ti}$、$x_i^{Al}$ 随 $x_{Al}$ 变化的曲线（$s=0.9s_{max}$）

②　添加少量的其他元素，这些元素可能存在于 Ti 族（ⅣB 族）和 Al 族（ⅢA 族）之间，以及金属性比 Al 更强的一类半金属中。以多元少量复合加入为宜。

③　工艺上要控制合金成分分布均匀，防止出现富 Al 的脆性区。

④　加工变形时有序度尽可能低，使用时有序度尽可能高。

## 3.3　奥氏体钢 ab initio 计算设计[4～9]

量子力学是现代物理和化学的理论基础。基于量子力学的一些关系式所建立起来的被称为"从头计算"（ab initio）的计算方法，现在已成了材料科学中很有用的研究工具，在新材料的研究和开发中发挥了重要的作用。通过该计算方法可建立材料的电子结构和它们的物理、化学和力学性能之间的关系，但是用量子力学方法来精确计算大体积材料几乎是不可能的，很多地方要作近似处理，所以对于大体积材料的精确计算还有不少量子力学方面的问题。随着科学的不断发展和计算方法的不断完善，用 ab initio 计算方法进行新材料的计算设计将成为可能，目前的研究在许多方面已经得到了成功。

钢为人类社会应用所作的贡献是无法计算和评价的，尽管钢的研究和应用已经是比较成熟了，但随着科学技术的发展，仍然需要进行很多的研究。"从头计算"（ab initio）的计算方法一直没有被钢所使用，主要原因是实际生产和使用过程中钢的相关问题很复杂[4]，以至于微观上的计算和宏观性能及实际应用存在很大的差距。主要有以下几点。

首先，钢是非常复杂的系统，一般情况下都是多元素的成分、多相组织复合存在、多晶体的合金。它们的性能取决于在制造过程中各个环节所形成的微观组织结构、合金元素的类型及其数量、钢中的杂质和存在的缺陷等。这些复杂性很自然地使人们要考虑走建立多层次计算模型的途径[5]，要把 ab initio 的原子模拟计算和连续模型的计算结合起来。ab initio 的原子模拟计算的主要任务是提供晶体合金相中的电子结构及其相互作用、原子的排列结构以及点阵缺陷等。用量子力学的有关信息来建立模拟方法描述这大规模的系统。

其次，理论模型和近似地应用 ab initio 方法的计算，最近仅仅在纯铁上达到了精确计算的水平。有些问题仍然保留着，但要解决钢的实际制造问题，前期的理论研究工作还是离问题比较远，似乎是不可能的[4]。

第三，解决合金相中存在的各种无序类型是很困难的。一个形成这样的 ab initio 计算方法是：把固体材料中的各种类型的原子及其磁性排列成相似于真实无序固溶体中原子和磁性的组态。对于非常大的原子数量，这就涉及计算速度，或者说计算时间的问题。就现在最强大的计算机，这也是不可能的。所以要实现这样的目标，ab initio 计算必须结合近年来发展的合金理论，特别是用更有效的方法来处理合金的无序系统。

Levente Vitos 等[4]进行了研究，建立了研究钢的理论模型，得到了具有足够能力和精确度的 ab initio 理论计算方法。下面作简单介绍。

### 3.3.1 理论基础

现在通常使用局域密度近似（local density approximation，LDA）。简单地评价，LDA 能给出不是很精确的整个能量，点阵常数平均精确到 1.5%，而弹性常数的误差会超过 15%~20%。当然，相对于其他方法的误差，LDA 这已经是很大的成功了。实际上对于纯铁这种低能量晶体结构来说这是不够的。根据 LDA 方法的计算，铁的 γ 相能量要比 α 相低，显然这个不一致的问题是要避免的，如直接应用 LDA 方法来计算钢的相变是不行的。后来提出了被称为 GGA（generalized gradint approximation）的方法，这些函数主要考虑了电子密度及其能量。根据 GGA 方法计算的体积模量和点阵常数和实际吻合得比较好，更主要的是比较准确地预测了 γ 相和 α 相的相对稳定性，并且也给出了比较好的状态性能的描述。Kisuk Kang 等[10]应用密度函数理论（generalized gradint approximation to density functional theory，GGADFT）模型，通过计算，改善其晶体结构，设计开发了 Li（Ni$_{0.5}$ Mn$_{0.5}$）O$_2$ 高效电池材料，这是一种既安全又廉价的电池材料，其性能优于 LiCoO$_2$ 电池材料。

虽然 GGA 方法在计算固体金属的某些参数方面要比 LDA 方法有所改善，但是仍有许多问题没有解决。如对 Fe-Al 系统中的两种化合物 Fe$_3$Al 和 FeAl 的结构性能预测，LDA 和 GGA 方法都没有成功。各种 ab initio 计算方法的途径是不同的，所以能够被计算的物理性能及其精度也有很大的差别。经过各种文献资料的简单分析，ab initio 计算方法可能是"一般的"或"特殊的"，有各种精度和速度。它们可应用于计算纯金属和规则金属间化合物的物理性能以及研究有关的缺陷（如层错、晶界、磁子、声子等），对于钢则可研究铁素体 α 相的晶界偏聚现象和奥氏体 γ 相的非共线磁性结构。

单晶合金和实际材料之间最大的差别是原子内在的无序状态，最普通的形式是晶体点阵在大范围内的破坏。没有位向关系的晶体是由晶界、层错、相界等分隔的，在这些多晶体中建立第一规则参数的唯一方法是要获得宏微观性质的资料，然后把这些资料转变成适合于统计原理方法的数据。在单晶中，化学的无序或多或少表现为原子在晶体点阵中的随机性。在绝对零度以上的温度，单晶合金的自由能主要取决于振动能和结构能。而这两种能量是可以分开处理的。在软材料中，振动能是主要的；在不锈钢等硬合金材料中，它们的规律与结构的作用相比是逐渐减少的。这种结构自由能是由能量和熵组成的：

$$F_{conf} = E_{conf} - TS_{conf} \tag{3.11}$$

式中，结构能量 $E_{conf}$ 是晶体在一定温度下的原子的平均位置，结构熵 $S_{conf}$ 是具有相同能量点阵上可能的原子排列结果。在高温下，合金的小范围规则排列是比较少的，结构熵对相变的贡献往往是负的。所以硬材料的相稳定性是决定于结构能量 $E_{conf}$。

模拟化学或磁性无序状态的最直接的方法是使用原子随机分布的大晶胞。原则上，用超晶胞方法可以计算局部的无序和小范围的规则排列，但是要处理大量的处于随机状态原子，在技术上是很麻烦的，所以只能采用经验的或是半经验的方法。在实际合金无序模拟的近似过程中，用大量的集中加权平均来代替单原子真实系统。可是这简单的方法有很多缺陷，如不能正确地描述键合大小和体积效应，所以它在合金中的应用就受到了很大的限制。在初始点阵中原子的特殊排列决定于合金的结构参数 σ。对于每一个 α 相原子团，有 $n_α$ 阵点。引入原子团函数：

$$\phi_\alpha(\sigma) = \sigma_1 \sigma_2 \cdots \sigma_{n\alpha} \tag{3.12}$$

它能证明任何一个结构因素都能根据正交原子团函数来解释。这结构能可由式(3.13)表示：

$$E_{\text{conf}}(\sigma) = \sum_\alpha V_\alpha \phi_\alpha(\sigma) \tag{3.13}$$

式中，$V_\alpha$ 是原子团有效作用系数。对于二元系合金，需要 20～30 个原子团，但是多元成分合金系统，相互作用的数量随着元素种类的增加而快速增大，所以也仅应用于简单合金系统。

对于合金系统比较成功的近似计算方法是相关趋势近似（coherent potential approximation，CPA）方法。图 3.8 是二元系合金 $A_{1-c}B_c$ 中 CPA 方法的理论模型。具有无序分布状态的 A 和 B 原子的真实系统可以由势能 $p^{A-B}$ 来表示。在 CPA 方法中，这系统可以由所谓的点阵无关势能 $p^{\text{coh}}$ 来代替。在格林函数中，作为近似处理，真实的格林函数 $g^{A-B}$ 由相关格林函数 $g^{\text{coh}}$ 来表示。对于每一个合金成分 $i$（A 或 B），可以引入单个点阵的格林函数 $g^i$。

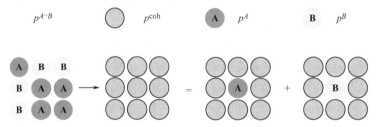

图 3.8　在合金中 CPA 应用的示意图

$p^{A-B}$ 表示真实合金的势能；$p^{\text{coh}}$ 表示相关势能；$p^A$ 和 $p^B$ 是合金成分 A、B 的势能

CPA 方法主要由三个中间过程组成：

① 相关格林函数可以用密度函数方法计算相关势能得到，如 Korringa-Kohn-Rostoker（KKR），linear Muffin-Tin orbital（LMTO）等方法；

② 这个 $g^i$ 函数由真实原子势能 $p^i$ 来代替 CPA 方法中的相关势能，其数学表达式为：

$$g^i = g^{\text{coh}} + g^{\text{coh}}(p^i - p^{\text{coh}})g^i \tag{3.14}$$

③ 单个格林函数的平均值产生了相关格林函数的单个点阵部分，即

$$g^{\text{coh}} = (1-c)g^A + cg^B \tag{3.15}$$

以上各过程是相互关联迭代进行的，$g^A$ 和 $g^B$ 能用来决定无序合金的电子结构。CPA 方法成了无序合金电子结构计算有效的近似方法，在许多方面已得到了实际应用，如合金的点阵参数、体积模量、混合焓等，其精度和用密度函数处理规则固体所得到的结果相近。

最近几年，在 CPA 方法的基础上发展了 EMTO（exact muffin-Tin orbitals）的理论，这种 EMTO-CPA 方法在合金计算领域开辟了一个新的途径。解决了原来 CPA 方法所不能解决的问题，现在可计算二元合金的弹性、研究无序合金的热力学和动力学、相的稳定性等问题，计算合金元素对弹性、层错能或一些结构参数的影响。EMTO 理论成了解决局域密度函数问题的有效而精确的方法。对于置换型合金，在每个点阵位置上设有 $N$ 个合金成分，浓度为 $c^i$，OOMT（optimized overlapping Muffin-Tin）势能为 $V^i(r)$，$i=1,2,\cdots,N$。为计算整个系统的能量，在 CPA 方法中采用合金的平均密度和平均电子浓度 $n^i$。在 EMTO 方法中，从平均格林函数可以得到合金的平均密度：

$$G^{\text{coh}} = \sum_i^N c^i G_{\text{SS}}^i + G_i^{\text{coh}} \tag{3.16}$$

式中，$G_{SS}^i$ 是单个阵点的贡献，包含格林函数 $g^i$ 和合金成分的势能 $p^i$；$G_i^{coh}$ 是几个阵点的贡献，决定于标准 CPA 方法中的相关格林函数的 $g^{coh}$。对于 $G^{coh}$，EMTO 方法和 CPA 方法之间最主要的差别如图 3.9 所示。式（3.16）中右边第二项 $G_i^{coh}$ 是近似地作为间隙状态来处理的，这保证了电子状态的合适的标准态。

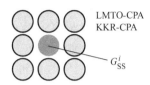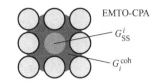

图 3.9　常规 CPA Green 函数（KKR-CPA，LMTO-CPA）和 EMTO-CPA Green 函数之间的差别

### 3.3.2　奥氏体不锈钢模量的计算设计

以往新材料开发的成分确定、制造过程和性能都是采用了经验的试错法，随着材料科学理论和计算技术的快速发展，现在已逐步能实现根据热力学、动力学等理论来定量地进行材料的计算设计。定量的材料计算设计方法在半导体、钢、非铁金属等方面已经得到了许多成功。其中，Olson 方法是比较突出的，根据试验结果和科学理论，两者有机地结合起来，采用了比较有效的多层次计算设计方法，固溶、相变、微观理论、量子及纳米级的设计等[5~7]。采用了一些半经验的热化学基础数据和软件系统，如 Thermo-Calc 和 CICTRA 等。

虽然量子理论的 ab initio 计算方法对其他的设计方法有重要的贡献，但是在许多方面和领域中，在设计过程中其理论研究受到了很多问题的限制。在新合金开发中，根据化学成分确定结构或热化学参数是很重要的一步。原则上，合金元素之间的相互作用是能够从试验数据来建立其关系的。在这方面，量子理论的计算能发挥它的长处，合金元素对化学或物理性能的作用可以由计算机来分离处理，这样就可以比较精确地得到计算结果。最近设计过程[8]的基本原理包括三个步骤。第一步，原子水平的数据由量子力学计算模拟得到，然后用统计原理把它转变成宏观数据；第二步从没有解决的物理、力学和化学性能中分离计算得到宏观数据。根据 EMTO-CPA 模拟方法进行的设计过程得到的奥氏体不锈钢成分-弹性性能图（图 3.10 和图 3.11）能够用来预测钢的基本成分，从而控制和改善性能。

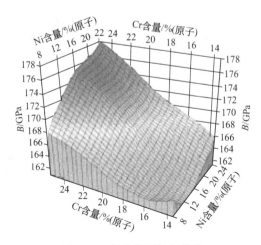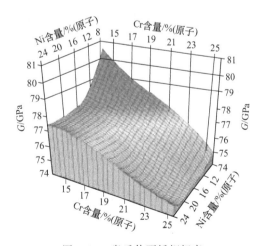

图 3.10　奥氏体不锈钢体模　　　　　图 3.11　奥氏体不锈钢切变
　　量为 Cr、Ni 函数的计算　　　　　模量为 Cr、Ni 函数的计算

这些弹性数据提供了力学变形和结构稳定性方面的基本理论，同样也提供了关于这些性

能在宏观水平上的信息。在多晶体弹性模量和材料的强度、硬度和耐磨性等重要性能之间有着密切的关系；多晶体的塑性变形是位错沿着滑移面运动，同样也和切变模量密切相关；而体积模量是一个平均结合强度的参数，它和晶体的有关能量是有着本质的内在联系。由于切变模量是和塑性变形抗力相关，体积模量能表示断裂抗力，所以 $B/G$ 的比值可以来衡量韧性和脆性的行为[7]。韧性合金的 $B/G$ 的比值 >1.75，而脆性合金的 $B/G$ 的比值比较低。

从图 3.10 和图 3.11 可以得到两个信息：大约成分为 Fe13Cr8Ni 的低 Cr、Ni 合金具有比较低的 $B$ 值和 $B/G$ 比值（约为 2.0），所以脆性也比较大，如实际生产中的 304 钢和 316 钢。这些不足可以通过加入一些 Mo 元素来解决，如加入 2% Mo 就可以使体积模量增加 4%。根据这些预测结果开发了高强度高韧性的 Fe13Cr8Ni2MoAl 奥氏体不锈钢。高 Cr、Ni 合金的 Fe18Cr24Ni 具有中等硬度，由于有比较大的体积模量，所以和低 Cr、Ni 合金相比，其韧性就比较好，断裂抗力也比较高。另外，由于 Ni 含量比较高，就可以减少成分中的 C，以避免高温阶段碳化物的析出，提高钢的腐蚀抗力。

## 3.4 超硬材料计算设计[1,10~16]

### 3.4.1 超硬材料体积弹性模量[1]

工业发展对材料性能提出了更高的要求，利用超硬薄膜进行材料表面改性是一个重要的途径。因此，超硬新材料的探索也是一个引人注目的方向。目前，金刚石是最硬的材料，维氏硬度 96GPa。从 40~90GPa 之间还是空白，这给研究工作提供了探索的余地（图 3.12）。

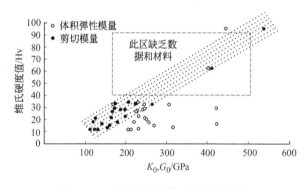

图 3.12 硬度计算参数之间的相关性

材料的硬度是一个复杂的性质。它既取决于材料的微观结构，也取决于材料的宏观结构。因此，材料硬度的标度问题很复杂，不同的测量方法得到不同的硬度。通常选用的 Mohs 经验标度方法得到了广泛的应用。从根本上说，材料的硬度取决于微观性质。对于完整的晶体，材料的硬度用定义的体积弹性模量 $B$ 来标度，即

$$B = -V\left(\frac{\partial p}{\partial V}\right) \tag{3.17}$$

式中，$V$ 和 $p$ 分别表示体积和压力；$B$ 的单位用 GPa 表示。固态惰性能气体的 $B$ 值大约为 1~2GPa，离子固体为 10~60GPa，主族金属为 2~100GPa，过渡族金属为 100~300GPa，共价键晶体为 100~443GPa。因此，人们把超硬材料设计方向瞄准在共价键固体上。

对于金属固体，基于自由电子气模型，由式（3.17）可得到

$$B = \frac{2}{3}nE_F = \left(\frac{6.13}{r_S}\right)^3 \tag{3.18}$$

式中，$E_F$ 是费米能级；$n$ 是电子密度；$r_S$ 是容纳一个电子的球半径。应该指出，式（3.18）并不适用于共价键材料。在共价键材料中，如相邻原子对之间用八个价电子成键并以四面体构型形成固体，则称为四面体共价键材料。根据 Phillips-Van Vechten 方法，四面

体共价键材料 $B$ 值的经验公式是：

$$B = \frac{1972 - 220I}{d^{3.5}} \tag{3.19}$$

式中，$d$ 为键长；$I$ 为离子性。式（3.19）表明，键长 $d$ 越短，$B$ 值越大；离子性越大，$B$ 值就越小。离子性用经验参数 $I$ 表示。对于 IV-IV，III-V 和 II-VI 族固体，$I$ 分别是 0、1 和 2。

在目前已知的材料中，金刚石的 $B$ 值最大（443GPa）。在 Mohs 的标度中，认为金刚石的硬度是不可超越的极限。问题是我们有没有可能从量子化学的理论计算中设计出硬度接近甚至超过金刚石的超硬材料。这种理论设计不依赖于包含待定参数的经验公式，仅仅应用组成材料的原子的原子序数、原子质量等信息来进行第一性原理的计算。

### 3.4.2 β-Si₃N₄ 的电子结构[1,10,11]

β-$Si_3N_4$ 属于 $C_{6h}^2$ 空间群，具有层状结构（图 3.13），以 AAA… 方式堆积，局部几何构型表明 Si 和 N 原子分别以 $sp^3$ 和 $sp^2$ 杂化轨道成键。Si 原子以 $SiN_4$ 四面体通过共顶点连接成网络。β-$Si_3N_4$ 是一种高新技术材料，它具有高强度、高硬度、高分解温度和耐腐蚀、耐磨损等特征，作为高温结构材料被广泛应用在切割刀具等部件中。特别是它优良的强度质量比，被用来代替金属，作为轻质、低惯量部件。虽然 $Si_3N_4$ 有这些结构上、热学上和化学上的优良性质，但是它对于杂质、颗粒大小、多孔性以及材料加工过程都很敏感。然而对于理想晶体来说，这些性质仅取决于材料的电子结构和成键性质。因此，研究这一材料的电子结构可以对设计新材料，特别是对设计超硬材料提供有用的信息。

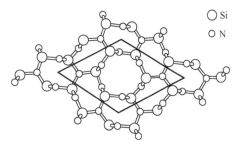

○ Si
○ N

图 3.13　β-$Si_3N_4$ 晶体 a-b 平面的结构

1989 年美国加州大学的 A. Y. Liu 和 M. L. Cohen 教授[10,11] 根据 β-$Si_3N_4$ 的晶体结构，提出用 C 替代 Si，在局域密度近似（LDA）下应用赝势能带法计算了 β-$Si_3N_4$ 的晶体轨道和结合能，认为 C—N 键有较短的键长和较低的离化程度，β-$C_3N_4$ 至少是一种亚稳相，在理论上预言了 β-$C_3N_4$ 这种自然界不存在的新化合物。用 Murnaghan 和 Birch 的态方程拟合计算的结合能，得到的晶格常数 $a$、体积弹性模量 $B$ 和结合能 $E_{coh}$ 列于表 3.1 中。计算的 β-$Si_3N_4$ 的平衡晶格常数与实验值符合得很好。计算的体积弹性模量 $B$ 与实验值偏差小于 4%，在计算和实验的不确定度范围之内。这些结果表明 Cohen 所用的理论方法的可靠性。

表 3.1　β-$Si_3N_4$ 和 β-$C_3N_4$ 的晶格常数 $a$、体积弹性模量 $B$ 和结合能 $E_{coh}$

| 参　　量 | | $a$/nm | $B$/GPa | $E_{coh}$/($E_v$/晶胞) |
|---|---|---|---|---|
| β-$Si_3N_4$ | 计算值 | 0.761 | 265 | 74.3 |
| | 计算值 | 0.7568 | 282 | 74.8 |
| | 实验值 | 0.7608 | 256 | |
| β-$C_3N_4$ | 计算值 | 0.644 | 427 | 81.5 |

对 β-$Si_3N_4$ 进行计算的结果表明，Si—N 键长 0.174nm，比 N 原子（$sp^2$）和 Si 原子（$sp^3$）的原子共价半径和来得短，原因被认为是 Si 和 N 之间的电荷转移，即 Si—N 键部分离子化。由于这一离子性，在 $B$ 的经验公式（3.12）中，离子性因素在 0～0.5 范围内。由式（3.12）计算的 β-$Si_3N_4$ 的 $B$ 值偏离第一性原理的计算值 10%。

β-$Si_3N_4$ 的体积弹性模量（实验值 256GPa，计算值 265GPa）小于金刚石的 443GPa。由式(3.12)看出，缩短键长 $d$，减小离子性 $I$，可以提高共价材料的 $B$ 值。从理论上分析，应选用 C 代替 β-Si$_3$N$_4$ 晶体中的 Si，以形成 C—N 共价键。由于 C 原子共价半径小于 Si 原子共价半径，而且 C 和 N 的电负性差别小于 Si 和 N 的电负性差，因此可以预计 C—N 共价键比较短，而且离子性小于 Si—N 键，β-C$_3$N$_4$ 将是超硬材料。

### 3.4.3 β-C$_3$N$_4$ 的计算设计与开发[1,11~16]

β-C$_3$N$_4$ 是一种理论设计的材料，具有类似 β-Si$_3$N$_4$ 的晶体结构。计算方法和过程与 β-Si$_3$N$_4$ 相同，计算的 C—N 键长为 0.147nm，确实比 Si—N 键的 0.174nm 短。第一性原理计算的 β-C$_3$N$_4$ 总能量随晶胞体积变化见图 3.14。能量曲线最小值出现在 0.087nm$^3$/晶胞的附近，$B$ 值为 427GPa，非常接近金刚石体弹模量（理论计算值是 435GPa，实测值为 443GPa）。因此，β-C$_3$N$_4$ 很可能是一种优质的超硬材料。1994 年，A. Y. Liu 采用可变晶格模型分子动力学（VCS-MD）法[11]，计算得出了 β-C$_3$N$_4$ 的体弹模量为 437GPa，这意味着其硬度超过了金刚石。

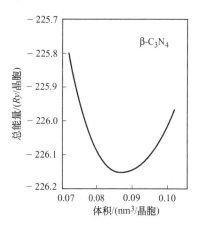

图 3.14 计算的 β-C$_3$N$_4$ 能量与单胞体积的关系

自从 1989 年 Cohen 等在理论上预见共价固体 β-C$_3$N$_4$ 材料的存在及结构和超硬性能之后，许多国家的材料科学家都纷纷开展合成这种新型超硬材料的研究工作。他们采用了各种方法，如气相沉积法[13]、溅射法[13,14]、真空电弧沉积法[15]、激光烧蚀法等。这些实验包括 CH$_4$ 和 N$_2$ 的等离子分解方法、含 C—N—H 有机物的热解、用冲击波压缩有机 C—N—H 前驱体等技术。1993 年，C. Niu 等[16]报道了他们制备 C—N 薄膜的过程。他们在不锈钢真空容器内，用脉冲 Nd：YAG 激光剥离纯石墨靶，被剥离下来的石墨碎片对准被加热的 Si(100) 基片。应用 RF 放电方法产生的原子氮气流在基片上与剥离的石墨相遇，得到了 C—N 薄膜。制备过程用 RBS（rutherford backscattering spectroscopy）测定产物的化学组成，通过控制原子氮气流和基片温度，可以得到 β-C$_3$N$_4$ 固体薄膜。C. Niu 应用 X 射线光电子能谱证实了薄膜的化学组成，并且表明 C—N 是非极性共价键。产物的结构是采用电子衍射方法测定的。研究表明，得到的固体就是 β-C$_3$N$_4$。它可能是最稳定 C—N 固体中的一种，并且是一种可利用的超硬材料。C. Niu 用实验证实了理论预见的超硬材料 β-C$_3$N$_4$ 的存在，展现了新材料计算设计的美好前景。目前，可用于体积弹性模量和硬度的直接定量测量的 β-C$_3$N$_4$ 晶体样品尚未得到。但 β-C$_3$N$_4$ 固体薄膜已在实际中得到了应用。对不同衬底温度下得到的 CN$_x$ 薄膜测量和分析发现[18]，N 原子在 CN$_x$ 薄膜中主要以 sp$^2$ 和 sp$^3$ 两种方式与 C 原子相结合。随衬底温度的变化而两者比例有所变化。

### 3.4.4 c-BCN 设计与开发[17,18]

在高温高压下固体材料行为的研究是一个涉及物理、化学和材料等多学科的重要领域。在过去十年中，在高压实验方面进行了许多研究。

合成像超硬度或超导电性的具有潜在实用性的新型材料仍备受工业界关注。超硬材料是指维氏硬度 Hv>40GPa，这种材料除承受另一种材料的印刻或刮划的能力提高之外，通常具有一些特殊性能，例如压缩力、抗剪切力、大的体积模量、高熔点、化学惰性、高的热导率。这些综合性能使得这种材料有很高的应用价值。

近来，新型超硬材料的研究表明，合成与金刚石硬度相当的材料是不太可能的。因此，研究合成新的比金刚石更有用而不是更硬的材料似乎更有价值。即热性能和化学性能比金刚石稳定，硬度大于 c-BN 的相。

在压力大于 18GPa、温度高于 2200K 下，类石墨 (BN)$_{0.48}$C$_{0.52}$ 固态相转变成一种新型超硬相 c-BC$_2$N。c-BC$_2$N 样品的电子能量损失能谱图 (EELS) 显示了 sp$^3$ 原子键的特征峰，说明了类似金刚石的 B—C—N 三元相的形成。

采用微米和纳米压痕测定 c-BC$_2$N 的力学性能，发现 c-BC$_2$N 的维氏硬度 (Hv) 和压痕硬度 (Hk) 及纳米硬度 (Hn) 介于金刚石和 c-BN 之间，是目前所知道的第二硬材料。c-BC$_2$N 的弹性恢复为 68%，高于对应的 c-BN (60%)，接近金刚石。据纳米硬度测量，c-BC$_2$N 的剪切弹性模量约为 (447±18)GPa，比金刚石的高。布里渊散射测量表明，纳米晶 c-BC$_2$N 弹性各向同性。可以计算出体积模量和剪切弹性模量分别为 $K_0$=(259±22)GPa 和 $G$=(238±8)GPa，从纳米硬度测量法估计的剪切模量值 $G$=447GPa，因为金刚石压痕计的特殊变形，这一数值比实际的高。同时还发现可压缩性测量的值和所得体积模量一致。

### 3.4.5　低压缩系数金属氮化物[17]

大部分过渡金属氮化物 (例如 ZrN、VN、MoN) 都是在高温或高压条件下形成的，然而，还没有与 Sc、Mn、Cu 族化合的二元氮化物。因为其结构简单和稳定，由具有面心立方结构金属组合成的 Ni 和 Cu 组合在很宽的压力-温度范围是稳定的。这些族的大部分金属在金刚石压腔试验中作为标准压力，铂是最常用的一种。铂与氟、氧和硫等元素形成简单二元化合物 (例如 PtF$_4$、PtI$_2$、PtO、PtS)，但是还不知道能否形成氮化物。Ni、Pd 和 Pt 中只有 Ni 能形成 Ni$_3$N 氮化物。

电子微探针和拉曼测量主要探测样品表面 (例如在 5kV 下电子微探针深度可达约 1μm)。所有的微探针测量显示为纯 PtN 或者含有未反应 Pt 的 PtN，尽管可能一些氮溶解在未反应区域的缺陷中。近来的理论研究和第一性原理的计算模拟，结合 X 射线电光子分光光谱数据，提出氮化铂的化学计量接近 1∶2 (Pt∶N)，这一模型对金属氮化物的微探针测量可靠性提出质疑。这一误差可能是微探针的电子束贯入深度 (1~2μm) 远大于氮化物形成反应的贯入深度 (约 100nm) 所致。

过渡金属氮化物的理论计算显示，通常如果纯金属的体积模量大，则其相应的氮化物的值也与之相当。氮化铂的体积模量比纯 Pt 的高出 100GPa，可能是因为氮原子轨道只填充一半，使得 Pt—N 共价键的极性很强。金属-氮共价键的形成最终导致 Pt 电性能的改变，从而可形成新的半导体材料。所有氮化铂样品是有光泽的，但在白光反射下比纯 Pt 黯淡，在透射光里是完全不透明的。采用磁化率技术，在温度降到 2K 时我们发现一种超导转变。外观形貌和超导电信号的消失暗示氮化铂是贫金属或有小能带隙的半导体。这与其他大部分过渡金属氮化物都是不同的，即人们熟知的超导体，如 VN 和 NbN。

采用 DAC 手段，我们合成和表征了一种新的氮化物 PtN，这种 PtN 有非常高的体积模量，横截面有显著的拉曼散射。这些实验证明了采用近代高压手段 DAC、多砧压力和冲压压缩可合成新型超硬相。当然，在室温条件下稳定的产品才有可能称为新型材料。

## 本 章 小 结

事实表明，现代材料科学的研究必须深入到材料的微观层次，无论是对材料性能的了解，还是对材料的组织、性能进行表征，都要求深入到分子、原子以及电子层次。因此，原子水平上的设计，也就是第一性原理计算设计受到了科学家们的高度重视。第一性原理的计算方法比较多，主要有密度泛函理论、准粒子方程、Car-Parrinello 方法、紧束缚方法、赝势方法、Monte-Carlo 方法等。所有的方法都在不同的应用情况下做一些合理的假设或近似，并且各种计算方法也都在不断地完善。例如，大量元素在 0K 温度时各种结构的焓一般都是应用电子密度函数理论来计算的。Sluiter 等[19]研究和评价了 fcc（A1）、bcc（A2）、α-Mn（$\chi$，A12）、β-Mn（A13）和一些 Frank-Kasper 晶体结构，如 $Cr_3Si$（A15）、$MgZn_2$（C14）、$MgCu_2$（C15）、FeCr（$\sigma$，$D8_b$）、$Zr_4Al_3$ 等复杂结构，在 0K 下的结构焓差，即点阵稳定性。并与利用 SGTE 数据库各种 ab initio 计算的点阵稳定性比较，分析了不同情况的差别。

Cohen 教授发展的第一性原理的计算方法，近年来在预测新材料性能方面有两个突出的成功实例：一是预报存在硅的高压下金属相及其超导性，二是通过计算预报了一种 $C_3N_4$ 的超硬新材料。谢佑卿教授创导的合金特征晶体理论在计算设计新合金方面也取得了很好的成果。第一性原理应用于传统材料钢的计算设计是一个难题，而 Levente Vitos 和 Olson 等根据试验结果和科学理论，采用了比较有效的多层次计算设计方法，在奥氏体不锈钢模量计算方面取得了成功。

## 习题与思考题

1. 材料的第一性原理计算设计有哪些优缺点？
2. 以第一性原理进行材料计算设计的基本理论是什么？
3. 目前发展的材料第一性原理计算设计主要有哪些方法？这些方法需做什么近似处理或进行什么假设？
4. 目前，材料第一性原理计算设计方法还存在什么问题？
5. 举例说明利用材料第一性原理计算设计方法在新材料开发方面取得了成功。

## 参 考 文 献

[1] 熊家炯主编. 材料设计. 天津：天津大学出版社，2000.

[2] Patrice E A Turchi，Igor A Abrikosov，Benjamin Burton，et al. Interface between quantum-mechanical -based approaches，experiments，and CALPHAD methodology. CALPHAD，2007，31：4～27.

[3] 谢佑卿，刘心笔. 金属材料信息科学. 材料导报，2003，17（1）：1～7.

[4] Levente Vitos，Pavel A Korzhavyi，Börje Johansson. Modeling of ally steels. MaterialsToday，2002，October：14～23.

[5] Olson G B. Designing a New Material World. Science，2000，288：993～998.

[6] Olson G B. Computational design of hierarchically structured materials. Science，1997，277：1237～1242.

[7] Olson G B. First principles determination of the effects of phosphorus and boron on iron grain boundary cohesion. Science，1994，265：376～380.

[8] Håkan W Hugosson，Ulf Jansson，Börje Johansson，Olle Eriksson. Restricting Dislocation Movement in Transition Metal Carbides by Phase Stability Tuning. Science，2001，293：2434～2437.

[9] 程晓农，戴起勋著. 奥氏体钢设计与控制. 北京：国防工业出版社，2005.

[10] Liu A Y，Cohen M L. Prediction of new low compressibility solids. Science，1989，245：841～842.

[11] Liu A Y，Cohen M L. Structural properties and electronic structure of low compressibility material β-$Si_3N_4$ and β-$C_3N_4$. Phys. Rev. B，1990，41（15）：10727～10734.

[12] Liu A Y，Wenzxovitch R M. Stability of carbon nitride solids. Phy. Rev. B，1994，50（14）：10362～10365.

[13] 肖兴成，江伟辉，宋力昕等. 工艺参数对 α-$CN_x$ 膜沉积的影响. 无机材料学报，2000，15：

183～187.

[14] Yang D Q，Sacher E. A spectroscopic study of CNx formation by the keV N$^{2+}$ irradiation of highly oriented pyrolytic graphite surfaces. Surface Science，2003，531：185～198.

[15] Zocco A，Perrone A，Broitman E，et al. Mechnical and tribological properties of CNx films deposited by reactive pulsed laser ablation. Diamond and Related Materials，2002，11：98～104.

[16] Niu C ，Lu Y Z，Lieber C M. Experimental realization of the covalent solid carbon nitride. Science ，1993，261：334～337 .

[17] Vladimir L Solozhenko，Eugene Gregoryanz. Synthesis of superhard materials. Materials Today，2005，8 (11)：44～51.

[18] Francois Gygi，Giulia Galli. Ab initio simulation in extreme conditions . Materials Today，2005，8 (11)：26～32.

[19] Sluiter M H F. Ab initio lattice stabilities of some elemental complex structures. CALPHAD，2006，30：357～366.

# 第4章
# 相图热力学计算设计

世界上进行合金相图的研究已有一百多年的历史，编辑合金相图集也有约半个世纪的历史。由于合金相图的特殊重要性，研究工作发展很快，并且由实验实测发展到利用热力学数据计算相图。但实测相图仍然是获得有实用价值相图和获得有关数据的基本方法。到目前为止，除了 Hansen 编辑的二元合金相图和后来的两个补编外，各种专门金属的合金相图集已出版很多。

自 20 世纪 70 年代末成立国际合金相图委员会以来，除继续实测和建立各种热力学模型进行相图计算以外，国际上相图研究工作的显著特点是从实测相图和热力学两个方面进行综合评估。并出版了二十多部经过专家评估过的合金相图专著。根据各种渠道所获得的热力学参数，开发相平衡计算程序系统曾经是国际上的热点。目前，许多国家已经开发出了多种这样的系统软件，如美国的 NBS/ASM、Manlabs 数据库和 PANDAT 相图计算与数据库系统，加拿大的 FACT 数据库、欧洲的 SGTE 数据库和瑞典的 Thermo-Calc 相平衡计算与数据库等程序系统。其中，瑞典的 Thermo-Calc 计算系统在全世界都有很好的应用，材料相图和热力学性能计算的软件得到了长足的进展，如 Thermo-Calc 软件的发展使其在材料科学研究中发挥了很大的作用[1]。从 Thermo-Calc 软件产生了 DICTRA，这些软件可进行更多的材料热力学计算、扩散相变过程的模拟。应用 DICTRA 还可实现多元合金的正火、渗碳等热处理工艺过程的模拟。

相图工作尽管取得了很大的成绩，但直到现在为止，其相图的数量仍然远远不能满足要求，特别是三元系以上的相图更少，尚未涉及三元系总数的 2%。所以，根据相图来进行合金的设计有比较大的限制，困难也比较多。

## 4.1 相图优化和计算过程

原则上，溶体 Gibbs 自由能的有关热力学参数可以根据第一性原理计算出来，因此对从头计算相图（ab initio calculation of phase diagram）的方法也进行了许多的研究。如 Sluiter 等[2]应用电子密度函数理论计算了一些复杂结构（如 Al、α-Mn、β-Mn、$Cr_3Si$、$MgZn_2$、FeCr 等）的点阵稳定性。YuZhong 等[3]采用 CALPHAD 和第一性原理（基于膺势法等理论的 VASP 软件）计算相结合的方法，计算了 Al-Mg 系热力学。研究结果表明，计算与试验结果有很好的一致性。但由于体系中原子间交互作用的复杂性，从头计算相图的方法还有待长时间的探索[32]。另一种常用的方法是通过实验测定或根据一定模型从已测定的相图来获得 Gibbs 自由能表达式中的有关热力学参数，据此再计算相图。这种方法也称为热力学和相图的计算机耦合（the computer coupling of thermodynamics and phase diahrams）。目前进行的相图计算大部分都采用该方法。

材料设计无论是第一性原理的，还是依赖实验结果的研究开发都应该是一种人工智能工程[26]。很显然，合金设计的过程首先是确定多相相平衡成分的过程。在相图优化计算之前首先要进行实验数据的收集与评估，评估的目的主要是根据所采用的实验方法判断实验数据的准确性，判断相互矛盾的实验数据哪一个更合理，有无违背相图与热力学原理。

优化的过程是一个不断调整模型参数的过程。参数的初值可根据有关热力学原理来估算，经过不断优化调整，最后使所用参数计算得到的相图及热力学数据与实测数据结果差小于某一临界值。一般先优化实验数据比较多的相的模型参数，然后再优化实验数据比较少的相的模型参数，最后整体优化。调整参数的方法，即最优化方法，常用的有最小二乘法、牛顿法等。优化后所有的相图与热力学数据通过热力学模型联结为一个自洽的整体，最后以模型参数方式存储起来，形成相图热力学数据库[4]。

相图优化与计算的过程可用图 4.1 来表示。材料的研究与开发离不开相图，特别是金属材料。无论是实测相图还是计算相图都是材料研究的基础。相图计算就是运用热力学原理计算系统的相平衡关系并绘制相图的研究，其关键问题就是选择合适的材料热力学模型来模拟计算各相的热力学性质随温度、成分等参数的变化规律[4]。

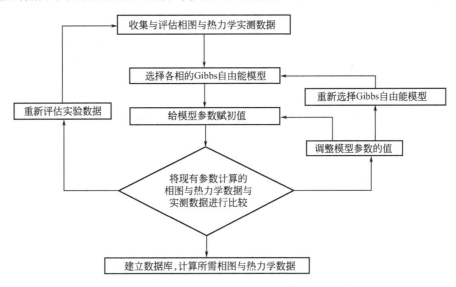

图 4.1　相图计算流程图[4]

在金属材料领域，相图热力学计算是大家比较熟悉的途径。例如，根据 Sn-Pb 二元状态图来设计锡铅焊料；根据 Cu-Sn、Cu-Zn 相图设计青铜及黄铜；根据 Al-Si-Mg 相图来设计铸造铝合金。在热力学计算相图方面，如高温合金中评价 σ 相的生成条件也有比较好的进展。通过相界成分的计算来设计合金、预测合金的组织性能，如在钴基、镍基高温合金、不锈钢及金属间化合物等材料中都取得了比较好的效果。如龚伟平等[5]研究利用相图热力学计算的方法建立了 TiAl 基金属间化合物体系的相平衡图，预测在热处理过程中的相变和微观结构，以达到通过理论与计算来预测新材料的成分、结构与性能以及设计订做具有特定性能的 TiAl 基金属间化合物材料的目的。实验验证了理论计算结果的可行性。

# 4.2　CALPHAD 相图计算

## 4.2.1　实际合金集团数据库
尽管完善多元相图是努力的目标，但是在一个阶段内人们只能追求有限目标。针对实际材料的研究、设计和开发，"合金集团（alloys group）"研究方式能符合某类材料的设计和实际需要。在一个时期内可能完善一个特定合金集团的相图和数据库。例如，由 6 个元素组成的合金集团相图总数为 57，对于实验研究虽然工作量很大，但对于热力学计算还是可以承受的。钢铁材料中的不锈钢、高速钢、耐热钢、高温合金、高强高韧铝合金、钛合金等都是由特定的 6~12 个元素所组成的合金集团。而且，这些合金集团相图工作已经有了很好的研究基础，已经积累了大量的试验数据和结果，为合金设计提供了有力的支撑。

通过 CALPHAD 模式建立起来的材料热力学数据库合金集团如表 4.1 所示。

表 4.1　具有计算相图数据库的实际合金集团[6]

| 合 金 集 团 | 元　　素 | 相 |
|---|---|---|
| 低合金钢 | Fe-C-N-Si-Mn-Ni-Cr-Mo-Co-Al-Nb-V-Ti-W | L,α,γ,碳化物,氮化物 |
| 微合金钢 | Fe-C-N-S-Mn-Si-Al-Cr-Ti-Ni-V | L,α,γ,碳化物,氮化物,硫化物 |
| 工具钢 | Fe-C-Cr-V-W-Mo-Co | L,α,γ,碳化物,氮化物 |
| 不锈钢(铁基合金) | Fe-C-N-Si-Cr-Ni-Mn-Mo-Al | L,α,γ,碳化物,氮化物 |
| 镍基高温合金 | Ni-Al-Ti-Cr-Mo-Co-Ta-Nb-Zr-W-Hf-B-C | L,α,γ,γ′,β,碳化物,硼化物,TCP($\sigma,\mu$, Laves) |
| 钛合金 | Ti-Al-V-Mo-Cr-Si-Fe-Nb-Sn-Ta-Zr-B-C-O | α,β,化合物,碳化物,硼化物 |
| 铝合金 | Al-Cr-Cu-Fe-Mg-Mn-Ni-Si-Ti-V-Zn-Zr | L,α,化合物 |
| 半导体 | Al-Ga-In-P-As-Sb | L,化合物 |
| 微焊合金(microsoldering) | Pb-Bi-Sn-Sb-Ag-Zn-Cu | L,α,γ,β,δ |

### 4.2.2　无铅微焊材料的设计计算[6,7]

废旧电子产品因含有不少铅、汞、镉等有毒有害物质，已经给人类的生存环境和健康带来了很大的影响，如何处理一直是困扰世界各国的难题。欧盟公布了《关于在电子电气设备中禁止使用某些有害物质指令》，我国也出台了《电子信息产品生产污染防治管理办法》，都明确规定在 2006 年 7 月 1 日后所有电子信息产品中不能含有铅、汞、镉、六价铬、聚合溴化联苯（PBB）等有害物质。因此，开发绿色新材料，以替代传统锡铅材料，是一个非常迫切的任务。从 20 世纪 80 年代起，国际上就大力竞争开发无铅钎料。

如表 4.1 所示，微焊材料的 CALPHAD 相图计算主要涉及 Pb、Bi、Sn、Sb、Ag、Zn、Cu 七种元素。首先是完成包括这七种元素的二元和三元相图的实验和计算，然后才能高精度地计算四元以上的多元相图。日本 K. Ishida 等进行了系统的研究，已开发出实用的微焊合金设计软件。

无铅微焊材料研究中，二元系中最主要的系统是 Sn 基合金，如 Sn-Al、Sn-Zn、Sn-Cu 等。主要工作是在 Thermo-Calc 相平衡计算软件和 SGTE 数据库支持下的热力学计算，当然也进行了最必要的实验研究。早期的研究认为，三元系中最有希望的合金系有 Sn-Bi-X、Sn-Ag-X、Sn-Ag-Cu、Sn-Zn-X、Sn-Sb-X、Sn-In-X。其中 Sn-Bi-Sb 系相图的计算结果如图 4.2 所示。图 4.2(b) 的含80%（原子）Sn 的相图纵截面表明，当 Sb 含量小于 5%（原子）时，合金的熔点与 Pb-Sn 合金的共晶温度相近。

计算相图不仅能给出合金的液相面温度，而且还可由液相成分和相应的热力学参数计算出该成分的黏度和表面张力系数（图 4.3），这对于焊接材料设计来说是很重要的基础数据。并且，也可对材料脆性相存在的可能性进行预测。如 Pb-Sn-Bi-Sb 合金系中的 Sb 对克服 Sn 的低温相变脆性是有效的，但只要 1% 的 Sb 就可造成初晶 β 相（SnSb）的析出，这也会给一些成分的合金带来新的脆性。

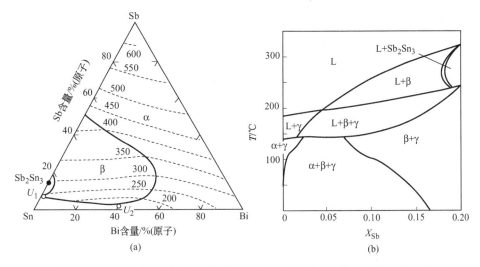

图 4.2 （a） Sn-Bi-Sb 系的液相面相图和（b）含 80%（原子）Sn 的相图纵截面

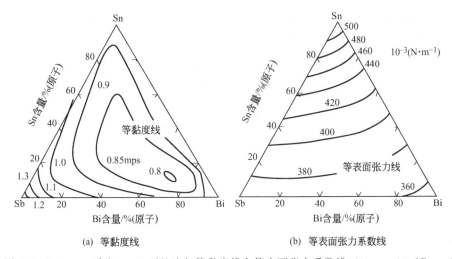

(a) 等黏度线

(b) 等表面张力系数线

图 4.3　Sn-Bi-Sb 系在 900K 下的液相等黏度线和等表面张力系数线 （1mps=$10^{-4}$Pa·s）

　　当然，无铅微焊材料的开发，除了需要合适的熔点外，还要考虑力学性能、物理性能、价格、工艺性及可靠性等因素。

　　近几年来，国内外已研究开发了许多种无铅钎焊合金，专利涉及上百种。其中，最有代表性的是中温段无铅钎焊合金，如 Sn-Cu、Sn-Ag、Sn-Zn 等二元合金，Sn-Ag-Cu、Sn-Ag-Bi、Sn-Zn-Bi 等三元合金或更多元合金。在生产中能实现无铅替代的将是 Sn-Cu、Sn-Ag 二元合金和 Sn-Ag-Cu 三元合金及其以此为基础的更多元合金。热力学计算结果表明，Sn-Ag-Cu 三元合金共晶的位置如图 4.4 所示。图中还标出了一些单位研究者的实验结果。计算的平衡共晶点在 Sn-3.38Ag-0.84Cu 处，实验测试结果大约在 （3.5±0.3）Ag-(0.9±0.2)Cu 处，两者还是比较吻合的。说明该合金在一个较大成分范围的熔化温度都接近共晶温度，这对钎料的制备和生产过程控制是十分有利的。

　　国内的专利主要集中在 Sn-Ag-Cu 基础上添加微量稀土（图 4.5），北京工业大学在这方面取得了较大的成绩。研究发现，添加微量 La、Ce 混合稀土元素的作用非常明显，在保持了原有的优良物理性能及钎焊工艺性的同时，由于稀土的冶金作用，又显著地提高了合金的抗蠕变性能及服役的可靠性，而钎料成本增加其微。

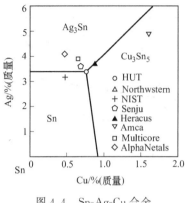

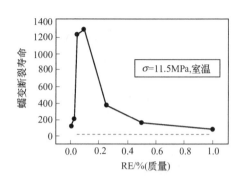

图 4.4　Sn-Ag-Cu 合金
计算相图的液相面投影

图 4.5　稀土对 Sn-Ag-Cu 钎焊
接头蠕变寿命的影响

### 4.2.3　超级奥氏体钢相平衡的计算预测[8~11]

利用 CALPHAD 方法可计算相的 Gibbs 自由能，从而可确定金属间化合物的稳定性及固溶相模型。利用密度函数理论（density fuctional theory，DFT）所计算的总能量仅表示了电子贡献部分，实际上应该包含振动能和其他附加能量。在不稳定结构中，Gibbs 自由能是很难确定的，而由热力学实验数据或基于 ab initio 方法计算得到的数值进行修正得到的相平衡数据可作为有效值应用。具有简单结构（bcc、fcc、hcp 等）晶体相的元素，其 Gibbs 自由能的误差可由热力学实验数据经归纳法得到。现在的问题是复杂相（如 σ 相、m 相、Laves 相等）如何用 CALPHAD 方法来描述。而采用 ab initio 方法进行计算以确定相稳定性是非常有帮助的，特别是在缺少实验数据或很难得到实验数据的情况下更是比较有用。J. Vrešt'ál 等应用 ab initio 方法计算了二元和三元过渡金属系统中金属间化合物的相平衡，预测了高 Ni-Cr 超级奥氏体钢的相平衡。

#### 4.2.3.1　σ 相的热力学模型

因为高 Ni-Cr 超级奥氏体钢等高合金钢中，σ 相经常在晶界上形成，对材料的性能产生很大的危害，因此研究 σ 相的形成规律是非常有实际意义的。σ 相单位晶胞有 30 个原子，分布在 5 个不同的亚点阵上。在 CALPHAD 方法中，对这 5 个亚点阵都建立了模型，通常应用的是 3 个亚点阵。对于 σ 相，这里采用 2 个亚点阵（two-sublattice model）的新模型，类似于具有两个亚点阵的固溶相模型。σ 相中各组元混合占据了第 1 个亚点阵，σ 相的 Gibbs 自由能被描述为各纯组元的 Gibbs 自由能的加和，其大小取决于它们的摩尔分数；第 2 个亚点阵采用了间隙相模型，最简单的情况是由空位占据。

σ 相的 Gibbs 自由能可用下面关系式来表示：

$$G_m^\sigma = \sum_i x_i^0 G_i^\sigma - TS_m^0 + G_{ij}^{E,\sigma} \qquad (4.1)$$

式中，$^0G_i^\sigma$ 为在 σ 相中组元 $i$ 的 Gibbs 自由能；$S_m^0$ 是在 σ 相中理想的混合熵；$G_{ij}^{E,\sigma}$ 是 σ 相的额外混合能；$x_i$ 是组元 $i$ 的摩尔分数；$T$ 为绝对温度。近似地设 $E = H$，则组元 $i$ 的 Gibbs 自由能可表达为

$$^0G_i^\sigma = {}^0G_i^{SER} + (E_i^\sigma - E_i^{SER}) - T(S_i^\sigma - S_i^{SER}) \qquad (4.2)$$

式中，$^0G_i^{SER}$ 为组元 $i$ 在标准元素参考结构系 SER 中的 Gibbs 自由能；$(E_i^\sigma - E_i^{SER})$ 是在 0K 时 σ 相和 SER 结构之间的总结能量差；$(S_i^\sigma - S_i^{SER})$ 是相应的熵差。

在 σ 相中引入的 Redlich-Kister 多项式中的相互作用参数 $L$ 已在 Fe-Cr、Fe-Ni、Cr-Ni

和 Fe-Mo 等合金系中得到了很好的应用，其热力学参数值如表 4.2 所示。但二元系中的 $L$ 不能应用于 Fe-Cr-Ni 合金系的相图计算。在 $\sigma$ 相中，混合热力学参数可由式(4.3)来描述：

$$S_{\mathrm{m}}^0 = -R \sum_i (x_i \ln x_i) \tag{4.3}$$

$$G_{ij}^{E,\sigma} = x_i x_j \left[ {}^0L_{ij}^\sigma + {}^1L_{ij}^\sigma (x_i - x_j) + {}^2L_{ij}^\sigma (x_i - x_j)^2 \right] \tag{4.4}$$

式中，$R$ 是气体常数；$L$ 是取决于温度的参数；熵差（$S_i^\sigma - S_i^{\mathrm{SER}}$）和 $G_{ij}^{E,\sigma}$ 可以被调整到相平衡数据库中。

表 4.2 Redlich-Kister 多项式中的热力学参数计算值

| 系统 | ${}^0L_{ij}^\sigma$/J/(摩尔分数)$^2$ | ${}^1L_{ij}^\sigma$/J/(摩尔分数)$^3$ | ${}^2L_{ij}^\sigma$/J/(摩尔分数)$^4$ |
|---|---|---|---|
| Cr-Fe | $-133950$ | $31000$ | $-127000$ |
| Cr-Mo | $-45000$ | $0$ | $37000$ |
| Cr-Ni | $-104000$ | $-14000$ | $80000$ |
| Fe-Ni | $-7000$ | $-40000$ | $-50000$ |
| Fe-Mo | $-119000 + 5.1 \times T$ | $-50000$ | $-108000$ |

### 4.2.3.2 在超级奥氏体钢中的应用

超级奥氏体钢是重要的高合金材料，对 Fe-Cr-Ni 系统和 Fe-Cr-Mo 系统的热力学计算预测是非常关键的。要完成 Fe-Cr-Mo 和 Fe-Cr-Ni 系统的描述，应同时对各二元系和三元系进行优化处理。借助于 ab initio 方法计算 $\sigma$ 相的总能量，将 FLAPW（full-potential linear augmented plane-wave）电子结构方法和 LMTO-ASA 方法（simpler linear muffin-tin orbit-almethod in the atomic-sphere approximation）结合起来计算各二元系中 $\sigma$ 相的生成能，应用具有 $\sigma$ 相模型的 CALPHAD 热力学数据库，采用 2 个亚点阵模型，对 Cr-Mo、Fe-Ni、Fe-Cr、Fe-Mo、Fe-Cr-Mo 和 Fe-Cr-Ni 系合金进行了平衡相图的计算。下面给出各系统的部分计算研究结果。图 4.6 是 Cr-Mo 系计算相图，在 Cr-Mo 系中没有发现 $\sigma$ 相。图 4.7 是 Fe-Cr-Mo 系统在 1473K 时的等温截面计算相图。图 4.8 是在 1173K 时 Fe-Ni-Cr 合金的计算相图，和各文献报道的实验结果非常一致。图 4.9 为 Fe-Mo 系各相 Gibbs 自由能变化规律的计算结果。

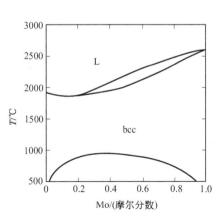

图 4.6 应用 ab initio 方法计算的 Cr-Mo 系相图

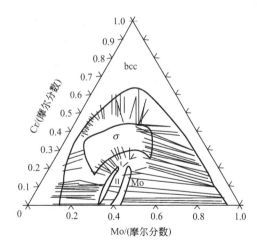

图 4.7 Fe-Cr-Mo 系在 1473K 时的
等温截面计算相图

（连折线为实验结果，实线为 SER 结构相）

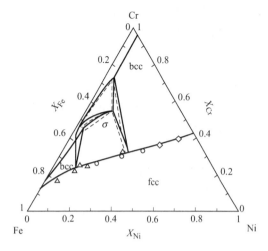

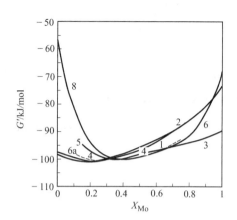

图 4.8　在 1173K 时 Fe-Ni-Cr 合金的计算相图
实线为 2 亚点阵模型，虚线为 3 亚点阵模型
标注的符号为文献报道的实验结果

图 4.9　Fe-Mo 系相 Gibbs 自由能的变化规律
1—液相；2—fcc；3—bcc；4—R；5—Mn；
6—σ 相（2 亚点阵模型）；6a—σ 相（3 亚点阵模型）

　　在 Fe-Cr-Ni 和 Fe-Cr-Mo 超级奥氏体合金钢系统中，采用 2 个亚点阵模型，将 ab initio 方法和 CALPHAD 热力学模型相结合，计算系统中 σ 相的总能量等各项参数，成功地描述了 σ 相的热力学和相图的计算设计。计算研究结果表明，ab initio 方法计算结果与报道的实验结果相吻合，由 CALPHAD 热力学模型计算的结果与 ab initio 方法也相当一致。为了验证计算结果，在 Nicrofer3033［主要成分/%（质量）：32.8Cr，30.9Ni，1.67Mo，0.39N］和 Nicrofer3127［主要成分/%（质量）：27.0Cr，31.0Ni，6.4Mo，0.20N］两种超级奥氏体合金钢进行了试验。计算和试验结果比较吻合，表明该模型和计算方法是可行的。

### 4.2.4　Ti 合金超塑性的 Md 法计算设计[6]

　　汤川夏夫等根据分子轨道法（MV-Xa 集群法）提出了合金相预测和合金成分设计。该理论的依据是基体金属元素与加入元素的 d 层电子能量（Md）、结合程度（BD）等参数。BD 值越大，原子间的结合强度也越大，过渡金属的 d 层电子能量（Md）最大。

　　钛合金常用做蜗轮叶片和壳体材料。用该计算方法很快就计算出了最佳的成分范围。如英国用实验法研制的 IMI-834 合金，β 转变温度为 1034K，而采用计算方法设计的 AP26 合金，β 转变温度为 1054K。英国将钛合金使用温度从 580℃（IMI-829）提高到 590℃（IMI-834）花了 8 年时间，而用计算设计的方法在很短时间就解决问题了。

　　Ti 合金的塑性成型比较困难，希望能进行超塑性成型。而为了获得超塑性，需要合金具有（α+β）两相等轴细晶组织，又具有足够的力学性能。根据以往的研究结果，初步选择了 Ti-Al-V-Sn-Zr-Mo-Cr-Fe 八元合金系进行设计研究。森永正彦等采用了 Md 法设计，获得了良好的合金成分方案。其主要步骤为：

　　① 通过 Ti-X 二元合金相图，得到了 β/(β+α) 相边界成分 $X_i^\beta$ 与温度 $T$ 的关系，并将 β/(β+α) 相边界数值化。

　　② 建立多元系 Ti-Al-$\sum X_i$ 的 β/(β+α) 相边界成分与温度 $T^\beta$ 的关系式

$$T^\beta = 882 + a_{Al} X_{Al}^\beta + b_{Al}(X_{Al}^\beta)^2 + \sum_{i \neq Al}[a_i X_i^\beta + b_i(X_i^\beta)^2] \tag{4.5}$$

　　式中，$X_{Al}^\beta$ 和 $X_i^\beta$ 为 β/(β+α) 相边界成分中除 Ti 之外的各元素的含量；$a_{Al}$、$b_{Al}$、$a_i$、

$b_i$ 分别为 Al 和其他元素的成分系数。该式将各元素对 $T^{\beta}$ 的影响看成是可叠加的，所以除 Al 外的其他元素含量不能太高。在平衡处理温度 $T^{\beta}$ 已设定，各元素 $X_i^{\beta}$ 已知时，可以用式(4.5)求出 $X_{Al}^{\beta}$，图 4.10 为 Ti-Al-V 三元系的 $\beta/(\beta+\alpha)$ 相界面。

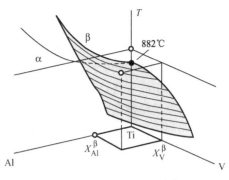

图 4.10　Ti-Al-V 三元系的 $\beta/(\beta+\alpha)$ 相界面

③ 由 $X_{Al}^{\beta}$、$X_i^{\beta}$ 和 $T^{\beta}$ 通过式(4.1)计算 $\beta/(\beta+\alpha)$ 相界面成分 $X_{Al}^{\alpha}$，这需要利用各合金元素 $i$ 在 $\beta$ 与 $\alpha$ 两相中的分配比 $r_i^{\alpha/\beta}$，$r_i^{\alpha/\beta}=X_i^{\alpha}/X_i^{\beta}$。但 $r_i^{\alpha/\beta}$ 的数值往往要根据实验测定来确定。

④ 根据 Al 当量 $\langle X_{Al}\rangle$ 可判断有无 $\alpha_2$ 相析出。Al 当量 $\langle X_{Al}\rangle$ 计算式为：

$$\langle X_{Al}\rangle = X_{Al}^{\alpha} + \frac{X_{Sn}^{\alpha}}{3} + X_{Zn}^{\alpha} + X_{O}^{\alpha} \tag{4.6}$$

可以将 $\langle X_{Al}\rangle \geqslant 9\%$（质量）作为有 $\alpha_2$ 相析出的判据。

⑤ 设定 $\alpha$ 相的体积分数 $f^{\alpha}$，按式(4.7)计算合金成分。

$$[X_i^0] = f^{\alpha}[X_i^{\alpha}] + (1-f^{\alpha})[X_i^{\beta}] \tag{4.7}$$

对于超塑性合金，通常设定 $f^{\alpha}=0.5$。

这种双相超塑性合金的设计实际上就是多元素相平衡的经验计算。利用三元系的实测结果，可以检验这种设计的可行性。图 4.11 是实测相平衡成分与计算结果的比较，应该说还是比较吻合的。

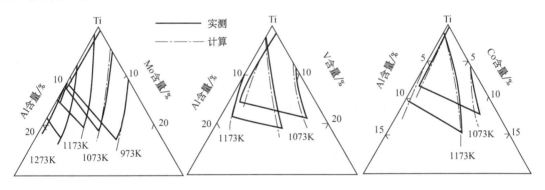

图 4.11　Ti-Al-X 三元系（$\alpha+\beta$）相区的实测结果和计算结果的比较

## 4.3　ab initio 和 CALPHAD 有机结合的计算方法[12~19]

从头计算 abinitio 方法虽然也具有一定的近似性、约束和限制，但对于第一性原理的定量系统还是有很好的应用。尽管 ab initio 方法有很成功的应用，但对于复杂的多元合金系统的热力学和工程应用等方面还需要其他方法（如 CALPHAD）来完成。因此，还需要 ab initio、试验和 CALPHAD 之间进行连接。

量子力学方法及其与 CALPHAD 方法和合金热力学的关系有一个重复循环的课题。这里重点讨论量子力学-试验-CALPHAD（interface between quantum mechanical-based approaches，experiments，and CALPHAD methodology）之间的特殊关系。

最近几年，在 ab initio 计算模拟方面（如结构能、热传导、弹性和磁性等）做了许多努力，将 ab initio 计算结果应用于 CALPHAD 方法中，来描述合金性能。这也是 ab initio 计算电子结构和 CALPHAD 方法相结合的最直接的连接。

### 4.3.1 ab initio 应用于 CALPHAD 能量计算

将 ab initio 方法计算的电子结构结果和统计热力学数据有机结合，那么建立合金成分和温度对热力学性能影响的关系式，从 CVM（cluster variation method）或 Monte Carlo 模拟

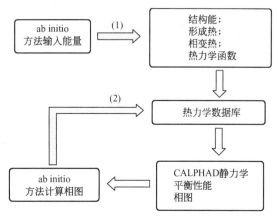

图 4.12 复杂材料相变的数值模拟方法与步骤

建立相图是可以达到的。从而可做到从 ab initio 计算来增强 CALPHAD 相图计算能力，预测复杂多元合金系的热力学性能。其过程如图 4.12 所示。两者连接所提供的基础信息，通常不需要实验和数据库。这些连接同样可建立多元合金系的物理基础，有助于深入理解复杂合金系的规律。

ab initio 计算信息（如结构能量、热传导、通讯、磁性等）引入应用于 CALPHAD 方法中，描述合金性能，这是最简单和最直接的连接。另外，对相变、热传导同样能根据 ab initio 方法计算确定也是没有

任何困难的。以 Ni-Cr-Mo-W 合金系为例来说明两者的连接。在 CALPHAD 数据库中没有 $Ni_2Cr$ 相合适的能量数据，仅有实验结果。另外，研究总体目标是描述四元系统，关于 $Ni_2Mo$、$Ni_2W$ 相形成能的数据是需要的。基于 tight-binding linear muffintin orbital（TB-LMTO）的 ab initio 电子结构计算方法可估算 oP6 相（如 $Ni_2Cr$、$Ni_2Mo$ 和 $Ni_2W$）的形成能。这三种化合物的总能量与点阵参数的计算结果如图 4.13 所示。

图 4.13 为 $Ni_2X$（oP6）型（X 为 Cr、Mo、W）总能量与 $a/a_{eq}$ 比值的关系，图中能量为零的虚线是取 fcc-Ni 和 bcc-Cr（Mo，W）总能量的加权平均值。在 0K 时，$Ni_2Cr$ 相是稳定的，而 $Ni_2Mo$ 是完全不稳定的，$Ni_2W$ 相是不稳定的。图 4.14 所示为 Ni-Cr 计算相图，存在 oP6 相。由图可知，在 Ni-Cr 合金系中的 oP6 相简单化为理想配比的相。这些计算结果与实验结果是吻合的。对于 Ni-Cr-Mo-W 合金规则相由两个亚点阵模型处理（Cr、Mo 和 W 在一个亚点阵，而 Ni、Mo、W 在另一个亚点阵）。由 fcc 基体和 oP6 相的约束分析，Ni-Cr-Mo 平衡相图可计算得到。

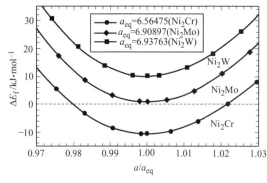

图 4.13 oP6 型化合物总能量与 $a/a_{eq}$ 比值的关系
$a$ 是点阵参数；$a_{eq}$ 是平衡点阵参数

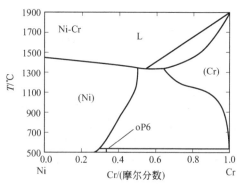

图 4.14 Ni-Cr 计算相图，存在 oP6 相

### 4.3.2 ab initio 应用于 CALPHAD 相图计算

在二元相图仅有很少实验数据的情况下，值得试试直接输入从 ab initio 计算得到的有关信息。如果目标是测定多元合金的热力学性能，这途径就显得特别重要。

在这些情况下，最好的方法是将 ab initio 热力学数据输出到具有较高精度水平的 Redlich-Kister/Bragg-Williams fomat，并结合 CALPHAD 热力学数据来研究多元合金系。最近，该程序被成功地应用于 Ta-W 和 Mo-Ta 合金系。这两个二元合金，当输入一定程序时，bcc 相形成的 Gibbs 自由能和摩尔熵可以考虑从 CVM 最小化（具有能力计算的 ab initio）计算获得，该程序应用了 Thermo-Calc 热力学计算应用软件的 PARROT 模型。

在这两合金情况下，在比较宽的温度范围和整个合金成分范围内，固定的程序导致了形成的摩尔 Gibbs 自由能和摩尔熵完全可由 ab initio 计算信息输入重新获得。在 CVM 和 CALPHAD 结果之间 Gibbs 自由能的误差，不超过 2%，而形成混合熵和组态熵有比较大的误差。这是由于 CVM 和 Bragg-Williams 模型之间的差别所影响。

因此，CALPHAD 相图和 ab initio 计算有很好的吻合。对于 Ta-W 合金相图，在低温、高温情况下，CALPHAD 相图结果和 ab initio 计算都是非常一致的。

作为一个例子，根据 fcc 基体和 oP6 相的分析，计算了 Ni-Cr-Mo 三元系各种温度下的等温截面，图 4.15 所示为 600℃、500℃的等温截面图。计算表明 oP6 相稳定存在的范围是温度的函数。在没有 ab initio 输入时，fcc 固溶体具有通用 CALPHAD 热力学数据。

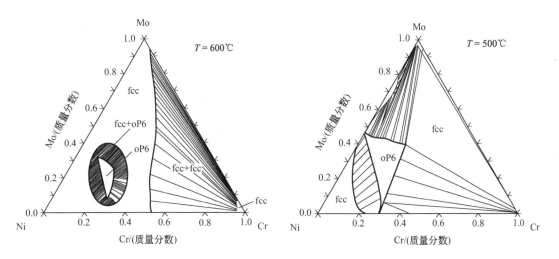

图 4.15　Ni-Cr-Mo 计算等温截面图（600℃和500℃），

计算表明只有基体 fcc 相和 oP6 相（$Ni_2Cr$ 型）

当实验数据缺少时，应用 CALPHAD 连接方法，输入 ab initio 热力学数据能很好地预测复杂合金系热力学性能。因此，建议在 ab initio 和 CALPHAD 之间建立起有效的连接，同样能应用可逆模型，即从 CALPHAD 到 ab initio、试验，挑战任何 ab initio 方法处理合金稳定性和规则的近似方法。如图 4.12 所示，在 ab initio 和 CALPHAD 方法之间的连接提供了基础和有价值的信息，通常不需要实验数据，而较满意地支撑了热力学数据库。

应用 CVM 形式的 ab initio 方法研究了成分和温度对自由能的影响。在图 4.16 中，表示了摩尔 Gibbs 自由能和摩尔熵与温度及合金成分的关系。图中，不同的符号为 ab initio 方法的计算结果，曲线为 CALPHAD 方法得到的变化规律。Kaufman 等在 ab initio 的研究中，应用 TB-LMTO-CPA-GPM 模型，结合 CVM 方法研究了 bcc 基的 Ta-W 合金系。图 4.17

显示了 Ta-W 合金（bcc）混合能与 Ta 成分的关系，结果表明 ab initio 计算值和 CALPH-AD 方法得到的变化规律是非常吻合的。图 4.18 由 ab initio 计算的规则 $DO_{19}$ 相的形成焓与 Ru 成分的关系，虚线为 hcp-$DO_{19}$ 相的 CALPHAD 计算结果，"○" 为实验结果，hcp 和 bcc 的计算曲线相交于 Ru 摩尔分数为 0.4017 处。图 4.19 由 ab initio 计算的 $DO_{19}$ 相和不规则 hcp 相的形成焓与 Ru 成分的关系，应用 CALPHAD 值（11.5kJ/mol）计算 hcp-Mo 及 bcc-Mo 混合形成焓的结果，和实验值也有较好的一致性。

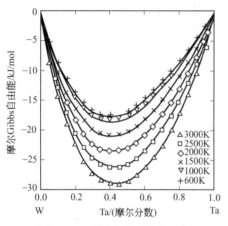

图 4.16　不同温度下摩尔 Gibbs
自由能与 Ta 成分的关系
（符号为 ab initio 计算结果，
曲线为 CALPHAD 方法结果）

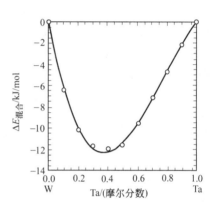

图 4.17　Ta-W 合金（bcc）
混合能与 Ta 成分的关系
（符号为 ab initio 计算结果，曲线为
Redlich-Kister 展开式结果）

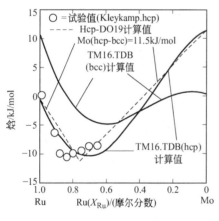

图 4.18　ab initio 计算的 $DO_{19}$ 相
形成焓与 Ru 成分的关系
（虚线为 CALPHAD 计算结果）

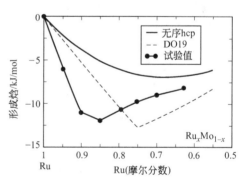

图 4.19　ab initio 计算的 $DO_{19}$
相形成焓与 Ru 成分的关系
（虚线为 CALPHAD 计算结果）

### 4.3.3　ab initio 对动力学计算的贡献

　　CALPHAD 方法已成功地扩展和应用于合金系统的动力学计算模拟。例如，在 DIC-TRA 软件中，结合数据库和动力学模型（如突变界面模型），定量计算相变能完成。最近的具有相场方法的 CALPHAD 方法能描述和预测多元体系中相变微观组织的变化过程。

　　相场模拟和 CALPHAD 数据库结合，可用于各种相变，在这些动力学计算中，临界输入参数（critical input parameters）是动力学系数（如原子活性）。Andersson 等建议，

表 4.3　相图热力学计算的有关软件[16]

| 序号 | | 名　称 | 网　址 | 特点与用途 |
|---|---|---|---|---|
| 赝势规则 | 1 | VASP | http://cms. mpi. univie. at/vasp | 能完成量子力学分子动力学 MD 计算 |
| | 2 | CASTEP | http://www. tcm. phy. cam. ac. uk/castep | 计算固体界面和表面,材料范围较宽 |
| | 3 | ABINIT | http://www. abinit. org | 计算总能量、电荷密度、电子结构 |
| | 4 | Quantum-EXPRESSO | http://www. democritos. it/scientific. php | 用于电子结构、模拟和优化研究,多原子体系 Car-Parrinello 的 MD 模拟 |
| | 5 | FHI96MD | http://www. fhi-berlin. mpg. de/th/fhimd | 基于 Car-Parrinello 技术的 MD 模拟 |
| 全势规则 | 6 | Wien2k | http://www. wien2k. at | 较精确的电子结构计算 |
| | 7 | FPLO | http://www. fplo. de | 应用 LSDA 解 Kohn-Sham 等式,由 CPA 处理化学无序结构 |
| | 8 | DFT++ | http://dft. physics. cornell. edu/ | |
| | 9 | LmtART | http://www. mpi-stuttgat. mpg. de/Andersen/LMTOMAN/lmtman. pdf | 全势能线性 Muffin-Tin 轨道分子动力学方法(FP-LMT0) |
| | 10 | LMTOElectrons | http://physics. njit. edu/~mindlab/MaterialsResearch/Scientific/Stuff/LMTOElectrons/text. htm | 三种 FP-LMTO 方法:重叠球法(NMTASA),晶胞分割成多面体的方法(NMTCEL)和平面波非重叠球法(NMTPLW) |
| 其他软件 | 11 | TB-LMTO-ASA | http://www. mpi-stuttgart. mpg. de/Andersen/LMTODOC/LMTODOC. html | 在紧束缚代码框架下的,属于原子粒近似范围的紧束缚线性 Muffin-Tin 轨道分子动力学方法 |
| | 12 | TBMD | http://cst-www. nrl. navy. mil/bind/dodtb/index. html | 紧束缚参数和分子动力学紧束缚模型 |
| | 13 | SCTB | | 自协调紧束缚总能量评价 |
| | 14 | CRYSTAL | http://www. cse. clrc. ac. uk/cmg/CRYSTAL | 可计算聚合物、表面和固体晶体的物理、电子和磁性结构的研究,计算电子结构、密度函数或各种混合近似等 |
| | 15 | GAUSSIAM03 | http://www. scienceserve. com/Software/Gaussian/Gassian. htm | 可计算复杂分子、聚合物、晶体等系统的电子结构 |
| | 16 | CASINO | http://www. tcm. phy. cam. ac. uk/~mdt26/casino. html | Monte Carlo 方法与有限元法结合,可在一维、二维和三维情况下对聚合物、表面和固体晶体的原子、分子和周期性界面进行研究 |

表 4.4　有关材料设计的数据库[16]

| 序　号 | 网　址 | 特点与用途 |
|---|---|---|
| 1 | http://alloy. phys. cmu. edu/ | 合金数据库 |
| 2 | http://www. ca. sandia. gov/HiTempThermo/ | 高温材料合成热力学数据库 |
| 3 | http://databases. fysik. dtu. dk/ | 材料科学数据库 |
| 4 | http://www. fysik. dtu. dk/BinaryAlooys/ | 二元合金形成能 |
| 5 | http://www. metallurgy. nist. gov/phase/solder/solder. html | 固体材料相图和计算热力学 |
| 6 | http://cst-www. nrl. nrl. navy. mil/lattice/struk<br>http://www. nist. gov/srd/nist3. htm<br>http://www. ccdc. cam. ac. uk | 晶体结构信息 |

CALPHAD 类型或动力学系数适合于计算多元合金系。在这些方法中，元素 A 的原子活动性 $M_A$ 可根据式(4.8) 计算：

$$M_A = \frac{M_A^0}{RT} \exp\left(-\frac{Q_A}{RT}\right) \tag{4.8}$$

式中，$M_A^0$ 是频率因素；$Q_A$ 是原子扩散激活能；$M_A^0$ 和 $Q_A$ 一般取决于材料的成分、温度和压力。在 CALPHAD 框架中，这些量可由 Redlich-Kister 类型表达，由实验数据获得。动力学系数的试验数据与平衡态数据一样，经常是缺少的。应该注意获得高精度动力学系数的试验工作，这也是一个挑战。因为试样的不均匀性，在低温下动力学过程是很慢的。由于扩散是热激活过程，扩散系数主要决定于温度，在激活能方面也是有误差的，这些因素都会导致扩散系数有较大的不确定性。不幸的是，动力学方法的发展，以上所需的在非平衡态下原子活动性的信息是很难用试验方法来测定的。而 ab initio 计算能有助于减少独立参数的数量。然而，ab initio 计算能提供一个微观扩散机制清晰的物理图像。

一般认为扩散理论有七种可能的微观扩散机制，如直接交换、环形机制、缺陷机制、空位机制等。对于大部分扩散过程来说，空位机制是最主要的。空位机制中的激活能主要有两部分组成：空位形成能 $H_V^f$ 和移动能 $H_V^m$。基于 DFT 模型计算的电子结构成功地完成了在零压力时的 $H_V^f$，DFT 方法同样可用于金属间化合物直接形成能的计算。

移动能的 ab initio 计算在许多合金系中已经完成，如 Al、Cu、Li、Na、Ta、W 等合金的自扩散，其结果具有很好的可靠性。

由扩散控制的相变需要有高精度的试验值和理论计算的激活能数值。ab initio 计算的精确性已由实验数据得到了很好的验证。因此，ab initio 计算方法也将广泛应用于动力学数据库的建立。

表 4.3 列出了一些材料设计软件，这些软件基本上能适用于计算基于电子结构的材料性能，大部分软件提供了总能量、应力等信息。表 4.4 列出了材料设计的有关数据库。

# 4.4　奥氏体钢组织稳定性的数值计算设计

奥氏体组织的稳定性是指：①在高温加热停留时不形成 δ-铁素体，或在冷却过程中不发生 γ→δ 相变；②在冷却过程中，在中温阶段不会脱溶沉淀析出碳氮化合物或 σ 相等金属间化合物；③在低温冷却或使用时奥氏体不会转变为马氏体；④在给定温度下由于变形而不形成马氏体。实际上也是材料相边界计算设计的问题。

## 4.4.1　高温组织稳定性[20~23]

### 4.4.1.1　γ/γ+δ 相界温度的计算模型

为了保证得到单相奥氏体组织，需根据合金元素对奥氏体稳定性的影响进行成分设计。根据各元素对奥氏体稳定性的作用可用镍当量 [Ni] 和铬当量 [Cr] 来表示。合金元素的当量系数是根据合金元素在铁的二元相图中最大的固溶量来大致定的。但事实上，作为奥氏体形成元素的 Mn 其作用不是线性的，较复杂。根据分析，可确定 [Ni]、[Cr] 当量的计算式。

奥氏体钢一般都不希望组织中有 δ 相，因为 δ 相是磁性的高温铁素体相。了解高温 δ 相形成的规律对钢的成分设计和制定工艺及预测性能都有着很好的指导意义。

自由焓 G 是温度、压力和合金元素 X 的函数。当 γ→δ 相变时，奥氏体焓变为 $\Delta G^{\gamma\to\delta}=$

$f(T,P,X)$。在 $\gamma/\gamma+\delta$ 的相界上，$\Delta G^{\gamma\to\delta}=0$，对于常压情况和多元系的奥氏体钢，$f(T,X_1,X_2,\cdots,X_k)=0$。因相界温度 $T_\delta$ 随成分而变化，可表示为：

$$T_\delta=f(X_1,X_2,\cdots,X_k) \tag{4.9}$$

合金元素可分为奥氏体形成元素和铁素体形成元素，所以 $T_\delta$ 和化学成分间关系可由 [Ni]、[Cr] 当量来表示：

$$T_\delta=T_4-a[Cr]+b[Ni]-c \tag{4.10}$$

式中，$T_4$ 是纯铁的 $\gamma\leftrightarrow\delta$ 相变温度；$c$ 是相对于合金元素交互作用的修正常数，根据试验数据可得到 $\gamma/\gamma+\delta$ 相界温度 $T_\delta$ 的计算式：

$$T_\delta(℃)=T_4-21.2[Cr]+15.8[Ni]-223 \tag{4.11}$$

图 4.20 为试验值和计算值比较。该式可应用于计算奥氏体钢在高温下保持单相奥氏体的最高温度。

### 4.4.1.2  温度对形成δ相量的影响

如果加热温度超过 $T_\delta$，δ 相就会形成。温度越高，δ 相量就越多。δ 相量与温度的关系符合 Arrhenius 方程，利用计算机处理大量数据，得：

$$V_\delta(\%)=0.715\exp[0.015(T-T_\delta)] \tag{4.12}$$

式中，$V_\delta$ 是 δ 相的体积分数。从图 4.21 知，当 $\Delta T$ 增加到一定程度时 δ 相就急剧增多。图 4.21 中的实线为回归表达式的计算曲线。试验值较分散，有些计算值和试验值误差较大，特别是加热温度较高，δ 相量较多时。其原因有合金元素交互作用的复杂性及计算方法的精确性，以及铸造、锻轧等始态组织的差异。

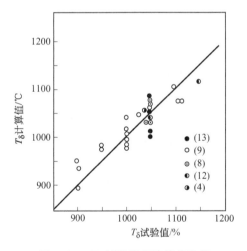

图 4.20  $T_\delta$ 试验值和计算值比较

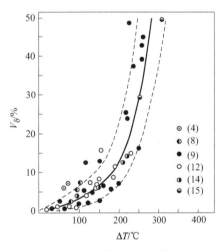

图 4.21  温度对 $V_\delta$ 的影响

### 4.4.1.3  在 $T_\delta$ 温度下合金元素的平衡关系式

在某温度下，奥氏体中的 [Ni]、[Cr] 当量的平衡关系也就大致定了。从而 Ti、Nb、C、N 等元素的平衡固溶度也能计算。因此有可能计算某温度下的未溶碳化合物量，或设计合金时确定加入元素的种类及其量。另外，当某些合金元素量固定后，为调节 $T_\delta$ 温度和控制 δ 相的量，可定量计算加入其他元素。例如，如图 4.22 所示，对合金 $M_1$，在低于 $T_\delta$ 的 $T_1$ 温度下，平衡量可由 $A_1$ 点来计算。当温度在 $T_2$ 时，在 $M_1$ 合金中将有 δ 相。在 $T_2$ 温度为避免 δ 相的形成，必须增加 [Ni] 当量以平衡 [Cr] 当量。平衡的 [Ni]、[Cr] 当量值可以 $B$ 点来估算。这样由式（4.11）可得到温度和合金元素间的变化关系为：

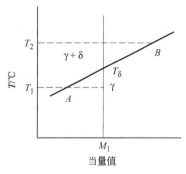

图 4.22  $T_\delta$ 和合金元素当量平衡示意图

$$C+N+0.035Ni+0.01Cu+0.02Mn-0.00026Mn^2 = \\ 0.045Cr+0.067Mo+0.031W+0.112Si+0.157Al+ \\ 0.135(Ti+Nb+V)+0.0021T-2.46 \quad (4.13)$$

利用碳化物溶解表达式可以对合金元素的相界平衡元素量和有效的［Ni］、［Cr］当量及 δ 相量进行估算。计算结果比较满意。

### 4.4.2  中温组织稳定性[20,24~26]

高氮奥氏体不锈钢的一个重要的用途就是用作核工业的结构材料和高温场合下的紧固件、结构件。它们在使用过程中，如果热处理不当或暴露在较高温度时间过长就会导致第二相的析出，造成钢的脆化。因此，掌握其中温组织稳定性是非常重要的。

#### 4.4.2.1  高氮钢中 $Cr_2N$ 的中温析出数理模型

从固溶体中脱溶析出第二相也是一个形核长大的过程。设临界驱动力为 $\Delta G^*$，按经典形核理论它是由体积自由熵之差 $\Delta G_V$ 和界面能及应变能组成。等温析出第二相的动力学主要是一个形核速率问题。形成 $n$ 个析出相所需要的时间 $t_S$ 可写为：

$$t_S \approx \frac{n^*}{N_0} \times \frac{1}{Z\beta_K} \exp\left(\frac{\Delta G^*}{kT}\right) \approx \frac{n^*}{N_0} \times \frac{K}{Z} \exp\left(\frac{O+\Delta G^*}{kT}\right) \quad (4.14)$$

式中，$Z$ 为比例常数 Zeldovich 因子；$N_0$ 是单位体积中可供形核地点的数目；$k$ 是玻尔兹曼常数；$T$ 是绝对温度；$\beta_K$ 是单位时间中与临界晶核相碰撞的原子数目。形核速率是热力学和动力学的综合问题。成分不同于基体的脱溶析出相，其形核长大是要靠原子扩散来进行的。$\beta_K$ 是形核长大所需原子扩散的有效性因素，它与原子扩散系数 $D$ 成正比，$\beta_K \propto D_0 \exp(-Q/kT)$。随着温度的变化，热力学和动力学的综合作用形成了"C"曲线形状。

在一定温度范围内，$Q$ 与 $\Delta G^*$ 都主要和固溶体合金成分相关，是合金成分的函数，即 $Q+\Delta G^* = f(Me)$。并设 $N_0 \propto \Delta T$，一般认为 $Cr_2N$ 会在 1075℃完全溶解。根据试验结果和有关文献报道的数据，在经过筛选和数据处理后，采用原始状态为固溶态的有关 $Cr_2N$ 析出数据，可得到定量计算的表达式：

$$\ln t_s = -\frac{2.43+4045.24}{T} + \frac{84.14Mn}{T} + \frac{141.56Cr}{T} - \frac{173.24Ni}{T} \\ -\frac{3389.37(1.2N+C)}{T} + \frac{70.39Mo}{T} - \frac{2593.70V}{T} \quad (4.15)$$

式中，合金元素以质量百分数表示；$T$ 为绝对温度；计算得到的 $t_S$ 单位是 min。和试验值相比较，由于各人的试验方法有所不同，并且有些数据是从图中读得，析出量为 3%～5%的时间定为 $t_S$，所以有些数据误差较大。但该模型的计算结果总体上还是比较满意的。

#### 4.4.2.2  利用神经网络建立计算方法

人工神经网络（artificial neural network）是一种信息处理技术，力图模拟人类处理方式去理解和利用信息。计算采用 Neural Shell2（第三版）软件。在计算过程中，定义 Mn、Cr、Ni、N、C、Mo、V 和 $T$（温度）作为输入，$t$（时间）作为输出；各合金元素的成分和温度范围为：Mn，1%～35%（质量）；Cr，12%～25%（质量）；Ni，0～25%（质量）；N，0.05%～1.2%（质量）；C，0～0.1%（质量）；Mo，0～10%（质量）；V，0～0.5%（质量）；$T$，700～1000℃；$t$，1～2000min；计算时有 41 组数据导入到神经网络，其中有三组作为检验；采用三层隐形 BP 网络，当最大绝对误差足够小时，停止计算。然后利用 Neural Shell 2 自带的代码生成器，将计算代码以 C 语言格式导出，并用 Visual C++编程计算，生成可执行软件，依次输入合金元素的质量百分数和温度，就可以对合金的 $Cr_2N$ 析出的孕育期进行计算，求出开始析出的时间来对材料的中温组织稳定性进行预测。

经过人工神经网络计算得到的数值与计算值及试验值偏差很小，三者吻合得比较好。这也验证了所建立的定量计算模型的可靠性和正确性。

### 4.4.3 低温组织稳定性[27]

马氏体相变临界温度 $M_s$ 是一个很重要的热力学计算或预测的参量。作为一个传统的问题，多年来一直被人们所重视。计算或预测不同钢 $M_s$ 的表达式很多，但许多计算式的局限性很大。

根据滑移和孪生的临界分切应力假说，奥氏体发生 α、ε 相变时的临界分切应力也相应地变化。这种微观相变热力学特点在宏观相变临界温度上表现为：当发生 γ→α 相变时，$\tau_c^\varepsilon \gg \tau_c^\alpha$，$M_s$ 比 $M_{\varepsilon,s}$ 高，且差值较大；当仅发生 γ→ε 相变时，$\tau_c^\varepsilon \ll \tau_c^\alpha$，$M_{\varepsilon,s}$ 比 $M_s$ 高，差值也较大；当发生 γ→α+ε 相变时，$\tau_c^\alpha \approx \tau_c^\varepsilon$，$M_s$ 和 $M_{\varepsilon,s}$ 相近。图 4.23(a) 是在低 C 的锰钢中由实验结果绘制的相变成分关系图，图 4.23(b) 是 Cr-Ni 奥氏体钢从 1050℃固溶处理后冷却时的各种相变。

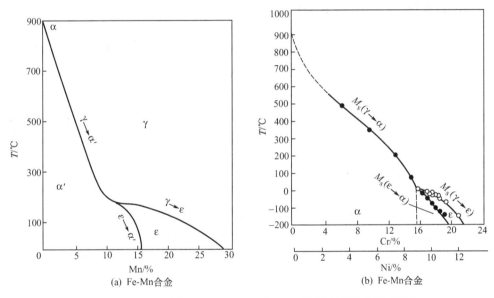

(a) Fe-Mn合金

(b) Fe-Mn合金

图 4.23　Fe-Mn合金（a）和 Cr-Ni 钢（b）随温度变化的相变规律

合金元素间有一定交互作用，如 C、N、Cr、Mn、Ni 等元素的交互作用较大地影响了 $\gamma_{SF}$。合金元素的作用有时不是线性的。在微观上各类马氏体相变临界分切应力的相对大小，在宏观上表现为马氏体相变临界点 $M_s$、$M_{\varepsilon,s}$。所以，在宏观上，$M_s$、$M_{\varepsilon,s}$ 可表示为合金元素的函数：$M_s(M_{\varepsilon,s})=f(Me)$。

根据各合金元素对强度、层错能、$T_0^i$ 的影响规律，在大量试验数据的基础上，经计算机处理得到 γ→α 马氏体相变点 $M_s$ 和 γ→ε 马氏体相变点 $M_{\varepsilon,s}$ 的计算式：

$$M_s(K)=A_3-199.8(C+1.4N)-17.9Ni-21.7Mn-6.8Cr-$$
$$45Si-55.9Mo-1.9(C+1.4N)(Mo+Cr+Mn)-$$
$$14.4[(Ni+Mn)(Cr+Mo+Al+Si)]^{\frac{1}{2}}-410 \tag{4.16}$$

$$M_{\varepsilon,s}(K) = A_\varepsilon - 710.5(C+1.4N) - 18.5Ni - 12.4Mn - 8.4Cr + 13.4Si -$$
$$1.6Mo - 22.7Al + 11.6(C+1.4N)(Mo+Cr+Mn) -$$
$$3.7[(Ni+Mn)(Cr+Mo+Al+Si)]^{\frac{1}{2}} + 277 \tag{4.17}$$

式中，$A_3$ 为纯铁的 $\gamma \rightarrow \alpha$ 相变温度；$A_\varepsilon$ 是虚拟的 $\gamma \rightarrow \varepsilon$ 相变温度，约 390K。合金元素符号代表该元素的质量百分数。各因素的显著性水平在 95% 以内。计算式适用合金范围：约 0.9(C+1.4N)，约 33Mn，约 20Cr，约 33Ni，约 6Si，约 3Mo，约 8Al，合金元素总量小于 45%。该式的不足是在接近绝对零度时没有一定的收敛性。

S. Allain 等[28,29]发展了 Fe-Mn-C 奥氏体钢中不同温度下层错能（SFE）的计算模型，建立了低层错能材料孪生诱发塑性的计算模拟模型。在汇集文献数据的基础上，计算了在 $\gamma \rightarrow \varepsilon$ 相变过程中合金元素对 Gibbs 自由能的影响，并也考虑了合金元素之间的相互作用。计算结果表明，在居里温度以下 SFE 随温度的降低而减小。并指出，材料的塑性行为主要取决于 SFE。当 SFE<18mJ/m² 时，发生马氏体相变；SFE 在 12~35mJ/m² 时，容易发生孪生，形成孪晶。形变试验结果证实了计算模拟结果：在 673K 温度时，SFE=80mJ/m²，形变组织仅为位错滑移；在 293K 温度，SFE=19mJ/m²，产生形变孪晶和位错滑移；在 77K 时，SFE=10mJ/m²，发生 $\varepsilon$ 相变和位错滑移。

# 4.5　铜合金热力学计算模拟[30~33]

J. Miettinen 近几年来系统地研究铜合金相图计算模型。2001 年推出了部分铜合金热力学计算模型 CASBOA，主要有 Cu-Ag、Cu-Al、Cu-Ni、Cu-Sn 和 Cu-Zn 等。最近又报道了在 CASBOA 模型研究基础上建立了更为系统的二元铜合金相图计算的新模型（copper alloy solidification for binary alloy，CAS2），该系统的二元铜合金包括 Ag、Al、Cr、Fe、Mg、Mn、Ni、P、Si、Sn、Te、Ti、Zn、Zr 等合金元素。CAS2 模型能模拟计算以上 14 种不同的二元铜合金，合金元素的最大含量（质量分数）为：10%Ag，11%Al，3%Cr，7%Fe，5%Mg，10%Mn，40%Ni，2%P，7%Si，20%Sn，1%Te，7%Ti，45%Zn，1%Zr。

## 4.5.1　热力学平衡关系

在二元系统中，可根据相的类型和不同位置的平衡来决定相界面上的热力学。设 $\phi$ 为固溶相，$\theta$ 为理想配比的化合物相，考虑可能的相平衡：二相平衡有 $\phi_1$-$\phi_2$、$\phi_1$-$\theta$；三相平衡有 $\phi_1$-$\phi_2$-$\phi_3$、$\phi_1$-$\phi_2$-$\theta$。以 Cu-B 二元合金为例，两固溶相 $\phi_1$ 和 $\phi_2$ 的热力学平衡可由化学位来表达：

$$\mu_{Cu}^{\phi_1}(T, x_B^{\phi_1}) = \mu_{Cu}^{\phi_2}(T, x_B^{\phi_2}) \tag{4.18}$$

$$\mu_B^{\phi_1}(T, x_B^{\phi_1}) = \mu_B^{\phi_2}(T, x_B^{\phi_2}) \tag{4.19}$$

式中，$\mu_i^\phi$ 为组元 $i$ 在相 $\phi$ 中的化学位；$T$ 为绝对温度；$x_B^{\phi_1}$ 和 $x_B^{\phi_2}$ 是 B 元素在相界处的摩尔分数（图 4.22）。对于三相平衡的计算，则要引入更多的关系式。设 $G^0$ 为化合物 $\theta$ 的 Gibbs 自由能，$a$ 和 $b$ 是系数，在固溶相 $\phi_1$ 和化合物 $\theta$（$Cu_aB_b$）之间的平衡计算关系式为：

$$G_{Cu_aB_b}^\theta = a\mu_{Cu}^{\phi_1}(T, x_B^{\phi_1}) + b\mu_B^{\phi_1}(T, x_B^{\phi_1}) \tag{4.20}$$

图 4.24 表示了包晶转变时的体积单元，说明了包晶转变时相界面移动时的热力学平衡关系。如果成分发生变化，则破坏了原有的热力学平衡，会使体积单元中的相界面发生移动。对不同类型的相界面，如 fcc/L、bcc/L、fcc/bcc 和 fcc/θ，有计算关系式：

$$\Delta f^L(x_B^{L0} - x_B^{fcc}) = f^L(x_B^L - x_B^{L0}) - S_B^{fcc/L}(T, x_B^{fcc}, D_B^{fcc}) \tag{4.21}$$

$$\Delta f^{\mathrm{L}}(x_{\mathrm{B}}^{\mathrm{L0}}-x_{\mathrm{B}}^{\mathrm{bcc}})=f^{\mathrm{L}}(x_{\mathrm{B}}^{\mathrm{L}}-x_{\mathrm{B}}^{\mathrm{L0}})-S_{\mathrm{B}}^{\mathrm{bcc/L}}(T,x_{\mathrm{B}}^{\mathrm{bcc}},D_{\mathrm{B}}^{\mathrm{bcc}}) \tag{4.22}$$

$$\Delta f^{\mathrm{fcc}}(x_{\mathrm{B}}^{\mathrm{bcc}'}-x_{\mathrm{B}}^{\mathrm{fcc}})=S_{\mathrm{B}}^{\mathrm{bcc/fcc}}(T,x_{\mathrm{B}}^{\mathrm{bcc}'},D_{\mathrm{B}}^{\mathrm{bcc}})-S_{\mathrm{B}}^{\mathrm{fcc/bcc}}(T,x_{\mathrm{B}}^{\mathrm{fcc}},D_{\mathrm{B}}^{\mathrm{fcc}}) \tag{4.23}$$

$$\Delta f^{\mathrm{fcc}}(x_{\mathrm{B}}^{\theta}-x_{\mathrm{B}}^{\mathrm{fcc}})=-S_{\mathrm{B}}^{\mathrm{fcc/\theta}}(T,x_{\mathrm{B}}^{\mathrm{fcc}},D_{\mathrm{B}}^{\mathrm{fcc}}) \tag{4.24}$$

$$S_{\mathrm{B}}^{\phi_1/\phi_2}=\frac{-4D_{\mathrm{B}}^{\phi_1}\Delta t G_{\mathrm{B}}^{\phi_1/\phi_2}}{d^2} \tag{4.25}$$

式中，$f^{\mathrm{L}}$ 是液相分数；$\Delta f^{\phi_1}$ 是在 $\phi_1/\phi_2$ 相界面处的分数变化；$x_{\mathrm{B}}^{\phi}$ 为相 $\phi$ 在界面处的成分；$x_{\mathrm{B}}^{\mathrm{L0}}$ 为移动 $\Delta f^{\mathrm{L}}$ 前的液相成分（如图 4.24 所示），$S_{\mathrm{B}}^{\phi_1/\phi_2}$ 表示在 $\phi_1/\phi_2$ 界面处从 $\phi_1$ 相中离开的原子量（符合扩散 Fick 第一定理）。$D_{\mathrm{B}}^{\phi_1}$ 是 B 原子在固溶相 $\phi_1$ 中的扩散系数；$\Delta t$ 是 $\phi_1/\phi_2$ 相界面发生 $\Delta f^{\phi_1}$ 变化所需要的时间；$G_{\mathrm{B}}^{\phi_1/\phi_2}$ 是在 $\phi_1/\phi_2$ 相界面处的无量纲浓度梯度；$d$ 是枝状晶之间的距离。应用 Fick 第二定理计算 B、Sn、Zn 原子在 fcc 和 bcc 相中的扩散：

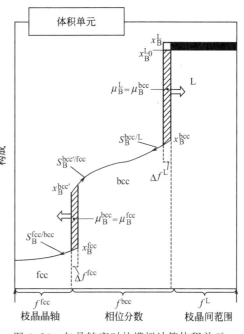

$$D_{\mathrm{B}}^{\phi}=D_{\mathrm{B}}^{0,\phi}\exp\left[\frac{-(Q_{\mathrm{B}}^{\phi}+b_{\mathrm{B}}x_{\mathrm{B}}^{\phi})}{RT}\right] \tag{4.26}$$

$$D_{\mathrm{Sn}}^{\mathrm{fcc}}=0.0393\exp\left[\frac{-(160548-241988x_{\mathrm{Sn}}^{\mathrm{fcc}})}{RT}\right] \tag{4.27}$$

$$D_{\mathrm{Zn}}^{\mathrm{fcc}}=0.257\exp\left[\frac{-(188118-107328x_{\mathrm{Zn}}^{\mathrm{fcc}})}{RT}\right] \tag{4.28}$$

$$D_{\mathrm{Sn}}^{\mathrm{bcc}}=4.277\exp\left[\frac{-(156195-190860x_{\mathrm{Sn}}^{\mathrm{bcc}})}{RT}\right] \tag{4.29}$$

$$D_{\mathrm{Zn}}^{\mathrm{bcc}}=0.0423\exp\left[\frac{-(151985-135311x_{\mathrm{Zn}}^{\mathrm{bcc}})}{RT}\right] \tag{4.30}$$

图 4.24　包晶转变时的模拟计算体积单元

### 4.5.2　计算模型及程序

CAS2 计算系统包括 CAS2sin、CAS2mul 两个计算模型程序以及 CASsin-D、CASsic-D 和 CASmul-D 三个作图程序，如图 4.25 所示。

CAS2sin 模型可模拟一定合金成分条件下冷却速率与枝状晶距离（dendrite arm spacing，DAS）之间的关系。计算的许多参数（如相分数、焓、比热容、热传导率、密度、固溶成分等）都是温度的函数，这些参数都可以通过 CASsin-D 程序作图表示计算结果，而浓度变化及分布情况可由 CASsic-D 程序以图的形式表示。

CAS2mul 模型可计算一些随成分变化的参数，从而就可以计算得到与固溶成分相关的许多参数，如相变温度、潜热、导热率、相对收缩率、固溶相的成分等。这些可由 CASmul-D 程序以图的形式输出其计算模拟结果。

在热力学数、扩散等有关数据库的基础上，将 CAS2sin 和 CAS2mul 模型结合起来，就可以得到材料设计过程中所需要的许多有关参数。

### 4.5.3　材料热物理性能的计算模型

当了解了相的体积分数和成分后，就可计算得到从液态到室温的各相热力学有关参数。

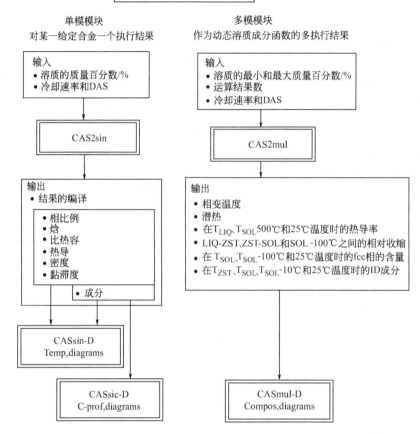

图 4.25　CAS2 计算模型及程序系统

材料热物理性能的重要参数有焓、比热容、相变潜热、热导率、密度和黏度等。

系统中摩尔焓 $H$ 和热容 $C_p$ 与 Gibbs 自由能 $G$ 的关系可表示为：

$$H = G - T \left( \frac{\partial G}{\partial T} \right)_P \tag{4.31}$$

$$C_P = -T \left( \frac{\partial^2 G}{\partial T^2} \right)_P \tag{4.32}$$

对于混合相系统（包含液相 L、fcc、bcc 和化合物 θ），Gibbs 自由能 $G$ 计算式有：

$$G = f^L G^L + f^{fcc} G^{fcc} + f^{bcc} G^{bcc} + f^\theta G^\theta \tag{4.33}$$

式中，$f^\phi$ 为相 φ 的体积分数；$G^\phi$ 是相 φ 的 Gibbs 自由能，从 CAS2 模拟程序中可计算得到。设 $T_{LIQ}$ 和 $T_{SOL}$ 分别为合金的液相线和固相线温度，则凝固相变潜热 L 可表示为：

$$L = H(T_{LIQ}) - H(T_{SOL}) - \int_{T_{SOL}}^{T_{LIQ}} C_P \, dT \tag{4.34}$$

合金的热导率可表示为：

$$k = A f^L k^L + (1 - f^L) k^S \tag{4.35}$$

式中，$k^L$ 和 $k^S$ 分别为液相和固相的热导率；$A$ 是常数。应用有关实验数据，可对 $k^L$ 和 $k^S$ 进行优化。对于 Cu-Sn 和 Cu-Zn 二元合金，可得到下列计算式：

$$k_{Cu-Sn}^L = k_{Cu}^L - 2.474 C_{Sn}^L - 14.779 C_{Sn}^L 10^{-0.04 C_{Sn}^L} \tag{4.36}$$

$$k_{\text{Cu}-\text{Zn}}^{\text{L}} = k_{\text{Cu}}^{\text{L}} - 2.118 C_{\text{Zn}}^{\text{L}} - 14.942 C_{\text{Zn}}^{\text{L}} 10^{-0.04 C_{\text{Zn}}^{\text{L}}} \tag{4.37}$$

$$k_{\text{Cu}-\text{Sn}}^{\text{S}} = k_{\text{Cu}}^{\text{S}} + (-20.485 + 0.007822 T) C_{\text{Sn}}^{\text{S}} + (-145.337 + 0.113686 T) C_{\text{Sn}}^{\text{S}} 10^{-0.10 C_{\text{Sn}}^{\text{S}}} \tag{4.38}$$

$$k_{\text{Cu}-\text{Zn}}^{\text{S}} = k_{\text{Cu}}^{\text{S}} + (-5.081 + 0.001347 T) C_{\text{Zn}}^{\text{S}} + (-32.261 + 0.033942 T) C_{\text{Zn}}^{\text{S}} 10^{-0.03 C_{\text{Zn}}^{\text{S}}} \tag{4.39}$$

其中纯液相和固相铜的 $k_{\text{Cu}}^{\text{L}}$ 和 $k_{\text{Cu}}^{\text{S}}$ 由式(4.40)和式(4.41)计算：

$$k_{\text{Cu}}^{\text{L}} = 134.41 + 0.02674 T \tag{4.40}$$

$$k_{\text{Cu}}^{\text{S}} = 398.61 - 0.042062 T - 205 \times 10^{-7} T^2 \tag{4.41}$$

式中，$k^{\text{L}}$ 和 $k^{\text{S}}$ 量纲为 W/K·m；成分 $C_i^{\text{L}}$ 为凝固前的液相成分，%（质量）；$C_i^{\text{S}}$ 为凝固期间枝晶的平均成分，%（质量）。

### 4.5.4 模拟计算结果与验证

这里主要列出了应用 CAS2sin 和 CAS2mul 计算程序在 Cu-Sn 和 Cu-Zn 合金中的计算结果。图 4.26 为 Cu-30% Zn 合金平衡凝固过程的热力学计算模拟。图 4.26(a) 表示冷却速率对凝固过程的影响，平衡凝固和冷却速率为 1℃/s 时，只形成 fcc 相。冷却速率为 100℃/s 时，bcc 相在 902℃ 通过包晶反应开始形成。图 4.26(b) 显示了冷却速率对枝晶成分的影响。由图可知，平衡凝固和冷却速率为 1℃/s 时，最后凝固的枝晶成分在 35.3%～37.6%（质量）Zn 之间；在冷却速率为 100℃/s 时，温度达到固相线处的枝晶成分增加到 38.4%（质量）Zn。另外，fcc/bcc 相界面开始向 bcc 相移动，直到 849℃ bcc 相消失，这时枝晶成分为 37.8%（质量）Zn。

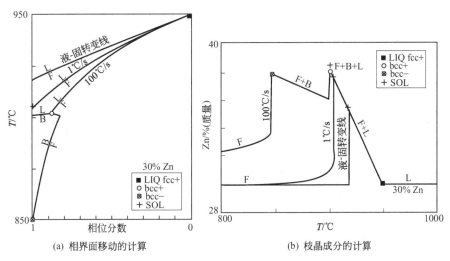

(a) 相界面移动的计算          (b) 枝晶成分的计算

图 4.26 Cu-30% Zn 合金平衡凝固过程的热力学计算
模拟，冷却速度为 1℃/s 和 100℃/s

L—液相；F—fcc；B—bcc；LIQ—液相线；SOL—固相线；
fcc＋、bcc＋—表示各自相的形成；bcc——表示 bcc 消失

图 4.27 为冷却速率对 Cu-Sn 相图及室温下组织（δ＋共晶相）的影响。从图 4.27（a）可看到，冷却速率增大，二相区明显扩大。如冷却速率为 10℃/s，当含 Sn 量低于 4%（质量）时，就不会发生共晶反应。图 4.27（b）说明了在一定的冷却速率下，随 Sn 含量的增加，共晶相数量也随着提高；在一定的 Sn 含量情况下，冷却速率增大，共晶相数量也提

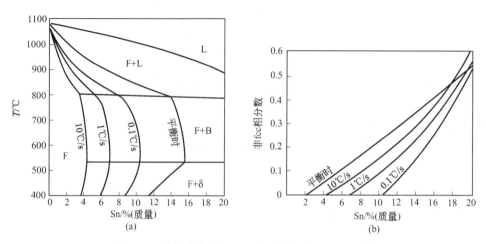

图 4.27 冷却速率对 Cu-Sn 相图的影响 (a) 和冷却
速率对室温下非 fcc 相体积分数的影响 (b)

高。当然在实际凝固条件下,单相 δ 是非常少的,甚至在图中几乎无法看到。图 4.28 是冷却速率对 Cu-Zn 相图及室温下无 fcc 相组织的影响。同样,较大的冷却速率降低了固相线,推迟了 bcc 的消失,因此也扩大了 Cu-Zn 合金的两相区 (fcc+L,fcc+bcc)。由于 bcc 中的扩散非常快,在 (bcc+L) 两相区 bcc 相的凝固很接近于平衡凝固。随着 Zn 含量的增大,最后组织中 bcc 相的数量也增加,但冷却速率的影响不大。

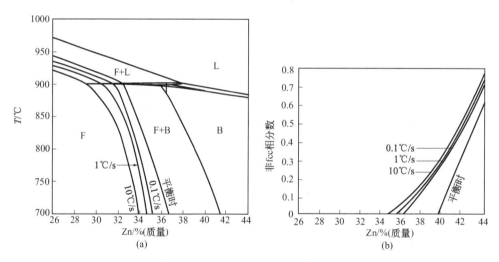

图 4.28 冷却速率对 Cu-Zn 相图的影响 (a) 和冷却速
率对室温下非 fcc 相体积分数的影响 (b)

在 Cu-Zn 和 Cu-P 合金中通过实验结果来验证计算模拟的模型。表 4.5 列出了三种二元铜合金的液相、固溶和包晶温度的计算值和试验值的比较,显然,计算值和试验值的是非常一致的,误差很小。例如,在 Cu+36.2Zn 合金中固相线温度比计算值低 15~20℃,这可能是因为实际合金中含有少量的 Fe、Sn 等杂质元素所引起的。

### 4.5.5 三元铜合金相图计算[34,35]

#### 4.5.5.1 固溶体计算模型

在 Cu-Me-Zn(Me:Al、Sn)三元铜合金系统中应用置换固溶体模型,这些固溶相的

材料设计教程

表 4.5 三种二元铜合金的液相、固溶和包晶温度的计算值和试验值的比较

| 合金成分 /%(质量) | $V_{COL}$/(℃/s) | $d_2$/μm | $T_{LIQ}$/℃ | | $T_{PER}$/℃ | | $T_{SOL}$/℃ | |
|---|---|---|---|---|---|---|---|---|
| | | | 试验值 | 计算值 | 试验值 | 计算值 | 试验值 | 计算值 |
| Cu+0.022P | 0.5 | 220 | 1082 | 1084 | | | 1065 | 1057 |
| | 1.2 | 180 | 1082 | 1084 | | | 1055 | 1054 |
| Cu+29.3Zn | 0.5 | 160 | 952 | 953 | 899 | 902 | 885 | 901 |
| | 0.9 | 150 | 952 | 953 | 900 | 902 | 880 | 901 |
| Cu+36.2Zn | 0.5 | 70 | 908 | 913 | 901 | 902 | 885 | 899 |
| | 0.8 | 60 | 909 | 913 | 901 | 902 | 880 | 898 |

摩尔 Gibbs 自由能可表示为：

$$G_m^\phi = x_{Cu}^\phi G_{Cu}^\phi + x_{Me}^\phi{}^0 G_{Me}^\phi + x_{Zn}^\phi{}^0 G_{Zn}^\phi + RT(x_{Cu}^\phi \ln x_{Cu}^\phi + x_{Me}^\phi \ln x_{Me}^\phi + x_{Zn}^\phi \ln x_{Zn}^\phi) + {}^E G_m^\phi$$

$$(4.42)$$

其中，额外 Gibbs 自由能 ${}^E G_m^\phi$ 的计算表达式为：

$${}^E G_m^\phi = x_{Cu}^\phi x_{Me}^\phi L_{Cu,Me}^\phi + x_{Cu}^\phi x_{Zn}^\phi L_{Cu,Zn}^\phi + x_{Me}^\phi x_{Zn}^\phi L_{Me,Zn}^\phi + x_{Cu}^\phi x_{Me}^\phi x_{Zn}^\phi L_{Cu,Me,Zn}^\phi \quad (4.43)$$

对于 Cu-Mn-Sn 三元系统中，所形成固溶相的摩尔 Gibbs 自由能计算表达式为：

$$G_m^\phi = x_{Cu}^\phi{}^0 G_{Cu}^\phi + x_{Mn}^\phi{}^0 G_{Mn}^\phi + x_{Sn}^\phi{}^0 G_{Sn}^\phi + RT(x_{Cu}^\phi \ln x_{Cu}^\phi + x_{Mn}^\phi \ln x_{Mn}^\phi +$$

$$x_{Sn}^\phi \ln x_{Sn}^\phi) + x_{Cu}^\phi x_{Mn}^\phi L_{Cu,Mn}^\phi + x_{Cu}^\phi x_{Sn}^\phi L_{Cu,Sn}^\phi + x_{Mn}^\phi x_{Sn}^\phi L_{Mn,Sn}^\phi +$$

$$x_{Cu}^\phi x_{Mn}^\phi x_{Sn}^\phi L_{Cu,Mn,Sn}^\phi + {}^{mo} G_m^\phi$$

$$(4.44)$$

其中，${}^{mo} G_m^\phi = RT \ln(\beta^\phi + 1) f(\tau)$。

式中，$R$ 为常数，8.3145J/kmol；$T$ 是绝对温度；$x_i$ 是组元 $i$ 的摩尔分数；${}^0 G_i^\phi$ 为 $\phi$ 相中纯组元相对于 298.15K 时稳定相的焓；$L_{ij}^\phi$ 是在 $\phi$ 相中组元 $i$ 和 $j$ 之间相互作用的参数；而 $L_{Cu,Me,Zn}^\phi$ ($L_{Cu,Mn,Zn}^\phi$) 为在 $\phi$ 相中三元间的作用参数；${}^0 G_i^\phi$ 是温度的函数；$L_{ij}^\phi$ 和 $L_{Cu,Me,Zn}^\phi$ ($L_{Cu,Mn,Zn}^\phi$) 为温度和成分的函数。$\beta^\phi$ 是与总磁性熵相关的取决于成分的参数；$\tau = T/T_C^\phi$，$T_C^\phi$ 是磁性有序化临界温度。

Jyrki Miettinen 收集并分析了许多文献中有关二元或三元计算模型和试验结果，对有些模型进行了修正与优化，结合自己的研究成果，对 Cu-Me-Zn 三元合金系统进行了各种相图的计算模拟，并与试验结果进行比较。

### 4.5.5.2　计算模拟结果

图 4.29、图 4.30 分别是 Cu-Mn-Sn 三元系 650℃和 450℃恒温截面的计算相图，图 4.31 为 Cu-Mn-Sn 三元系统富铜区 5%（质量）Mn 计算相图，图 4.32 为 Cu-Mn-Sn 合金系富 Cu 区在 450℃的计算等温截面相图。很明显，这些计算结果与试验值是相当吻合的，当然也有一些个别的情况是不很符合的。如图 4.30 中有两个试验点落在了（fcc+δ+Ω）三相区，这是因为 δ 相

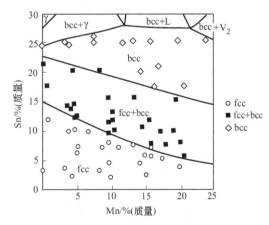

图 4.29　Cu-Mn-Sn 合金系富 Cu 区
在 650℃的计算等温截面
（标注符号为实验结果）

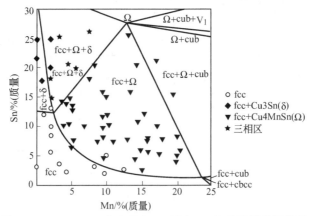

图 4.30　Cu-Mn-Sn 合金系富 Cu 区在 450℃的计算等温截面

（标注符号为实验结果）

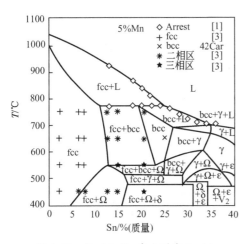

图 4.31　Cu-Mn-Sn 合金系富 Cu 区

5%（质量）Mn 计算相图

（标注符号为文献所列实验结果）

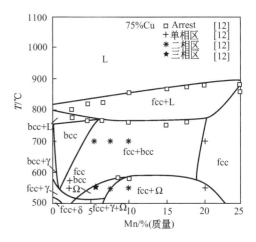

图 4.32　Cu-Mn-Sn 合金系富 Cu 区

75%（质量）Cu 计算相图

（标注符号为文献所列实验结果）

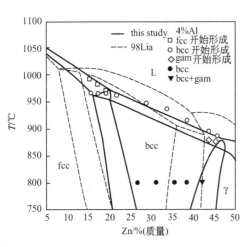

图 4.33　Cu-Al-Zn 合金系中

4%（质量）Al 截面的计算相图

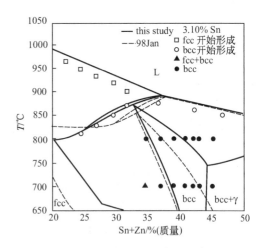

图 4.34　Cu-Sn-Zn 合金系中

3.10%（质量）Sn 截面的计算相图

中溶入了一些 Mn 元素，被误认为是二元 Cu-Sn 相。

图 4.33 为 Cu-Al-Zn 合金系中 4%（质量）Al 截面的计算相图，图 4.34 为 Cu-Sn-Zn 合金系中 3.10%（质量）Sn 截面的计算相图。图中的符号为试验结果，实线为计算结果，虚线是早期的研究结果。应该说，计算结果与试验结果也是非常一致的，从图中还可看到早期的研究结果是有较大误差的。

## 4.6 铝合金热力学平衡相计算[36,37]

MTDATA 热力学计算软件是由英国国家物理实验室研究开发的计算模拟工具。该计算软件可应用于化学、材料和冶金学科分析计算各种物质性质问题，但主要的功能是在较宽的成分范围内分析计算相组成和化学平衡的问题。适用领域包括：萃取、精炼、材料的加工与连接、表面涂覆、腐蚀等，适用材料有陶瓷、玻璃、耐火材料、金属及合金、电子材料、磁性材料等。这是一种利用相图计算 CALPHAD 原理建立的计算程序及数据库软件包。MTDATA计算软件便于以往研究资料积累总结的基础上再加上设计实验获得必需的数据，数字化地计算分析系统材料的化学热力学相变过程，可模拟计算相的热力学性质（描述为温度、压力和成分的函数）。因此，应用 MTDATA 热力学计算软件，可分析材料的相组成及其演化过程，控制材料的制备过程，从而达到提高材料性能、优化设计新材料的目的。

Miedema 模型的生成热计算模型是合金化理论研究的方向之一。该模型利用组元的基本性质可以计算除氧族元素以外的绝大多数二元合金的生成热，其计算值与实验值偏差一般不超过 8kJ/mol。Miedema 模型的数学计算式为：

$$\Delta H_{ij} = f_{ij} \frac{x_i [1 + \mu_i x_j (\phi_i - \phi_j)] x_j [1 + \mu_j x_i (\phi_j - \phi_i)]}{x_i V_i^{2/3} [1 + \mu_i x_j (\phi_i - \phi_j)] + x_j V_j^{2/3} [1 + \mu_j x_i (\phi_j - \phi_i)]} \tag{4.45}$$

其中， $$f_{ij} = 2P V_i^{2/3} V_j^{2/3} \frac{\left\{ \frac{q}{p} [(n_{ws}^{1/3})_j - (n_{ws}^{1/3})_i]^2 - (\phi_j - \phi_i)^2 - \alpha \left( \frac{r}{p} \right) \right\}}{(n_{ws}^{1/3})_i^{-1} + (n_{ws}^{1/3})_j^{-1}} \tag{4.46}$$

式中，$\phi_i$、$\phi_j$ 分别为 $i$ 和 $j$ 原子的电负性；$(n_{ws})_i$、$(n_{ws})_j$ 分别为 $i$ 和 $j$ 原子的电子密度参数；$V_i$、$V_j$ 为 $i$ 和 $j$ 原子的摩尔体积；$p$、$q$、$r$、$\alpha$、$\mu$ 分别为经验参数。Miedema 模型已总结出经验参数取值规律：$q/p = 9.4$。对于液态合金 $\alpha = 0.73$，固态合金 $\alpha = 1$。对碱金属元素，$\mu = 0.14$；二价金属元素，$\mu = 0.10$；三价金属元素和 Cu、Ag、Au，$\mu = 0.07$；其他金属元素，$\mu = 0.04$。对于 $p$ 的取值，如果 $i$ 和 $j$ 分别属于过渡元素和非过渡元素时，$p = 12.3$；如 $i$ 和 $j$ 都是过渡元素，则 $p = 14.1$；如 $i$ 和 $j$ 都为非过渡元素时，$p = 10.6$。对 $r/p$，当 $i$ 和 $j$ 都是过渡元素或非过渡元素时，$r/p = 0$；当 $i$ 和 $j$ 分别属于过渡元素和非过渡元素时，$r/p$ 的值与元素 $i$ 和 $j$ 在元素周期表中的具体位置有关。利用式(4.49)就可在计算机上计算二元固态或液态合金的生成热。

Yu Zhong 等[2]应用基于赝势法等理论的 VASP 软件计算了 Al-Mg 系热力学。表 4.6 列出了计算得到的 Al-Mg 合金各种规则相的生成焓、点阵参数等结构性能。图 4.35 为 923K 时 Mg 活度的计算结果与实验值的比较，图 4.36 为 660K 时 Mg 活度的计算结果与实验值的比较。研究结果表明，计算与实验结果有很好的一致性。

余胜文等利用 Miedema 模型，结合 MTDATA 热力学计算软件和相关热力学数据库，在 Al-Mg-Sc 合金中进行计算，分析了热力学平衡相的相变规律。利用 MTDATA（version4.74 2004）与相应的 Al 基合金数据库（version5.01 April 2003）进行热力学计算。通

表 4.6　Al-Mg 合金部分规则相的点阵参数、生成焓和总结能量的计算值

| 合金相 | 点阵参数/nm | 总能量(原子)/eV | 生成焓/(kJ/mol) |
|---|---|---|---|
| Fcc-Al | $a=b=c=0.4041$ | $-3.6892$ | 0 |
| Al2Mg-C15 | $a=b=c=0.7667$ | $-2.9784$ | $-2.301$ |
| Al2Mg-C14 | $a=b=0.5448, c=0.8742$ | $-2.9827$ | $-2.713$ |
| Al2Mg-C36 | $a=b=0.5450, c=1.7514$ | $-2.9836$ | $-2.802$ |
| ε-Al30Mg23 | $a=b=1.2718, c=2.1848$ | $-2.7682$ | $-3.423$ |
| γ-Mg5Mg12Al12 | $a=b=c=1.0514$ | $-2.4345$ | $-3.599$ |
| γ-Mg5Al12Al12 | $a=b=c=1.0102$ | $-3.3062$ | $0.288$ |
| γ-Al5Mg12Al12 | $a=b=c=1.0419$ | $-2.7629$ | $1.383$ |
| γ-Al5Mg12Mg12 | $a=b=c=1.0903$ | $-1.7627$ | $9.891$ |
| hcp-Mg | $a=b=0.3177, c=0.5172$ | $-1.4852$ | 0 |

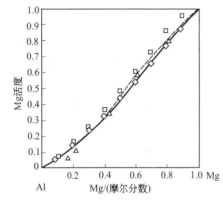

图 4.35　在 923K 时 Mg 活度的计算结果与实验值
的比较，参考态是 923K 时液态 Al、Mg

图 4.36　在 660K 时 Mg 活度的计算结果与实验值的
比较，参考态是 660K 时 fcc-Al 和 hcp-Mg

过系统中各相的热力学特征函数关系，将相图和各种热力学数据联系起来，计算出系统中所有的热力学信息，得到可能析出的热力学平衡相，预测了化学成分对热力学平衡相的影响。图 4.37 是由 Miedema 模型计算得到的 Mg-Sc 合金的生成热。

应用 MTDATA 热力学方法计算得到 Sc、Mg 含量变化时存在的各热力学平衡相及平衡相量与温度的关系。图 4.38 表示了 Al-5Mg-0.4Sc 合金中各平衡相数量与温度之间的关系。计算数据表明，随着稀土 Sc 含量的减少，除 $Al_3Sc$ 相的数量相应减少外，其余各项基本不变，

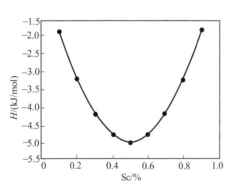

图 4.37　由 Miedema 模型
计算的 Mg-Sc 合金生成热

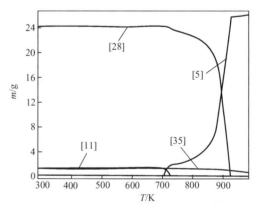

图 4.38　Al-5Mg-0.4Sc 合金
各相析出量与温度的关系

而且并没有因为稀土 Sc 含量的减少而出现其他的相，也没有出现金属间化合物。由此说明了利用 Miedema 模型计算所得微量稀土 Sc 在 Al-Mg 合金中以 $Al_3Sc$ 相存在的合理性，也与实验结果相吻合。

Miedema 模型和 MTDATA 热力学计算软件的热力学计算结果都表明微量稀土元素 Sc 在 Al-Mg 合金中只以 $Al_3Sc$ 的形式存在，稀土元素 Sc 并没有与 Mg 元素之间形成金属间化合物，也没有出现 Al-Mg-Sc 元素间的三元金属化合物。热力学计算说明：合金中形成的 $Al_3Sc$ 强化相易析出，具有非常好的高温热力学稳定性，在温度高达 900K 左右时才开始出现熔化现象，并且 $Al_3Sc$ 相消失得非常缓慢。因此，在实际合金设计制备中利用加入微量稀土元素 Sc 所形成的 $Al_3Sc$ 相目的是为提高铝镁合金的综合性能。相含量计算结果显示，可通过调节加入 Sc 的含量来控制铝镁合金中的主要强化相 $Al_3Sc$ 的量，以达到优化设计材料组织性能的目的。

# 本 章 小 结

实际上，最早的材料设计是从超多元镍基高温合金的相计算开始的。与材料热力学关系最密切的标志是计算相图 CALPHAD（calculation phase diagram）领域的出现，随着计算机技术的迅速发展和各类新材料开发的需要，后来其设计思想扩展到钛基合金及其他双相合金和多相合金。CALPHAD 相图计算已经在许多方面取得了成功，如无铅微焊材料的计算设计、Ti 合金超塑性的 Md 法计算设计，运用数学建模和数值模拟方法计算高合金钢的相变临界线等。

相图与合金设计有着密切的关系，特别是二元或三元的合金设计往往都首先依赖于相图。目前已开发了多种相图计算的系统软件，而且不断地在完善。在合金设计方面计算相图仍然会发挥重要的作用，CALPHAD 计算方法也在不断地完善。例如，用一般的 CALPHAD 方法计算高压下的相平衡，其结果可能是材料热膨胀系数和热容为负值，这是错误的。问题的原因是 SGTE（scientific group thermodata Europe）数据库和 Mie-Grüneisen 等式之间存在一定的矛盾。这种矛盾同样与 CALPHAD 方法描述的力学不稳定性一般问题相关。Brosh 等[35]针对该存在的问题进行研究，基于在低压下 SGTE 数据和高压下的准谐波点阵模型（quasiharmonic lattice model）之间的关系，发展了新的自由能计算关系式，除温度外还考虑了压力的影响。新的关系式可预测许多热物理性能，解决了 CALPHAD 计算简单化的不足。在 Al、Si、MgO、Fe 和 Al-Si 二元系中，应用新关系式进行了高压相平衡的计算和热物理性能的预测，结果非常满意。

ab initio 从头计算的方法和 CALPHAD 方法与实验数据结果之间有着密切的关系，建立既能在理论上科学描述问题、又具有解决实际问题的各类模型，从而开发相应的计算模拟软件，这是一个非常吸引人的研究课题，也是实现多层次材料设计的努力目标之一。

## 习题与思考题

1. 试述相图设计的主要内容和特点。
2. CALPHAD 方法在材料设计中主要有哪些应用？
3. 目前，ab initio 方法在 CALPHAD 设计中能解决哪些问题？
4. 材料的平衡态热力学计算有什么意义？与实际情况有什么差别？
5. 试举 1～2 例 CALPHAD 方法在材料设计中的应用。

# 参 考 文 献

[1] Andersson J O，Thomas Helander，Lars Höglund，et al. Thermo-Calc & DICTRA，Computational Tools for Materials Science. CALPHAD，2002，26（2）：273～312.

[2] Sluiter M H F. Ab initio lattice stabilities of some elemental complex structures. Computer Coupling of Phase Diagrams and Themochemistry，2006，30：357～366.

[3] Yu Zhong，Mei Yang，Zikui Liu. Contribution of first-principles energetics to Al-Mg thermodynamic modeling. CALPHAD，2005，29：303～311.

[4] 冯端，师昌绪，刘治国. 材料科学导论——融贯的论述. 北京：化学工业出版社，2002.

[5] 龚伟平，陈腾飞，刘彬等. 相图计算在 TiAl 基金属间化合物结构设计中的应用. 粉末冶金材料科学与工程，2006，11（4）：206～209.

[6] 郝士明编著. 材料热力学. 北京：化学工业出版社，2004.

[7] 史耀武，雷永平，夏志东等. Sn-Ag-Cu 系无铅钎料技术发展. 新材料产业，2004，4：10～16.

[8] V řešt'ál J，Kroupa A，Šob M. Application of ab initio electronic structure calculation for prediction of phase equilibria in superaustenitic steels. Computational Materials Science，2006，38：298～302.

[9] Chvátalová K，Houserrová J，Šob M，et al. First-principles calculations of energetics of sigma phase formation and thermodynamic modeling in Fe-Ni-Cr System. Journal of Alloys and Compounds，2004，378：71～74.

[10] Jana Houserrová，Martin Friák，Mojmír Šob，et al. Ab initio calculations of lattice stability of sigma-phase and phase diagram in the Cr-Fe System. Computational Materials Science，2002，25：562～569.

[11] Jana Houserrová，Jan V řešt'ál，Mojmír Šob，et al. Phase diagram calculations in the Co-Mo and Fe-Mo systems using first-principles results for the sigma phase. CALPHAD，2005，29：133～139.

[12] Patrice E A Turchi，Igor A Abrikosov，Benjamin Burton，et al. Interface between quantum-mechanical-based approaches，experiments，and CALPHAD methodology. CALPHAD，2007，31：4～27.

[13] Turchi P E A，Kaufman L，Zikui Liu. Modeling of Ni-Cr-Mo based alloys：Part-Ⅰphase stability. CALPHAD，2006，30：70～87.

[14] Kissavos A E，Shallcross S，Meded V，et al. A critical test of ab initio and CALPHAD methods：The structural energy difference between bcc and hcp molybdenum. CALPHAD，2005，29：17～23.

[15] Larry Kaufman，Turchi P E A，Weiming Huang，et al. Thermodynamics of The Cr-Ta-W System by Combining the Ab Initio and CALPHAD Methods. CALPHAD，2001，25：419～433.

[16] Patrice E A Turchi，Igor A Abrikosov，Benjamin Burton，et al. Interface between quantum-mechanical-based approaches，experiments and CALPHAD methodology. CALPHAD，2007，31：4～27.

[17] Schmid R Fetzer，Andersson D，Chevalier P Y，et al. Assessment techniques，database design and software facilities for thermodynamics and diffusion. CALPHAD，2007，31：38～52.

[18] Kissavos A E，Simak S I，Olsson P，et al. Total energy calculations for systems with magnetic and chemical disorder. Computational Materials Science，2006，35：1～5.

[19] Stefano Curtarolo，Dane Morgan，Gerbrand Ceder. Accuracy of ab initio methods in predicting the crystal structures of metals：A review of 80 binary alloys. CALPHAD，2005，29：163～211.

[20] 程晓农，戴起勋编著. 奥氏体钢设计与控制. 北京：国防工业出版社，2005.

[21] Dai Q X. Yang R Z. The Calculation of $T_\delta$ and $V_\delta$ in Austenite Steels. Mater. Charact.，1997，38（3）：129.

[22] Yang R Z，Dai Q X. Effect of Carbonitride Dissolution on $T_\delta$ and $V_\delta$ of Austenitic Steels. Mater. Charact.，1997，38（3）：143.

[23] Dai Q X，Yang R Z. Calculation of Ferrite Volume in Some Dual Phase Steels. Mater. Charact.，

1997，38（4/5）：197.

[24] Lee T H，Kim S J，Jung Y C. Crystallographic details of precipitates in Fe-22Cr-21Ni-6Mo-(N) superaustenitic stainless steels aged at 900℃. Metallurgical and materials transactions A，2000，31A：1713~1723.

[25] Dai Q X，Yuan Z Z，Cheng X N，et al. Numerical simulation of Nitride Age-precipitation in High Nitrogen Stainless Steels. Mater. Sci. Eng. A，2004，385：445~448.

[26] Simmons J W. Influence of nitride（$Cr_2N$）precipitation on the plastic flow behavior of high-nitrogen austenitic stainless steel. Scripta Metallurgica et Materialia. 1995，32（2）：265~270.

[27] Dai Q X，Cheng X N，Yang Z Z，et al. Design of martensite Transformation temperature by calculation for austenitic steels. Mater. Charact. 2004，52（4/5）：349~354.

[28] Allain S，Chateau J P，Bouaziz O. A physical model of the twinning-induced plasticity effect in a high manganese austenitic steel. Mater. Sci. Eng. A，2004，387/389：143~147.

[29] Allain S，Chateau J P，Bouaziz O，et al. Correlation between the calculated stacking fault energy and the plasticity mechanisms in Fe-Mn-C alloys. Mater. Sci. Eng. A，2004，387/389：158~162.

[30] Miettinen J. Thermodynamic-kinetic model for the simulation of solidification in binary copper alloys and calculation of thermophysical properties. Computational Materials Science，2006，36：367~380.

[31] Jyrki Miettinen. Jyrki Miettinen. Thermodynamic description of the Cu-Al-Zn and Cu-Sn-Zn systems in the copper-rich corner. CALPHAD，2002，26（1）：119~139.

[32] Jyrki Miettinen. Thermodynamic description of the Cu-Mn-Sn system in the copper-rich corner. CALPHAD，2004，28（1）：71~77.

[33] Miettinen J. Thermodynamic-kinetic simulation of solidification in binary fcc copper alloy with calculation of thermophysical properties. Computational Materials Science，2001，22：240~260.

[34] Jyrki Miettinen. Thermodynamic description of the Cu-Mn-Sn system in the copper-rich corner. CALPHAD，2004，28（1）：71~77.

[35] 余胜文，王为，徐赫等. Al-Mg-Sc 合金中热力学平衡相的计算. 中国有色金属学报，2006，16（3）：505~510.

[36] Davies R H，Dinsdale A T，Gisby J A，et al. MTDATA-thermodynamic and phase equilibrium software from the national physical laboratory. CALPHAD，2002，26（2）：229~271.

[37] Eli Brosh，Guy Makov，Roni Z. Shneck. Application of CALPHAD to high pressures. Computer Coupling of Phase Diagrams and Thermochemistry，2007，31：173~185.

# 第*5*章
## 材料数值模拟设计

科学抽象意味着借助模型来研究现实世界某一方面的规律。设计和建立模型的过程被认为是模型化中的基本步骤和最重要的环节。模型化作为经典的科学研究方法，它是将真实情况简单化处理，建立一个反映真实情况本质特性的模型，并进行公式化描述。所以，抽象化建立模型可以认为是提出理论的开始。应该指出，就模型的建立而言，不存在严格而统一的方法，尤其在材料科学研究领域，所处理的是各种不同的尺度范围和不同的物理过程。人们在吸收现代数学、力学理论的基础上，借助于计算机技术获得工程要求的数值解，这就是数值模拟技术。

## 5.1 概述

### 5.1.1 材料研究模型化[1,2]

数值模拟是以实际系统和模型之间数学方程式的相似性为基础的。一套数学模型可以对各种类型的实际系统进行模拟实验，这是数值模拟的优点。但是，如果一个实际系统还不能写出它的数学模型，那么就无法对它进行数值模拟。因此在工程技术中，物理模拟和数值模拟两种方法经常结合起来进行。要进行数值模拟的研究，建立能描述实际系统的一系列数学模型是关键的前提。数值模拟和物理模拟具有不同的特点和应用范围，两者具有互补性，物理模拟是数值模拟的基础，数值模拟是物理模拟的归宿。

数值模拟的材料研究方法主要依赖于计算机技术。计算机模拟技术是利用计算机的计算推理和作图功能，根据事物的客观环境条件及本身性质规律，仿照实际情况来推测预计可能出现情况的一门技术。特别是在情况复杂的环境下，运用这种技术可达到事半功倍的效果。当前，在材料科学和工程领域中，这种技术的研究和应用正方兴未艾。早期，计算机模拟技术主要是在材料工程（如化学热处理等）中开展研究，也取得了许多成绩。在 1969～1990 年期间就有 46 篇文章涉及到材料淬火过程的计算机模拟并建立了 Metadex 数据库。计算机模拟技术在材料科学中的应用日益广泛。数值模拟近年来在材料加工中发展很快，特别是由于计算机技术的发展，各种数值计算方法已成为可能。其中有限元法应用最广泛，可以模拟材料加工多工步加工过程的全部细节，给出各个阶段的变形参数和性能参数，在板材成形方面已成为许多大型企业的日常工具，在体积成形方面也有大量应用。计算机辅助设计系统（CAD）、有限元数值分析系统和计算机数控加工系统一起组成计算机辅助工程系统（CAE）已成为许多国外企业的先进制造系统。

就建立微结构演化模型来说，最理想的方法可能就是求解所研究材料的所有原子的运动方程。这一方法能给出所有原子在任一时刻的位置坐标和速度，也就是说，由此可预测微结构的时间演化。

为了获得关于微结构的合理而简单的模型，首先要对所研究的真实系统进行实验观察，由此推导出合乎逻辑的、富有启发性的假说。根据已获得的物理图像，通过包括主要物理机制在内的唯象本构性质，我们就可以在大于原子尺度的层次上对系统特性进行描述。

唯象构想只有转换成数学模型才有实用价值。转换过程要求定义或恰当选择相应的自变量（又称为独立变量，independent variables）、因变量（dependent variable or state variable），并进而确立运动方程、状态方程、演化方程、物理参数、边界条件和初值条件以及对应的恰当算法，见表 5.1。

表 5.1　材料科学中对数学模型进行公式化的基本步骤

| 步骤 | 内　　　容 |
| --- | --- |
| 1 | 定义自变量,例如时间和空间 |
| 2 | 定义因变量,即强度和广延因变量或隐含和显含因变量,例如温度、位错密度、位移及浓度等 |
| 3 | 建立运动学方程,即在不考虑实际作用力时,确定描述质点坐标变化的函数关系。例如,在一定约束条件下,建立根据位移梯度计算应变和转动的方程 |
| 4 | 确立状态方程,即从因变量的取值出发,确定描述材料实际状态且与路径无关的函数 |
| 5 | 演化方程,即根据因变量值的变化,给出描述微结构演化的且与路径有关的函数关系 |
| 6 | 相关物理参数的确定 |
| 7 | 边界条件和初值条件 |
| 8 | 确定用于求解由步骤 1~7 建立的联立方程组的数值算法或解析方法 |

## 5.1.2　数值模型化与模拟[1,2]

模型化的主要任务就是建立与模型相联系的有关控制方程的数值解法。这是指"关于一系列数学表达式的求解"，即通过一系列路径相关函数和路径无关函数以及恰当的边界条件和初值条件，可以把构造模型的基础要素定量化。

一般而言，我们把数值模型化理解为建立模型和构造程序编码的全过程，而模拟则常用于描述"数值化实验"。根据这样的理解，模型化是由唯象理论及程序设计的所有工作步骤构成；而模拟所描述的则仅仅是在一定条件下的程序应用。

数值模型化和模拟的区别，还与"尺度"有关。"数字模型化"一词主要用于描述宏观或介观尺度上的数值解法，而不涉及微观尺度上的模型问题。对于微观体系中的模型计算通常称为"模拟"。例如，我们倾向把分子动力学所描述的原子位置和速度说成是由模拟方法获得的，而不是说成是由模型化方法获得的。在使用"模型化"和"模拟"两个词时多少带有一些随意性和不一致性。在模型化和模拟之间，其明显差别则是基于这样的事实，即许多经典模型不需要使用计算机，但可以表达成严格形式而给出解析解。然而，可以用解析方法进行求解的模型通常在空间上不是离散化的，例如许多用于预测位错密度和应力且不包括单个位错准确位置的塑性模型。

模拟方法通常是在把所求解问题转化为大量微观事件的情况下，提供一种数值解法。所以，"模拟"这一概念常常是和多体问题的空间离散化解法结合在一起的（如多体可以是多个原子、多个分子、多个位错、有限个元素）。下面给出模拟与数值模型化定义。

所谓微结构模拟，是通过求解在空间和时间高度离散化条件下反映所考虑的基本晶格缺陷（真实的物理缺陷）或准缺陷（人工微观系统组元）行为特性的代数型、微分型或积分型方程式，给出关于微观或介观尺度上多体问题公式化模型的数值解。微结构数值（或解析）模型化，是指通过在时间高度离散化而空间离散化程度低的情况下关于整个晶格缺陷系统的代数型、微分型和积分型控制方程式的求解，给出宏观模型的数值（或解析）解。

当在同一尺度层次上应用于处理同一物理问题时，数值模型化一般要比模拟速度快，这就是说，数值模型化可以包括更大的空间尺度和时间尺度。数值模型化的这一优势是非常重要的，尤其在工业应用方面这一优势更为突出。但由于数值模型化通常在空间上离散化程度较低，所以在定域尺度上其预测能力较差。

模型化与模拟方法的典型步骤是：首先，定义一系列自变量和因变量。这些变量的选择要基于满足所研究材料性质的计算精度要求；其次是建立数学模型，并进行公式化处理。所建模型一般来说应由两部分组成，一是状态方程，用于描述由给定态变量定义的材料性质；二是演化方程，用于描述态变量作为自变量的函数的变化情况。在材料力学中，状态方程一般给出材料的静态特性，而演化方程描述了材料的动态特性。同时，在因制备过程或所考虑实验对材料施加约束条件的情况下，上述一系列方程还常能给出材料的相关运动学特性。

无论是从头计算，还是唯象理论，通过选择恰当的因变量，建立状态方程和演化方程都是很有启发性的。变量的选择是模型化中最重要的一个步骤，它是我们近似处理问题时所特有的物理方法。基于这些选择好的变量和所建立的一系列方程，通常还要把这些方程变成差分方程的形式，并确定出求解问题的初始条件和边界条件。从而使开始时所给出的模型就变成了严格的数学表述形式。这样一来，对所考虑问题的最终求解就可以用模拟方法或数值实验法进行。

由于计算机运行速度和存储能力的不断提高，以及在工业和科学研究方面对定量预测要求的不断增加，大大促进了数值方法在材料科学中的应用。因此，理论分析、实验测定和模拟计算已成为现代科学研究的三种主要方法。20世纪90年代以来，由于计算机科学和技术的快速发展，模拟计算的地位日渐突显。在新材料的研究和开发中，采用分子模拟技术，从分子的微观性质推算及预测产品与材料的介观、宏观性质，已成为新兴的学术方向。

## 5.2 材料表面激光作用的数值模拟

脉冲激光所产生的超快超高能量的作用导致材料表面的快速熔凝，这是一个极为复杂的热物理过程和微观组织结构演化的过程。该熔凝过程存在固-液相界面的移动特征，这种现象被称为 Stefan 问题，主要的解决途径是数值计算模拟。目前已有多重线法（method of lines）、变分不等式法（variational inequalities method）、焓方法（enthalpy method）等，其中采用焓方法是比较好的途径。下面介绍中国科学院力学研究所洪友士等[3]的研究成果，他们采用了焓方法分析了 Nd：YAG 脉冲激光作用后不锈钢材料表面的温度场演化，计算了凝固过程中的界面温度梯度、凝固速率及冷却速度的变化规律。

### 5.2.1 模拟的基本数学模型

在高能量密度激光束的照射下，金属材料表面在极短时间内吸收了极高的能量后，以热传导方式向内部传输；液相区与固相区的交界面是随时间而变化的移动界面。在局部熔化后的固-液相界面处有潜热的作用，可建立下面的模型，以描述局部出现熔化后的温度场。相应的固-液共存的情况如图 5.1 所示，建立模型所采用的二维轴对称柱坐标系见图 5.2。

在固相区、液相区及固-液共存区分别用傅里叶热传导定律，可得到轴对称柱坐标系下的控制方程：

$$\begin{cases} \dfrac{1}{r} \times \dfrac{\partial}{\partial r}\left( r\,\dfrac{\partial T^{l}}{\partial r} \right) + \dfrac{\partial^2 T^{l}}{\partial z^2} - \dfrac{1}{a} \times \dfrac{\partial T^{l}}{\partial t} = 0 \quad [g^{l}(\xi,\eta,t) \geqslant 0,\; T^{l} \geqslant T_{L}] \\[3mm] \dfrac{1}{r} \times \dfrac{\partial}{\partial r}\left( r\,\dfrac{\partial T^{s}}{\partial r} \right) + \dfrac{\partial^2 T^{s}}{\partial z^2} - \dfrac{1}{a} \times \dfrac{\partial T^{s}}{\partial t} = 0 \quad [g^{s}(\xi,\eta,t) \leqslant 0,\; T^{s} \leqslant T_{S}] \\[3mm] \dfrac{1}{r} \times \dfrac{\partial}{\partial r}\left( r\,\dfrac{\partial T^{m}}{\partial r} \right) + \dfrac{\partial^2 T^{m}}{\partial z^2} - \dfrac{\rho}{K_{m}} \times \dfrac{\partial Q}{\partial t} - \dfrac{1}{a} \times \dfrac{\partial T^{m}}{\partial t} = 0 \\[3mm] \qquad\qquad\qquad [g^{l}(\xi,\eta,t) \leqslant 0,\; g^{s}(\xi,\eta,t) \geqslant 0,\; T_{S} \leqslant T^{m} \leqslant T_{L}] \end{cases} \tag{5.1}$$

式中，$T$ 是温度；$t$ 是时间；$T_{S}$、$T_{L}$ 分别是合金开始熔化时和完全熔化时的温度；$a$ 为导温系数；$\rho$ 为材料密度；$K$ 为热导率；$Q$ 是熔化潜热；上下标为 l、s、m 的量分别表示其在液相区、固相区和固-液共存区的值；$z$ 和 $r$ 分别为纵坐标和径向坐标（图 5.2）。$g^{l}(\xi,\eta,t)=0$，$g^{s}(\xi,\eta,t)=0$ 分别是液相区与固-液共存区（图 5.1 中 A/B 界面）和固-液共存区与固相区（图 5.1 中 B/C 界面）两个移动边界的数学描述。

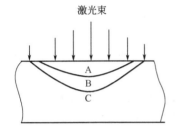

图 5.1 激光辐照合金表面发生熔化示意图
A—液相区；B—固-液共存区；C—固相区

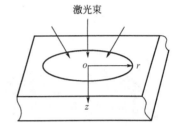

图 5.2 轴对称柱坐标

初始条件为： $\quad T^{s}(0,0,0)=T_{S},\; T^{s}(r,z,0)=f(r,z),\; g^{s}(r,0,0)=0 \tag{5.2}$

其中，$f(r,z)$ 是材料受激光辐照后中心点达到 $T_{S}$ 时的温度场。

边界条件为： $\qquad\qquad \dfrac{\partial T^{l}(r,0,t)}{\partial z} = -\dfrac{q(r)}{K_{S}} \tag{5.3}$

$$\dfrac{\partial T^{s}(\infty,z,t)}{\partial r} = \dfrac{\partial T^{s}(r,\infty,t)}{\partial z} = 0,\; T^{s}(\infty,z,t) = T^{s}(r,\infty,t) = T_{0} \tag{5.4}$$

式中，$q(r)$ 是输入的激光能量密度；$T_{0}$ 为初始温度，一般为室温。在固-液共存区的边界处有：

$$\begin{cases} K_{m}\,\dfrac{\partial T^{m}(\xi^{l},\eta^{l},t)}{\partial n} - K_{l}\,\dfrac{\partial T^{l}(\xi^{l},\eta^{l},t)}{\partial n} = \rho Q v_{n}(\xi^{l},\eta^{l},t) \\[3mm] K_{m}\,\dfrac{\partial T^{m}(\xi^{s},\eta^{s},t)}{\partial n} - K_{s}\,\dfrac{\partial T^{s}(\xi^{s},\eta^{s},t)}{\partial n} = 0 \\[3mm] T^{l}(\xi^{l},\eta^{l},t) = T_{L},\; T^{s}(\xi^{s},\eta^{s},t) = T_{S} \end{cases} \tag{5.5}$$

其中，$v_{n}(\xi^{l},\eta^{l},t)=0$ 是动边界 $g^{l}(\xi^{l},\eta^{l},t)=0$ 上各点的法向运动速度。引入焓：

$$H(T) = \begin{cases} \displaystyle\int_{T^{*}-\varepsilon}^{T} \rho(\theta)C_{P}(\theta)\,\mathrm{d}\theta & (T \leqslant T^{*}-\varepsilon) \\[3mm] \dfrac{\rho Q}{2\varepsilon}(T - T^{*} + \varepsilon) & (T^{*}-\varepsilon \leqslant T \leqslant T^{*}+\varepsilon) \\[3mm] \rho Q + \displaystyle\int_{T^{*}+\varepsilon}^{T} \rho(\theta)C_{P}(\theta)\,\mathrm{d}\theta & (T \geqslant T^{*}+\varepsilon) \end{cases} \tag{5.6}$$

式中，$C_{P}$ 为比热容；$T^{*}=T_{S}+(T_{L}-T_{S})/2$；$\varepsilon=(T_{L}-T_{S})/2$，即固-液共存区的半宽

度。采用 Kirchhoff 变换：

$$\nu = \int^T K(\zeta)\mathrm{d}\zeta \tag{5.7}$$

式中，$K(\zeta)$ 是热传导系数的一般表达式。通过引入焓（$H$）变量，则由控制方程、初始条件、边界条件构成的原问题，即式（5.1）～式（5.5）可简捷地表示为：

$$\frac{\partial H}{\partial T} = \frac{1}{R} \times \frac{\partial}{\partial R}\left(r\frac{\partial \nu}{\partial r}\right) + \frac{\partial^2 \nu}{\partial z^2} \tag{5.8}$$

$$\frac{\partial \nu(r,0,t)}{\partial z} = q(r) \tag{5.9}$$

$$H(r,z,0) = \rho C(T_0 - T^* + \varepsilon) \tag{5.10}$$

$$\frac{\partial \nu(\infty,z,t)}{\partial r} = \frac{\partial \nu(r,\infty,t)}{\partial z} = 0 \tag{5.11}$$

$$\nu(\infty,z,t) = \nu(r,\infty,t) = \nu(r,z,0) = 0 \tag{5.12}$$

其中，式（5.8）为控制方程，式（5.9）～式（5.12）为初始条件和边界条件。经过这样的变化处理后，熔化前的固体热传导方程和熔化后的 Stefan 模型两套方程组可以统一描述。在整个物理场区域进行全场求解。

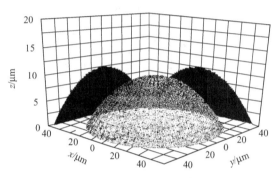

图 5.3 辐照中心点开始发生汽化时的熔坑形貌

### 5.2.2 温度场演化的模拟

以 1Cr18Ni9Ti 奥氏体不锈钢为试验材料，用有限差分法编写程序进行计算。近似地设金属材料的 $C_P$、$K$ 等参数不随温度变化。针对不同的固液态热导率在 20% 范围内调整后进行估算，得到的温度场与微结构数据的变化在 10% 以内，所以可认为采用这样的近似结果对预测温度场演化趋势具有意义。与激光脉冲有关的参数为：Nd：YAG 激光器连续功率 200W，脉宽 8μs，激光束光斑直径约 150μm，光斑区域平均能量密度约 $1.0 \times 10^9$ J/m²，光斑区能量密度呈高斯型分布。

#### 5.2.2.1 温度场演化过程

图 5.3 是当辐照中心点开始发生汽化时对应的计算模拟熔坑形貌。熔坑表面直径约 90μm，深度约 10μm。图 5.4 为表面局域等温线随时间变化的数值结果，表明材料表面局域温度场在很短的时间内急剧升高。也可看到等温线的发展沿深度方向比沿径向明显要快。

#### 5.2.2.2 运动边界的演化

脉冲激光辐照后材料表层熔凝过程的运动边界即熔坑边界随时间的变化而变化。图 5.5 为升温过程中熔坑形状随时间的演化，熔坑的深度是逐渐增大的。图 5.6 是冷却过程中不同时刻熔池的剖面迹线，熔坑凝固过程是在几微秒的瞬间完成的。对比图 5.5 和图 5.6，可知熔化与凝固过程呈现出了不同的特征。

#### 5.2.2.3 凝固过程

图 5.7 显示了凝固过程熔凝坑剖面温度梯度等值线的分布，其中各点数值 $G$ 是对应点的凝固时刻的温度梯度值。熔坑的大部分区域，温度梯度 $G$ 的数量级为 $10^7 \sim 10^8$ K/m。图 5.8 为界面扫过熔池内各点时在该点的凝固速率 $R$。可看到，自熔坑底部向外，凝固速度逐步加快，凝固速率 $R$ 在 0.5～5m/s。显然，凝固速率最大值位于熔坑表面与固体基体的边界处小局域。极大的冷却速度和凝固速率就有可能在激光熔凝过程中形成非常微细的显微组织或非晶结构。

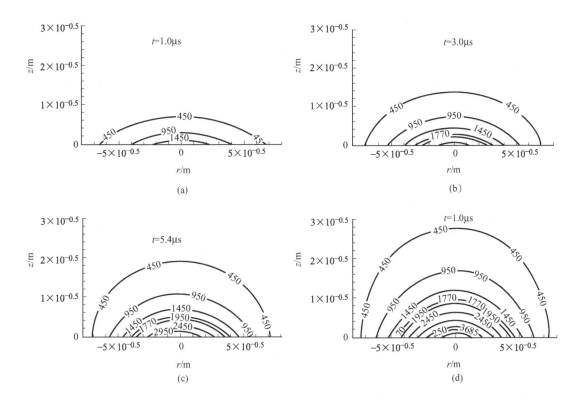

图 5.4　脉冲激光辐照后 1～10μs 的温度场演化模拟结果

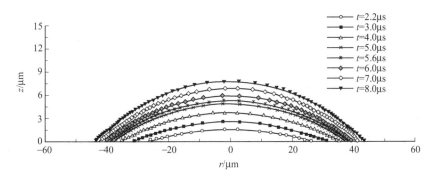

图 5.5　脉冲激光辐照材料表面升温过程中熔坑随时间演化的剖面迹线

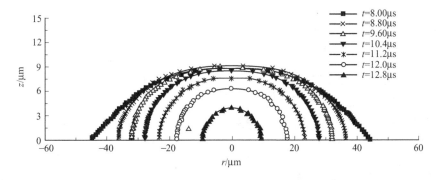

图 5.6　脉冲激光辐照材料表面凝固过程中熔坑随时间演化的剖面迹线

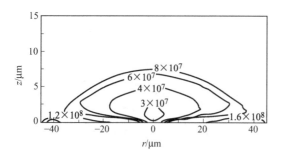
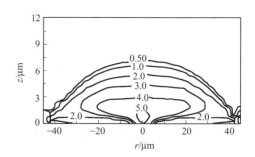

图 5.7 脉冲激光辐照后熔坑凝固
过程剖面温度梯度 $G$ 等值线

图 5.8 熔坑凝固过程中界面
各点的凝固速率 $R$

### 5.2.3 细晶化和非晶形成的预测

材料快速凝固过程往往会呈现树枝晶形状。枝晶臂间距是冷却速度的函数，可用经验公式表示：

$$d = \alpha T_a^{-n} = b t_f^n \quad \text{或} \quad d = \alpha \Delta T / t_f \tag{5.13}$$

式中，$d$ 是枝晶臂间距，$\mu m$；$T_a$ 是平均冷却速度，$K/s$；$t_f$ 为局部凝固时间，s；$\Delta T$ 为凝固温度范围，K；$\alpha$、$b$、$n$ 是与材料有关的参数。图 5.9 是熔凝区剖面枝晶臂间距 $d$（$\mu m$）等值迹线，大部分区域的 $d$ 值为 $0.2 \sim 0.3 \mu m$，尺度最小的区域位于熔坑表面与固体基体的边界。如果凝固时间足够短，原子扩散难以进行，就会发生无扩散凝固，形成非晶。根据热量守恒和原子扩散速率规律，可推得估算形成非晶所需要的过冷度：

$$\frac{KG}{Q\rho} \approx J\lambda \frac{\Delta T}{T_s - \Delta T} \tag{5.14}$$

式中，$G$ 是界面处的温度梯度；$K$ 为热导率；$Q$ 为熔化潜热；$\rho$ 为材料密度；$J$ 是原子穿越晶体-熔体界面的跳跃频率；$\lambda$ 是原子间距，m；$T_s$ 是熔点温度；$\Delta T$ 是界面处的过冷度。根据 Meyer 用绝热理论预测的液态金属可能达到的最大过冷度为：

$$\Delta T = \frac{Q}{c_p} \left( 1.67 - \frac{0.26}{\sqrt{N}} \right)^{-1} \left[ \exp\left( \frac{Q}{c_p T_s} \right) - 1 \right]^{-1} \tag{5.15}$$

式中，$c_p$ 为质量定压热容；$N$ 为每个固体分子的原子数。

温度场计算模拟的结果表明（图 5.10）：冷却开始时，温度梯度 $G$ 从峰值急剧下降，而后趋于稳定。温度梯度的峰值为 $1.2 \times 10^{10}$ K/m。当脉冲激光停止后，高温局域区的温度快速下降。将有关数值代入式(5.14)，可计算出所设定情况的过冷度 $\Delta T$ 为 134K。同时，由式(5.15)可计算出形成非晶的 $\Delta T$ 为 132K。因此，可以预测，合金经脉冲激光处理过程中，在熔凝层中有生成非晶的可能。

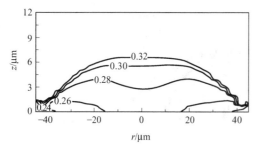
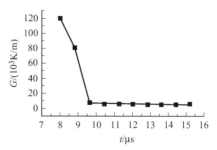

图 5.9 脉冲激光辐照后熔凝
区剖面枝晶臂间距 $d$ 等值线

图 5.10 温度梯度随
冷却时间的变化

## 5.3 工程应用层次的材料数值计算[4~7]

工程应用层次的计算设计是以现有材料科学各种理论为基础，但也必然会更重视材料实验数据和结果的积累、分析与整理。同样，成分-组织结构-性能之间的关系是关键。建立数理模型是纲，数据处理方法是实现计算设计的重要手段。根据作者的研究基础，选择低温奥氏体钢为对象，研究工程层次的材料计算设计系统。

### 5.3.1 系统设计思路[4]

#### 5.3.1.1 设计关键

设计关键：边界条件要清楚，如各种相变临界点；力学性能随温度、成分、组织的变化规律的定量计算；形变、断裂的机理与规律，使用的安全可靠性。以上三大块内容均需建立相应的数理模型，这是设计系统的核心。

基础工作：采用使用、整合、发展和新建等方法建立数理模型；收集、分析、整理各种实验数据和实验结果；试验研究、补充有关数据；研究奥氏体钢在低温下的各种相变、形变、断裂、冷疲劳机理和规律。总体思路如图 5.11 所示。

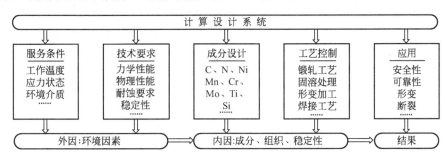

图 5.11　低温奥氏体钢计算设计总体思路

#### 5.3.1.2 设计要素与系统框架

奥氏体钢计算设计目标是建立"材料-设计-制造-评价"一体化设计的系统。主要涉及热力学参量的变化规律、工艺参数的控制、力学性能和可靠性等问题。该计算设计系统由数据库和知识库支撑，要实现双向设计功能。根据需要可提供多种重要信息，这些信息可以图、表或数据结果等形式显示给出。奥氏体钢计算设计要素及系统框架如图 5.12 所示。

#### 5.3.1.3 计算设计原理与数理模型

对奥氏体钢来说，合金元素影响了奥氏体的各种特征参量和微观组织结构，从而又决定了宏观的相变和力学性能的变化规律及形变断裂的特征。从而又决定了宏观的相变和力学性能的变化规律及变形断裂的特征。不同合金元素对相变驱动力的作用不同，合金元素的和作用决定了合金的相变热力学参数，如低温马氏体相变温度、高温铁素体转变温度。奥氏体结构的层错能是一个重要参量，层错能性质取决于合金元素。奥氏体相变结构参数 $S$ 决定了相变临界分切应力，同时也影响了相变类型。在宏观上合金元素的作用表现为对奥氏体组织稳定性的影响，高温铁素体相变、中温化合物析出和低温马氏体相变均有热力学和动力学计算设计问题。奥氏体组织结构的特性决定了合金的形变断裂特性和各种力学性能。所以，建立宏观-微观上的数理模型是材料计算设计关键的基础工作。计算设计原理如图 5.13 所示。

工程应用层次的材料计算设计系统主要是要解决成分、工艺、组织、性能和可靠性之间的定量计算关系，并且又应在微观、介观层次上进行有机的联系。该系统应实行双向设计的

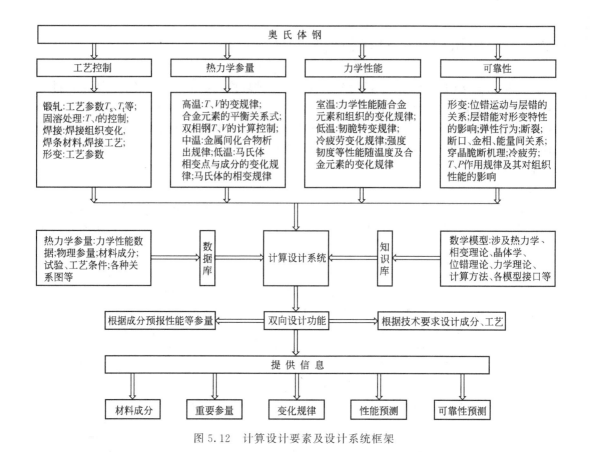

图 5.12　计算设计要素及设计系统框架

功能，达到对材料的性能预测、各关键参量的计算和可导性评价在工程实际应用中有着科学、正确的指导作用。

### 5.3.2　奥氏体钢强度的数值计算[5,6]

#### 5.3.2.1　合金元素对室温强度的影响

溶质原子的固溶强化效应即是溶质原子和位错的交互作用，主要来源于尺寸不匹配和点阵弹性模量的变化。奥氏体的固溶强化不同于铁素体的固溶强化规律。溶质原子在 fcc 晶格中造成球面对称畸变，且影响了奥氏体的层错能，形成铃木气团。一般情况下，各合金元素对奥氏体的影响规律是线性的，其中，间隙原子 N、C 强化作用最大，置换式铁素体形成元素 Mo、V、Si 等次之，置换式奥氏体形成元素 Mn、Co 等最弱。Ni 是起固溶软化作用的。影响奥氏体在室温下强度的因素，除固溶强化外，还有孪晶、晶粒大小、第二相等组织参量。设计所用的奥氏体钢在室温下均为单相奥氏体，$M_s$、$M_{\varepsilon,s}$ 远小于 300K，第二相碳氮化合物基本上没有或极少。作为简化处理，可认为低温奥氏体钢的室温强度为：$\sigma=\sigma_0+f(Me)$。在大量试验结果的基础上，经计算机处理得定量计算式：

$$\sigma_{0.2}^{300}(\text{MPa})=\sigma_{0.2}+372(C+1.2N)^{1/2}+3.21Cr-0.036Cr^2-0.70Mn-1.32Ni$$
$$-2.46Mo-5.16Si-13.4Cu-34.3(Ti+Nb+V)-3.15Al+4.40 \qquad (5.16)$$

$$\sigma_b^{300}(\text{MPa})=\sigma_b^0+440(C+1.2N)^{1/2}+2.80Cr-0.034Cr^2-2.31Mn-2.12Ni$$
$$-5.65Mo-16.35Si-21.8Cu-16.9Al-10.5(Ti+Nb+V)+91.2 \qquad (5.17)$$

式中，合金元素的符号为质量百分数。$\sigma_{0.2}^0$、$\sigma_b^0$ 分别为 $\gamma$-Fe 在 300K 时假设的屈服强度和拉伸强度，根据文献数据外推 $\sigma_{0.2}^0$ 约 130MPa，$\sigma_b^0$ 约 400MPa。

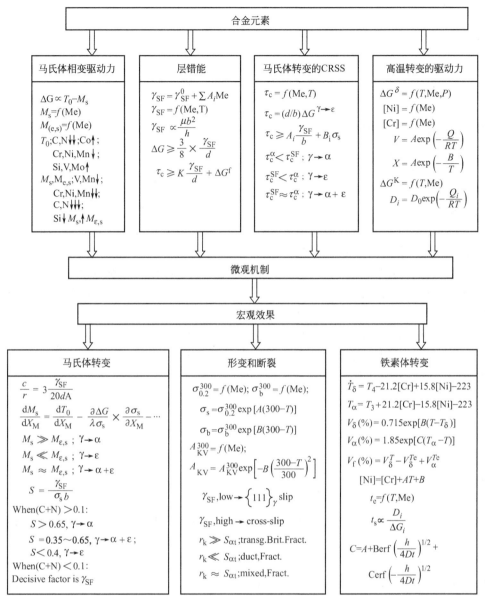

图 5.13 合金元素对相变、性能、形变、断裂的综合作用

### 5.3.2.2 合金元素和温度对强度的影响

钢的屈服强度是使相当数量的位错开始运动所需的应力，在宏观上屈服强度对温度的敏感性来源于位错运动的热激活本质，常用 Arrhenius 定律来进行形变分析。Tobler 等研究发现稳定的奥氏体钢屈服强度随温度的变化服从指数规律。可表示为：$\sigma = \sigma^0 \exp(-BT)$。低温奥氏体钢的室温强度有着初始的影响。不同成分的奥氏体钢其函数曲线也不同，因低温奥氏体钢使用一般在室温以下，即 $T \leqslant 300K$。故可设奥氏体的强度表达式为：

$$\sigma_{0.2} = \sigma_{0.2}^{300} \exp[A(300-T)] \tag{5.18}$$

$$\sigma_b = \sigma_b^{300} \exp[B(300-T)] \tag{5.19}$$

式中，$\sigma_{0.2}^{300} = \sigma_{0.2}^0 + f(Me)$，$\sigma_b^{300} = \sigma_b^0 + f(Me)$，参数 $A$、$B$ 是成分的函数。根据实验数据，经计算机数据处理后得：

$$A(1/\text{K}) = [345.31 - 0.22\text{Mn} + 1.12\text{Cr} - 3.20\text{Ni} + 23.34\text{Mo} + 31.77\text{Si} +$$
$$0.53(\text{C} + 1.2\text{N})(300 - T) + 382.97(\text{Ti} + \text{Nb} + \text{V}) - 6.66\text{Al}] \times 10^{-5}$$
$$(5.20)$$

$$B(1/\text{K}) = [282.71 - 1.31\text{Mn} - 1.03\text{Cr} - 0.99\text{Ni} + 34.4\text{Mo} + 42.66\text{Si} +$$
$$0.284(\text{C} + 1.2\text{N})(300 - T) + 98.0(\text{Ti} + \text{Nb} + \text{V}) - 5.56\text{Al}] \times 10^{-5}$$
$$(5.21)$$

以上强度计算式适用合金成分范围：约 0.45（C＋N），约 35Mn，约 25Cr，约 25Ni，约 6Mo，约 4Si，约 2Cu，约 1（Ti＋Nb＋V），约 4Al。

### 5.3.3 奥氏体钢冲击韧度的数值计算[5,7]

结构钢的韧脆转变规律及其影响因素是学术界、工程界长期给予重视的课题。采用宏观、微观相结合的方法来研究脆性转变过程中的断裂机制、控制参量及定量描述，以达到优化设计和研究合金的目的，这是近年来材料科学中断裂研究领域中的一个重要研究方向。

#### 5.3.3.1 韧脆转变曲线及其特性参量

对低温钢在不同温度下作系列冲击试验，评定材料在降温时的脆性倾向，这是有重要工程意义的。材料由韧性状态向脆性状态转变的温度叫韧脆转变温度。比较典型的韧脆转变曲线如图 5.14 所示。比较实用的特性参量如下。

$A_{\text{KV}}^{300}$：是钢在室温时的冲击韧度值（A 点），它影响了曲线的整个韧度水平。

$T_{\text{K}}$：韧脆转变温度，它决定了曲线的位置。在常用的几种确定 $T_{\text{K}}$ 的方法中，为简便，本研究定义 $T_{\text{K}}$ 是韧度为 $0.4 A_{\text{KV}}^{300}$ 所对应的温度。

$K_{\text{C}}$：韧脆转变变化率，$\Delta A_{\text{KV}} / \Delta T$。在几何上是曲线 C 点（对应 $T_{\text{K}}$）处的斜率，它反映了曲线的变化形状，即韧脆转变的剧烈程度。当 $K_{\text{C}}$ 值较小时，曲线变得很平缓，甚至有的钢在 77K 以下时仍保持较高的韧度。

#### 5.3.3.2 室温冲击韧度

韧度是材料塑性变形和断裂过程吸收能量的能力，是强度和塑性的综合表现。合金元素固溶于奥氏体中，对奥氏体的稳定性、层错能、铃木效应、位错运动方式、加工硬化率、裂纹形成功、裂纹扩展能力等均有影响，从而也影响了强度、塑性、韧度。在室温下冲击韧度 $A_{\text{KV}}^{300}$ 是合金元素的函数，$A_{\text{KV}}^{300} = \text{f(Me)}$。根据实验数据得：

$$A_{\text{KV}}^{300}(\text{J}) = 253.3 + 286.1(\text{C} + 1.4\text{N}) - 322.4(\text{C} + 1.4\text{N})^2 - 11.64\text{Mn} + 0.277\text{Mn}^2 +$$
$$14.22\text{Cr} - 0.435\text{Cr}^2 + 1.910\text{Ni} - 18.74\text{Mo} - 25.10\text{Si} - 125.4(\text{Ti} + \text{Nb} + \text{V}) + 42.83\text{Al}$$
$$(5.22)$$

式中，合金元素符号为质量百分数。该式的适用合金范围：约 35Mn，约 25Cr，约 25Ni，约 5Mo，约 4Si，约 0.5（C＋N），约 1（Ti＋Nb＋V），约 5Al。合金元素总量小于 50%。

#### 5.3.3.3 温度对冲击韧度的影响

根据典型的韧脆转变曲线的形状和脆性转变过程中位错运动的热激活贡献，合金元素和温度对 $A_{\text{KV}}$ 值的影响可用式(5.25)来表示：

$$A_{\text{KV}}(\text{J}) = A_{\text{KV}}^{300} \exp\left[-B\left(\frac{300 - T}{300}\right)^2\right] \qquad (5.23)$$

式中，$A_{\text{KV}}^{300}$ 由式(5.24) 计算得到；参量 $B$ 是合金元素的函数，$B = \text{f(Me)}$；温度对间隙原子的作用有影响。其中

$$B = -2.605 + 0.078\text{Mn} + 0.107\text{Cr} + 0.005\text{Cr}^2 - 0.183\text{Ni} - 0.752\text{Mo} - 0.987\text{Si} +$$

$$3.730(C+1.4N)-0.00248(300-T)(C+1.4N)^{0.5}-0.839(Ti+Nb+V)+0.149Al \qquad (5.24)$$

该式适用合金范围：约 40Mn，约 25Cr，约 25Ni，约 2Mo，约 2Si，0.05～0.60（C＋N），约 1（Ti＋Nb＋V），约 4Al。合金元素总量小于 50%。图 5.15 是几种合金韧脆转变计算曲线和实验值的比较。

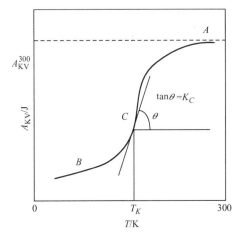

图 5.14 典型的韧脆转变曲线

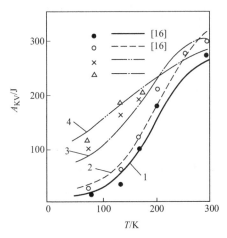

图 5.15 几种合金韧脆转变曲线

1—Fe15Mn18Cr0.5N0.09C；2—Fe15Mn18Cr0.38N0.12C；

3—Fe32Mn13Cr0.35N0.06C；4—Fe28Mn13Cr0.28N0.06C

（图中注后为文献所列实验结果）

可用逐步逼近法计算 $T_K$ 值。所以在 $T_K$ 处的韧脆转变的变化率 $K_C$ 为：

$$K_C=(A_{KV})'_{T_K}=A_{KV}^{300}\frac{2B(300-T_K)}{300^2}\exp\left[-B\left(\frac{300-T_K}{300}\right)^2\right] \qquad (5.25)$$

### 5.3.4 高性能钢的设计与应用[8,9]

美国西北大学 Steel Research Group（SRG）从 1985 年至今在 G. B. Olson 教授的主持下一直开展材料的计算设计工作。SRG 应用计算系统已经研究出了超高强度马氏体合金钢，高强度可成型汽车用钢板，应用于蜗轮的超耐热合金，以及高性能齿轮与轴承钢的研究。SRG 的材料设计方法是以现代材料科学与工程中制备、结构、性能和使用效能四要素的逻辑结构作为依据的，设计的流程方块图如图 5.16 所示。图中表示了微结构子系统对于材料性质的影响与控制，还表示了处理过程的下级运行（由垂直过程流程图表示）控制着每个子系统的发展。整个系统的表示及连接主要功能是优化结构-性能和过程-结构之间的关系，这些基本上都能够通过计算来定量化。

研究者先收集有关的资料和各类材料计算模型与数据，编写材料特性的设计目标和规范。对照流程方块图先分析材料的使用效能和材料特性的关系，然后分析结构-特性关系和制备-结构的关系。为补充现有知识和实验数据的不足，研究了一些不同层次的材料计算设计的模型。充分利用计算模型和数据库，寻找合适的组分和制备方案。并且成功地开发了具有优良性能的新合金，有的已经用于飞机、航空母舰、动力发动机等方面。

分层次结构的计算设计需要一个设计模型的层次。图 5.17 表示了从图 5.16 的主要微结构等级发展而来的多层次计算过程。图 5.17 左侧表示的各种实验技术，被用来建立与证明这些模型。图 5.17 右边概括的首字母缩写词表示了特殊的计算模型及其软件平台。模型预测法已经过冶金学的淬火膨胀法（MQD）、差示扫描量热法（DSC）、光显微镜法（LM）以

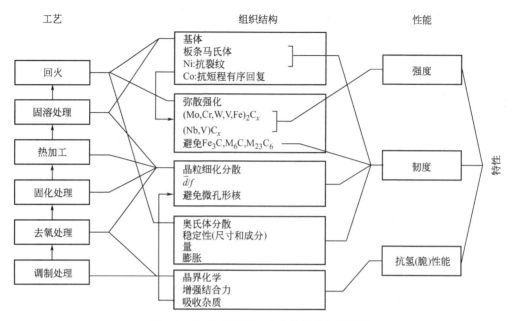

图 5.16　SRG 材料设计的高性能合金钢流程

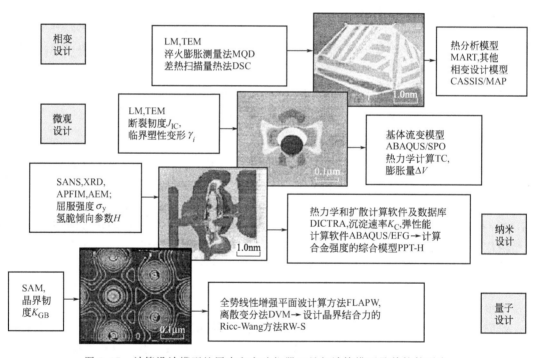

图 5.17　计算设计模型的层次和实验仪器工具与计算模型及其软件平台

及电子显微镜法（TEM）证实。其他在图中显示的相变设计代码（CASSIS 与 MAP）都是在低合金钢的其他结构变化当中使用。

微小碳化物的沉淀是与图 5.17 中的"纳米设计"级别相符的，在铁基点阵中包围着纳米级的碳化物颗粒，这些都可通过化合物模型计算来表示。在这么小的长度级别上，通常结构松弛过程的抑制促使晶面的连续性穿越粒子点阵界面，造成极端弹性畸变，并且界面能对于热力学因素控制粒子大小起了主要作用。粒子大小的度量是由小角度中子散射（SANS）

来测量的，弹性畸变是由 X 射线衍射（XRD）来测量，粒子成分是由原子探针场离子显微镜（APFIM）与电子分析显微镜来测量，并且从能量连续方法（ABAQUS/EFG）来计算弹性能，弹性能的计算与 TC 热力学相结合，演绎出了表面能。通过使用 DICTRA 扩散软件与数据库就能预测沉淀速率（$K_c$）。这些结果能够组合起来建立综合的模型（PPT-H），这在沉淀强化过程中就可以有助于合金强度的研究。精确控制粒子大小涉及合金化合物的设计，这是非常有效的合金强化途径。对于韧性，使用了传统的连续介质力学方法，如图 5.17 中所示的微观机理设计。这种模拟通过微孔断裂展示了它的机理并且量化了扩散的参数（包括平均粒度与体积分数）与粒子表面特性，这些可以作为热力学组成部分以及材料设计中最佳处理过程的基础。模型的实验证明使用了断裂韧度（$J_{IC}$）与剪切实验中的临界塑性应变（$\gamma_i$）。图 5.17 中的微观机理模拟展示了在材料中微孔形成过程中转变相部分的计算轮廓。模拟展示了在微孔生长过程中，压力敏感变化动力学在稳定化处理的塑性流动中的作用，它们也为优化转变的热力学稳定性与膨胀（DV）定义了指导方针。基于 TC 热力学建模使得这些指导方针一体化，通过多步热处理控制微观结构进行韧化处理。

在研究中为了整合子系统模型的输出，使用的主要计算设计工具是斯德哥尔摩的皇家科技学院的相变计算软件 Thermo-Calc（TC）中的热力学数据库与软件系统。由于子系统的必要条件是热力学参数，灵活的 TC 系统被用来解决合金成分的问题，这样能够在制定的材料处理环境下就能获得想要的微观结构。材料真实微观结构的动力学是非平衡态，所以热力学参数是很少涉及到平衡状态的。

系统论方法已经被应用于多层结构材料的概念设计当中，它使得处理、结构、特性与性能之间的关系一体化。对于高性能的合金钢，采用了材料科学原理的各种数字表达式作为各子系统的设计参数计算模型，它通过计算热力学使之在整体材料设计中整合成为交互式的系统。这种方法也可被应用于其他非铁类金属、陶瓷以及聚合物。

## 5.4 形状记忆合金的计算模拟[10～17]

形状记忆合金相变与应变建模及计算方面的研究成果很多，在文献［18～20］中都有比较详细的介绍。刘爱荣等[21]在 Trochu 建立的形状记忆合金伪弹性本构模型的基础上，基于塑性流动法则和马氏体相变动力学，引入马氏体体积分数和相变应力间的关系，对形状记忆合金的热力学行为进行了模拟。算例表明所提出的形状记忆合金本构模型与实验结果比较吻合，且实施起来简单易行。并用该本构模型进行了有限元分析。K. Sadek 等[12]以数值计算的方法研究了不同材料性能和环境条件对形状记忆合金热机械相变的影响。用基于隐式有限差分法进行分析，由于记忆合金相变具有强的热机械性能，采用迭代法求场变量，并与解析法结果比较，被证明是有效的。根据研究结果，对形状记忆合金（SMA）驱动器设计提出了下列建议：①由于记忆合金相变过程（马氏体-奥氏体-马氏体热相变）的结果为马氏体，因此热边界条件的不确定量将不是很重要的；②只要是针对形状记忆合金驱动器或是包含有应力诱导相变的设计过程，那么热边界条件、对流系数和材料热性能中的不确定量也不是很重要。下面根据文献［10～17］介绍形状记忆合金计算模拟的研究成果。

### 5.4.1 边界设计及有限元方法

形状记忆合金丝驱动器的边界值受到热机械联合载荷的作用，如图 5.18 所示。起始在奥氏体状态下的合金丝受到一个循环张力的加载和卸载。在给定区域内合金材料的状态通过奥氏体的体积分数来定义，$\xi \equiv \xi(x, t)$，$x$ 是空间坐标，起始点在合金丝的中点，$t$ 是时

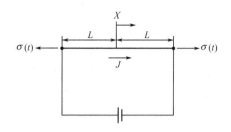

图 5.18　一维边界值问题示意图

间。$\xi$ 的变化速率为 $\dot{\xi}$，并定义为 $\dot{\xi} \equiv \partial \xi / \partial t$；其他的量也会用到同样的定义。

由能量守恒得方程式：

$$\frac{\partial}{\partial x}\left[K(\xi)\frac{\partial T}{\partial x}\right]+r=q_\sigma(\xi,T)\dot{\sigma}+q_T(\xi)\dot{T}+q_\xi(T,\sigma)\dot{\xi} \tag{5.26}$$

式中，$K(\xi)$ 是材料状态，与导热性有关；$r$ 是热源/散热；$q_\sigma(\xi,T)$、$q_T(\xi)$ 和 $q_\xi(T,\sigma)$ 为参数。应变率表达为：

$$\dot{\varepsilon}=\varepsilon_\sigma(\xi)\dot{\sigma}+\varepsilon_T(\xi)\dot{T}+\varepsilon_\xi(T,\sigma)\dot{\xi} \tag{5.27}$$

式中，$\varepsilon_\sigma(\xi)$、$\varepsilon_T(\xi)$ 和 $\varepsilon_\xi(T,\sigma)$ 是参数。数值方程中可用比的形式来联结式(5.26)和式(5.27)，因此可以写为：

$$\dot{\xi}=\xi_\sigma(T,\sigma)\dot{\sigma}+\xi_T(T,\sigma)\dot{T} \tag{5.28}$$

现在给出边界条件和初始条件，整个问题呈空间对称（关于 $x=0$ 对称）。如果集中在合金丝的半长部分，即 $0\leqslant x\leqslant L$，热边界条件为：

$$\frac{\partial T}{\partial x}(0,t)=0,-K(\xi)\frac{\partial T}{\partial x}(L,t)=h_B[T(L,t)-T_{amb}] \tag{5.29}$$

式中，$h_B$ 是在 $x=L$ 处的有效热传导系数。力学的边界条件为：

$$u(0,t)=0,\dot{\sigma}(t)=\dot{\sigma}_L \tag{5.30}$$

式中，$u\equiv u(x,t)$ 是位移；$\dot{\sigma}_L$ 是在 $x=L$ 处施加的一个恒应力率。温度、应力和奥氏体体积分数的初始条件为：

$$T(x,0)=T_{amb},\sigma(0)=0,\xi(x,0)=\xi_0 \tag{5.31}$$

式中，$\xi_0$ 是在 $t=0$ 时空间均匀奥氏体体积分数。考虑到形状记忆合金丝可能是电加热的情况，并且包括沿着合金丝的自由对流（作为热源/散热项）的可能性，可得到：

$$r=\rho_E(\xi)J^2-\frac{2h_L}{R}(T-T_{amb}) \tag{5.32}$$

式中，$\rho_E(\xi)$ 是电阻率；$J$ 是电流密度；$h_L$ 是对流系数，由于合金丝沿着它的长度方向与环境发生热交换，设 $R$ 是合金丝的半径。

在相变过程中，假设导热性 $k$、热容 $C_V$、电阻率 $\rho_E$、杨氏模量 $E$ 和热膨胀系数 $\alpha$ 是随着奥氏体体积分数呈线性变化的。

使用隐式有限差分方法，传导项利用热阻的方法来使之离散化。将记忆合金丝（$0\leqslant \bar{x}\leqslant 1$）再分成不等长的 $N$ 个单元，使一个单元的节点出现在每个单元的中心（图5.19）。在每个节点场变量 $\xi$、$\bar{T}$ 和 $\bar{\sigma}$ 的值等同于相对应的单元的值，并且分别被记作 $\xi_i$、$\bar{T}_i$ 和 $\bar{\sigma}_i$。节点的温度列矩阵记为 $\bar{T}$。而且，第 $i$ 个单元特有的材料性能依赖于变量 $\xi$，将利用第 $i$ 个节点的 $\xi$ 值来定义。因此，例如，$\bar{K}\equiv \bar{K}(\xi_i)$ 被定义为第 $i$ 个单元的热传导率。假设在给定的时

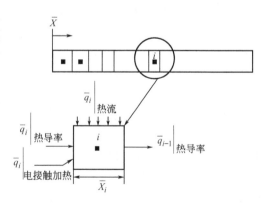

图 5.19　节点 $i$ 的能量平衡

间 "$\bar{t}$" 时所有场变量的值都是已知的，我们必须求出在时间 $\bar{t}+\Delta\bar{t}$（$\Delta\bar{t}$ 是时间增量）时它们的值。因此，在 $\bar{t}+\Delta\bar{t}$ 时刻，第 $i$ 个节点的能量平衡写为：

$$\overline{A}_i(\hat{\xi},\hat{\bar{T}},\hat{\bar{\sigma}})\overline{T}_{i-1}(\bar{t}+\Delta\bar{t})+\overline{B}_i(\hat{\xi},\hat{\bar{T}},\hat{\bar{\sigma}})\overline{T}_i(\bar{t}+\Delta\bar{t})$$
$$+\overline{C}_i(\hat{\xi},\hat{\bar{T}},\hat{\bar{\sigma}})\overline{T}_{i+1}(\bar{t}+\Delta\bar{t})=\overline{D}_i(\hat{\xi},\hat{\bar{T}},\hat{\bar{\sigma}}),\quad 1\leqslant i\leqslant N \tag{5.33}$$

式中，$\overline{A}_i$、$\overline{B}_i$、$\overline{C}_i$ 和 $\overline{D}_i$ 为常数。对于数值计算方法，一旦用 "$\bar{t}$" 时刻的试验值代替它们，如 $\hat{\xi}^t$、$\hat{\bar{T}}^t$ 和 $\hat{\bar{\sigma}}^t$，那么在给定时间步的迭代过程中它们会被更新。这 N 个等式可以组合成：

$$\overline{T}(\bar{t}+\Delta\bar{t})=\overline{F}^{-1}\overline{D} \tag{5.34}$$

式中，$\overline{F}\equiv F(\hat{\xi},\hat{\bar{T}},\hat{\bar{\sigma}})$ 是一个 $N\times N$ 矩阵，而 $\overline{T}$ 和 $\overline{D}\equiv D(\hat{\xi},\hat{\bar{T}},\hat{\bar{\sigma}})$ 是 $N\times 1$ 列矩阵。矩阵 $\overline{F}$ 可以从 $\overline{A}_i$、$\overline{B}_i$ 和 $\overline{C}_i$［式(5.33)］组合得到。数值方法的计算程序见图 5.20。

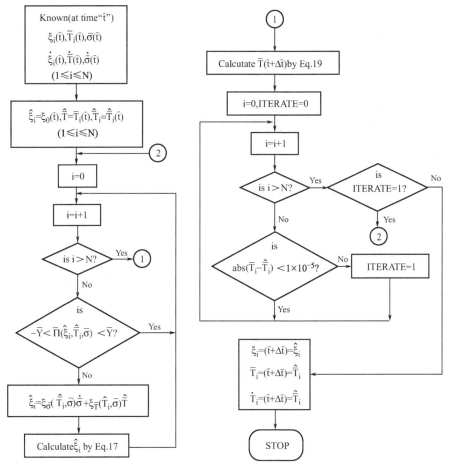

图 5.20　数值计算模型流程图

经验证，当应力比较小时，预测初始状态为奥氏体的合金丝的应力-应变响应曲线，其结果接近解析解，当 $\dot{\bar{\sigma}}\approx 0.22$ 时，吻合得特别好。

## 5.4.2　诱发相变热力学

合金丝的整个响应过程主要取决于马氏体体积分数 $\xi_{avg}(\bar{t})$，如图 5.21 所示。在相同 $\xi_0$

下的马氏体相变中，图中虚线代表的比实线代表的有更大的梯度变化。图 5.22 表示了平均应变 $\varepsilon_{avg}(\bar{t})$ 的变化。注意部分相变中在两个边界条件下有些不同。即局部完成加热后，冷却过程才开始。另一方面，如图所示在两个差别很大的边界条件下，当充分完成 M→A 和 A→M 相变后，两过程的平均应变几乎在非常相近的平均时间 $\bar{t}$ 范围内恢复。

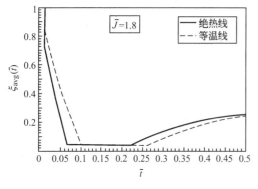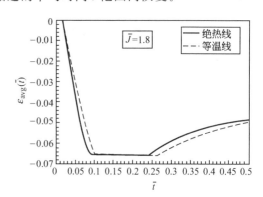

图 5.21　在零应力热相变中
$\xi_{avg}$（$\bar{t}$）随 $\bar{t}$ 的变化

图 5.22　在零应力热相变中
$\varepsilon_{avg}$（$\bar{t}$）随 $\bar{t}$ 的变化

### 5.4.3　应力诱发相变

将研究初始为奥氏体的形状记忆合金丝在受到常应力变化率 $\dot{\bar{\sigma}}_L \approx 2.22$ 和 $\xi_0 = 0$ 情况下的应力诱导相变。此外，因为没有电流加热，所以我们在方程 11 中设定 $\bar{J} = 0$。在合金丝的中间 $\bar{x} = 0$ 无处无量纲温度 $\bar{T}$（0，$\bar{t}$）随无量纲时间 $\bar{t}$ 的变化所图 5.23 所示。由于温度相对较低，不同热性能和热边界条件对 SMA 响应并没有显著的影响。我们在数值上核对了 $\dot{\bar{\sigma}}_L = 2.22$ 时的影响，多次检验了 $\dot{\bar{\sigma}}_L = 2.22$ 时的情况，发现唯一的不同是相变所需的时间非常的低。应力随应变的变化和杨氏模量的影响如图 5.24 所示。

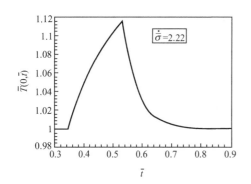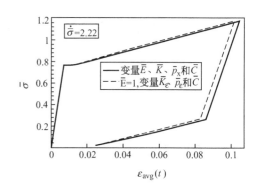

图 5.23　等温边界条件下的应力诱导
相变中的 $\bar{T}$（0，$\bar{t}$）随 $\bar{t}$ 的变化

图 5.24　等温条件下应力诱导
相变中应力随平均应变的变化

### 5.4.4　铁基形状记忆合金 TRIP 钢的马氏体相变模拟

马氏体转变是材料力学行为的重要影响因素之一。以相变诱发塑性钢（TRIP 钢）而言，塑形变形过程中 $\gamma \rightarrow \alpha'$ 马氏体转变是造成高强度、高韧性的原因。在铁基形状记忆合金（SMAs）中完全的形状恢复是由于另一种 $\gamma \rightarrow \varepsilon$ 马氏体转变所产生的结果。借助有限元分析研究了相变诱发塑性钢和铁基形状记忆合金的马氏体演化过程。

### 5.4.4.1　模型与数值分析

经历马氏体相变的材料行为可以被设想在微区和中间区域两个长度特征上发生。微区定义为最小的结构单元，它有转变或未转变两种情况。这里 $\overline{f}^{\,V}$ 代表微区马氏体的体积分数，对于在整个坐标系的位置，它以附有微区的局部坐标系和整个坐标系之间的欧拉角来表征。中间区域包含许多的微区，因此中间区域可视为是一个连续体。在中间区域上使 $\overline{f}^{\,V}$ 平均化，获得了中间区域里 $f^{V}$ 马氏体的体积分数，这里 $0 \leqslant f^{V} \leqslant 1$。因此，$f^{V}$ 可作为一个代表中间区域马氏体转变程度的内在变量。研究中考虑中间区域作为多晶材料的一个单晶。

（1）相变应变模型　奥氏体到马氏体的相变是和相变应变密切相关的，相变应变大小主要取决于马氏体转变的类型。由于 Bain 畸变，为协调内应力点阵不变应变是必需的。对于和不变惯习面相关的某个马氏体变量 $i$ 的应变，可采用 Wechsler-Lieberman-Read 理论计算无抑制的相变应变：

$$\boldsymbol{\varepsilon}_i^* = \frac{1}{2}(\boldsymbol{n}_i \otimes \boldsymbol{m}_i + \boldsymbol{m}_i \otimes \boldsymbol{n}_i) \tag{5.35}$$

这里，$\boldsymbol{m}_i$ 和 $\boldsymbol{n}_i$ 分别代表相变矢量和标准的惯习面。

由于奥氏体点阵的高度对称性，一个晶粒内形成了几个马氏体的变体。通过单个有限元方法可模拟该晶粒，并计算中间区域的相变应变。所有中间区域的相变应变表示在中间区域中每个变体应变 $\boldsymbol{\varepsilon}_i^*$ 贡献的总和：

$$\boldsymbol{\varepsilon}^{\mathrm{tr}} = \sum_{i=1}^{N} f_i^{V} \boldsymbol{\varepsilon}_i^* \tag{5.36}$$

式中，$N$ 代表变体的数量；$f_i^{V}$ 代表第 $i$ 个马氏体变体的体积分数。

（2）相变标准　对任何相变来说，系统自由能的减少是一个必须的条件。系统自由能变化 $\Delta G$ 可以分解为机械能 $\Delta G_{\mathrm{mech}}$，化学能 $\Delta G_{\mathrm{chem}}^{A \to M}$ 和相变阻力 $\Delta W_{\mathrm{bar}}$，即：

$$\Delta G = \Delta G_{\mathrm{mech}} + \Delta G_{\mathrm{chem}}^{A \to M} + \Delta W_{\mathrm{bar}} \tag{5.37}$$

假设相化学自由能变化和温度是线性关系，该温度 $T$ 在平衡温度 $T_0$ 周围，那么化学自由能变化 $\Delta G_{\mathrm{chem}}^{A \to M}$ 可以写为：

$$\Delta G_{\mathrm{chem}}^{A \to M} = c(T - T_0)V_{\mathrm{M}}, \quad T_0 > T \tag{5.38}$$

式中，$c$ 是一个正的材料常数；$V_{\mathrm{M}}$ 代表转变体积。相变阻力 $\Delta W_{\mathrm{bar}}$ 主要有几部分组成：相变应变不协调而产生的弹性应变能 $\Delta W_{\mathrm{el}}$，相互作用能 $\Delta W_{\mathrm{int}}$ 和代表所有其他独立于温度和应力状态的阻力 $F_{\mathrm{C}}$。对于 $\Delta W_{\mathrm{int}}$，在模拟中采用了 Reisner 等[13]分析的结果。引入了马氏体/奥氏体的界面能，包含在阻力 $F_{\mathrm{C}}$ 中。通过总体积 $V$ 来划分所有的阶段，按照单位能量变化 $\Delta g$ 得到了相变发生的条件：

$$\Delta g = \Delta g_{\mathrm{mech}} + \Delta g_{\mathrm{chem}}^{A \to M} + \Delta w_{\mathrm{el}} + \Delta w_{\mathrm{int}} + f_{\mathrm{c}} \leqslant 0 \tag{5.39}$$

为方便计算，对用于 J2-塑性模拟的弹性预测线返回的方法作了改进。应变增量最初解释为导致整个弹性应变的一个弹性应变增量。相应的试验应力通过马氏体转变和（或）塑性变形得到松弛。如果相变后释放的应力仍然超过材料的屈服应力，要计算包含塑性变形的二次弹性预测线返回。奥氏体转变为马氏体的流变应力 $\sigma_y$ 由下列混合线性规则计算得到：

$$\sigma_y = f^{V} \cdot \sigma_y^{M} + (1 - f^{V})\sigma_y^{A} \tag{5.40}$$

式中，$\sigma_y^{M}$ 和 $\sigma_y^{A}$ 分别是马氏体和奥氏体的流变应力。通过使用子程序 UMAT 施行有限元代码 ABA-QUS 来模拟的。

材料的体积分割成具有线性形状函数的有限元组元，如图 5.25 所示是由 216 个立方体组成的材料有限元模拟模型。每个组元代表多晶的一个晶粒。任意的晶相取向被分配给每一个组元，例如模拟多晶体中的每个晶粒。周期的晶界条件适用于单元晶胞的表面。

### 5.4.4.2 试验结果

（1）TRIP 钢　Nagayama 等[14]用高合金化奥氏体钢 Marval X12 进行膨胀实验，这里应用他们的实验结果作为对模拟 TRIP 钢数值预测的检验。图 5.26 是 TRIP 钢的加载路线。试样在 1113K 奥氏体化后，以 2K/s 的速度冷到室温；在 473K 施加 80MPa 的拉伸应力并保持不变，该温度在材料的马氏体形成温度之上。然而再将试样进一步冷却到室温，应力却保持不变。

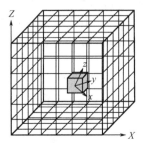
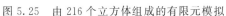

图 5.25　由 216 个立方体组成的有限元模拟

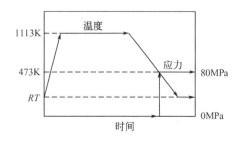

图 5.26　TRIP 钢的加载路线

假设膨胀实验[图 5.27(a)]中测得的总应变 $\varepsilon_{total}$ 在奥氏体和马氏体中是应变的线性叠加，我们得到下述关系式：

$$\varepsilon_{total} = f^V \cdot \varepsilon_{\alpha'} + (1 - f^V)\varepsilon_\gamma \tag{5.41}$$

式中，$\varepsilon_\gamma$ 和 $\varepsilon_\alpha$ 仅仅是温度的函数，且分别由纯奥氏体和纯马氏体获得的膨胀结果的线性外推法决定。图 5.27(b) 为马氏体体积分数与过冷度（相变驱动力）之间的函数关系。

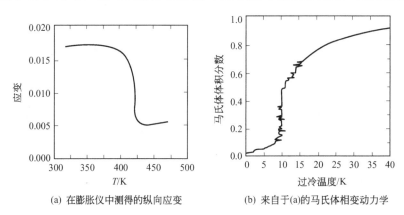

(a) 在膨胀仪中测得的纵向应变　　　(b) 来自于(a)的马氏体相变动力学

图 5.27　TRIP 钢的实验结果

对 TRIP 钢，在实验中采用有限元计算的方法模拟了同样的加载路径（图 5.26）。图 5.28(a) 所示为 TRIP 钢的马氏体转变动力学。由有限元模拟预测的相变动力学接近实验结果。由于已经形成的马氏体量和弹性能增量之间有显著的相互关系，当形成的马氏体达到高体积分数时，其余的奥氏体向马氏体转变将更加困难。转变的马氏体数量也影响了沿载荷方向相变应变张量的偏分量，该张量随 $f^V$ 的增加而减少，如图 5.28(b) 所示。

（2）铁基形状记忆合金　用数值模拟的方法研究了 Fe 基 SMA 的磁滞行为。磁滞圈的出现是由于加载和加热过程中先前的 $\gamma \rightarrow \alpha$ 相变到 $\alpha \rightarrow \gamma$ 逆相变。在 Fe 基 SMA 中由于关于马氏体变体之间相互作用的可能信息很少，该期间相互作用能 $\Delta W_{int}$ 没有考虑进去。在相变的初始阶段确实可行，但随着相变的进展出现了错误。为了和可能的实验观察资料作比较，可能出现在一个晶粒内的变体的数量限制为 3。逆转变的标准按着前期转变相同的方式来获得。

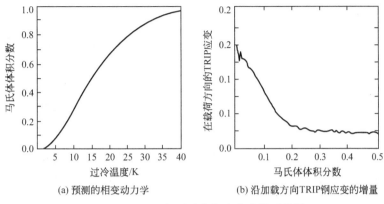

(a) 预测的相变动力学　　　　　(b) 沿加载方向TRIP钢应变的增量

图 5.28　TRIP 钢马氏体相变的有限元模拟

图 5.29 所示为在下面两种加载路径下模拟的热机械磁滞圈：拉伸载荷上升到 $\sigma_{ZZ}^{max}=250$ 或 $300\text{MPa}$，在 $T=300\text{K}$ 恒定的温度下卸载，接着温度上升到 $T_{max}=600\text{K}$，在自由应力条件下冷却到 $T=300\text{K}$。图中点线代表在最大拉伸应力 $\sigma_{ZZ}^{max}=250\text{MPa}$ 下的实验数据[13]。沿载荷方向进行了相变应变的模拟，这两个应变分别在 $\sigma_{ZZ}^{max}=250\text{MPa}$ 和 $300\text{MPa}$ 的两个载荷下产生的，并且在加热过程的逆转变中得到完全恢复。

相变动力学与拉伸应力 $\sigma_{ZZ}^{max}$ 的变化关系曲线见图 5.30。在相变早期，马氏体相变是由机械驱动力来驱动的，再由应变不协调而产生的局部应力得到帮助。显然，获得完全的相变（$\xi=1$）是不可能的。

相变应变几乎与马氏体体积分数的增加而线性地增加，如图 5.31 所示。这种结果可能基于这样一个事实：在我们的模拟中没有考虑马氏体变体之间的自协调相互作用。此外，和真实的相比（图 5.29），这可能也是对模拟材料具有较低硬化效应的一个解释。

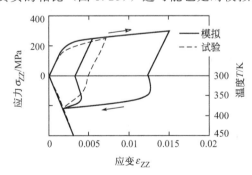

图 5.29　铁基形状记忆合金的
热机械磁滞圈

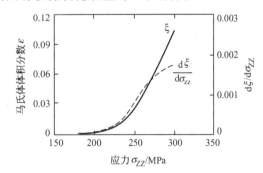

图 5.30　机械加载过程中预测的
马氏体相变动力学

在模拟中，不同加热温度时的逆转变取决于先前的外加应力水平（图 5.32）。模拟情况下的逆转变在 $\sigma_{ZZ}^{max}=250\text{MPa}$、$T_{As}=330\text{K}$ 条件下开始，但实际情况是开始于 $\sigma_{ZZ}^{max}=300\text{MPa}$ 和 $T_{As}=303\text{K}$ 下的。因此，逆转变开始温度 $T_{As}$ 取决于加载过程中形成的马氏体体积分数。图 5.32 中的"○"圈和文献 [14] 的实验结果相符，证明了模拟和实验结果的高度一致性。

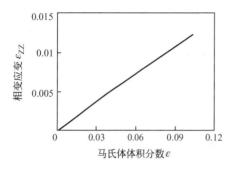

图 5.31 相变应变与马氏体
体积分数变化的计算曲线

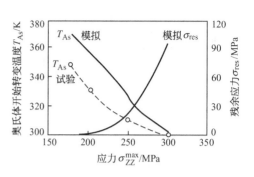

图 5.32 $\sigma_{res}$ 和 $T_{As}$ 随
$\sigma_{ZZ}^{max}$ 的变化模拟曲线

图 5.32 也表示了独立于最大外加应力 $\sigma_{ZZ}^{max}$ 的情况下平均残余应力 $\sigma_{res}$ 的变化，$\sigma_{res}$ 随 $\sigma_{ZZ}^{max}$ 的增加而增加。加热过程中，局部应力起伏产生的残余应力帮助了逆转变。这种局部应力起伏可以考虑作为一个回复应力作用于马氏体，对于具有更高体积分数的马氏体来说，将导致更低的逆转变开始温度 $T_{As}$。

## 5.5  奥氏体不锈钢应力腐蚀寿命预测与计算设计[22~25]

不锈钢在拉应力状态下在某些腐蚀介质中经过一段时间后，就会发生破裂，随着拉应力的增大，发生破裂的时间也越短。当没有拉应力时，钢的腐蚀量很小，并且不会发生破裂。这种现象称为应力腐蚀破坏。应力腐蚀破坏的特征是裂缝和拉应力方向垂直，断口呈脆性断裂。应力腐蚀破坏存在一个临界应力。低于临界应力，材料不发生应力腐蚀破坏；高于临界应力，材料的破坏时间很短。一般情况下，奥氏体不锈钢对应力腐蚀开裂比较敏感，其临界应力也比较低。而铁素体不锈钢和奥氏体-铁素体不锈钢具有比较高的临界应力。目前提出了不少的应力腐蚀破坏的机理，但是都不能解释所有的现象。其中有一种保护膜理论，认为金属在腐蚀介质中在应力作用下形成了滑移台阶而破坏了保护膜。由于保护膜破坏，并且在保护膜上产生了一些微裂纹，微裂纹处金属的电位比膜的电位要低，成为阳极。电化学腐蚀使膜破裂处产生了小裂纹，裂纹尖端处金属不断被溶解，从而沿着拉应力垂直方向发展成为比较深的裂纹，该过程逐渐发展，直至断裂破坏。

Nishimura 等在 1990 年以来不断地报道了在奥氏体不锈钢应力腐蚀开裂（SCC）方面的研究成果。建立了有关的理论基础和机理模型，提出了一些关键的评价参数，如稳定期发展速率 $i_{ss}$。稳定期发展速率 $i_{ss}$ 可从应力腐蚀寿命曲线来计算，作为预测和评价在不同应力、腐蚀介质等情况下的腐蚀疲劳寿命的重要参数。这些工作为实现应力腐蚀疲劳寿命预测与计算设计打下了基础。

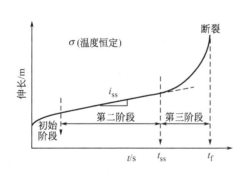

图 5.33  奥氏体不锈钢的
典型腐蚀寿命曲线

### 5.5.1  奥氏体不锈钢应力腐蚀寿命曲线与设计参数

在一定的应力、温度和腐蚀介质条件下，可得到图 5.33 所示的奥氏体不锈钢应力腐蚀寿命曲线。根据图中曲线变化规律，可以曲线把分成三个阶段：第一阶段应力腐蚀初期，第二阶段应力腐蚀稳定期和第三阶段应力腐蚀快速期。如图所示，从三个阶段可以得到三个参数：第二阶段的稳定期发展速率 $i_{ss}$；从第二阶段到第三阶段转变的时间 $t_{ss}$；最后断裂的时间 $t_f$。当然，如果在一定的试验周期内，还没有达到断裂，处于第二阶段的稳定期，那么得到的是第二阶段稳定期发展速率 $i_{ss}$ 参数。另外，如果环境介质是纯水（即没有腐蚀条件）的情况，得到的是初期和稳定期曲线，甚至在比较高的应力水平下，其发展速率 $i_{ss}$ 参数也是很小的。

在一定的腐蚀环境下，材料的失效不仅是由于经受了 SCC，同样也可能承受了严重的一般腐蚀或高的应力载荷。材料在发生应力腐蚀开裂 SCC 过程中，确定其应力范围是很重要的。根据 AISI304 和 316 奥氏体不锈钢在 HCl 及 $H_2SO_4$ 溶液（温度为 353K，浓度为 0.82kmol/$m^3$）中的应力水平和三个参数之间的关系，得到了如图 5.34 所示的施加应力对三个参数的影响。研究发现可以分为三个区域：一个是应力控制区，第二个区域为应力腐蚀控制区，第三个区域为腐蚀控制区。真正的应力腐蚀开裂 SCC 过程是发生在第二个区域。在应力控制区，其截面积的减小是因为在任何环境介质中高应力引起的；而在腐蚀控制区，则是由于在强烈或中等腐蚀性条件下一般腐蚀引起的。所以增加有效的正应力导致的破坏不完全是由于疲劳裂纹扩展造成的。而在轻度的环境条件下，腐蚀控制区不会发生破坏，因为一般腐蚀是非常缓慢的，对截面积的减小影响很小。经过研究分析，在应力腐蚀开裂 SCC 过程的控制区域，在轻度环境下其应力范围是很窄的。

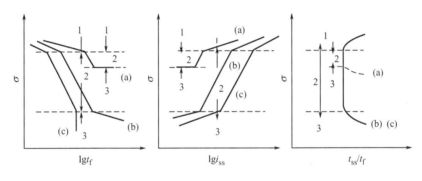

图 5.34　施加应力对三个参数的影响

1—应力控制区；2—应力腐蚀控制区；3—腐蚀控制区；环境介质：(a) 轻度；(b) 中等；(c) 腐蚀性强

这三个参数和应力的关系特点主要有：①在应力腐蚀控制 SCC 区域内 $\lg t_f$ 及 $\lg i_{ss}$ 和应力是线性关系；②在 SCC 区域内 $t_{ss}/t_f$ 是一个常数，为 $0.57\pm0.02$，而在应力控制区和腐蚀控制区该值决定于应力，接近于 1；③在应力腐蚀控制 SCC 区域内，应力范围取决于材料和环境因素（如温度、阴离子浓度及种类、pH 值）；④在应力腐蚀控制 SCC 区和腐蚀控制区之间的应力是一个临界应力，低于这个应力就不会发生 SCC。这些结论在 430 铁素体不锈钢和 310 奥氏体不锈钢中都得到了验证。

在应力腐蚀控制区域中一定的应力水平下试验可研究环境因素对 SCC 的影响规律。对 304 和 316 奥氏体不锈钢在 437MPa 应力水平和 0.82kmol/$m^3$ 浓度的 HCl 溶液中进行 SCC 试验，图 5.35 是试验温度对 $t_f$ 和 $i_{ss}$ 两参数的影响。在整个试验温度范围内，$\lg t_f$ 及 $\lg i_{ss}$ 和温度都呈现出很好的线性函数关系，而 $t_{ss}/t_f$ 比值是保持一个常数值，为 $0.57\pm0.02$，与温度无关。如果在不变的腐蚀环境和恒定的应力条件下不发生应力腐蚀 SCC，在 $t_f/i_{ss}$ 比值和 $1/T$ 之间就偏离了线性关系，$t_{ss}/t_f$ 比值就变得比这常数值大而接近于 1。值得注意的是对于退火状态的 304、316 等奥氏体不锈钢在应力腐蚀控制区域，其 $t_{ss}/t_f$ 比值总是为 $0.57\pm$

0.02，而与应力水平和环境因素无关。

### 5.5.2 奥氏体不锈钢应力腐蚀疲劳寿命预测

在各种腐蚀环境的应力腐蚀控制区中，304 和 316 奥氏体不锈钢的稳定期发展速率 $i_{ss}$ 和破坏时间 $t_f$ 的对数关系如图 5.36 所示。图中的粗实线和粗点划线代表了腐蚀溶液固定而应力变化的结果，细点划线是在恒定应力条件下的结果。如果不考虑材料和阴离子种类，作为应力的函数，稳定期发展速率 $i_{ss}$ 和破坏时间 $t_f$ 的关系式为：

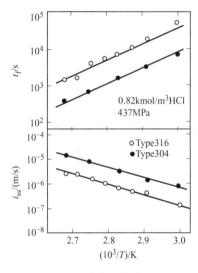

图 5.35 试验温度对 $t_f$ 和 $i_{ss}$ 两参数的影响

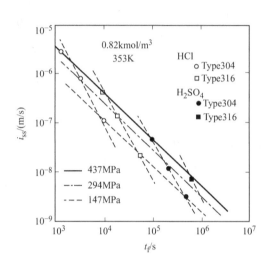

图 5.36 不同应力水平下参数 $t_f$ 和 $i_{ss}$ 之间的关系

$$\lg i_{ss} = -2\lg t_f + C_1 \qquad (\text{应力是变化的}) \qquad (5.42)$$

式中，$C_1$ 是一个与材料和阴离子种类有关的常数。式(5.42) 的斜率是与材料和阴离子种类无关的常数。另一方面，在忽略材料和阴离子种类情况下，在恒定应力条件下它们的关系同样可以表示为：

$$\lg i_{ss} = -\lg t_f + C_2 \qquad (\text{应力是不变的}) \qquad (5.43)$$

式中，$C_2$ 是一个在应力腐蚀控制区与应力有关的常数，而与材料和阴离子种类无关。图 5.27 表示了 304、316 奥氏体不锈钢在恒定应力 437MPa 的应力腐蚀控制区 $\lg i_{ss}$ 及 $\lg t_f$ 和温度、pH 值、浓度之间的函数关系。从图中可明显地看到是线性关系，和式(5.43) 一致。

所以 $\lg i_{ss}$ 和 $\lg t_f$ 之间是一个显著的线性关系，它与应力水平、材料和环境因素无关，这意味着稳定期发展速率 $i_{ss}$ 是预测破坏时间 $t_f$ 的重要参数。而 $i_{ss}$ 是可以从应力腐蚀寿命曲线中计算得到的，在破坏时间 $i_{ss}$ 的 10%～20%处就可以比较准确了。利用这关系就可以在应力腐蚀试验的早期阶段所得到的数据来预测最终的应力腐蚀寿命。

### 5.5.3 奥氏体不锈钢应力腐蚀敏感性判据

在恒定应力情况下，材料的应力腐蚀敏感性通常是由在任意有限期间是否发生破坏来评价的，而应力腐蚀敏感性的标准却没有。这将导致不同研究者所得到的试验结果是不同的，即使有相同的腐蚀环境条件和相同的试样也是不一样的。尽管 $i_{ss}$ 值和 $t_{ss}/t_f$ 比值是常数，但如果用不同的试样在相同的腐蚀环境下进行应力腐蚀试验，破坏的时间是不同的。

为了解决这个问题，可利用 $\lg i_{ss}$ 和 $\lg t_f$ 之间的线性关系来确定应力腐蚀敏感性的标准。图 5.37 所示的直线关系提供了确定应力腐蚀敏感性标准的有用信息。它提供了这样一个事

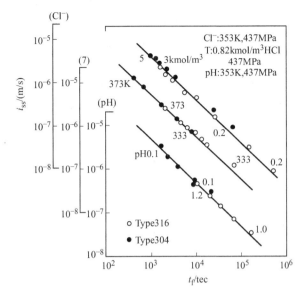

图 5.37　相同应力水平下 $t_f$ 和 $i_{ss}$ 参数之间的关系

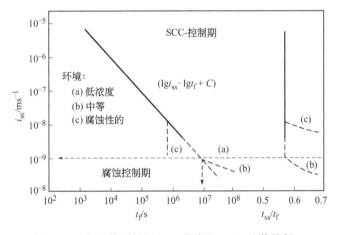

图 5.38　奥氏体不锈钢 $t_f$-$i_{ss}$ 曲线和 $t_{ss}/t_f$ 比值特征

实：当 $t_f$ 达到 $10^7$ s（约 4 个月）时，$i_{ss}$ 为 $10^{-10}$ m/s 或小一些，如图 5.38 所示。应力腐蚀敏感性标准能真实地反映了材料在轻度和中等腐蚀环境中的情况。但如果用腐蚀性强的溶液（如纯 HCl 溶液），以上的标准就不能用来评价应力腐蚀敏感性，这是因为 $i_{ss}$ 在腐蚀控制区域变为 $10^{-9}$ m/s，甚至更大，在腐蚀控制区域 $t_{ss}/t_f$ 比值接近于 1，而不是一个常数了。所以，评价应力腐蚀敏感性的最好的方法是同时使用 $i_{ss}$ 值和 $t_{ss}/t_f$ 比值。

### 5.5.4　奥氏体不锈钢应力腐蚀疲劳机理

应力腐蚀过程从微观上分析可分为裂纹萌生、裂纹扩展和裂纹失稳扩展直至断裂几个阶段。宏观上在应力腐蚀寿命曲线上的三个区域是和微观上的裂纹变化过程是相吻合的。

在应力腐蚀寿命曲线上的初期，由于正应力产生了大量蠕变。这个时期持续的程度取决于所施加的应力状况，基本上与环境无关。裂纹的萌生是通过滑移和滑移台阶的形成而产生的，因此初期是对应了裂纹萌生阶段。

在第二个时期，即应力腐蚀稳定期，由于是稳定增长，所以有稳定期发展速率 $i_{ss}$ 这个重要参数来表征。在中性（如纯水）腐蚀环境中，即使在高的应力条件下其稳定发展速率 $i_{ss}$ 只有小量的或者是没有什么增加。所以在大量的蠕变对发展速率 $i_{ss}$ 有较小的贡献。从式（5.42）和式（5.43）可知发展速率 $i_{ss}$ 是和 $t_f$ 联系在一起的，在应力腐蚀稳定期发展速率 $i_{ss}$ 的增加是和裂纹扩展速率相对应的。

第三时期是发展速率随着时间的增加而快速增大，很容易理解，在微观上也就和裂纹的失稳扩展相一致。从第二时期到第三时期的转变时间 $t_{ss}$ 可以认为是一个临界值。

根据以上分析，可以得到破坏时间参数 $t_f$、稳定发展期的裂纹扩展长度 $L_{ss}$ 和裂纹尖端的腐蚀流密度 $j_s$ 等几个特征参数。假定裂纹是从材料的表面开始形成的，并且具有相同的扩展速率，从式（5.42）和式（5.43），可假设发展速率 $i_{ss}$ 是对应于裂纹的扩展速率 $v_s$，即 $v_s \approx i_{ss}$。而 $v_s$ 是和平均腐蚀流密度 $\bar{j}_s$ 相关的。并且有如下关系：

$$v_s = \frac{\bar{j}_s M}{\rho z F} \tag{5.44}$$

式中，$z$ 是溶解金属的原子价；$F$ 是 Faraday 常数；$\rho$ 和 $M$ 分别是金属的密度和原子量。作为近似处理，$i_{ss}$ 可表示为：

$$i_{ss} = \frac{L_{ss}}{t_{ss}} \tag{5.45}$$

假设整个裂纹扩展到断裂的长度为试样厚度的一半。从式（5.44）和式（5.45）可以得到：

$$t_{ss} = \frac{L_{ss} z F \rho}{\bar{j}_s M} \tag{5.46}$$

上式两边除以 $t_f$，有

$$\frac{t_{ss}}{t_f} = \frac{L_{ss} z F \rho}{\bar{j}_s M t_f} \tag{5.47}$$

式中，$t_{ss}/t_f$、$z$、$F$、$\rho$ 和 $M$ 都是常数，所以有：

$$\frac{L_{ss}}{\bar{j}_s t_f} = 常数 \tag{5.48}$$

有两种情况需要讨论：①恒定的正应力和相同的试样，但腐蚀环境是变化的，即当 $L_{ss}$ 为常数时，在这种情况下，有关系式为：$\bar{j}_s \times t_f =$ 常数。在相同的应力情况下，改变 pH 值、浓度和温度等环境因素，其影响就体现在 $\bar{j}_s$ 参数中。②恒定的正应力和腐蚀环境条件，但不同的试样，即当 $\bar{j}_s$ 是常数，在这种情况下，有关系式为：$L_{ss}/t_f =$ 常数。所以增加 $L_{ss}$ 也就增加了 $t_f$；因为 $\bar{j}_s$ 不变，所以 $i_{ss}$ 也就保持常数；从等式（5.45）可知 $t_{ss}$ 取决于 $L_{ss}$ 和 $t_f$，所以 $t_{ss}/t_f$ 也就为常数。

如果把有关数据代入等式（5.44），对于 AISI 304 钢，取 $F = 96500$，$M/z = 26.0 \text{g/eq}$，$\rho = 7.9 \text{gcm}$。$j_s$ 估计是从 $10^{-4} \sim 10 \text{A/cm}^2$，$i_{ss}$ 有比较宽的范围，在 $10^{-10} \sim 10^{-5} \text{m/s}$，取决于应力和环境因素。$\bar{j}_s$ 有比较宽的变化范围，这意味着在应力腐蚀机理方面不仅要考虑金属

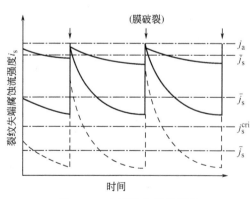

图 5.39　在裂纹尖端处腐蚀
流强度变化示意

溶解度，而且要考虑在裂纹尖端薄膜的形成。

根据以上的分析可以推断，图 5.39 可表示 $\bar{j}_s$ 参数的变化规律。从图中可以了解到 $\bar{j}_s$ 随时间的变化规律以及与 $j_s$ 的比较，虽然它很重要，但一般都没有加以考虑。平均腐蚀流密度随着重新钝化的速率而连续变化。如果不发生重新钝化，$\bar{j}_s$ 是等于 $j_a$（溶解流密度）。另一方面，如果重新钝化的速率非常大，就会低于临界腐蚀流密度 $j_s^{cri}$，这时应力腐蚀就不会发生，这对应于 $i_{ss}$ 为 $10^{-10}\,\mathrm{m/s}$ 或更小一些时。在 $j_a$ 和 $j_s^{cri}$ 之间的中间值 $\bar{j}_s$ 反映了应力腐蚀过程的膜破裂模型。假设 $j_s^{cri}$ 是在 $i_{ss}=1\times10^{-9}\,\mathrm{m/s}$ 时比较低，这时的 $i_{ss}$ 为 $10^{-4}\,\mathrm{m/s}$ 或更小，就不会发生 SCC。可以计算得到 $j_s^{cri}$ 是约为 $2.9\times10^{-3}\,\mathrm{A/cm^2}$。所以可得出，当 $\bar{j}_s$ 变成大约为 $10^{-4}\,\mathrm{m/s}$ 时，SCC 是不会发生的。可是在相同腐蚀环境条件下，在自由表面的腐蚀流密度可能是要比 $j_s^{cri}$ 大，所以一般腐蚀速率要超过裂纹扩展速率。这意味着在相同环境条件下，由一般腐蚀产生的截面积的减小是主要的，也就是腐蚀控制期。

## 本 章 小 结

数值模拟或计算是以实际系统和模型之间数学方程式的相似性为基础的。因此，要进行数值模拟或计算设计的研究，建立能描述实际系统的一系列数学模型是关键的前提。数值模拟计算在材料科学与工程的各个领域都有很好的研究，也取得了较大的成功，特别是近年来在材料加工中发展很快。

材料表面激光处理过程是一个极为复杂的热物理过程和微观组织结构演化的过程，运用数值模拟方法取得了初步的成功；奥氏体钢性能设计是在建立系列数学模型基础上进行的数值计算模拟，这是面向工程应用设计的良好开端；在工程应用中能根据大量数据和科学理论进行材料使用寿命的预测是很重要的，不锈钢应力腐蚀寿命的数值模拟计算可以为实际应用起到一个很好的指导作用。这里介绍的成果仅仅是数值模拟计算设计领域的一小部分。

采用数值模拟方法进行材料计算设计，其关键问题是根据研究对象的实际情况构建系列的有实际应用价值、能定量计算的数学模型。当然比较完善的要建立数据库和知识库，从而使应用面更广泛，模拟计算的结果更为有效实用。

## 习题与思考题

1. 什么叫数值模拟？在材料研究中的作用是什么？
2. 进行数值模拟或计算研究的关键问题是什么？
3. 查阅文献资料，举例说明数值计算与模拟方法在材料设计中的应用。

## 参 考 文 献

[1] ［德］D. 罗伯编著. 计算材料学. 项金钟，吴兴惠译. 北京：化学工业出版社，2002.
[2] 戴起勋，赵玉涛等编著. 材料科学研究方法. 北京：国防工业出版社，2004.
[3] 黄克智，王自强主编. 材料的宏微观力学与强韧化设计. 北京：清华大学出版社，2003.
[4] Dai Q X, Cheng X N, Zhao Y T, et al. Calculation Design System of Austenitic Steels fpr Engineering Application. The fourth international conference on physical and numerical simulation of materials processing (ICPNS2004)，Shanghai China，2004，5.
[5] 程晓农，戴起勋著. 奥氏体钢设计与控制. 北京：国防工业出版社，2005.
[6] Dai Q X, Wang A D, Cheng X N, et al. Effect of Me and T on Strength for Cryogenic Austenitic Steels. Mater. Sci. Eng. A，2001，311（1/2）：205～210.

[7] Cheng X N，Dai Q X，Wang A D，et al. Effect of Me and T on Impact Toughness for Cryogenic Austenitic Steels. Mater. Sci. Eng. A，2001，311（1/2）：211~216.

[8] Olson G B. Beyond discovery：design for a new materials world. CALPHAD，2001，25（2）：175~190.

[9] Olson G B. Computational design of hierarchically structured materials. Science，1997，277：1237~1242.

[10] Bhattacharyya A，Sweeney L，Faulkner M G. Experimental characterization of free convection during thermal phase transformation in shape memory alloy wires. Smart Mater. Struct. 2002，11：411~422.

[11] Nishimura F，Liedl U Werner E A. Simulation of martensitic transformations in TRIP-steel and Fe-based shape memory alloy. Computational Materials Science，2003，26：189~196.

[12] Sadek K，Bhattacharyya A，Moussa W. Effect of variable material properties and environmental conditions on thermomechanical phase transformations in shape memory alloy wires. Computational Materials Science，2003，27：493~506.

[13] Reisner G，Fischer F D，Wen Y H，et al. Interaction energy between martensitic variants. Metall. Mater. Trans. A，1999，30：2583~2590.

[14] Nagayama K，Terasaki T，Tanaka K，et al. Mechanical properties of a Cr-Ni-Mo-Al-Ti maraging steel in the process of martensitic transformation. Mater. Sci. Eng. A，2001，308：25~37.

[15] Nishimura F，Watanabe N，Tanaka K. Stress-strain-temperature hysteresis and martensite start line in an Fe-based shape memory alloy. Mater. Sci. Eng. A，1997，238：367~376.

[16] Nishimura F，Watanabe N，Tanaka K. Transformation lines in an Fe-based shape memory alloy under tensile and compressive stress state. Mater. Sci. Eng. A，1996，221：134~142.

[17] Amalraj J J，Bhattacharyya A，Faulkner M G. Finite-element modeling of phase transformation in shape memory alloy wires with variable material properties. Smart Mater. Struct. 2000，9：622~631.

[18] 徐祖耀著. 马氏体相变与马氏体（第二版）. 北京：科学出版社，1999.

[19] 杨大智主编. 智能材料与智能系统. 天津：天津大学出版社，2000.

[20] 徐祖耀，江伯鸿，杨大智等著. 形状记忆材料. 上海：上海交通大学出版社，2000.

[21] 刘爱荣，潘亦苏，周本宽. 形状记忆合金热力学行为的模拟. 计算力学学报，2002，19（1）：48~52.

[22] Nishimura R，Yamakawa K. Life prediction on SCC of solution annealed stainless steels under laboratory conditions. Nuclear Engineering and Design，1998，182：165~173.

[23] Nishimura R. The effect of potential on Stress corrosion cracking of type 316 and type 310 austenitic stainless steels. Corrosion Science，1993，34：1463~1473.

[24] Nishimura R. SCC failure prediction of austenitic stainless steels in acid solutions——effect of pH，anion species and concentration. Corrosion，1990，46：311~318.

[25] Nishimura R. Kudo K. Stress corrosion cracking of AISI 304 and AISI 316 austenitic stainless steels in HCl and $H_2SO_4$ solution——prediction of time to failure and criterion for assessment of SCC susceptibility. Corrosion，1989，45：308~316.

# 第 **6** 章
# 基于数据采掘的材料设计与预测

　　自从人类开始了对钢、铁等材料研究工作以来，已积累了数以万计的具有科学价值的试验数据和试验结果，逐步完善了各类的基础理论知识，这是人们研究传统材料、开发新材料的宝贵财富，也是现代材料科学与工程学科得以大发展的重要基础。关键问题是收集整理和归纳提炼。

　　收集各类数据建立数据库是一个艰巨的工作，根据已有的基础理论建立知识库则难度更大。因为已有基础理论离实际应用计算有相当的距离，更何况材料学科中缺少相当多的数理模型和有关参数，可用于实际应用的数理模型则更少。当体系过于复杂、解析方法有困难时，相似理论、量纲分析和无量纲分析往往是可用之法。无量纲分析方法在流体力学、传热学和化工原理中已有很好的应用。材料设计中的有些问题所涉及的因素虽然比较复杂，仅仅靠少数无量纲数来描述是难以奏效的，但如采用多个无量纲数联合描述或近似描述，则是可能的。因此，建立材料设计的半经验方法是可行的。

## 6.1　基于数据采掘的半经验设计方法[1～3]

　　材料设计的半经验方法由两个阶段组成：

　　① 尽可能根据第一性原理或其他理论知识，或根据简化物系的计算结果，设计出能描述研究对象的多个无量纲数或参数（各种参数经标准化处理后均化为无量纲数），以其为坐标轴张成多维空间，作为研究半经验规律的基本工具。

　　② 将大量实测数据或经验知识记入上述多维空间，考察多维空间中数据样本分布的规律，建立数学模型，并用以预报未知的数据或结果，解决实际问题。这就是从大量数据中采掘有用信息的方法，被称为"数据信息采掘"（data mining）。

　　下面介绍陈念贻等的研究成果。

### 6.1.1　复杂数据信息采掘原理

　　复杂系统和复杂性问题是近代数学的一大难题。数据信息采掘就是复杂性问题的一个重要分支。从大量数据中提取信息，在数学上是属于统计数学、概率论和回归分析的范畴。但传统的统计数学多以线性、低噪声、高斯分布条件下的数据文件为对象的，对于多因子、非线性、高噪声、非高斯分布、数据样本分布不均匀的复杂数据文件就难于有效处理。于是以计算机技术为基础的"软计算"就应运而生，其中最有效的是模式识别、人工神经网络、遗传算法、模糊数学、小波分析等。目前，在国际上已流行一些能用于材料设计的软件，如以非线性和线性回归为基础的 RS-1 软件、JMP 软件，以人工神经网络和遗传算法为基础的 Process advisor 软件，以模式识别 PCA、PLS、SIMCA 方法为基础的 SIRIUS、SIMCA-P 软件等。陈念贻等根据自己二十多年材料设计问题的研究和工业优化的实践经验，开发了以多种模式识别新算法为基础，结合人工神经网络、非线性和线性回归和遗传算法的综合性材料设计软件"Materials Research Advisor"和"Complex Data Anaiyser"。

新软件具有如下特点：①由于没有一种方法能适合于所有类型的数据集，所以对不同类型的数据集可采用不同的计算方法，往往计算结果更为有效而可靠；②不同方法的结合比只用一种方法得到的结果更好，例如将MREC和非线性回归结合起来，比普通的回归方法得到了更好的计算结果；③软件包括了一些新的计算方法，它们都比传统的方法更有效。

随着信息时代的到来，各种数据正以惊人的速度积累。在材料科学研究领域，各种研究报告、专利申请、发表论文、著作等科技文献使人们目不暇接，与材料有关的热力学、相平衡、力学性能和物理性能数据储存在大批的数据库中。以金属材料为例，从人类开始了对钢、铁等金属材料进行研究以来，已积累了数以万计的具有科学价值的试验数据和试验结果，逐步完善了各类的基础理论知识，这是人们研究传统材料、开发新材料的宝贵财富，也是现代材料科学与工程学科得以大发展的重要基础。关键问题是收集整理和归纳提炼，如何从这些数据"宝藏"中采掘有用信息，在目前来说还是一个薄弱环节，也是一个迫切的任务。

## 6.1.2 复杂数据信息采掘各种算法的长处和局限性

### 6.1.2.1 模式识别方法的特点

传统的模式识别方法包括主成分分析（PCA）、偏最小二乘法（PLS）、Fisher法等。材料设计软件"Materials Research Advisor"和"Complex Data Anaiyser"中除PCA、PLS和Fisher法外，还包括LMAP、BOX和最佳投影（MREC）以及最佳分级投影（HMREC）等新算法。

LMAP算法包括四个步骤：①将坐标原点移至"1"类点的重心；②寻求一个最小的超椭球将所有"1"类点包络在内；③将超椭球长轴缩短、短轴拉长，使超椭球变形为超球；④按全体样本点（即包括"1"类点及"2"类点）作Karhunen-Locvc变换后按垂直于各主成分的方向做多个投影。LMAP法投影图常能使"1"类点和"2"类点有比较好的分类。

BOX算法原理非常简单，即在多维空间中形成一个各边与坐标轴平行的、包容所有"1"类点（或"2"类点）的最小的超长方"盒"。BOX算法不能保证最好的分类，但作为一种辅助方法是十分有用的。经"BOX"操作后，自动形成一个以"BOX"为后缀的文件，仅包括"盒"内的样本，通常包括全部的"1"（"2"）类点，也可能有少量的"2"（"1"）类点。

最佳投影（MREC）法和许多其他的模式识别方法一样，将多维空间图像（"1"和"2"类点的分布图像）以某个方向向二维（计算机屏幕）投影。但其方向的选择与其他方法不同。在无限多个可能的投影方向中，它选择"1"和"2"类点投影后有效分开的投影方向。所谓有效分开是指投影后在所有"1"类点的分布区形成一个包容所有"1"类点的最小的长方框，而长方框中"2"类点混入最少。

但是，在许多情况中，即使用最佳投影法实现了"1"和"2"类点较好的分离，也不一定能做到两类点完全分离。因为不论从哪个角度投影，总可能有"2"类点位于"1"类点分布区的正上方或正下方。为了实现两类点的完全分离，就需要采用最佳分级投影方法。

最佳分级投影方法是在一次最佳投影后，自动将包容全部"1"类点的最小方框中的样本点组成一个新文件。然后对其做第二次最佳投影，使混入方框中的一部分"2"类点在第二次最佳投影（第二次最佳投影显然取与第一次最佳投影不同的方向）时落在方框外面与"1"类点分开。如此反复数次做分级的最佳投影，就可能实现"1"和"2"类样本点的最佳分离。图6.1是最佳分级投影与PCA的比较。不同方向的最佳投影形成的方框对应的长方柱交叉在一起，形成的交集是一个超多面体。最佳分级投影算法最终能自动显示超多面体各面的方程式，它代表"1"类点分布区的边界的近似表达式，是材料设计中非常有用的建模方法。

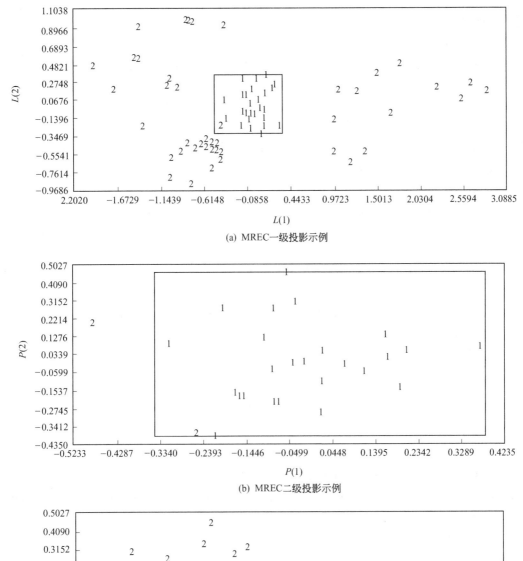

(a) MREC一级投影示例

(b) MREC二级投影示例

(c) PCA投影图

图 6.1  最佳分级投影（HMREC）与主成分分析（PCA）的比较

1—"1"类样本；2—"2"类样本

综上所述，模式识别擅长于样本分类和界定每类点的分布区。如果解决的实际课题可归结为"是与非"的问题时（如判明三元合金相是否形成，判明某一物相是半导体还是金属导体），模式识别方法特别适用。模式识别也能提供半定量的估计，但和回归方法等相比，模式识别只能提供粗略的定量信息。

### 6.1.2.2　人工神经网络方法的特点

人工神经网络方法的优点是不用预先指定函数形式就能对强非线性在内的各类数据文件进行拟合、建模和预报。人工神经网络的拟合能力很强，是定量建模的有力工具。由于这些优点，在材料设计中得到了广泛的应用。但是人工神经网络方法的预报也常有失误，必须引起注意，不能认为用人工神经网络方法得到的预报结果就肯定是正确的。图6.2是人工神经网络拟合很好但预报失败的一个典型实例。用人工神经网络方法预报了氧化铝溶出率大于90%的优区远较模式识别HMREC预报的范围大，其超出部分就是误报，实验结果都与这部分预报结果相矛盾。

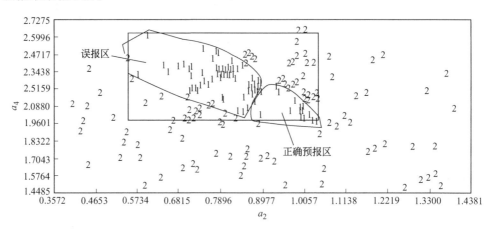

图 6.2　人工神经网络过拟合误报示例
1—"1"类样本；2—"2"类样本

人工神经网络方法拟合好，但预报常有失误的现象是有其根源的。除了对噪声的拟合会导致误报外，当样本点在空间分布不均匀时，人工神经网络方法往往由于迁就样本点密集区的拟合而导致样本点稀疏或空白区的严重误报。

人工神经网络方法还有一些局限性：①人工神经网络难于分辨多维空间的局部结构；②人工神经网络建模后不能外推寻优，外推结果很不可靠。

图6.3表示了高碳钢钢水样本点和低碳钢钢水样本点的投影分布。可明显看出：高碳钢样本点分布在左侧，其中未混入低碳钢样本；与此相反，低碳钢样本点分布在右侧，其中却混入了不少高碳钢样本。这表明空间左右两侧的数据结构不一致，两个区域的分界在C为0.25%左右。由炼钢动力学可知，这大约正是脱碳化学反应从化学动力学控制向扩散控制的过渡区。而脱碳机理不同，这两部分的数据应分开建模，不宜混在一起统一处理。但是，如单一用人工神经网络方法处理这批数据，就难于发现这种区别。

因此，将模式识别方法和人工神经网络方法相结合，就是一种有效的策略。

### 6.1.2.3　非线性回归和线性回归方法的特点

材料科学中真正属于线性关系的例子是较少的，但有些情况是可以做近似线性处理的。应该寻找一个近似判据，能将线性的数据文件与强非线性的数据文件区别开来。基于以往的经验，建议用PLS留一法预报的预报残差（PRESS）与样本总数的比值（即样本平均

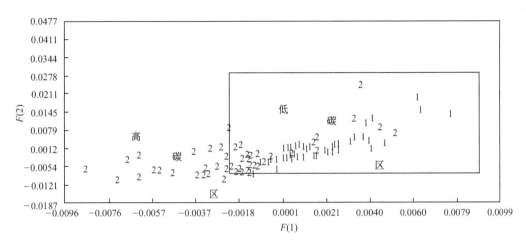

图 6.3 炼钢脱碳数据投影图

1—"1"类样本；2—"2"类样本

PRESS）小于 0.3 作为近线性的判据。该方法在 VPTC 材料、稀土荧光粉等材料的外推寻优方面得到了很好的效果。图 6.4 所示是用 Materials Research Advisor 软件判别近线性的两个实例。

在线性回归方程基础上加平方项、立方项和相应的交叉项，可以实现多项式的非线性回归。因此，从理论上说任何函数关系都可用多项式方程来逼近，这方法在原理上也是可靠的。如果仅增添平方项、立方项以及相应的交叉项就能拟合得好，则多项式非线性回归远较人工神经网络方法简单，误报的危险也比人工神经网络方法要小。美国半导体和芯片开发过程中的优化多采用 RS-1、JMP 等非线性和线性回归方法，原因就在于此。

多项式非线性回归的缺点：当自变量很多时，回归方程的项数太多，以至于难于进行。陈念贻等采用了最佳投影方法和非线性回归方法相结合，进行最佳投影回归，可以在相当程度上缓解了上述矛盾。

### 6.1.3 数据采掘法经验材料设计的应用

#### 6.1.3.1 复杂数据处理的综合方法举例

通过一些材料设计问题的实例，展示多种算法灵活配合的效果。

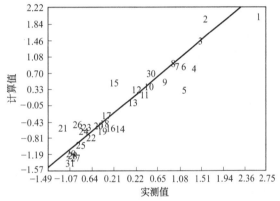

(a) 近线性数据文件（VRTC数据）PLS计算结果（PRESS0.1333）

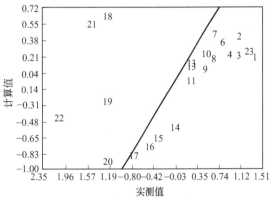

(b) 非线性数据文件（超导体制备数据）PLS计算结果（PRESS0.841）

图 6.4 近线性数据与非线性数据的对比

（1）最佳投影方法与非线性逐步回归相结合 这种方法的结合可以用比较少的可调参数（回归系数）拟合数据文件，使拟合和预报的误差更小。通过最佳投影可实现两类点的最大限度分离，说明这种投影面能较好地反映数据点分布的特征。因此，以向二维或三维空间最佳投影所得的新坐标（都是原有自变量的线性组合）作为新的自变量，可进行多项式逐步回归。这样，一个原有四个自变量的半导体外延实验数据文件，目标值 $y$ 与自变量 $x_1$、$x_2$、$x_3$、$x_4$ 的关系用加平方项的逐步回归得到有 7 个回归项的方程，误差平方和为 316.4；如用最佳投影回归，所得回归项仅五项，误差平方和为 315.0。这一对比显示了最佳投影回归的优越性。

（2）最佳投影与人工神经网络相结合　最佳投影与人工神经网络相结合也是有益的。将数据文件正交化，并滤去噪声，降维后作为人工神经网络的输入，以改善人工神经网络的功能。对于偏置型数据文件，PLS-ANN 算法有一定的价值。根据 PRESS 最小的判据，人工神经网络的输入项数可减少，从而限制了过拟合的现象。同时，PLS 变换后减少输入项也可滤去一部分噪声。但对非线性特别是包容型数据文件，用 PLS-ANN 往往得不到好的结果。这时可采用 LMAP-ANN 或 MREC-ANN 算法。一个原有四个自变量的高温超导体数据文件，经 MREC 投影后取其纵、横坐标两个变量作为人工神经网络的输入值，仍能使拟合误差小于 2%。

### 6.1.3.2　用材料设计软件预报合金相

二元和三元合金相常常是新型功能材料的候选物相，因此能预报二元和三元合金相的形成及晶型是材料设计中的重要课题。要比较正确地描述二元合金系中间相的晶型和价型，必须同时考虑形成二元合金相的主要影响因素，如电荷迁移因子、几何因子、能带因子等。

因此，取两个金属元素的功函数（$\phi_1$ 和 $\phi_2$）、原子半径比（$R_1/R_2$）和两个金属元素的价电子数（$Z_1$ 和 $Z_2$），共 5 个参数张成五维空间，用已知的二元合金相为训练集，求得 Laves 相、$AuCu_3$ 结构、CsCl 结构、$CaCu_5$ 结构等多种晶型合金相的形成判据，并以此为依据开发了一批含稀土金属的新的二元合金相。在预报基础上合成并发现了 $LaPb_5$、$PrPb_5$、$EuNi_2$、$EuFe_2$、$DyIr_3$、$YbIr_3$、$NdIr_3$ 等一批化合物，其实测晶型与预报大体相符。这些新发现的金属间化合物已载入 Villars 主编的合金相图数据库。

应用原子参数-模式识别方法总结三元合金相的形成规律和晶型规律，然后预报未知三元系中是否有三元合金相的形成，具有更大的理论和实用价值。因为大部分二元合金相图已由实验测定得到，三元合金相图的数目要多得多，目前测定的仅是一小部分。而三元合金相图在合金设计时又非常重要，已有的二元合金相图远不能满足材料设计的需要。因此，开展三元合金相图的开发工作，显得很迫切。目前，根据二元合金相图用热力学方法来计算三元合金相图的研究已取得了很大的进展。但用传统的热力学方法无法预报三元合金相是否能形成，而采用原子参数-模式识别方法恰可弥补这一不足。因为已知二元合金系生成三元合金相的占一半以上，用原子参数-模式识别方法预报三元合金相乃成为全面预报三元合金相图所必需。

采用扩展的 Miedema 合金元胞模型设计预报三元合金相形成的参数，即在 Miedema 建议的电负性参数 $\phi^*$ 和 Wagner-Seitz 元胞中价电子云密度 $n_{ws}^{1/3}$ 两个参数的基础上，再增加原子半径 $R_M$（取 Pauling 的元素金属半径值）和价电子数 $Z$ 两个参数，构成四参数模型，以总结三元合金相的形成规律。研究表明，用最佳分级投影法可很好地总结规律。例如，已知 277 个非过渡金属的三元合金系中，$Z=2$，且 $Z_2=2\sim3$ 的三元合金系有 139 个。用最佳分级投影法，通过四级分级投影，生成三元化合物的"1"类样本点可以和不生成三元化合物的"2"类点完全分离，如图 6.5 所示。含其他 $Z_1$、$Z_2$ 数值的三元系也可用类似的方法分离并建立数学模型。由过渡族金属元素组成的三元系合金，以及由过渡金属元素和非过渡金属元素组成的三元系，也都可用类似的方法找到数学模型。

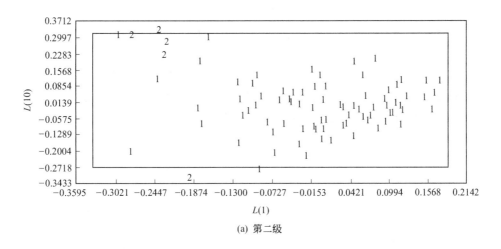

(a) 第二级

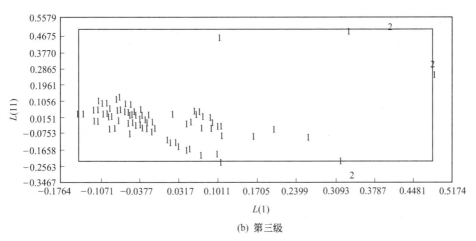

(b) 第三级

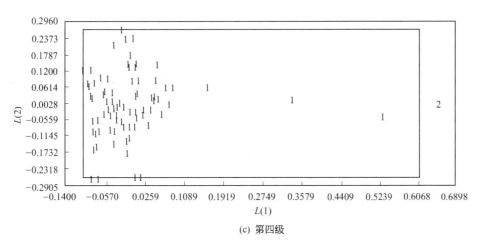

(c) 第四级

图 6.5   三元合金相形成条件建模示例（最佳分级投影结果）

1—生成二元合金相；2—无二元合金相

### 6.1.3.3   用材料设计软件预报相图特征量

用材料设计软件总结已知相平衡数据和原子参数的关系，可预报相图的许多特征量，包括中间相熔点和分解温度、中间相的液相线和液相面、共晶点、固溶度、连续固溶体的形成条件等。这里以复卤化物的熔点规律为例。

根据离子体系的相似理论，可以推证离子固体的熔点应是离子半径比、离子价数比的函数。化学键有部分是共价性时，还应考虑电负性差的影响。以这些自变量为人工神经网络的输入值，以复卤化物的熔点为输出值，通过训练可建立数学模型。图6.6表示了$Me_2Mc'X_4$型复卤化物熔点的预报值与实测值的比较，图6.7是$MeMe'F_3$型复氟化物熔点的预报与实测值的比较。类似方法也可用于复氧物熔点的预报。

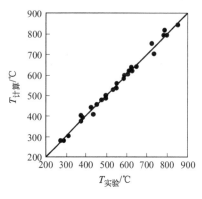

图6.6 复卤化物熔点的计算结果

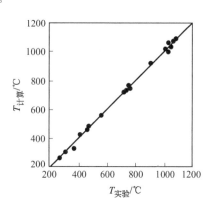

图6.7 复氟化物熔点的计算结果

### 6.1.3.4 用材料设计软件优化材料制备工艺

利用材料设计软件可进行有关材料制备加工方面的优化，如材料制备过程的优化，材料已有数据的加工、发掘有用信息，用材料设计软件辅助实验探索，辅助材料智能加工等。下面仅简单介绍对材料已有数据的加工、发掘有用信息工作成果的实例。

新材料开发初期，总是要查阅大量的文献资料、搜寻有关数据、检索专利记载等。但不管怎么收集数据和资料，对于开发新材料所需要的信息来说，数据总是不很完整或是有一定不足的。用材料设计软件对这类不完整的数据进行加工，有时也可得到有益的结果。例如Keise Optonix公司申请的德国专利系列，其中包括46种稀土硼酸盐绿色荧光粉的配方，并统一测出各配方产品的相对发光亮度，如表6.1所示。

表6.1 绿色荧光粉的配方及亮度

| 序号 | 配 方 | 相对亮度 |
| --- | --- | --- |
| 1 | $(Ce_{0.65}Tb_{0.35})_2O_3 \cdot 3B_2O_3$ | 100 |
| 2 | $0.33MgO \cdot 3B_2O_3 : 0.11Ce, 0.06Tb$ | 191 |
| 3 | $0.86MgO \cdot B_2O_3 : 0.11Ce, 0.17Tb$ | 188 |
| 4 | $0.71BeO \cdot B_2O_3 : 0.11Ce, 0.17Tb$ | 185 |
| 5 | $0.5ZnO \cdot B_2O_3 : 0.06Ce, 0.06Tb$ | 163 |
| 6 | $0.64MgO \cdot B_2O_3 : 0.06Ce, 0.29Tb$ | 130 |
| 7 | $0.29(Mg_{0.7}Zn_{0.3})O \cdot B_2O_3 : 0.11Ce, 0.06Tb$ | 187 |
| 8 | $0.33MgO \cdot B_2O_3 \cdot 0.05Li_2O : 0.11Ce, 0.06Tb$ | 213 |
| 9 | $0.33MgO \cdot B_2O_3 \cdot 0.05Na_2O : 0.11Ce, 0.06Tb$ | 210 |
| 10 | $0.33MgO \cdot B_2O_3 \cdot 0.05K_2O : 0.11Ce, 0.06Tb$ | 208 |
| 11 | $0.33MgO \cdot B_2O_3 \cdot 0.05Rb_2O : 0.11Ce, 0.06Tb$ | 203 |

| 序号 | 配　　方 | 相对亮度 |
|---|---|---|
| 12 | $0.33MgO \cdot B_2O_3 \cdot 0.05Cs_2O:0.11Ce,0.06Tb$ | 201 |
| 13 | $0.86MgO \cdot (B_{0.9},Al_{0.1})_2O_3:0.11Ce,0.17Tb$ | 211 |
| 14 | $0.86MgO \cdot (B_{0.9},Sc_{0.1})_2O_3:0.11Ce,0.17Tb$ | 192 |
| 15 | $0.86MgO \cdot (B_{0.9},Ga_{0.1})_2O_3:0.11Ce,0.17Tb$ | 212 |
| 16 | $0.86MgO \cdot (B_{0.9},Y_{0.1})_2O_3:0.11Ce,0.17Tb$ | 196 |
| 17 | $0.86MgO \cdot (B_{0.9},In_{0.1})_2O_3:0.11Ce,0.17Tb$ | 188 |
| 18 | $0.86MgO \cdot (B_{0.9},La_{0.1})_2O_3:0.11Ce,0.17Tb$ | 201 |
| 19 | $0.86MgO \cdot (B_{0.9},Lu_{0.1})_2O_3:0.11Ce,0.17Tb$ | 195 |
| 20 | $0.86MgO \cdot (B_{0.9},Gd_{0.1})_2O_3:0.11Ce,0.17Tb$ | 202 |
| 21 | $0.86MgO \cdot (B_{0.9},Tl_{0.1})_2O_3:0.11Ce,0.17Tb$ | 211 |
| 22 | $0.86MgO \cdot (B_{0.95},Bi_{0.05})_2O_3:0.11Ce,0.17Tb$ | 106 |
| 23 | $0.86MgO \cdot (B_{0.9},Al_{0.1})_2O_3 \cdot 0.02Li_2O:0.11Ce,0.17Tb$ | 215 |
| 24 | $0.71(Be_{0.8},Si_{0.1})O \cdot B_2O_3:0.11Ce,0.17Tb$ | 192 |
| 25 | $0.71(Be_{0.9},Ti_{0.05})O \cdot B_2O_3:0.11Ce,0.17Tb$ | 117 |
| 26 | $0.71(Be_{0.9},Ge_{0.05})O \cdot B_2O_3:0.11Ce,0.17Tb$ | 128 |
| 27 | $0.71(Be_{0.9},Zr_{0.05})O \cdot B_2O_3:0.11Ce,0.17Tb$ | 151 |
| 28 | $0.71(Be_{0.9},Si_{0.05})O \cdot B_2O_3$ | 102 |
| 29 | $0.71(Be_{0.9},Th_{0.05})O \cdot B_2O_3$ | 105 |
| 30 | $0.71(Be_{0.9},Pb_{0.05})O \cdot B_2O_3$ | 109 |
| 31 | $0.71(Be_{0.9},Si_{0.05})O \cdot 0.02Na_2O \cdot (B_{0.95}Ga_{0.05})_2O_3:0.11Ce,0.17Tb$ | 203 |
| 32 | $0.5ZnO \cdot 0.1P_2O_3 \cdot B_2O_3:0.06Ce,0.06Tb$ | 172 |
| 33 | $0.5ZnO \cdot 0.01V_2O_5 \cdot B_2O_3:0.06Ce,0.06Tb$ | 101 |
| 34 | $0.5ZnO \cdot 0.01Nd_2O_5 \cdot B_2O_3:0.06Ce,0.06Tb$ | 124 |
| 35 | $0.5ZnO \cdot 0.01Sb_2O_5 \cdot B_2O_3:0.06Ce,0.06Tb$ | 107 |
| 36 | $0.5ZnO \cdot 0.01Ta_2O_5 \cdot B_2O_3:0.06Ce,0.06Tb$ | 135 |
| 37 | $0.5ZnO \cdot 0.01As_2O_5 \cdot B_2O_3:0.06Ce,0.06Tb$ | 111 |
| 38 | $0.5(Zn_{0.9},Si_{0.05})O \cdot 0.05P_2O_5 \cdot 0.02K_2O \cdot (B_{0.95},Tb_{0.05})_2O_3:0.06Ce,0.06Tb$ | 184 |
| 39 | $0.64MgO \cdot (B_{0.996},Mo_{0.002})_2O_3:0.11Ce,0.29Tb$ | 105 |
| 40 | $0.64MgO \cdot (B_{0.996},Te_{0.002})_2O_3:0.11Ce,0.29Tb$ | 102 |
| 41 | $0.64MgO \cdot (B_{0.996},W_{0.002})_2O_3:0.11Ce,0.29Tb$ | 101 |
| 42 | $0.29(Mg_{0.7},Zn_{0.3})O \cdot 0.05Na_2O \cdot (B_{0.9},Pr_{0.1})_2O_3:0.11Ce,0.06Tb$ | 196 |
| 43 | $0.29(Mg_{0.8},Cd_{0.2})O \cdot 0.01Rb_2O \cdot (B_{0.9},Gd_{0.1})_2O_3:0.11Ce,0.06Tb$ | 194 |
| 44 | $0.29(Mg_{0.9},Ba_{0.1})O \cdot 0.01Cs_2O \cdot (B_{0.9},La_{0.1})_2O_3:0.11Ce,0.06Tb$ | 191 |
| 45 | $0.29(Mg_{0.9},Ca_{0.1})O \cdot 0.01K_2O \cdot (B_{0.9},Lu_{0.1})_2O_3:0.11Cc,0.06Tb$ | 181 |
| 46 | $0.29(Mg_{0.9},Sr_{0.1})O \cdot 0.01Li_2O \cdot (B_{0.9},Sc_{0.1})_2O_3:0.11Ce,0.06Tb$ | 180 |

　　配方中含有 40 种元素，相当混乱，但其中 Ce、Tb、B 三种元素是共有的。此外，多数配方中含有大量的 Mg，其余少量元素可视为添加剂或掺杂。由发光机理可知，Tb 是激活

剂，Ce 是敏化剂，B、Mg 为基质主要成分；Ce 和 Tb 之间的能量传递是共振传递，传递往往伴随与原子微环境有关的能量交换，所以发光效率应与化学键及原子量有关。因此，试用下列参数表征荧光粉的亮度：Tb、Ce、$B_2O_3$、MgO 等的含量、掺杂元素的电负性、掺杂元素的原子序数 $Z$ 与离子半径比等。图 6.8 为材料设计软件生成的最佳投影图。从图 6.8 中可看出，亮度高的样本分布在图的左下侧，数据结构显然是偏置型。因此，可推断可能的优化方向为：Tb 应略低，Ce 应略高，B 应略低，Mg 应略高，掺杂元素的电负性应低，原子序数应小等。沿图中所示的优化方向外推，在 Keise Optonix 公司申请的专利保护范围外，设计了一批新配方。通过试验验证，确实找到了亮度高且不属于 Keise Optonix 专利保护范围内的新的稀土荧光粉材料配方。

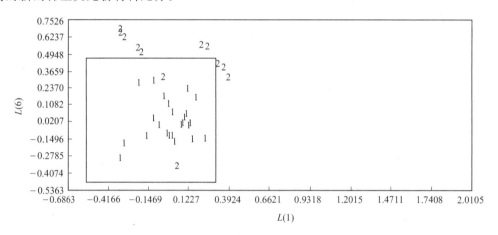

图 6.8　稀土荧光粉亮度的规律
1—高亮度样本；2—低亮度样本

# 6.2　合金设计

## 6.2.1　合金设计技术概述[4]

　　合金设计是在金属材料领域的传统经验设计方法，是对合金中相的比例和存在状态进行设计的方法，也称为合金组织设计。设计的主要内容是通过选择一定成分及其比例，确定宏观加工、处理工艺参数，以三维空间中原子的分布、结合状态、组织特性，从而预测或获得所需要的合金最终性能。

　　一般情况下，合金设计技术主要包括三个方面的内容：大量试验数据的积累，理论与经验的有效结合，统计、回归等计算技术的应用等。

### 6.2.1.1　合金设计基本原则

　　发掘材料的性能潜力和设计开发新材料都取决于对材料成分、组织结构、性能关系规律的正确认识。从 20 世纪 70 年代以来，人们用多因素反复回归的方法得到成分-组织结构-性能间的关系表达式，可定量计算来设计开发新合金成分，再通过试验研究得到新合金。现在，通过理论分析和大量的实验数据可建立系列的数学模型，借助于计算机的计算来修正和确定合金成分，然后通过试验验证和工艺优化最终确定合金，进一步简化了探索性的试验，使合金设计建立在理论基础之上。

　　合金设计必须遵循以下基本原则：

　　① 满足力学性能指标　了解合金制造零件的功能，正确理解合金材料所需的性能指

标，并且还要确定其主要性能指标，作为设计时应考虑的第一要素；

② 制造工艺性良好　容易制造成品或半成品，这不仅与材料的性能指标相关，还与生产成本直接相关；

③ 具有合理的经济性。

### 6.2.1.2　合金设计基本内涵

合金设计的根本任务是满足工程构件的各项性能指标。一般情况下，材料的性能受控于材料成分、组织、杂质和缺陷、表面性质及应力状态等因素。最关键的是成分和组织，成分和组织在很大程度上控制着所有组织敏感性能。而当材料成分一定时，其组织又决定于制备或加工工艺过程，所以合金设计时又必然相应地要设计得到预定组织所需要的工艺过程及其工艺参数。

合金设计首先要进行组织设计，在理论基础的指导下选择满足性能要求的组织结构。组织结构可广义地包括晶体结构、状态、晶粒大小、缺陷等。对于多相组织，又分基体相和附加相。基体相对性能一般起主导作用，而第二相的性质、形状、尺寸、分布、数量等对材料的整体性能往往会起着关键的作用。设计的复杂性或难度也往往在第二相或附加相。控制组织结构的因素主要包括：

（1）成分　合金元素加入到钢中一般并不是本身直接起了强化或韧化的作用，往往主要是由于这些合金元素改变了材料的相变过程、相变产物性质、相的形状等参数，即合金成分通过相变等方式控制着组织中的相、体积分数和形态等。

（2）热处理　一定的合金成分，其组织决定于热处理工艺过程及工艺参数。热处理工艺控制了相性质、相成分、各相比例、相的尺寸和分布，也决定了晶粒度、位错结构和缺陷等重要参量。

（3）冷、热变形　在材料加工的全流程中，一般总会有冷变形、热变形过程。这些冷、热变形除了由自身产生的形变织构外，几乎对上述所有的组织参量产生影响。

由于零件的使用性能是各种性能的综合，所以应当建立成分-组织结构-性能之间的有机关系，以此作为合金设计的主要依据。组织结构的选择不应仅仅以产品最终性能为唯一准则，而必须保证在整个制造过程中是适宜的、可行的，即必须考虑每一个工序的经济性。

热处理是改变组织结构的有效方法，也是最关键的工艺措施。通过调整热处理参数可得到最佳的强韧配合，因此，在合金设计中需高度重视。冷、热变形过程及其参数也是合金设计中的重要内容。

冶金质量对钢的强韧性配合具有重要作用，特别是高强度、高韧性的钢。选用合适的冶炼工艺、提高钢的纯净度是达到设计指标、获得高强韧性的重要保证。

### 6.2.1.3　合金设计程序

表征合金强韧性的最简单的指标是强度、塑性和韧性。一般情况下，材料的强度和塑韧性之间呈此消彼长变化的规律。所以合金设计在宏观上关键的是强韧化设计，在微观上是各类组织结构的最优匹配设计。合金设计一般包括以下程序。

（1）确定性能指标　性能指标的确定对设计合金材料的使用至关重要。性能指标的准确性是合金设计高针对性和有效性的前提条件。最有效的方法或途径是构件的失效分析，并确定失效原因。失效分析实际上是合金设计的依据，也是合金成分、组织在服役环境条件下的强韧化判据。当然，首先要确切地了解构件的服役环境条件，包括应力、温度、腐蚀、磨损、气氛等情况。失效分析有利于从诸多性能中筛选出起主导和起决定作用的主要性能，进而确定主要性能、相关性能等具体技术指标。为确立性能指标之间的优化匹配，需要寻找合金成分、组织与性能间的定量计算关系。可根据大量的试验结果和数据，运用多次回归方法或建立数理模型等方法，获得相关的函数及参数的系列计算表达式。

（2）建立设计思路　建立设计思路就是要提出钢在服役状态下的组织设计方案。主要是从三个方面进行设计：①根据钢的强韧化理论、物理学理论基础进行材料组织演化过程的分析，如合金元素对基体中位错运动的影响。根据相关的试验数据，在理论指导下得到成分-组织-性能之间的半定量或定量关系式；②C和合金元素对性能的作用规律，合金元素组合加入时的交互作用及对组织、性能的影响规律等；③经验和统计规律数据的运用，如大量相关钢种设计实践中得到的经验规律等。

（3）热处理和冷热加工工艺的设计　工艺控制参数的设计是指选择合适的热处理工艺及其参数，建立这些参数与性能的关系式，确定它们对组织结构的调整、控制作用和对性能指标的变化极限。熔炼工艺的选择，冷、热加工工艺的控制不仅可得到最佳的组织、质量和性能，还可实现最佳的经济性。

（4）提出合金成分设计方案　合金设计成分方案是各种设计因素作用的集成。在集成中可应用数理统计方法建立诸多关系式及图表，它们能准确而直观地指示设计者选择最佳的设计方案和设计细节。

（5）设计方案的试验验证　合金设计是新钢种研制的开始，是一个非常重要的工作。但上述合金设计方法作为经验设计，必须经过试验验证和使用考核。只有通过一系列的评价和验证，得到认可后，所设计的钢种才能成为一个可实际使用的新材料。

### 6.2.2　高合金超高强度钢设计[4,5]

#### 6.2.2.1　概述

航空和航天工业的发展对材料提出了更高的要求，飞机机身构件、宇航器构件要求高强度、高韧性和高屈强比。而且在设计选材时要保持与钛合金的竞争地位，必须达到拉伸强度1600～1700MPa，断裂韧性 $K_{IC} \geq$ MPa·m$^{1/2}$ 的水平。如果仅仅从强度和断裂韧性考虑，马氏体时效钢、高强度不锈钢等钢可选用，但这些使用要求室温腐蚀环境中具有良好的抗裂纹扩展的性能，特别是零件采用损伤容限和耐久性设计准则后，很多钢都不能满足使用要求。因此，几十年来，人们大量的注意力集中在发展二次硬化型高合金高强度钢上。

Fe-C-Mo-Cr-Ni-Co系合金是在9Ni4Co钢基础上发展起来的。美国U.S公司于1965年开发了HY180钢，具有高强度、高韧性特点。其强化机理为高位错密度板条马氏体基体上分布着细小弥散沉淀的$M_2C$碳化物，$M_2C$碳化物与基体共格。为满足航空和航天零部件高强度、高屈强比、高韧性、耐腐蚀等要求，需要开发新钢种。图6.9示出了开发研究的几类高合金高强度钢的韧性和硬度的关系[5]。图中表示了通过多步热处理控制微观结构进行韧化处理，提高了材料的韧性，在图中黑边"TT"表述了韧性-硬度的结合。材料的特性由新的Aer-Met100表示，

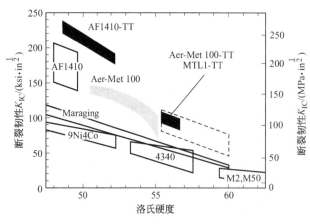

图6.9　各种钢的韧性和硬度的关系[5]
黑色区域表示该类钢经过多次回火以提高韧度

虚线表示原始 SRG 的设计目标范围。

### 6.2.2.2　AF1410 设计

（1）钢的技术指标与设计思路　已有 HY180 钢（0.11C10Ni8Co2Cr1Mo）性能为：$\sigma_b > 1340MPa$，$\sigma_{0.2} > 1280MPa$，$K_{IC} \geq 215MPa \cdot m^{1/2}$。HY180 钢多用于深海舰艇壳体、海底石油勘探装置等，但由于其强度水平偏低，还不能满足航空和宇航零部件的技术要求。HY180 钢的强化机理是中温二次硬化反应，在中温回火时合金碳化物 $M_2C$ 在板条马氏体位错线上形核，因此，有潜力发展更高强韧性的钢。

技术指标：$\sigma_b$ 为 $1600 \sim 1750MPa$，$\sigma_{0.2}$ 为 $1500 \sim 1600MPa$，$K_{IC} \geq 125MPa \cdot m^{1/2}$，抗腐蚀，高可焊性，低裂纹扩展率。

设计思路：为达到这些性能指标，设计的基本强化机理借助于 HY180 钢的强韧化机理。所以新钢种强韧化设计机理为：低温马氏体相变，位错板条型马氏体，细小弥散的 $M_2C$ 碳化物共格沉淀析出，限制回火时逆转变奥氏体，高纯度冶金质量。采用的主要方法是在 HY180 钢成分基础上提高 C 含量以提高强度，但 C 含量超过 $0.2\%$ 对焊接性不利；提高 Co 含量增加二次硬化效果，抑制马氏体位错亚结构回复，促进 $M_2C$ 碳化物弥散形核，而且不增加孪晶马氏体形成倾向，以达到既提高强度又保持韧性的目的。初步确定钢的设计成分为：0.16C10Ni14Co2Cr1Mo。

钢需经 VIM/VAR 双真空熔炼并达到高纯度和低的杂质含量。

（2）阶乘和反复线性回归法设计　根据已有关于 10Ni-Co-Cr-Mo-C 系钢的研究结果和数据等资料，影响力学性能的因素分有贡献因素和无贡献因素两大类。主要元素 Ni、Co、Cr、Mo 和 C 为有贡献元素，其中 Ni 仍可保持 10% 水平，可不考虑。合金元素的交互作用主要体现在 $M_2C$ 沉淀析出上。为突出分析力学性能随合金成分的变化规律，可将熔炼工艺、变形、热处理参数等作为无贡献因素处理，Mn、Si、S、P 等杂质元素可控制在高质量要求范围，也可视为无贡献因素。

用阶乘和多次回归方法发展预测强度、韧性的表达式，并通过系数研究建立各参数与力学性能的计算关系式。用预测计算关系式预测 $2^4$ 阶乘排列中 8 个假设试验成分，将预测结果与 8 个成分炉号数据比较并修正预测公式，最终进行比较选择，确定达到设计指标性能的化学成分。

（3）设计和试验结果　由于钢为二次硬化强化，所以合金元素和回火参数对力学性能影响很大，即碳化物的体积分数、形状、尺寸、分布、共格应变、马氏体相变等因素对强度和韧性都有一定的影响。根据经验设计工艺：830℃淬火，−73℃冷处理，510℃回火处理。得到的组织为板条马氏体＋残留奥氏体＋未溶碳化物＋$M_2C$＋逆转变奥氏体的混合组织。钢的力学性能随试验温度的变化规律如图 6.10 所示。由图可知，在 −70℃时 $\alpha_{KU}$ 值超过 $110J/cm^2$；自 −40℃ 到 250℃，$\alpha_{KU}$ 值急剧上升至峰值 $185J/cm^2$；高于 250℃，$\alpha_{KU}$ 值缓慢下降。断口分析证明，−20℃ 以上温度下断裂为微孔聚集机理，全

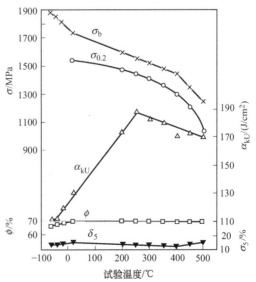

图 6.10　试验温度与力学性能的关系

部为韧窝特征。经疲劳试验表明，该钢在干空气和海水中有很低的疲劳裂纹扩展速率，其值较普通低合金高强度钢低1～2个数量级。

### 6.2.2.3 Aer-Met100 钢设计

Aer-Met100 钢的设计目标是在 AF1410 基础上进一步提高强度至 2000MPa 水平，但其他性能降低很少，以满足诸如舰载飞机起落架及其他重要承力构件及高拉伸强度、韧性、耐环境腐蚀等要求。

（1）设计基本思路　抑制板条马氏体位错亚结构回复，在 480～550℃ 回火得到弥散沉淀的 $M_2C$ 碳化物，并使 $M_2C$ 碳化物保持稳定的细小尺寸；通过热处理使钢在 480～550℃ 以下温度回火都能得到高强度、高韧性的有效配合。因此设计成分应使渗碳体在回火的前期能回溶转变为特殊碳化物以提高强韧性。应该注意的是该类钢过时效很快，如 AF1410 钢于 480℃ 回火，只需 15min 即达到峰值硬度。

（2）强韧化设计措施　①提高 C 质量分数到 0.24％。C 是有效的间隙固溶强化元素，可通过钢整个回火温度下的硬度水平，并为形成一定量的 $M_2C$ 提供足够的 C 量。当然，C 含量增加对韧性和焊接性是不利的；②提高 Cr 含量至 3％。基体中 Cr 量较多时可进入 $M_2C$ 形成复合碳化物（Mo，Cr）$_2C$，可使 $M_2C$ 形成温度和二次硬化峰值温度降低。虽然 Cr 溶入 $M_2C$ 使 $M_2C$ 点阵常数、共格应变能和稳定性有所降低，导致强度降低，但由于 $M_2C$ 体积分数增加，综合作用使钢的强度反而能提高；③提高 Ni 含量至 11.5％。Ni 不仅是提高基体韧性、稳定回火时马氏体板条形状，而且还促进 $M_2C$ 的形成和渗碳体的回溶，更重要的是与 Co 并存有效地增加了二次硬化的反应强度。当然，进一步提高钢的纯净度，降低杂质含量是钢能达到高韧性的重要条件。

经过研究确定 Aer-Met100 钢的热处理工艺为：885℃ 淬火，－73℃×1h 冰冷处理，482℃×5h 回火，空冷。

（3）设计结果　逆转变奥氏体存在是该类钢与一般低合金高强度钢不同的组织特征之一。Aer-Met100 钢在 480℃ 回火开始出现逆转变奥氏体。逆转变奥氏体于 480℃ 形成并在 590℃ 达到峰值，体积分数约 23％。TEM 分析表明，逆转变奥氏体沿着马氏体板条呈薄膜状分布，因此对提高钢的韧性是非常有利的。图 6.11 示出了不同回火温度后钢的力学性能变化规律。Novotny 研究提出了断裂韧性与冲击韧性之间的相互关系为：$K_{IC}^2/E = -771.94 + 35.67 \times A_{KV}$，如图 6.12 所示。

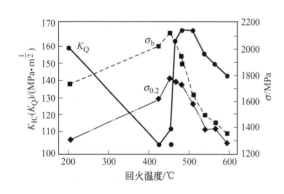

图 6.11　回火温度与力学性能间的关系

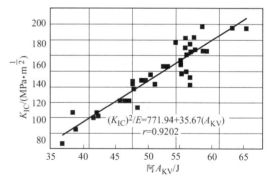

图 6.12　断裂韧度 $K_{IC}$ 与冲击韧度 $A_{KV}$ 间的关系

### 6.2.2.4 Aer-Met310 钢设计

美国 Carpenter Technology 公司继 Aer-Met100 钢后又设计出了 Aer-Met310 钢。设计

目标是在 Aer-Met100 钢基础上再提高强度而其他性能降低很少，以适应飞机起落架及其他要求更高强度、更小尺寸及更高比强度的构件。

设计所采用的方法是：在 Aer-Met100 钢成分基础上提高 C 含量至 0.25%，增加 Mo 含量至 1.4%，Cr 含量降低为 2.4%，以增加 $Mo_2C$ 体积分数，增强二次硬化反应强度，提高强度。研究证明，C 含量由 0.23 提高到 0.29，峰值硬度提高了 3 个 HRC 单位。基本维持高 Ni 含量以确保高位错密度的板条马氏体，增加 Co 含量到 15% 以稳定位错亚结构，改善韧性。钢的设计成分为：0.25C2.4Cr1.4Mo11Ni15Co。该钢采用 VIM/VAR 双真空熔炼，以确保钢的冶金质量。钢的强度达到了 2170MPa，比 Aer-Met100 钢提高了 10%，缺口冲击韧性 $A_{KV}$ 达 27J，断裂韧性 $K_{IC}$ 可达 71MPa·$m^{1/2}$，在 3.5% NaCl 水溶液中的抗应力腐蚀开裂性能与 Aer-Met100 钢相当。

# 6.3　基于组合方法的多组分新材料合成设计[6~10]

随着对材料的深入理解和应用的发展，在新材料开发领域，人们的注意力从一种或两种元素形成简单材料转移到由多种元素组成的化合物。特别是具有特殊性能（如高温超导性）的复杂化合物的发现，几乎是所有领域的材料科学研究工作者都广泛采用了所谓的组合方法（combinatorial method）或高通量实验（high-throughput experimentation）的策略，进行组合材料合成（combinatorial materials synthesis）。高通量实验可进行不同材料的合成和大规模筛选。组合方法最先是由制药工业开始的，现在已广泛地被认为是加速新材料发现和最佳化的一个有效途径和分水岭。

材料组合方法的研究，目前主要集中在催化剂、电子材料和聚合物材料等方面。采用组合方法进行研究，不仅仅是为识别新的成分和化合物，而且也用于确定和快速最佳化影响材料性能的工艺参数。在成分相图和参数空间中，快速确定成分-结构-性能的关系已经成为所有组合方法和高通量实验应用的一个重要组成部分。

## 6.3.1　电子材料的发现

新型固体电子材料的发展驱动了电子工业的发展和进步。大多数功能电子材料是无机材料，包括晶体管的半导体、显示装置的发光材料和记忆装置的铁电材料及铁磁材料。不懈的研究开发，促成了新材料薄膜库的建立。多种物理气相沉积技术和一些化学气相沉积技术已经用于快速合成材料库，可呈现各种各样的成分变化。图 6.13 显示了在一系列沉积和剥离操作后在 Si 基体上排列成 1024 种不同成分发光材料库的一张照片，图中颜色的变化反映了在单一材料库中可达成的多样性，来自于在不同的位置沉积不同厚度的各种前驱体材料。

在一些材料系统中，利用激光分子束外延技术，可以将原子尺度控制的一层一层构造功能材料的方法结合到组合合成中。因为电子材料常常是用作器件元件，所以可直接以器件阵列的形式来描述它们的性能，而且可借助微制造和计量学工具进行薄膜库芯片的合成和描述。图 6.14 是已于通过视觉检验筛选形状记忆合金化合物的微机械悬臂阵列的照片。彩色线反映了视觉鉴别有哪些悬臂经历了马氏体相变引起的刺激。

到目前为止，利用组合方法在重要技术领域中已发现了许多新材料。例如，一种新的发蓝光的光激光材料 $Gd_3Ga_5O_{12}/SiO_2$，就是从图 6.13 显示的材料库中发现的。使用反应共沉积技术，发现 $Zr_{0.2}Sn_{0.2}Ti_{0.6}O_2$ 具有下一代动态随机存储器中的电容所需的最佳介电性能。

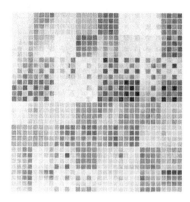

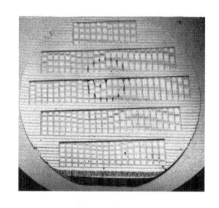

图 6.13 薄膜沉积后在 1″×1″Si 芯片上形成 具有 1024 个成员的发光材料组合库的照片

图 6.14 在 3″Si 圆片上的微机械悬臂库，用于从 沉积的三元成分范围探测形状记忆合金

### 6.3.2 新型磁性材料

磁性仍然是凝聚态物理学中最活跃的领域之一。磁性材料有很广泛的应用，包括从用于电动机的永磁材料到记录媒体的软磁处理。现在已有许多先进的仪器和技术来测量组合样品中的磁性性能，如扫描超导量子干涉仪（SQUID）显微镜、扫描霍尔探针技术及磁光技术等。为了不需校正就活动磁化强度的绝对值，发展了一种适用于任何场分布数据的反转方法。该方法使用一种计算方法，应用傅里叶逆变换来计算磁极强度，然后积分以得到磁化强度。这运算法则被用于多种磁性材料库的扫描 SQUID 显微镜的室温数据。

使用组合方法 Dietl 等预测了掺锰 ZnO 和 GaN 的室温铁磁性，Matsumoto 等发现了掺钴 $TiO_2$ 锐钛矿高于室温的铁磁性，该发现引起了全世界搜寻新的稀磁半导体材料的兴趣。如发现铁磁性 $(In_{1-x}Fe_x)_2O_{3-\delta}$ 是一种 n-型半导体，它与其他掺杂磁性半导体材料不同，在该化合物中 Fe 的固溶度可高达 20%。Tsui 等使用组合分子束外延，在 Co-Mn-Ge 三元相图中发现了新的 Ge 基磁性半导体材料，特别是 $Co_{0.1}Mn_{0.02}Ge_{0.88}$ 化合物的居里温度高达 280K，还具有巨磁阻效应。在三元金属合金的勘测中发现了铁磁性形状记忆合金新的成分区域。

### 6.3.3 多相催化剂开发

催化作用是一个普遍的过程，改进和发现新的催化剂是长期不断的需求。多相催化剂是一种多功能材料，由多个活跃成分、助催化剂和高比表面载体材料组成。开发新的催化剂，还要考虑与制备方法有关的大量参数，所以可能的实验总数是非常点的。从 20 世纪 80 年代就开始了采用高通量技术来筛选催化剂材料，多年的研究使该领域得到了重要的发展。多相催化剂的高通量研究由三部分组成：催化剂的快速合成、催化剂材料的高通量试验以及适当的数据处理和信息挖掘技术，后者得到的信息再反馈到合成过程的研究。

即使有了复杂的高通量技术，有时还是不可能收集到所有实验组合的数据。为了减少参数空间取样所需的实验次数，应采用科学的实验设计策略和统计设计技术，如响应曲面法、D-优化设计、人工神经网络、基于化学计量法的以因子为基的方法等。通过这些方法，实现"知识提取"。有关氮的氧化物（$NO_x$）储藏和还原（NSR）催化剂的最佳化的研究是统计设计应用于高通量实验的一个典型例子。在稀薄燃烧的汽油和柴油发动机的排气管中存在的氧化条件下，还原 $NO_x$ 是困难的。NSR 催化剂被设计用于贫燃料周期储藏 $NO_x$，而在随后的富燃料周期还原储存的 $NO_x$。使用模拟方法得到了反应器废气中 $NO_2$ 和 CO 的浓度曲线，并且测试了 16 种催化剂的效果，快速分析了不同反应器中的废气成分。

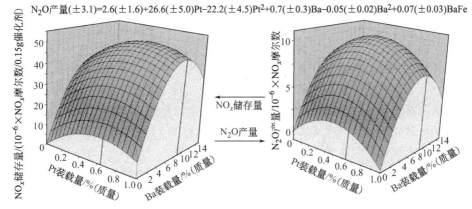

$$NO_x储存量(\pm 13.4)=121(\pm 21)Pt-96(\pm 19)Pt^2+2.7(\pm 1.4)Ba-0.15(\pm 0.09)Ba^2$$

$$N_2O产量(\pm 3.1)=2.6(\pm 1.6)+26.6(\pm 5.0)Pt-22.2(\pm 4.5)Pt^2+0.7(\pm 0.3)Ba-0.05(\pm 0.02)Ba^2+0.07(\pm 0.03)BaFe$$

图 6.15　普通响应曲面模型，根据反应条件和催化剂成分的影响规律预测催化剂性能
条件：$T=598K$，NO 为 0.2%，CO 为 1.0%，$O_2$ 为 8%

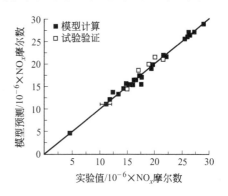

图 6.16　统计合成模型预测和初始
$NO_x$ 储藏/减少试验结果比较
成分：0.5Pt7.5Ba2.5Fe

一般情况下，这种催化系统是非常复杂的，它们的微动力学模型是很难建立的，但是可使用通过实验统计设计发展得到的经验模型来处理。图 6.15 是使用从红外成像得到的高通量数据，这是为 Pt/Ba/Fe 基 NSR 催化剂发展的通用响应曲面模型的一部分。该统计模型可描述催化剂性能随有关变量的变化规律（图 6.15 上面的计算公式），如 $NO_x$ 储藏能力随活性金属 Pt、Ba、Fe 的数量和反应条件的变化。这种统计设计方法可用来对一组给定反应条件的催化剂组成实现最佳化设计。为了验证应用模型计算预测 $NO_x$ 储藏能力的准确性，在 0.5Pt-7.5Ba-2.5Fe 催化剂中，模型预测结果和试验结果进行了比较，由图 6.16 可知，模型计算预测的结果非常好。

这种方法也加速了新催化剂的发现。如完全依靠统计设计方法发展的不含贵重金属的 NSR 催化剂的组成，含 5%Co 和 15%Ba 的 $Al_2O_3$ 负载催化剂与含 1%Pt 的传统 NSR 催化剂一样有效。另外，还发现加入 1%Pt 的 Co-Ba 催化剂，其 $NO_x$ 储藏能力是传统 Pt 基 NSR 催化剂的两倍。

组合方法不断地在发展最优化技术的途径。为迅速地查询大量而复杂的成分和其他参数空间，正在制作庞大的材料组合库。目标不仅是为发现新材料提供设计基础，而且是要从材料的成分-结构-性能间的有机关系中很快地提取"知识"。组合方法可广泛地用于解决各种问题，也正在应用于尖端研究，如寻找储氢材料和纳米颗粒的合成等。组合方法不是一个万能的研究方法，但肯定是材料设计研究中的一个重要组成部分。

# 本 章 小 结

充分发掘材料的性能潜力和设计新材料都取决于对材料成分、组织结构、工艺和性能间有机关系规律的认识。由于钢是人类使用最多的材料，所以为不断地提高和改善其性能的研究也最丰富，积累的数据也最多。但多少年来都是采用完全经验式的试错法来进行研究的。

随着各种科学理论的发展，人们可以通过理论分析和大量的试验数据、结果来建立各种设计模型，借助于计算机技术进行材料组织、性能的预测和各种参数的设计。因此逐步发展了基于一定科学理论的合金设计，并且有较好的实际应用性。例如，美国在高合金超高强度钢设计方面的研究开发就是很好的一个例子。

基于数据采掘的材料经验设计是实现材料设计的过渡阶段，而且在目前也是行之有效的方法途径之一。当体系过于复杂、解析方法有困难时，相似理论、量纲分析和无量纲分析往往是可用之法。在数据采掘和设计研究方法方面，陈念贻等作出了较大的贡献，并且在实际应用中取得了成功。他们采用了最佳投影方法和非线性回归方法相结合，进行最佳投影回归，在相当程度上缓解了上述矛盾，解决了许多实际问题。

## 习题与思考题

1. 材料经验设计的基本依据是什么？
2. 材料经验设计中的数据信息采掘原理是什么？
3. 在材料设计中，采用数据信息采掘方法的优缺点是什么？
4. 合金设计有哪些基本内涵？
5. 试述合金设计程序。

## 参 考 文 献

[1] 熊家炯主编. 材料设计. 天津：天津大学出版社，2000.

[2] Chen N Y，Liu G，Li C H，et al. Regularities of melting points and melting types of simple and complex ionic solids. J. Phys. Chem. Solids，1997，58（5）：731～734.

[3] Chen N Y，Li C H，et al. On the formation of ternary alloy phases. J. Alloys and Comounds，1996，245：179～187.

[4] 赵振业编著. 合金钢设计. 北京：国防工业出版社，1999.

[5] Olson G B. Computational design of hierarchically structured materials. Science，1997，277：1237～1242.

[6] Ichiro Takeuchi，Jochen Lauterbach，Michael J Fasolka. Combinatorial materials synthesis. Materials Today，2005，8（10）：18～26.

[7] Wang J S，Young Yoo，Chen G，et al. Identification of a Blue Photoluminescent Composite Materials from a Combinatorial Library. Science，1998，279：1712～1714.

[8] Yuji Matsumoto，Makoto Murakami，Tomoji Shono，et al. Room-Temperature Ferromagnetism in Transparent Transition Metal-Doped Titanium Dioxide. Science，2001，291：854～856.

[9] Reed J Hendershot，Steven S Lasko，Mark-Florian Fellmann，et al. A novel reactor system for high throughput catalyst testing under realistic conditions. Applied Catalysis A，2003，254（1）：107～120.

[10] Reed J Hendershot，Rohit Vijay，Christopher M Snively，et al. Response surface study of the performance of lean $NO_x$ storage catalysts as a function of reaction conditions and catalyst composition. Applied Catalysis B，2007，70（1～4）：160～171.

# 第**7**章
# 结构复合材料的设计

复合材料是由两种或两种以上物理和化学性质不同的物质组合而成的一种多体材料。在复合材料中，通常有一相为连续相，称为基体；另一相为分散相，称为增强材料。虽然复合材料的各组分保持其相对独立性，但复合材料的性能却不是组分材料性能的简单加和，而是有着重要的改进。复合材料各组分之间可以"取长补短"、"协同作用"，极大地弥补了单一材料的缺点，显示出单一材料所不具有的新性能。复合材料的出现和发展，是现代科学技术不断进步的必然，也是材料设计方面的一个质的飞跃。

复合材料设计是一个复杂的系统性问题，它涉及环境负载、设计要求、材料选择、成型工艺、力学分析、检验测试、安全可靠性及成本等许多因素。

## 7.1 复合材料的设计与方法[1~3]

### 7.1.1 复合材料的可设计性

复合材料具有可设计的灵活性和优良特性（高比强度、高比模量等），使复合材料在不同应用领域竞争中成为特别受欢迎的候选材料。目前，复合材料的应用已从航空、航天及国防工业扩展到汽车及其他领域。但复合材料的成本高于传统材料，这在一定意义上限制了它的应用。因此，只有降低成本才可扩大它的应用，而材料的优化设计是降低成本的关键之一。

复合材料具有非均匀（heterogeneous）、各向异性（anisotropic）等性质，与一般传统材料相比，它的力学行为要复杂得多。一般的复合材料具有明显的各向异性性质，可以根据不同方向上对刚度和强度等材料性能的特殊要求来设计复合材料及结构，以满足工程中的特殊需要。复合材料的可设计性是它超过传统材料的最显著的优点之一。

复合材料具有不同层次上的宏观、细观和微观结构，如复合材料层合板中的纤维及纤维与基体的界面可视为微观结构，而层合板作为宏观结构，因此可采用细观力学理论和（或）数值分析手段对其进行设计。设计的复合材料可以在给定方向上具有所需要的刚度、强度及其他性能，而各向同性的传统材料则不具有这样的设计性。从复合材料的宏观、细观和微观结构角度来看，可将复合材料分为图7.1所示的几种类型。

复合材料设计涉及多个变量的优化及多层次设计的选择。复合材料设计问题要求确定增强体的几何特征（连续纤维、颗粒等）、基体材料、增强材料和增强体的微观结构以及增强体的体积分数。要想通过对上述设计变量进行系统的优化是一件比较复杂的事情。数值优化技术对材料设计问题提供了一种可行的替代方法。例如，对复合材料的层合板进行设计，为使其强度达到要求，可利用有限元法并结合适当的强度准则及本构模型对其进行材料及结构参数的优化；对复合材料壳体进行设计，为使其稳定性达到要求，可利用有限元法并结合相应的失稳模式及准则对其进行系统优化。一般来说，复合材料及结构设计大体上可分为如图7.2所示步骤。

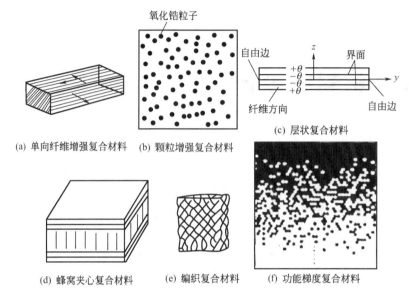

(a) 单向纤维增强复合材料　(b) 颗粒增强复合材料

(c) 层状复合材料

(d) 蜂窝夹心复合材料　(e) 编织复合材料　(f) 功能梯度复合材料

图 7.1　典型复合材料结构

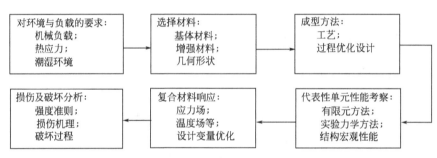

图 7.2　复合材料设计的基本步骤

在传统材料的设计中，均质材料可以用少数几个性能参数表示，比较少地考虑材料的结构与制造工艺问题，设计与材料具有一定意义上的相对独立性。但是复合材料的性能往往与结构及工艺有很强的依赖关系。因此，在复合材料产品设计的同时必须进行材料结构设计，并选择合适的工艺方法。复合材料的设计，其材料-工艺-设计必须形成一个有机的整体，形成一体化。另外，在对复合材料结构进行设计的同时也应对其性能进行适当的评价，以判断产品结构是否达到预期的指标。所以，复合材料的材料-设计-制造-评价一体化技术是 21 世纪发展的趋势，它可以有效地促进产品结构的高度集成化，并且能保证产品的可靠性。

### 7.1.2　复合材料设计的研究方法

工程结构设计原则是由静态设计向动态设计过渡。在复合材料结构的设计中，许多问题都与结构的动态性能有关，因此应对复合材料结构进行动态分析。例如，结构的动态力学性能分析、动态响应分析以及各种自激振动的产生和控制等。

工程结构发生的力学、热学以及电磁学等现象往往是瞬态过程。因此，应以瞬态波动力学的观点去设计复合材料结构。结构的动态响应与其静态问题有着本质的差别。利用弹性动力学理论对瞬态动应力数值分析，可以发现结构的动应力集中系数与静应力集中系数不同。例如，含圆形孔洞的弹性体动应力集中系数可达到静应力集中系数的 1.15 倍。因此，现代工业的发展，必须考虑交变载荷作用下的疲劳强度、寿命等问题。对新型复合材料结构的分析研究、控制，一般都需要使用计算机技术。

材料结构强度分析要充分考虑复合材料的特殊性，不仅要考虑复杂应力状态，更要注意到材料的各向异性和非均匀性，以及从材料到结构的尺寸和形状变化对使用性能的影响，因此必须修正原有强度理论或探索新的理论。

目前软科学理论发展十分迅速，已渗透到各个科学领域，出现了许多新学科，如工程软设计理论、结构软设计理论等，计算机模糊控制也已起步。近年来已有人进行了复合材料可靠度方面的研究，并且也取得了很多成果。实际上"可靠度"就是软科学理论的一个分支。复合材料也将向软科学方向发展。

复合材料细观力学的核心任务是了解复合材料的宏观性能同其组分材料性能及细观结构之间的定量关系和机理。目前除了预报复合材料有效性能的细观力学体系比较完善外，复合材料的强度及断裂韧性等性能预报的细观力学方法相当广泛，但还未形成完备的理论体系。在建立正确的细观力学模型时，应首先针对所研究的材料进行大量的定性或半定量的宏观性能及细观机理的实验工作；在此基础上，建立预报宏观性能的细观力学模型。由于组分材料性能（如纤维的强度）往往具有比较大的统计分散性，因此导致了材料破坏过程的复杂性，已经断裂的纤维无疑会影响尚未断裂纤维的完整性，这种相互作用是复合材料细观强度力学模型的复杂所在。如果能考虑到组分材料性能和细观结构的随机性以及它们之间的破坏相关性，建立耗散结构的统计模型，则可以正确预报材料的宏观性能，揭示复合材料细观结构的变化规律及机理。

对于图 7.1 所表示的具有不同细、微观结构形式的复合材料，需要采用不同的分析方法和理论进行研究。对短纤维或颗粒增强复合材料的有效刚度确定，可采用等效夹杂理论或自洽理论；对于复合材料层合板的宏观刚度确定，可采用经典层合板理论；对多向编织复合材料的整体刚度确定，可采用细观计算力学方法。细观力学分析方法的目的是建立起细、微观结构参数及各组分材料特性与复合材料宏观性能的定量关系；宏观力学分析方法是将复合材料均匀化，然后将其作为一个整体来进行宏观分析，研究它们的宏观平均应力场、动态响应等。对一些简单的细、微观结构和宏观几何形状，可采用细观力学方法确定复合材料的宏观弹性模量、强度、热膨胀系数及介电常数等，以作为宏观分析的基本参数。对于复杂的细、微观结构和宏观几何形状，利用现代实验技术测出复合材料的宏观响应参数，为复合材料的宏观分析提供必要的输入参数。复合材料的宏观力学的理论基础是建立在实验、数值计算和理论分析基础上的。

通常，复合材料结构具有很强的尺寸效应，需要结合先进的实验技术和数值分析方法对其进行认真的研究。复合材料分析模型包含了许多问题，目前有些特殊问题已基本解决，如材料的刚度问题。然而，绝大多数问题还没有得到满意的解答。

建立数学模型后进行虚拟实验，通过计算机仿真模拟找到最优方案，物理模型实验作为验证。例如，美国在研究 200℃ 以上温度使用的航空材料时，复合材料的黏结剂、结构形式、实验测试等都是通过在地面模拟实验和计算机模拟完成的。

复合材料的设计主要有功能设计、结构设计和工艺设计三大部分。另外还要求对设计的合理性和可靠性加以评价。如对于复合材料的结构设计来说，根据复合材料结构性能、可靠性、安全性及维修性的要求，甚至是更多的目标函数的要求，对材料和结构形式进行设计方案的优化和参数的设计。最近，又提出了复合材料一体化制造系统的概念，复合材料一体化制造系统是根据材料设计、结构设计、工艺及可靠性评价平行发展的概念，这是一个系统工程。图 7.3 是复合材料一体化系统的流程框图。

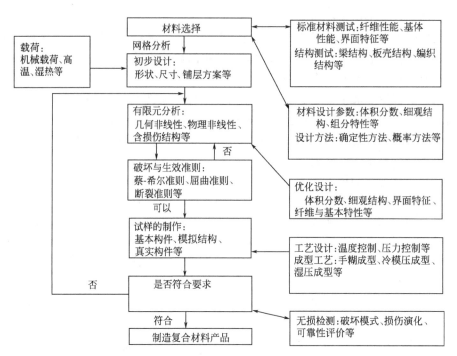

图 7.3　复合材料结构的一体化模拟设计与制造流程

### 7.1.3　复合材料基体与增强体选择

#### 7.1.3.1　金属基复合材料的基体选择

基体金属对金属基复合材料的使用性能有着举足轻重的作用。基体金属选择首先是根据不同工作环境对金属基复合材料的使用性能要求，既要考虑金属基体本身的各种性能，还要考虑基体与增强体的配合及其相容性，达到基体与增强体最佳的复合和性能的发挥。

（1）金属基复合材料的使用要求　金属与合金的品种繁多，目前用作为金属基复合材料的金属有铝及铝合金、镁合金、钛合金、镍合金、铜合金、锌合金、钛铝、镍铝金属间化合物等。基体材料的正确选择对能否充分组合和发挥基体金属和增强物理性能特点，获得预期的优异性能是十分重要的。

金属基复合材料构（零）件的使用性能要求是选择金属基体材料最重要的依据。在航天、航空、先进武器、电子、汽车等技术领域和不同的工况条件下，对复合材料构件的性能要求有很大的差异，要合理选用不同基体的复合材料。

在航天、航空技术中高比强度、比模量、尺寸稳定性是最重要的性能要求。作为飞行器和卫星构件宜选用密度小的轻金属合金——镁合金、铝合金作为基体。与高强度、高模量的石墨纤维、硼纤维等组成石墨/镁、石墨/铝、硼/铝复合材料，可用于航天飞行器、卫星的结构件。

高性能发动机在高温、氧化性气氛中工作，要求材料具有高比强度、比模量和优良的耐高温性能。需选择钛基、镍基合金以及金属间化合物作为基体材料。如碳化硅/钛、钨丝/镍基超合金复合材料可用于喷气发动机叶片、转轴等重要零件。

汽车发动机零件要求耐热、耐磨、导热、一定的高温强度等，成本应低廉，易批量生产，则选用铝合金作基体材料，与陶瓷颗粒、短纤维组成颗粒（短纤维）/铝基复合材料。如碳化硅/铝复合材料，碳纤维、氧化铝/铝复合材料可制作发动机活塞、缸套等零件。

电子工业集成电路需要高导热、低热膨胀的金属基复合材料作为散热元件和基板。选用具有高导热率的银、铜、铝等金属为基体与高导热性、低热膨胀的超高模量石墨纤维、金刚石纤维、碳化硅颗粒复合成金属基复合材料，可能成为解决高集成电子器件的关键材料。

（2）金属基复合材料组成的特点　金属基复合材料有连续增强和非连续增强两大类，由于增强物的性质和增强机制的不同，在基体材料的选择原则上有很大差别。

对于连续纤维增强金属基复合材料，纤维是主要承载物体。纤维本身具有很高的强度和模量，如高强度碳纤维最高强度已达到7000MPa，超高模量石墨纤维的弹性模量已高达900GPa，而金属基体的强度和模量远远低于纤维的性能，因此在连续纤维增强金属基复合材料中基体的主要作用应是以充分发挥增强纤维的性能为主，基体本身应与纤维有良好的相容性和塑性，而并不要求基体本身有很高的强度。如碳纤维增强铝基复合材料中纯铝或铝合金作为基体比高强度铝合金要好得多，高强度铝合金做基体组成的复合材料性能反而低。在研究碳/铝复合材料基体合金优化过程中，发现铝合金的强度越高，复合材料的性能越低，这与基体与纤维的界面状态、脆性相的存在、基体本身的塑性有关。

对于非连续增强（颗粒、晶须、短纤维）金属基复合材料，基体的强度对非连续增强金属基复合材料具有决定的影响。因此要获得高性能的金属基复合材料必须选用高强度的铝合金为基体，这与连续纤维增强金属基复合材料基体的选择完全不同。如颗粒增强铝基复合材料一般选用高强度的铝合金为基体，如A356、6081、7075等高强铝合金。

总之针对不同的增强体系，要充分分析和考虑增强物的特点来正确选择基体合金。

（3）基体金属与增强物的相容性　在金属基复合材料制备过程中，金属基体与增强物在高温复合过程中会发生不同程度的界面反应。基体金属中不同的合金元素与增强物的反应程度和反应产物不同，在选用基体合金成分时充分考虑，尽可能选择既有利于金属与增强物浸润复合，又有利于形成合适稳定的界面的合金元素。如碳纤维增强铝基复合材料中，在纯铝中加入少量的Ti、Zr等元素明显改善了复合材料的界面结构和性质，大大提高了复合材料的性能。

铁、镍等元素是促进碳石墨化的元素，用铁、镍作为基体，碳（石墨）纤维作为增强物是不可取的。Ni、Fe元素在高温时能有效地促使碳纤维石墨化，破坏了碳纤维的结构，使其丧失了原有的强度，做成的复合材料不可能具备高的性能。

因此，在选择基体时应充分考虑与增强物的相容性，特别是化学相容性。

### 7.1.3.2　金属基复合材料的增强体选择

根据其形态，增强体分为连续长纤维、短纤维、晶须、颗粒等。增强体应具有高比强度、高模量、高温强度、高硬度、低热膨胀等，使之与基体金属配合、取长补短，获得材料的优良综合性能，增强体还应具有良好的化学稳定性，与基体金属有良好浸润性和相容性。

连续纤维长度很长，沿其轴向有很高的强度和弹性模量。根据其化学组成，可分为碳（石墨）纤维、碳化硅纤维、氧化铝纤维和氮化硅纤维，纤维直径为$5.6\sim14\mu m$，通常组成束丝使用，硼纤维、碳化硅纤维的直径为$95\sim140\mu m$，以单丝使用。

碳纤维是以碳元素形成的各种碳和石墨纤维的总称。一般单相碳纤维直径为$5\sim10\mu m$，产品为$500\sim12000$根的束丝。碳纤维有优良的导热性和导电性。碳纤维用于金属基复合材料时，须采用表面涂层处理加以改善。通过各种方法在碳纤维表面形成$10nm\sim1\mu m$不同厚度的$SiC$、$Al_2O_3$、$Ti$-$B$、$Ni$等涂层。

硼纤维的平均拉伸强度为3400MPa，拉伸弹性模量为420GPa，硼纤维的密度为$2.5\sim2.67g/cm^3$。硼纤维的缺点是在高温下能和多数金属反应而发生脆化。

碳化硅纤维具有高强度、高弹性模量、高化学稳定性及优良的高温性能。用化学气相沉积法制造的碳化硅纤维拉伸强度大于 3500MPa，弹性模量为 4306GPa。

氧化铝短纤维的强度为 1000MPa，弹性模量为 1000GPa。

晶须是在人工控制条件下长成的小单晶，其直径为 $0.2\sim1.0\mu m$，长度约几十微米。由于晶体缺陷很少，其强度接近完整晶体的理论值，可明显提高复合材料的强度和弹性模量。金属基复合材料常用的晶须有碳化硅、氧化铝、氮化硅、硼酸铝等。

金属基复合材料的颗粒增强体一般是选用现有的陶瓷颗粒材料，主要有氧化铝、碳化硅、碳化钛、硼化钛等。这些陶瓷颗粒具有高强度、高弹性模量、高硬度、耐热等优点。常用陶瓷颗粒增强体的物理性能见表 7.1。陶瓷颗粒呈细粉状，尺寸小于 $50\mu m$，一般在 $10\mu m$ 以下。陶瓷颗粒成本低廉，易于批量生产，所以目前颗粒增强金属基复合材料越来越受到重视。

表 7.1　常用陶瓷颗粒的基本性能

| 陶瓷相 | 密度 /(g/cm³) | 熔点 /℃ | HV | 弯曲强度 /MPa | $E$ /GPa | 热膨胀系数 /(kcal/cm·℃) |
|---|---|---|---|---|---|---|
| SiC | 3.21 | 2700 | 2700 | 400～500 | | $4.00\times10^{-6}$ |
| $B_4C$ | 2.52 | 2450 | 3000 | 300～500 | 360～460 | $5.73\times10^{-6}$ |
| TiC | 4.92 | 3300 | 2600 | 500 | | $7.40\times10^{-6}$ |
| $Si_3N_4$ | 3.2 | 2100(分解) | | 900 | 330 | $2.5\sim3.2\times10^{-6}$ |
| $Al_2O_3$ | 3.9 | 2050 | | | | $9\times10^{-6}$ |
| $TiB_2$ | 4.5 | 2980 | | | | |

# 7.2　复合材料力学性能计算模型[1~3]

## 7.2.1　连续纤维增强复合材料性能

### 7.2.1.1　单向连续纤维增强复合材料的弹性

复合材料的弹性模量由组分材料的特性、增强物的取向和体积含量决定。求弹性模量的解析法有两种，即求严格解的方法和利用包围法求近似解。在具体处理问题时可以用材料力学的方法，也可利用线弹性理论的方法。不论用什么方法，首先必须选择一个具有代表性的接近真实情况的体积单元或模型。由于处理方法的不同和力学模型的不同，往往得到不同的结果，其准确性应通过试验来验证。

（1）纵向弹性模量　连续纤维平行排列于基体中，得到单向增强复合材料。假设纤维与基体黏结牢固，有相同的拉伸应变。实际上，由于纤维有屈曲、排列不整齐等原因，应加一个修正系数 $k$。

（2）横向弹性模量　横向弹性模量的计算比较复杂，准确性也差。根据纤维含量的多少，分析模型有两种：纤维含量少时的纤维和基体的串联模型以及纤维含量高时的纤维与基体的并联模型。根据虎克定律、几何条件和力的平衡，便可导出横向弹性模量。

（3）剪切弹性模量　纤维增强复合材料的剪切弹性模量随剪应力与剪应变的方向不同而改变。与横向弹性模量完全一样，有两种模型。

（4）泊松比　纵向泊松比在计算时采用纤维与基体的并联模型，它们的纵向应变相等，且等于复合材料的纵向应变。横向泊松比 $\mu_{TL}$ 要用弹性理论推导，比较复杂。但因单向纤维增强复合材料属于正交各向异性弹性体，泊松比与弹性模量之间存在马克斯韦定理。

常用的单向纤维增强复合材料弹性的计算公式如表 7.2 所示，$\mu_{TL} = \mu_{LT} E_T / E_L$。

**表 7.2　单向纤维增强复合材料弹性的计算式**

| 类　　型 | 计　算　式 | 备　　注 |
|---|---|---|
| 纵向弹性模量 | $E_{CL} = E_f V_f + E_m (1 - V_m)$ | 纤维与基体都在弹性范围；$E_f$、$E_m$ 表示纤维和基体的弹性模量；$V_f$、$V_m$ 分别表示纤维与基体的体积分数 |
| | $E_{CL} = k[E_f V_f + E_m (1 - V_f)]$ | 修正系数 $k$ 值一般在 0.9~1.0 之间 |
| 横向弹性模量 | $E_{CT} = (1 - C) E_{CT}^l + C E_{CT}^{11}$ | $E_{CT}^l$ 是纤维含量小时的极小值，$E_{CT}^{11}$ 是纤维含量大时的极大值；$C$ 为分配系数，$0 \leqslant C \leqslant 1$ |
| 剪切弹性模量 | $G_{LT} = (1 - C) G_{LT}^l + C G_{LT}^{11}$ | $C_{LT}^l$ 是纤维含量少时剪切弹性模量的下限，$C_{LT}^{11}$ 是纤维含量多时剪切弹性模量的上限 |
| 泊松比 | $\mu_{LT} = \mu_f V_f + \mu_m V_m$ <br> $\mu_{TL} = \mu_{LT} E_T / E_L$ | $\mu_{LT}$ 为纵向泊松比，$\mu_{TL}$ 为横向泊松比；$\mu_f$ 为纤维泊松比，$\mu_m$ 为基体泊松比 |

### 7.2.1.2　单向连续纤维增强复合材料的强度

纤维增强复合材料的破坏主要是由纤维断裂引起的。在理想情况下，纵向拉伸强度 $\sigma_{cu}$ 可按混合律计算。表 7.3 列出了单向纤维增强复合材料强度的有关计算式。应用表 7.3 中理想纵向拉伸强度计算式时应满足两个条件：①纤维和基体在受力过程中处于线弹性变形；②基体的断裂延伸率大于纤维的断裂延伸率。用此方法计算得到的值往往大于实测值，有时差距很大。这是因为没有考虑纤维的屈曲、排列不整齐、纤维本身强度的离散性、残余应力等因素对性能的影响，因此有人对理想计算式进行了修正（表 7.3）。

**表 7.3　单向纤维增强复合材料强度的计算式**

| 类　　型 | 计　算　式 | 备　　注 |
|---|---|---|
| 纵向拉伸强度 | $\sigma_{cu} = \sigma_{fu} V_f + \sigma_m^* V_m$ | 理想状态的计算式。$\sigma_{fu}$ 为纤维的拉伸强度 |
| | $\sigma_c = \left\{ \left[ \dfrac{\bar{\sigma}_f(l_b) l_b^\beta 2\tau}{d_f} \right]^{\beta/(1+\beta)} \left( \dfrac{1}{e\beta} \right) \right\}^{1/\beta} \times$ $\left[ \Gamma\left( 1 + \dfrac{1}{\beta} \right) \right]^{-1} V_f + \sigma_m^* (1 - V_f)$ | 修正的纵向拉伸强度计算式。$l_b$ 为试样标距，通常为 25.4mm；$\bar{\sigma}_f(l_b)$ 为长为 $l_b$ 的纤维的平均强度；$\tau$ 为界面剪切强度；$\beta$ 是韦伯系数；$\Gamma$ 为伽玛函数；$d_f$ 为纤维直径；e 是自然对数的底 |
| 纤维临界体积分数 | $V_f^c = \dfrac{\sigma_{mu} - \sigma_m^*}{\sigma_{fu} - \sigma_m^*}$ | $V_f^c$ 为纤维的临界体积分数；$\sigma_{mu}$ 为纤维的拉伸强度；$\sigma_m^*$ 意义如图 7.4 所示 |
| 纤维最小体积分数 | $V_{fmin} = \dfrac{\sigma_{mu} - \sigma_m^*}{\sigma_{fu} + \sigma_{mu} - \sigma_m^*}$ | $V_{fmin}$ 为纤维最小体积分数 |
| 纵向压缩强度 | $\sigma_{LU} = 2 \left[ \dfrac{V_f E_m E_f}{3(1 - V_f)} \right]^{1/2} \left[ V_f + (1 - V_f) \dfrac{E_m}{E_f} \right]$ | 纤维屈曲失稳临界应力控制的计算模型。$\sigma_{LU}$ 为纵向压缩强度 |
| | $\sigma_{LU} = \dfrac{G_m}{1 - V_f} + \dfrac{E_m G_m}{E_f V_f}$ | 纤维剪切失稳模型。$G_m$ 为基体剪切弹性模量；$\sigma_{LU}$ 为纵向压缩强度 |
| | $\bar{\sigma}_{LU} = \sigma_{mcr} \left[ 1 + V_f \left( \dfrac{E_f}{E_m} - 1 \right) \right]$ | $\bar{\sigma}_{LU}$ 为复合材料的压缩强度；$\sigma_{mcr}$ 为基体所受的压缩应力 |
| 剪切强度 | $\tau_{LT} = \tau_f V_f + \tau_m (1 - V_f)$ | 复合材料面内剪切形式的剪切强度复合计算式。$\tau_f$、$\tau_m$ 分别为纤维和基体的剪切强度 |

图 7.4 纤维（f）、基体（m）及复合材料（c）的应力-应变（$\sigma\varepsilon$）曲线中，$\sigma_{fu}$ 为纤维的拉伸强度；$\sigma_m^*$ 为纤维断裂应变 $\varepsilon_{fu}$ 相对应的基体拉伸应力。复合材料的强度与纤维临界体积分数 $V_f^c$ 和最小体积分数 $V_{min}$ 两个参数有密切的关系。图 7.5 是复合材料的拉伸强度与纤维

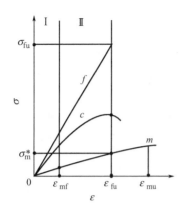

图 7.4  纤维 (f)、基体 (m)、及复合
材料 (c) 的应力-应变曲线

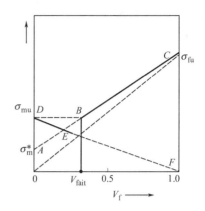

图 7.5  复合材料拉伸强度与纤维
体积分数的关系

体积分数 $V_f$ 的关系 (混合律)。图中的 $ABC$ 线就是表 7.3 中理想纵向拉伸强度计算式的图示, $OC$ 和 $DF$ 分别是复合材料中纤维承受的载荷和基体承受的载荷与 $V_f$ 的关系。图上的 $B$ 点称为等破坏点, 在此点上 $\sigma_{cu} = \sigma_{mu}$ 对应于此点的纤维体积分数称为纤维的临界体积分数。对于不同纤维和基体组成得复合材料, 其 $V_f^c$ 也不同, 如果 $\sigma_{fu}$ 与 $\sigma_{mu}$ 相差不大, 必须要用较大的体积分数, 才能显示强化效果。当用强度比基体强度高出许多的纤维作增强物时, 加入少量的纤维, 就有明显的效果。表 7.4 列出了若干种强度的纤维增强不同基体的纤维临界体积分数值。

表 7.4  纤维临界体积分数

| 基体材料 | $\sigma_m^*$/MPa | $\sigma_{mu}$/MPa | 纤维临界体积分数 $V_{fcrit}$ | | | |
| --- | --- | --- | --- | --- | --- | --- |
| | | | $\sigma_{fu}=700MPa$ | $\sigma_{fu}=1750MPa$ | $\sigma_{fu}=3500MPa$ | $\sigma_{fu}=7000MPa$ |
| 铝 | 28 | 84 | 0.083 | 0.033 | 0.016 | 0.008 |
| 铜 | 42 | 210 | 0.225 | 0.098 | 0.047 | 0.024 |
| 镍 | 63 | 315 | 0.396 | 0.150 | 0.073 | 0.036 |
| 不锈钢 | 175 | 455 | 0.584 | 0.178 | 0.084 | 0.041 |

从图 7.5 中的 $DEF$ 可以看出, 当 $V_f$ 较小时, 纤维不但对基体无增强效果, 反而使其强度降低, 纤维可看作减少基体有效截面积的空洞。$DF$ 和 $AC$ 的交点 $E$ 所对应的纤维体积分数称之为纤维最小体积分数, 用 $V_{min}$ 表示。当 $V_f < V_{min}$ 时复合材料的破坏完全由基体控制, 当 $V_f > V_{min}$ 时纤维开始起增强作用。

纤维增强复合材料纵向压缩强度的计算比拉伸强度复杂, 结果也不如拉伸强度那样准确。这是因为纵向压缩带来纤维和基体的稳定性问题。对压缩强度的分析有两种模型, 一种认为压缩强度是由纤维的屈曲失稳临界应力控制的, 另一种认为基体受压后产生剪切屈曲失稳, 致使纤维发生屈曲引起复合材料的整体破坏。经过假设和推导得到的这两种模型的纵向压缩强度计算式见表 7.3。由这两种分析得出的结果都比实测值高。

基体的剪切屈曲不稳定是指当基体所受的压缩应力 $\sigma_{mcr}$ 等于基体剪切弹性模量 $G_m$ 时, 基体材料因剪切变形而引起屈曲。在纵向压应力作用下剪切模量 $G_m$ 不再是个常数, 当压应力增大时, $G_m$ 将减小, 可表示为压缩应力的函数。通过实验, 测定基体材料在不同压应力作用下的剪切模量, 如图 7.6 所示的 $G_m$、$\sigma_m$ 关系曲线, 此曲线与 $\sigma_m = G_m$ 的直线的交点 $K$ 所表征的便是基体剪切失稳的临界应力时的剪切模量。则复合材料的压缩强度可表示为表

7.3 中所列出的第三种纵向压缩强度计算式。用该式计算的纵向压缩强度比前两式的计算结果更接近实际情况。应该指出，用该式计算时，需有 $G_m$、$\sigma_m$ 的关系曲线才能定出 $\sigma_m^*$（或 $G_m^*$）。在无该资料的情况下，作为近似计算可用基体的压缩比例极限代替 $\sigma_{mcr}$。

纤维增强复合材料受剪应力作用时，由于剪应力的方向不同，剪切强度也不同。在顺纤维方向受剪切时，剪应力发生在顺纤维方向的纤维层之间的截面内，这类剪切称为复合材料的层间剪切，其剪切强度取决于基体的剪切强度和界面的剪切强度。如果在垂直纤维方向承受剪切时，剪切应力发生在垂直纤维的截面

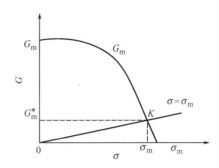

图 7.6　基体的压缩应力 $\sigma_m$ 与剪切模量 $G_m$ 的关系

内，这类剪切称为复合材料的面内剪切，剪切应力由基体和纤维共同承担，剪切强度可由复合律决定。

实际上，纤维的强度不可能完全相同，通常符合某种数学分布形式，如 Weibull 分布或正态分布等。由于纤维的强度具有一定的分散性，许多比较弱的纤维在载荷较低，甚至在加工过程中就已经断裂。这样在断裂点附近纤维就会承担较大的载荷，产生应力集中。如果能正确地描述断裂点附近的纤维承担的载荷，就能正确地确定材料的损伤演化过程和预报材料的强度。这是一个方法复杂而困难的事情。

### 7.2.2　短纤维增强金属基复合材料[1～3]

#### 7.2.2.1　短纤维增强复合材料的弹性模量

弹性模量及强度计算公式的前提假设是纤维与基体黏结牢固，纤维的长度及直径相同，不弯曲。不同分布情况的短纤维增强复合材料弹性模量的计算式见表 7.4。

短纤维单向分布是完全单向排列的，其力学性能可看成是正交各向异性的。平面随机取向的短纤维情况，是随机排列的，力学性能可看成是各向同性的。实际上，短纤维复合材料中有一部分纤维的排列有一定的方向性，有一部分是随机排列的。在这种比较符合实际情况下的复合材料模量 $\overline{E}$ 可用表 7.5 中列出的关系式计算。

表 7.5　不同情况短纤维增强复合材料弹性模量的计算式

| 类　型 | 计　算　式 | 备　注 |
|---|---|---|
| 单向 | $\dfrac{E_L}{E_m}=\dfrac{1+(2l/d)\eta_L V_f}{1-\eta_L V_f}$，$\eta_L=\dfrac{(E_f/E_m)-1}{(E_f/E_m)+2(l/d)}$ <br> $\dfrac{E_T}{E_m}=\dfrac{1+2\eta_T V_f}{1-\eta_T V_f}$，$\eta_T=\dfrac{(E_f/E_m)-1}{(E_f/E_m)+2}$ | 式中，$E_L$、$E_T$ 分别为复合材料的纵向和横向弹性模量；$l$ 为纤维长度；$d$ 为纤维直径；$V_f$ 是纤维的体积分数；$\eta$ 为应力分配系数 |
| 平面随机取向 | $E_R=\dfrac{3}{8}E_L+\dfrac{5}{8}E_T$ | $E_L$、$E_T$ 分别为具有相同体积含量的单向短纤维复合材料的纵向和横向弹性模量 |
| 具有方向性 | $\overline{E}=\dfrac{(Q_{11}+Q_{22}+2Q_{12})(Q_{11}+Q_{22}-Q_{12}+4Q_{66})}{3Q_{11}+3Q_{22}+2Q_{12}+4Q_{66}}$ | $Q_{ij}$ 为单向复合材料的刚度系数 |

#### 7.2.2.2　单向短纤维增强复合材料的强度

混合律用于单向短纤维增强复合材料时应稍加改变，即用纤维的平均应力代替纤维的拉伸强度。根据长度，单向短纤维增强复合材料的强度可用不同的公式来表示。如果纤维长度小于临界长度，那么纤维的最大应力达不到纤维的平均强度。因此，无论作用力有多大，纤

维都不会断裂。在这种情况下复合材料的破坏是出于基体或界面破坏所引起的。如果纤维长度大于临界长度 $l_{cr}$，纤维的应力可以达到它们的平均强度。在这种情况下，如果所受的最大应力达到其强度时，复合材料将开始破坏。表 7.6 表示了短纤维不同分布情况下复合材料强度的计算式。

表 7.6　不同情况短纤维增强复合材料强度的计算式

| 类　型 | 计　算　式 | 备　注 |
|---|---|---|
| 单向 | $\sigma_{cu}=\dfrac{\tau_{mv}l}{d_f}V_f+\sigma_{mu}(1-V_f)\quad(l<l_{cr})$ | $\sigma_{cu}$ 为复合材料的强度；$\tau_{my}$ 为基体剪切屈服强度；$d_f$ 是纤维直径；$\sigma_{mu}$ 为纤维的拉伸强度 |
| | $\sigma_{cu}=\sigma_{fu}\left(1-\dfrac{l_{cr}}{2l}\right)V_f+\sigma_m^*(1-V_f)\quad(l<l_{cr})$ | $\sigma_{fu}$ 为纤维的拉伸强度；$l_{cr}$ 为纤维的临界长度 |
| | $\sigma_{cu}=\sigma_{fu}V_f+\sigma_m^*(1-V_f)\quad(l\gg l_{cr})$ | |
| | $\sigma_{cu}=V_f\sigma_{fu}/K+(1-V_f)\sigma_{mu}^*$ | 修正强度计算式。$K$ 为最大应力集中因子 |
| | $V_f^c=\dfrac{\sigma_{mu}-\sigma_m^*}{\sigma_{fu}\left(1-\dfrac{l_{cr}}{2l}\right)-\sigma_m^*}$ $V_{fmin}=\dfrac{\sigma_{mu}-\sigma_m^*}{\sigma_{fu}\left(1-\dfrac{l_{cr}}{2l}\right)+\sigma_{mu}-\sigma_m^*}$ | $V_f^c$ 为纤维的临界体积分数；$V_{fmin}$ 为纤维最小体积分数 |
| 平面随机取向 | $\sigma_\theta=\dfrac{2\tau_{mu}}{\pi}\left(2+\ln\dfrac{\xi\sigma_{cu}\sigma_{mu}}{\tau_{mu}^2}\right)$ | $\tau_{mu}$ 是基体的剪切强度；$\xi$ 为小于 1 的系数；$\sigma_{mu}$ 是基体的拉伸强度；$\sigma_{cu}$ 为用混合律计算的单向短纤维复合材料的强度 |
| | $\sigma_{cu}=V_f\sigma_{fu}F(l_c/\bar{l})C_0+(1-V_f)\sigma_{mu}'$ | $F(l_c/\bar{l})$ 是纤维平均长度与纤维临界长度比值的函数；$C_0$ 为纤维方位因子 |

同样，可以用与连续纤维复合材料相同的方法求得纤维的临界体积分数 $V_f^c$ 和最小体积分数 $V_{fmin}$。对于同样的纤维和基体材料来说，短纤维复合材料的 $V_f^c$ 和 $V_{fmin}$ 比连续纤维复合材料的要高，这个道理是很明显的，因为短纤维的增强作用不像连续纤维那样有效。

短纤维复合材料由于纤维的不连续性以及尺寸、分布等随机性影响，应力分布非常复杂。这也决定了短纤维复合材料具有比连续纤维复合材料低得多的强度特性。短纤维复合材料的强度与短纤维的长度也存在着一定的关系。短纤维的长度不同，其破坏机理也不同。当纤维很短时，裂纹总是在纤维端部萌生，然后裂纹绕过周围纤维而导致复合材料的断裂，这过程并不导致纤维的断裂，即纤维并没有起到增强的作用。当纤维比较长时，纤维端部的微裂纹将导致周围纤维的断裂，进而导致材料破坏。为了反映短纤维长度及应力集中的影响，有人将复合材料的拉伸强度公式进行了修正，计算公式见表 7.6。

表 7.5 中还列出了随机取向的短纤维复合材料的强度 $\sigma_\theta$ 和修正的计算式。复合材料中纤维随机分布时，复合材料的宏观强度与单向纤维增强复合材料有较大的不同。这时可引入纤维方位因子 $C_0$ 的概念，所以强度混合律公式又可更为完善。

随着新材料的出现，其破坏机理也将与前面所述材料的破坏机理不同，因此建立模型所必须考虑的因素也不尽相同。与连续纤维相比，短纤维复合材料的试验值分散性更大一些，其主要原因是纤维与基体粘接不好、长度不够、纤维排列不好等因素。

### 7.2.3 颗粒增强复合材料的弹性和强度[2]

#### 7.2.3.1 颗粒增强复合材料的弹性

由于颗粒随机分散在基体中，因此在宏观上将颗粒增强复合材料看成各向同性材料。以最小势能原理和最小功原理可以求得弹性模量的上、下限：

$$\frac{E_P E_m}{E_m V_P + E_P V_m} \leqslant E_C \leqslant \frac{1-V_m+2\lambda(\lambda-2\nu_m)}{1-\nu_m-2\nu_m^2} E_m V_m + \frac{1-\nu_P+2\lambda(\lambda-2\nu_P)}{1-\nu_P-2\nu_P^2} E_P V_P \quad (7.1)$$

式中，$E$、$\nu$、$V$分别表示弹性模量、泊松比和体积分数；下标P和m分别代表颗粒和基体。其中，$\lambda$可表示为：

$$\lambda = \frac{\nu_m(1+\nu_P)(1-2\nu_P)V_m E_m + \nu_P(1+\nu_m)(1-2\nu_m)V_P E_p}{(1+\nu_P)(1-2\nu_P)V_m E_m + (1+\nu_m)(1-2\nu_m)V_P E_P} \quad (7.2)$$

如果$\nu_P=\nu_m=\nu$，式（7.2）的$\lambda=\nu$，则式（7.1）的上限成为

$$E_C \leqslant E_m V_m + E_P V_P = E_m \ (1-V_P) \ + E_P V_P \quad (7.3)$$

同样，可以求得剪切弹性模量的上、下限：

$$\frac{G_P G_m}{G_P V_m + G_m V_P} \leqslant G_C \leqslant G_P V_P + G_m V_m = G_P V_P + G_m \ (1-V_P) \quad (7.4)$$

#### 7.2.3.2 颗粒增强复合材料的强度

颗粒增强复合材料的强化机理至今仍然是根据位错理论和合金弥散强化理论来进行分析的。在剪切应力$\tau$的作用下，位错的曲率半径$R$为：

$$R = G_m b^2 \tau \quad (7.5)$$

式中，$G_m$是基体的剪切弹性模量；$b$是位错的柏氏矢量。若颗粒之间的间距为$D_p$，当剪切应力$\tau$大到使位错曲率半径$R=D_p/2$时，金属中的位错发生运动，金属发生塑性变形，剪切应力必须达到

$$\tau = \frac{G_m b}{D_P} \quad (7.6)$$

在颗粒的直径$d_p$、体积分数$V_p$与颗粒间距之间有下列关系：

$$D_P = (2d_P^1/3V_P)^{1/2}(1-V_P) \quad (7.7)$$

则

$$\tau = \frac{G_m b}{(2d_P^2/3V_P)^{1/2}(1-V_P)} \quad (7.8)$$

根据位错塞积理论，在外载荷作用下，在基体-颗粒界面上作用的应力为

$$\tau = \frac{\sigma^2 D_P}{G_m b} \quad (7.9)$$

式中，$\sigma$为外应力。如果$\tau$等于颗粒的强度$\sigma_{pb}$，颗粒产生裂纹开始破坏，则

$$\tau = \sigma_{Pb} = \frac{G_P}{C} = \frac{\sigma_{cy}^2 D_P}{G_m b} \quad (7.10)$$

或

$$\sigma_{cy} = \sqrt{\frac{G_m G_P b}{C D_P}} = \sqrt{\frac{G_m G_P b}{C(2d_P^2/3V_P)^{1/2}(1-V_P)}} \quad (7.11)$$

式中，$\sigma_{cy}$为复合材料的屈服强度；$C$为表征材料（颗粒）特性的常数；$G_P$为颗粒的剪切弹性模量。颗粒的直径、间距以及体积分数之间必须满足式（7.7）的关系，否则颗粒将无强化作用。

#### 7.2.3.3 颗粒尺寸对性能影响的计算模拟[4]

Y. W. Yan 等根据 Taylor 非局部塑性理论（Taylor-based nonlocal theory of plasticity），应用有限元方法研究了颗粒尺寸对金属基复合材料的形变行为。研究选择的复合材料基体为

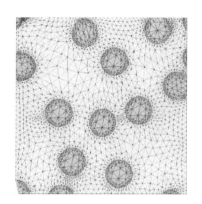

图 7.7　数值计算的有限元网格

平均粒度 $10\mu m$ 的工业纯 Al，增强相为平均直径 $5\mu m$、$20\mu m$ 和 $56\mu m$ 的 $\alpha$-SiC 粒子。SiCp/Al 复合材料中含体积分数 20% SiC，采用粉末冶金法在真空炉中热压制备，SiC 粒子均匀分布。采用了二维平面应变模型和粒子随机分布单元。图 7.7 为有限元数值计算网格。

复合材料计算单元的真应力 $\sigma_c$ 和相应的应变 $\varepsilon_c$ 使用式（7.12）进行计算：

$$\sigma_c = \frac{1}{V_c}\left[\sum_k^{N_c}\sigma_{ck}V_{ck}\right],\ \varepsilon_c = \frac{1}{V_c}\left[\sum_k^{N_c}\varepsilon_{ck}V_{ck}\right]\quad(7.12)$$

式中，$V_c$ 是计算单元的总体积；$V_{ck}$ 是单元中第 $k$ 组元的体积；$\sigma_{ck}$、$\varepsilon_{ck}$ 分别是计算单元中第 $k$ 组元在拉伸方向的平均真应力和平均真应变；$N_c$ 是计算单元中总的组元数。设 $\sigma_f$ 和 $\sigma_m$ 为计算单元中增强相和基体在拉伸方向的平均应力分量，其计算表达式为：

$$\sigma_f = \frac{1}{V_f}\left[\sum_j^{N_f}\sigma_{fj}\right],\ \sigma_m = \frac{1}{V_f}\left[\sum_i^{N_m}\sigma_{mi}V_{mi}\right]\quad(7.13)$$

式中，$V_f$ 为粒子的总体积；$V_{fj}$ 为第 $j$ 组元中粒子的体积；$\sigma_{fj}$ 是计算单元中第 $j$ 组元增强相在拉伸方向的平均真应力；$\sigma_{mi}$ 是计算单元中第 $i$ 组元基体在拉伸方向的平均真应力；$V_m$ 为基体总体积；$V_{mi}$ 是基体中第 $i$ 组元的体积；$N_f$ 和 $N_m$ 分别为增强相和基体的总组元数。采用的有限元程序由严密的网格反复计算直至满意的计算精度为止。在基体中发生明显的塑性变形时所对应的应力为屈服强度，图 7.8 表示了颗粒增强复合材料的计算屈服强度随增强相颗粒大小的变化规律，说明了屈服强度随颗粒尺寸的减小而增大。

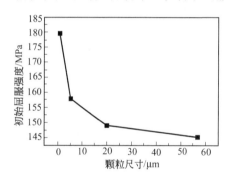

图 7.8　颗粒尺寸对复合材料屈服强度的作用

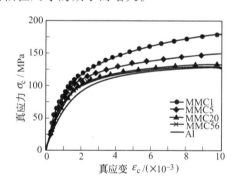

图 7.9　各种颗粒尺寸 20% SiCp/Al 复合材料的试验真应力-应变曲线

复合材料强度对小颗粒尺寸是很敏感的，当颗粒平均尺寸减小到 $5\mu m$ 时，对复合材料的强度有很大的提高（图 7.8）。颗粒尺寸对不同基体真应力的影响如图 7.9 所示，由图可知，数值计算结果和实验结果是非常一致的。复合材料基体中存在的颗粒，在均匀载荷下容易在粒子周围形成应力集中（图 7.7），在基体中形成高密度位错，从而产生了不均匀形变和微观裂纹。研究证明，细小尺寸颗粒的这种增强作用更大。

研究结果表明，颗粒增强复合材料的颗粒尺寸对改善复合材料强度等性能是一个关键因素。数值计算和试验结果都表明，在相同体积分数情况下，颗粒尺寸和材料力学行为之间有着密切的关系。颗粒尺寸的减小增大了材料形变过程中的位错密度，从而明显地提高了复合材料的屈服强度和加工硬化速率。

# 7.3 复合材料性能相关性的计算模型

复合材料的各种性能都取决于其微观组织结构。理论上，相同材料的不同性能之间有着有机的联系。实际上，各性能之间的关系可由测量确定结构点阵和组织特性来获得，成功的途径取决于性能对组织结构的敏感性。Sevostianov 等[5～7]比较系统地研究了复合材料交叉性能的关系。对玻璃纤维增强复合材料的实验结果进行验证，表明了计算模拟和实验结果是非常一致的，并认为可由热导率来评价弹性参数。研究了含有缺陷的短纤维增强复合材料，提出了一种评价含有缺陷的材料弹性的新方法。根据相关微观组织参数还计算了等离子喷涂陶瓷层的各向异性弹性模量和热导率的关系。

H. F. Zhao 等[8]应用两种分析方法有限元方法研究了各向同性的二相平面复合材料的性能相关性（cross-property relations），重点研究了第二相的形状、尺寸和体积分数等微观组织参数对复合材料两个不同性能的影响。下面主要介绍 Zhao 等[8]的研究成果。

## 7.3.1 性能相关性的计算模型[8]

对均质和横向均质的两种复合材料，应用不同的微观力学方法来建立材料弹性模量与热导率之间交叉性能相关性的关系式。假设二维复合材料中，参数 $(K_0，K_1)$、$(\mu_0，\mu_1)$、$(\sigma_0，\sigma_1)$ 分别表示体积模量、切变模量和热导率，其中的下标"0"表示基体相，"1"表示增强相。增强相和基体的体积分数分别为 $V_0$、$V_1$，$V_0+V_1=1$。对于横向均质复合材料，交叉性能关系由 HS 约束（Hashin-Shtrikman bounds）给出。

### 7.3.1.1 Voigt 和 Reuss 评价

对二维均质二相复合材料，体积模量和热导率之间的 Voigt 约束，可表示为：

$$K_C=V_1K_1+(1-V_1)K_0, \quad \sigma_C=V_1\sigma_1+(1-V_1)\sigma_0 \tag{7.14}$$

对于 HS 约束，作同样的假设。由式(7.14)中消除 $V_1$，可得：

$$\overline{K}_C-1=\frac{K-1}{\sigma-1}(\bar{\sigma}_C-1) \tag{7.15}$$

式中，$\overline{K}_1=K_C/K_0$，$\bar{\sigma}_C=\sigma_C/\sigma_0$，$\sigma=\sigma_1/\sigma_0$，$K=K_1/K_0$。如果 $\sigma_C$ 知道，就可通过式(7.15)计算 $K_C$，反之亦然。注意该式关系与复合材料的组织及增强相的体积分数无关。对于弹性模量和热导率关系的 Reuss 约束的下限，关系式为：

$$K_C=\frac{K_1K_0}{V_1K_0+(1-V_1)K_1}, \quad \sigma_C=\frac{\sigma_1\sigma_0}{V_1\sigma_0+(1-V_1)\sigma_1} \tag{7.16}$$

消除 $V_1$ 后可得到：

$$\left(\frac{1}{\overline{K}_C}-1\right)=\frac{1/K-1}{1/\sigma-1}\left(\frac{1}{\bar{\sigma}}-1\right) \tag{7.17}$$

### 7.3.1.2 Hashin-Shtrikman 约束

在二相均质复合材料中，体积模量和热导率的 Hashin-Shtrikman 约束表达式为：

$$\overline{K}_C=1+\frac{V_1}{\dfrac{1}{(K-1)}+\dfrac{(1-V_1)}{(1+\nu)}}, \quad \bar{\sigma}=\frac{(1+V_1)\sigma+(1-V_1)}{(1-V_1)\sigma+(1+V_1)} \tag{7.18}$$

式(7.18)给出了上下限：如 $K_0<K_1$、$\mu_0<\mu_1$、$\sigma_0<\sigma_1$，为下限；如 $K_0>K_1$、$\mu_0>\mu_1$、$\sigma_0>\sigma_1$，则为上限。对于球形增强相，由 Mori-Tanaka 方法同样可得到式(7.18)的关系式。

根据式(7.18)可得到交叉性能之间的关系：

$$\frac{k(\overline{K}_C)}{k(K)}=\frac{\sum(\bar{\sigma}_C)}{\sum(\sigma)} \tag{7.19}$$

这里 $\nu=\mu_0/K_0$，$k(x)=\dfrac{1}{x-1}+\dfrac{1}{\nu+1}$，$\sum(x)=\dfrac{x+1}{x-1}$。

设 $\nu_0$ 为基体材料的泊松比，对于多孔二维均质复合材料，式(7.19) 可简化为：

$$\left(\frac{1}{\overline{K}_C}-1\right)=\frac{1}{1-\nu_0}\left(\frac{1}{\overline{\sigma}_C}-1\right) \tag{7.20}$$

对复合材料的增强相以椭圆形排列分布的情况，如椭圆形增强相都有相同的形状比 $\alpha$，而且都沿着 $x_1$ 轴方向排列，那么复合材料的沿着 $x_1$ 轴方向的 Young's 模量为：

$$\overline{E}_{C_1}=\frac{B-C}{R+S},\quad \overline{E}_{C_2}=\frac{B-C}{W+Y} \tag{7.21}$$

式中，$B=-E^2\left[-3\alpha-V_1(2+2\alpha^2+\alpha V_1)+2\alpha(V_1-1)\nu_0+\alpha(V_1-1)^2\nu_0^2\right]$。有效热导率的 HS 约束为：

$$\overline{\sigma}_{C_1}=\frac{1-V_1+V_1\sigma+\alpha\sigma}{1+\alpha(V_1+\sigma-V_1\sigma)},\quad \overline{\sigma}_{C_2}=\frac{\alpha(1-V_1+V_1\sigma)+\sigma}{\alpha+V_1+\sigma-V_1\sigma} \tag{7.22}$$

虽然可从式(7.21) 和式(7.22) 中消除 $V_1$，得到比较严格的交叉性能的关系式，但非常复杂。对椭圆形排列分布的情况，交叉性能的关系式可简化为：

$$\overline{E}_{C_1}=\frac{\overline{\sigma}_{C_1}(1+\alpha)}{1+2\alpha-\overline{\sigma}_{C_1}\alpha},\quad \overline{E}_{C_2}=\frac{\overline{\sigma}_{C_2}(1+\alpha)}{2+\alpha-\overline{\sigma}_{C_2}} \tag{7.23}$$

对于球形，$\alpha=1$，式(3.23) 可简化为式(3.20)。

### 7.3.1.3　自协调近似

对具有球形增强相的二相复合材料，体积模量和热导率可采用自协调方法来估算：

$$\overline{K}_C=\frac{K(1-2V_1+\nu_0)-(1-2V_1-\nu_0)-\sqrt{[K(1-2V_1+\nu_0)-(1-2V_1-\nu_0)]^2-4K(\nu_0^2-1)}}{2(\nu_0-1)} \tag{7.24}$$

$$\left\{\begin{array}{l} \overline{\sigma}_C=\dfrac{1}{2}\{1-2V_1-\sigma+2V_1\sigma+\sqrt{4\sigma+(1-2V_1-\sigma+2V_1\sigma)^2}\} \\[2mm] C=2(V_1-1)E\{1+\alpha^2+\alpha V_1-\alpha[1+(V_1-1)\nu_0]\nu_1\}+\alpha(V_1-1)^2(\nu_1^2-1) \\[2mm] R=\alpha(V_1-1)E^2(1+\nu_0)[-3+2\alpha V_1(\nu_0-1)+\nu_0]+\alpha(V_1-1)(1+2\alpha V_1)(\nu_1^2-1) \\[2mm] S=2E\{1+\alpha^2+2\alpha V_1(1-\alpha+\alpha V_1)-\alpha(V_1-1)[-1+(1+2\alpha V_1)\nu_0]\nu_1\} \\[2mm] W=(V_1-1)E^2(1+\nu_0)[\alpha(\nu_0-3)+2V_1(\nu_0-1)]+(V_1-1)(\alpha+2V_1)(\nu_1^2-1) \\[2mm] Y=2E\{1+\alpha^2+2V_1(\alpha+V_1-1)-(V_1-1)[(\alpha+2V_1)\nu_0-\alpha]\nu_1\} \end{array}\right. \tag{7.25}$$

在以上这些关系式中，Young's 模量被定义为：$\overline{E}_{C_1}=E_{C_1}/E_0$，$\overline{E}_{C_2}=E_{C_2}/E_0$，$E=E_1/E_0$，$\nu_1$ 是增强相材料的泊松比。从式(7.24) 和式(7.25) 中消除 $V_1$，可得到交叉性能的关系式。对于多孔材料，关系式为：

$$\overline{K}_C-1=\frac{1}{1-\nu_0}(\overline{\sigma}_C-1) \tag{7.26}$$

### 7.3.2　有限元模拟与分析[8]

以上应用微观力学方法建立的关系是近似的，它们仅适用于一些特殊情况。例如，HS 约束仅适用于特殊层状微观结构，而自协调方法比较适用于没有特殊基体相的高分子多晶体微观组织。为评价交叉性能关系式对材料微观组织的敏感性，采用无规行走方法（random walk method）和元胞自动机方法（cellular automata method），用有限元（FEM）软件计算模拟交叉性能关系式。这里主要分析了球状、短纤维和随机点阵等三类复合材料微观组织，图7.10是三种不同状态硬质球状颗粒复合材料的微观组织，图7.11是具有不同分布状态短纤维（直径：长度＝1：10）复合材料的微观组织。对于相应的复合材料都取典型的体积元进行有限元模拟。应用基于有限元方法的数值方法分析图7.10和图7.11的复合材料微观组织。对于含有任意形状裂纹的均质二维复合材料，有效 Young's 模量 $E_C$ 和泊松比 $\nu_C$ 必须满足下列关系：

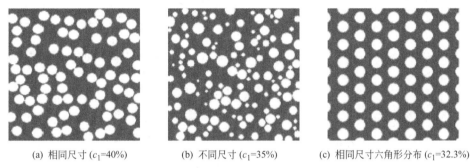

(a) 相同尺寸 ($c_1$=40%)  　　(b) 不同尺寸 ($c_1$=35%)  　　(c) 相同尺寸六角形分布 ($c_1$=32.3%)

图 7.10　硬质球状颗粒复合材料的微观组织

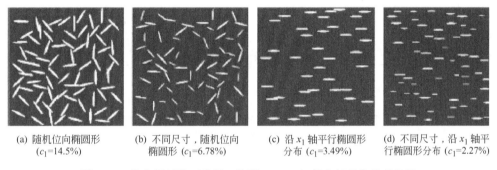

(a) 随机位向椭圆形　　(b) 不同尺寸,随机位向　　(c) 沿 $x_1$ 轴平行椭圆形　　(d) 不同尺寸,沿 $x_1$ 轴平
　　($c_1$=14.5%)　　　　椭圆形 ($c_1$=6.78%)　　分布 ($c_1$=3.49%)　　行椭圆形分布 ($c_1$=2.27%)

图 7.11　具有短纤维（直径：长度＝1：10）复合材料的微观组织

$$(\nu_C - \nu_{C_0})\frac{E_0}{E_C} = \nu_0 \tag{7.27}$$

式中，如果基体材料的泊松比为零，则 $\nu_{C_0}$ 是相同复合材料的有效泊松比。最简单的情况，对横向均质复合材料为：

$$(\nu_{C_{12}} - \nu_{C_{120}})\frac{E_0}{E_{C_1}} = \nu_0 \tag{7.28}$$

其中，$x_2$ 轴垂直于裂纹面；如果基体材料的泊松比为零，则 $\nu_{C_{120}}$ 为复合材料的平面泊松比；$E_{C_1}$、$\nu_{C_{12}}$ 分别为复合材料的有效 Young's 模量和有效泊松比。图7.12(a)表示了均质微观组织的有限元计算结果，实线为等式(7.27)的结果。图7.11(c) 和 (d) 的模拟结果如图7.12(b) 所示。由图可知，计算模拟的结果是非常满意的。

图7.13表示了具有不同相均质复合材料的性能相关性，数值计算结果和等式(7.19) 比较清楚地表明，复合材料性能相关性对微观组织是比较敏感的，因此能很好地用 HS lower or upper bound 关系式进行预测。图7.14表示了横向均质复合材料的性能相关性，图中符号表示 FEM 计算结果，实线是 HS 约束的结果。图7.14的结果表明，对这些复合材料的交叉性能关系，由 HS 约束方法计算和数值分析方法得到的结果是非常一致的。

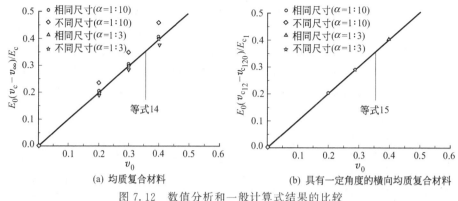

(a) 均质复合材料      (b) 具有一定角度的横向均质复合材料

图 7.12 数值分析和一般计算式结果的比较
符号表示 FEM 计算结果，实线是公式计算值

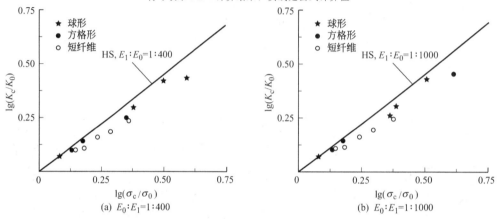

(a) $E_0:E_1=1:400$      (b) $E_0:E_1=1:1000$

图 7.13 具有不同相的均质复合材料的性能相关性
符号表示 FEM 计算结果，实线是 HS 约束

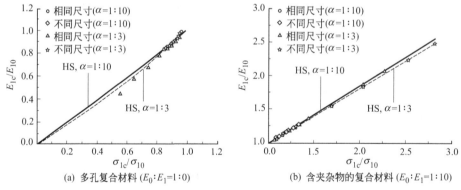

(a) 多孔复合材料 ($E_0:E_1=1:0$)      (b) 含夹杂物的复合材料 ($E_0:E_1=1:10$)

图 7.14 横向均质复合材料的性能相关性
符号表示 FEM 计算结果，线条为分析预测

  由复合材料交叉性能关系的计算模拟结果可知，利用其关系式，只要测定某个性能参量，就可通过计算得到另一个性能参量。当然如果复合材料中两相差别不是很大的情况，这些计算关系式的应用将受到限制。

## 7.4   纳米复合材料有效弹性的计算[9]

  I. A. Guz 等研究了纳米纤维复合材料模量的计算，给出研究对象的增强相尺寸、最小体积分数和形状参数间的相互关系。研究材料：不同碳纤维形式、相同环氧树脂（EPON-828）基体的纤维增强复合材料，分别为 $R_1$、$R_2$、$R_3$、$R_4$。$R_1$ 为工业用碳纤维 T-300，纤维直径 $8\mu m$；$R_2$ 为石墨纤维，纤维直径 $1\mu m$；$R_3$ 为 zig-zag 型碳纳米管，纳米管平均直径 $10nm$；$R_4$ 为手性碳纳米管，纳米管平均直径 $10nm$。基体和纤维的物理性能如表 7.7 所示。

表 7.7　试验材料的物理性能

| 材　　料 | 密度 $\rho$ /(kPa·s²/m²) | Young's 模量 $E$ /GPa | 切变模量 $\mu$ /GPa | 泊松比 $\nu$ |
|---|---|---|---|---|
| 环氧树脂（EPON-828） | 1.21 | 2.68 | 0.96 | 0.4 |
| $R_1$ | 1.75 | 228 | 88 | 0.3 |
| $R_2$ | 2.25 | 1000 | 385 | 0.3 |
| $R_3$ | 1.33 | 648 | | |
| $R_4$ | 1.40 | 1240 | | |

设 $h^*$ 为粒子中心之间的平均距离；$H$ 为均质连续体的最小值；$L$ 为材料微观应力应变场（静态下）或应力波长（动态下）发生实质性变化的最小距离，则在满足 $L>H>h^*$ 的条件下，可计算分析复合材料的增强相主要参数和有关弹性模量之间的关系。假设所生产的复合材料中纤维是单向性分布的，纤维体积分数在 $1\%\sim10\%$。纳米纤维具有很大的表面积。通常，这些材料被处理为横向上是各向同性的连续体。如果发生弹性形变，可以有 5 个独立的常数来表征。工程上，在材料长度方向上常使用的常数有杨氏模量 $E_L$、切变模量 $G_L$ 和泊松比 $\nu_L$；在横向方向上，常用杨氏模量 $E_T$、切变模量 $G_T$ 和泊松比 $\nu_T$。它们之间的关系为：$\nu_L/G_L=\nu_T/G_T$。

这些工程常数可用下列关系式来计算其等效弹性常数。在小体积分数增强相的复合材料中，这些关系式的计算值与实验值之间有很好的一致性。

$$E_L=c_m E_m+c_f E_f+\frac{4\mu_m c_m c_f(\nu_f-\nu_m)^2}{[1-c_f(1-2\nu_m)]+c_m(1-2\nu_m)\dfrac{\mu_m}{\mu_f}} \tag{7.29}$$

$$G_L=\mu_m\frac{c_m+(1+c_f)\dfrac{\mu_m}{\mu_f}}{c_m-(1+c_f)\dfrac{\mu_m}{\mu_f}} \tag{7.30}$$

$$\nu_L=\nu_m-\frac{2c_m(1-\nu_m)(\nu_f-\nu_m)^2}{[1-c_f(1-2\nu_m)]+c_m(1-2\nu_m)\dfrac{\mu_m}{\mu_f}} \tag{7.31}$$

$$G_T=\mu_m\frac{(3-4\nu_m)+c_m+\dfrac{c_f\mu_m}{\mu_f}}{(3-4\nu_m)c_m+\left[1-c_f(3-4\nu_m)\dfrac{\mu_m}{\mu_f}\right]} \tag{7.32}$$

$$\frac{1}{E_T}=\frac{\nu_L}{E_L}+\frac{1-2\nu_m}{2\mu_m}\left\{\frac{2+(1-\nu_f)\dfrac{\mu_m}{\mu_f}}{[1-c_f(1-2\nu_m)]+c_m(1-2\nu_m)\dfrac{\mu_m}{\mu_f}}+\frac{2c_f\left(1-\dfrac{\mu_m}{\mu_f}\right)}{(3-4\nu_m)+c_f+\dfrac{c_m\mu_m}{\mu_f}}\right\} \tag{7.33}$$

$$\nu_T=\frac{E_T}{2G_T}-1 \tag{7.34}$$

式中，$E_m$、$\mu_m$、$\nu_m$ 和 $c_m$ 为复合材料基体的杨氏模量、切变模量、泊松比和体积分数；$E_f$、$\mu_f$、$\nu_f$ 和 $c_f$ 为增强纤维的杨氏模量、切变模量、泊松比和体积分数。表 7.8 列出了三种纤维形式的复合材料在不同纤维体积分数情况下弹性常数的有效值。由数据可知，纳米纤维增强复合材料 $R_4$ 的 $E_L$ 比一般纤维增强复合材料 $R_1$ 要大很多，最高可达到 5 倍。并且随纤维体积分数的增加而增大；横向模量 $E_T$ 和所有切变模量对纤维类型不敏感，随纤维体积分数的增加而有所增大，但变化不大。

**表 7.8　复合材料弹性常数的有效值**

| 复合材料 | | $E_L/\mathrm{GPa}$ | $E_T/\mathrm{GPa}$ | $G_L/\mathrm{GPa}$ | $G_T/\mathrm{GPa}$ |
|---|---|---|---|---|---|
| 纤维类型 | 体积分数 | | | | |
| $R_1$ | 0.03 | 9.4 | 4.06 | 0.9606 | 1.000 |
| | 0.08 | 20.7 | 4.56 | 0.9618 | 1.096 |
| | 0.09 | 23.0 | 4.61 | 0.9620 | 1.115 |
| | 0.10 | 25.2 | 4.66 | 0.9623 | 1.135 |
| $R_3$ | 0.03 | 22.0 | 4.48 | 0.9601 | 1.01 |
| | 0.08 | 54.3 | 4.81 | 0.9603 | 1.10 |
| | 0.09 | 60.8 | 4.85 | 0.9604 | 1.12 |
| | 0.10 | 67.2 | 4.89 | 0.9604 | 1.14 |
| $R_4$ | 0.03 | 40 | 4.65 | 0.9601 | 1.01 |
| | 0.08 | 102 | 4.89 | 0.9603 | 1.10 |
| | 0.09 | 114 | 4.93 | 0.9604 | 1.12 |
| | 0.10 | 126 | 4.95 | 0.9604 | 1.14 |

# 7.5　纤维增强复合材料的力学失效与计算模拟

### 7.5.1　短纤维增强复合材料疲劳性能模型与预测[10,11]

在短纤维增强复合材料中，微观破坏是通过纤维失效与纤维表面松散来描述的。Kabir 等采用三维晶格模型，应用数值方法对纤维和纤维层失效进行模拟研究。根据 Weibull 破坏定律来预测复合材料的微观破坏行为，并考虑复合材料的纤维体积分数与纤维的角度（0°与 90°）。通过比较模拟与实验的应力应变曲线，测定 Weibull 破坏参数。聚合物纤维复合材料是由体积分数 8.1% 的玻璃纤维进行增强的。

#### 7.5.1.1　数值模型

纤维复合材料的疲劳破坏是破坏积累的结果。在加载方向上，破坏机理的研究是针对纤维破坏与纤维表面剥离而进行的。通过 Weibull 定律对纤维破坏与纤维表面剥离的统计分析可进行预测。

（1）纤维表面剥离　纤维表面的失效受控于界面应力的局部准则。因为表面破坏分布是微观结构的空间分布而导致的，局部表面失效准则按统计学规律表示如下：

$$P^{\mathrm{deb}}(\bar{\sigma}_L) = 1 - \exp\left\{-\left[\sqrt{\left(\frac{\bar{\sigma}_L^U}{\sigma_{\mathrm{OL}}}\right)^2 + \left(\frac{\tau_L^U}{\tau_{\mathrm{OL}}}\right)^2}\right]^{m_L}\right\} \tag{7.35}$$

$P^{\mathrm{deb}}(\bar{\sigma}_L)$ 表示在给定的 $\bar{\sigma}_L^U$ 情况下纤维表面剥离概率，取决于微观应力 $\bar{\sigma}_L$ 与界面应力 $\sigma_{\mathrm{OL}}$ 的共同作用；$m_L$ 为统计参数。$\tau_L^U$ 为表面剪切应力；$\tau_{\mathrm{OL}}$ 为特征剪切应力。如果纤维垂直于加载方向（90°），那么剪切应力不会存在很大影响，可表示为：

$$P^{\mathrm{deb}}(\overline{\sigma}_{\mathrm{L}}) = 1 - \exp\left[-\left(\frac{\overline{\sigma}_{\mathrm{L}}^{\mathrm{U}}}{\sigma_{\mathrm{OL}}}\right)^{m_{\mathrm{L}}}\right] \tag{7.36}$$

晶胞的应力状态可通过混合法则进行预测，同时考虑非剥离应力与剥离应力：

$$\overline{\sigma}(\overline{\varepsilon}) = \left[1 - P^{\mathrm{deb}}(\overline{\sigma}_{\mathrm{L}})\right]\overline{\sigma}_{\mathrm{ud}}(\overline{\varepsilon}) + P^{\mathrm{deb}}(\overline{\sigma}_{\mathrm{L}})\overline{\sigma}_{\mathrm{db}}(\overline{\varepsilon}) \tag{7.37}$$

$\overline{\sigma}_{\mathrm{ud}}(\overline{\varepsilon})$ 表示未受破坏单元的应力；$\overline{\sigma}_{\mathrm{db}}(\overline{\varepsilon})$ 表示由于纤维界面剥离而导致破坏单元的应力。式中，$\overline{\sigma}(\overline{\varepsilon})$ 是在纤维垂直于其加载方向时复合材料单元的应力行为，包括剥离破坏行为。右边的第一项指出未破坏表面的应力行为，第二项表示复合材料中破坏表面的应力行为。因此，方程（7.37）表示了复合材料剥离失效的应力行为。

（2）纤维失效　当加载平行于纤维方向，纤维失效是主要的破坏原因。每根纤维的断裂概率是其体积与纤维中最大主应力 $\overline{\sigma}_{\mathrm{u}}^{\mathrm{f}}$ 的作用。因此，Weibull 定律按照纤维失效可表示如下：

$$P^{\mathrm{brk}}(\overline{\sigma}_{\mathrm{L}}) = 1 - \exp\left[-\left(\frac{\overline{\sigma}_{\mathrm{F}}^{\mathrm{U}}}{\sigma_{\mathrm{OF}}}\right)^{m_{\mathrm{F}}}\right] \tag{7.38}$$

式中，$P^{\mathrm{brk}}(\overline{\sigma}_{\mathrm{L}})$ 表示纤维破裂的失效概率；$m_{\mathrm{F}}$ 表示 Weibull 定律与材料中纤维破坏的散射相一致的形状参数；$\sigma_{\mathrm{OF}}$ 表示尺度参数且与纤维强度的平均值相等，它能够使得累计破坏概率达到 63%，与给定的纤维增强复合材料的破坏纤维的 63% 相一致。这个参数与增强材料有着密切的关系，这里是玻璃纤维。

从实验可以得出假设在平行加载情况下，在复合材料的失效是由于纤维破坏与剥离的综合作用。在复合材料结构单元中使用混合法则情况下这种双重作用可以得到合并。

$$\overline{\sigma}(\overline{\varepsilon}) = \left[1 - P^{\mathrm{deb}}(\overline{\sigma}_{\mathrm{L}}) - P^{\mathrm{brk}}(\overline{\sigma}_{\mathrm{L}})\right]\overline{\sigma}_{\mathrm{ud}}(\overline{\varepsilon}) + P^{\mathrm{deb}}(\overline{\sigma}_{\mathrm{L}})\overline{\sigma}_{\mathrm{db}}(\overline{\varepsilon}) + P^{\mathrm{brk}}(\overline{\sigma}_{\mathrm{L}})\overline{\sigma}_{\mathrm{brk}}(\overline{\varepsilon}) \tag{7.39}$$

$\overline{\sigma}_{\mathrm{brk}}(\overline{\varepsilon})$ 表示由于纤维破坏而导致破坏单元中的应力。

### 7.5.1.2　数值模拟结果

应变控制模拟是在应变一直保持在 3% 时进行的。纤维断裂而引起的失效与剥离失效之间是相互作用依赖的。这也就意味着如果剥离发生在纤维的分界面上，纤维失效就不会发生在这里。另一方面，哪里有纤维发生破裂，哪里就会有剥离失效的微弱作用的存在。每个周期的破坏应力按照由于纤维失效与剥离失效造成的总失效概率进行计算。破坏的作用是通过使用当前周期应力来替换先前周期（第一个周期的真实应力）的应力来嵌入模型的。

按照以上的运算法则与描述方法，由于周期加载过程是在两个不同纤维排列模型而进行的。模型 1 有较好的均匀性，相对而言，模型 2 均匀性要差一些。在第 8～9 个周期后从应力-应变曲线中可以看出，在应变为 3% 时才会出现稳定化的周期。

在包括破坏作用与塑性的周期载荷下，预测聚丙烯复合材料的材料行为。模拟试验结果表明模型 2 比模型 1 有更强的破坏作用。在弹性区域中，这模型 1 和模型 2 都没有明显的材料特性变化。纤维的不同排列决定了破坏的发展，这也就是为什么模型 1 相比模型 2 在周期载荷情况下显示出了较好的抗疲劳行为。

在复合材料中，疲劳破坏的机制导致了材料中任何地方都可能出现裂纹。这些裂纹来源于不同的破坏机制，如纤维失效、表面剥离等，这些导致了各方向材料整体性能的下降。在模型 1 的情况下，有效杨氏模量的减小比模型 2 的要小。由于纤维更多的非均匀排列（模型 2），破坏的发展比在均匀纤维排列时要强烈得多。

为了证明这个方法的有效性，对 $Al_2O_3$ 短纤维增强铝基复合材料采用了相同的处理过程并与实验结果进行比较，实验与模拟的结果保持着相当好的一致性。实验结果和分析表明，纤维破裂影响了复合材料的失效，因此而降低了复合材料的有效杨氏模量。

K. Zhu 和 S. Schmauder[11] 根据 Weibull 定律应用 2D 和 3D 有限元（FE）模型单元，分析模拟了在不同载荷情况下围绕纤维的基体塑性流动及损伤规律。他们研究了短纤维增强聚合物基（polymer matrix composites，PMCs）和金属基（metal matrix composites，MMCs）性能，实验结果和数值模拟结果具有很好的一致性。图 7.15 为平面随机分布短纤维增强聚合物复合材料试验和有限元模拟预测结果的比较，在较小应力情况下非常吻合，应力越大，其偏差就越大。图 7.16 表示了 20% 纤维增强聚合物复合材料在不同特征应力 $\sigma_0$（400～500MPa）下平面随机分布短纤维增强聚合物复合材料失效的概率。由图可知，纤维断裂概率随 $\sigma_0$ 的减小而增大，复合材料中纤维强度越大，纤维断裂的可能性就越小。

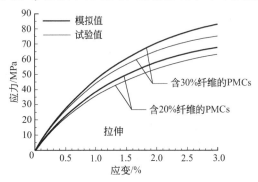

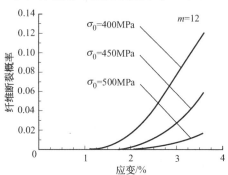

图 7.15　平面随机分布短纤维增强聚合物复合
材料试验和有限元模拟预测结果的比较

图 7.16　不同 $\sigma_0$ 下平面随机分布短纤维增强
聚合物复合材料失效的概率（20% 纤维）

复合单元模型（combined cell models，CCM）应用于金属基或高分子基短纤维增强复合材料的模拟，得到了非常满意的结果。统计复合单元模型（statistical combined cell models，SCCM）可用于预测其疲劳性能。

### 7.5.2　纤维增强复合材料压缩失效模拟[12]

纤维增强复合材料在压力下也会产生失效，主要是因为基体与纤维的性能差别。由于 3D 有限元分析方法描述微观的失稳机理更为精确，所以吸引了许多研究者。

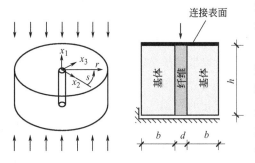

图 7.17　复合材料的 3D 特征单元

Lapusta 等应用 3D 有限元方法（FEAP）研究了纤维增强复合材料在弯曲载荷下纤维微观失稳的模型。复合材料的基体是均质的，纤维体积分数较小，并且不考虑纤维之间的作用。模拟了复合材料特征单元的稳定性行为，表征为单元基体中含有单个纤维。纤维直径为 $d$，单元高度为 $h$。特征单元的表征如图 7.17 所示，设单元底部固定在长度 $x_1$ 轴方向，顶部所有结点都与 $x_1$ 轴相联系。假设纤维与基体界面完全黏合，界面处的拉引力和位移是连续的。单元界面横向不受力。

研究者采用了基于六面体几何学的非线性有限元标准位移，研究了三种不同的有限元几何学模型（图 7.18）。计算了临界轴向位移 $u_1$，定义了失稳发生时的临界缩小值 $u_1/h$。在图 7.18 中，（a）和（b）两种 FE 模型中，在 $r$ 方向和 $s$ 方向采用了 12 个单元，在 $x_1$ 方向取 $k=12$ 个单元。（c）的有限元模型：在 $x_3$ 方向取 $m=16$，在 $x_2$ 方向取 $n=8$，在 $x_1$ 方向取 $k=12$。再应用这些参数仔细分析每个模型的收敛行为。应用本征值公式(7.40)计算临界缩小值 $u_1/h$：

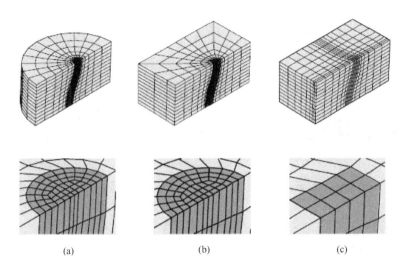

(a)       (b)       (c)

图 7.18　不同有限元模型特征单元第 1 次弯曲载荷时本征值和纤维离散化细节

$$(\boldsymbol{K}_{\mathrm{T}} - \omega_1)\boldsymbol{\phi} = 0 \tag{7.40}$$

式中，$\boldsymbol{K}_{\mathrm{T}}$ 为几何非线性刚性基体；$\omega$ 是本征值；$\boldsymbol{\phi}$ 为本征矢量。$\omega=0$ 时为稳定点。在一定精度范围的计算过程中，为找到临界缩小值 $u_1/h$，采用了中分定理。并根据式（7.41）比较了这些具有线性弯曲参数分析的计算：

$$(\boldsymbol{K}_0 + \Lambda \boldsymbol{K}_{\mathrm{G}})\boldsymbol{\psi} = 0 \tag{7.41}$$

这里，$\boldsymbol{K}_0$ 为线性刚性基体；$\boldsymbol{K}_{\mathrm{G}}$ 为几何刚性基体；$\Lambda$ 是临界载荷参数；$\boldsymbol{\psi}$ 是相应的变征矢量。对于各向同性纤维的情况，选择材料参数：$E^{\mathrm{f}}=4\times10^{11}$ Pa，$E^{\mathrm{m}}=2.5\times10^9$ Pa，$\nu^{\mathrm{f}}=\nu^{\mathrm{m}}=0.3$，$d=8\times10^{-6}$ m。每个特征单元的高度 $h$ 是逐步增加的。临界位移 $u_1$ 作为半波长 $L$ 的函数，可计算。图 7.19 表示了这函数，$u_1/h=f(L/d)$。

模型（c）服从于缩小最小值，和模型（a）相比大约有 5.3% 的差别，而模型（b）约有 1.4% 的差别。和模型（a）、模型（b）相比，模型（c）是容易离散的。另外，模型（a）和模型（b）描述纤维比较精确，适用于要求较高精确度的场合。图 7.20 和图 7.21 为临界缩小值 $u_1/h$ 的收敛情况。这里，当固定其他方向的结点数量，通过在一个方向上增加结点数量来精确计算

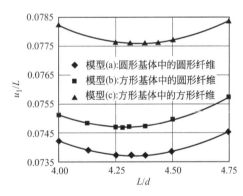

图 7.19　临界缩小值 $u_1/h$ 为 $L/d$ 的函数

分析。这临界缩小值的偏差 $D$（%）范围在 0～7% 之间。为了验证几何非线性的影响，同样计算了线性弯曲参数 ［式（7.41）］，两者的计算结果如表 7.9 所示。计算模拟结果表明该计算模型有很好的收敛性，纤维各向异性较大地减小了临界载荷，其减小值主要取决于纤维的切变模量。

表 7.9　应用线性和非线性拉普拉斯参数计算的临界缩小值比较

| 模　　型 | $L/d$ | $u_1/L$［式(7.40)］ | $u_1/L$［式(7.41)］ | 式(7.42)的偏差/% |
|---|---|---|---|---|
| 模型(a) | 4.3125 | 0.0737 | 0.0690 | −6.4 |
| 模型(b) | 4.2813 | 0.0747 | 0.0697 | −6.7 |
| 模型(c) | 4.3750 | 0.0776 | 0.0750 | −3.4 |

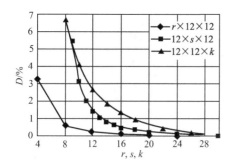
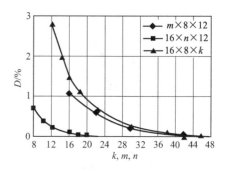

图 7.20　模型（a）的收敛性　　　　　　图 7.21　模型（c）的收敛性

# 本 章 小 结

　　复合材料因具有可设计性的特点而受到材料科学工作者的重视，材料的复合是材料发展的必然趋势之一。要使复合材料得到快速和有效的发展，一方面必须对复合材料的基础理论进行深入研究，另一方面应不断地提高复合材料的设计水平和创造新的制备方法。复合材料的虚拟设计新思路是一个很重要的发展方向，这是建立在计算技术和材料科学理论发展的基础上的设计方法，能为设计开发新材料作出较大贡献的。复合材料的基础理论问题很多，最突出的是界面问题和可靠性问题。

　　在结构复合材料设计时，减轻重量与降低成本是一个矛盾的统一体。一般情况下，复合材料的结构与刚度是设计中需要重点考虑的因素。由于复合材料制备工艺的复杂性，影响复合材料性能的因素比较多，所以复合材料的制备工艺也是在设计中必须考虑的问题。复合材料与传统材料相比有许多不同的优点，最明显的是性能的各向异性和可设计性。复合材料的材料-设计-制造-评价一体化技术是 21 世纪的发展趋势。

## 习题与思考题

　　1. 简述金属基复合材料的分类和性能特点。

　　2. 如何选择金属基复合材料的增强体和基体材料？

　　3. 金属基复合材料有哪些界面结合形式和界面类型？

　　4. 论述金属基复合材料的界面浸润、界面反应及控制方法。

　　5. 对比分析纤维、晶须和颗粒增强金属基复合材料的力学性能规律。

　　6. 复合材料的结构设计应注意哪些因素？

　　7. 列举和分析 2 例自然界中存在的复合材料。

　　8. 试述有限元方法在复合材料模拟设计中作用。

## 参 考 文 献

［1］　吴人洁主编. 复合材料. 天津：天津大学出版社，2000.

［2］　赵玉涛，戴起勋，陈刚主编. 金属基复合材料. 北京：机械工业出版社，2007.

［3］　戴起勋，赵玉涛等编著. 材料科学研究方法. 北京：国防工业出版社，2004.

［4］　Yan Y W，Geng L，Li A B. Experimental and numerical studies of the effect of particle size on the deformation behavior of the metal matrix composites. Mater. Sci. and Eng. A，2007，448：315～325.

［5］　Igor Sevostianov，Mark Kachanov. Connection between elastic moduli and thermal conductivities of anisotropic short fiber reinforced thermoplastics：theory and experimental verification. Mater. Sci. and Eng. A，2003，360：339～344.

[6] Igor Sevostianov，Mark Kachanov. Plasma-sprayed ceramic coatings：anisotropic elastic and conductive properties in relation to the microstructure：cross-property correlations. Mater. Sci. and Eng. A，2001，297：235～243.

[7] Sevostianov I，Verijenko V，Kachanov M. Cross-property correlation for short fiber reinforced composites with damage and their experimental verification. Composites B，2002，33：205～213.

[8] Zhao H F，Hu G. K，Lu T. J. Cross-property relations for two～phase planar composites. Computational Materials Science，2006，35：408～415.

[9] GuzI A，Rodger A A，Guz A N，et al. Developing the mechanical models for nanomaterials. Composites A，2007，38：1234～1250.

[10] Kabir M R，Lutz W，Zhu K，et al. Fatigue modeling of short fiber reinforced composites with ductile matrix under cyclic loading . Computational Materials Science，2006，36：361～366.

[11] Zhu K，Schmauder S. Prediction of the failure properties of short fiber reinforced composites with metal and polymer matrix. Computational Materials Science，2003，28：743～748.

[12] Lapusta Y，Harich J，Wagner W. Micromechanical formulation and 3D finite element modeling of microinstabilities in composites. Computational Materials Science，2007，38：692～696.

# 第**8**章
## 功能复合材料设计

通常把力学性能以外，具有良好物理性能（如光、电、磁、热等）的复合材料称为功能复合材料。功能复合材料是由基体和功能体组成的多相材料。复合材料的功能特性主要由功能体贡献，加入不同特性的功能体可得到不同特性的功能复合材料。当然在有些情况下，功能复合材料和结构复合材料是相对而言的，而且有时既要有一定的力学性能，还需要具备某功能特性，即功能-结构的复合材料，这也是一个重要的发展方向。在目前研究的新材料研究中，大约有 80％以上是功能性新材料的开发，主要应用目标是各行业的高新技术领域。

## 8.1  功能复合材料设计概述[1~5]

### 8.1.1  功能复合材料种类

先进功能复合材料起源于 20 世纪五六十年代的航空、航天和国防等尖端技术领域的需求。目前，美国最先进的第四代战斗机上树脂基复合材料用量达到 24％～36％，而欧洲战斗机的复合材料用量更是高达 40％。在航空发动机方面，国外先进航空发动机已系统应用了能在 316℃下使用的树脂基复合材料，应用于 760℃的钛基复合材料，可用于 1300℃的陶瓷基复合材料和 1600℃以上的抗氧化的 C-C 复合材料。今天，先进复合材料继续保持着自己在这些战略领域最富研究潜力的复合材料地位，并带动了整个工业技术领域的进步。

功能复合材料最近一些年来，发展非常快。功能复合材料除了具有复合材料的一般特性外，还具有如下一些特点：①应用面宽，用于特殊用途，根据需要可设计与制备出不同功能的复合材料，以满足现代高新技术发展的要求；②研制周期短，一种结构材料从研究到应用，一般需要 5～10 年时间，而功能复合材料的研制周期比较短；③附加值高，单位质量的价格与利润远高于结构材料；④小批量，多品种，功能复合材料基本上都是品种多，生产批量小。

先进复合材料领域的一个重要发展方向是"结构-功能一体化"技术（function-integrated composites），这些复合材料技术在航空、航天、兵器、舰船等领域都有广泛的应用。随着人们对复合材料科学与技术在认识和实践两方面的深入研究，智能复合材料和纳米复合材料等一大批新材料、新技术正在蓬勃兴起。同时，先进复合材料技术和现代计算技术、现代制造技术、表征测试技术和应用技术相结合，开创着 21 世纪先进复合材料的新纪元。

功能复合材料的种类也比较多，在实际使用中习惯上按功能分类。主要分为磁功能复合材料、电功能复合材料、光功能复合材料、热功能复合材料、摩擦功能复合材料、阻尼功能复合材料、防弹功能复合材料等，其分类和用途举例见表 8.1。

表 8.1 主要功能复合材料的类型与用途

| 功能特征 | 主要类型 | 用 途 |
|---|---|---|
| 磁功能 | 屏蔽复合材料 | 柔韧磁体、磁记录 |
|  | 吸波复合材料 | 隐身材料 |
|  | 透波复合材料 | 雷达罩、天线罩 |
| 电功能 | 聚合物基导电复合材料 | 屏蔽 |
|  | 本征导电聚合物材料 | 防静电、开关 |
|  | 压电复合材料 | 压电传感器 |
|  | 陶瓷基导电复合材料 | 高压绝缘 |
|  | 水泥基导电复合材料 | 建筑物绝缘 |
|  | 金属基导电复合材料 | 高强、耐热导电材料 |
|  | 导电纳米复合材料 | 锂电池 |
|  | 超导导电复合材料 | 医用核磁成像技术 |
| 光功能 | 透光复合材料 | 农用温室顶板 |
|  | 光传导复合材料 | 光纤传感器 |
|  | 发光复合材料 | 荧光显示板 |
|  | 光致变色复合材料 | 变色眼镜 |
|  | 感光复合材料 | 光刻胶 |
|  | 光电转换复合材料 | 光电导摄像管 |
|  | 光记录复合材料 | 光学存储器 |
| 热功能 | 烧蚀防热复合材料 | 固体火箭发动机喷管 |
|  | 热适应复合材料 | 半导体支撑板 |
|  | 阻燃复合材料 | 车、船、飞行器等内装饰材料 |
| 摩擦 | 摩阻复合材料 | 汽车刹车片 |
|  | 减摩复合材料 | 轴承 |
| 阻尼 | 热损耗阻尼复合材料 | 洗衣机外壳、网球拍 |
|  | 磁损耗阻尼复合材料 | 桥梁减振 |
|  | 电损耗阻尼复合材料 | 智能声控 |
| 防弹 | 软质防弹装甲 | 防弹衣 |
|  | 复合材料层合板防弹装甲 | 防弹头盔 |
|  | 陶瓷/复合材料防弹装甲 | 航空复合装甲 |
| 抗辐射 | 防紫外线复合材料 | 遮阳伞 |
|  | 防 X 射线复合材料 | X 射线摄影纱 |
|  | 防 γ 射线复合材料 | γ 射线防护服 |
|  | 防中子复合材料 | 中子辐射防护服 |
|  | 防核辐射复合材料 | 核废料容器 |

## 8.1.2 功能复合材料的设计特点

### 8.1.2.1 功能复合材料设计的复杂性

功能复合材料是指主要以提供某些物理性能的复合材料，如导电、导热、磁性、阻尼、摩擦、防热等功能。功能复合材料主要由一种或多种功能体和基体组成。在单一功能体的复合材料中，功能性质由功能体提供；基体既起到粘接和赋形的作用，也会对复合材料整体的物理性能有影响。多元功能复合材料具有多种功能，还可能因复合效应出现新的功能。

功能材料很难用一种物理量来衡量，需要用材料的优值进行综合评价。材料的优值是由几个物理参数组合起来对材料使用性能进行表征的量。复合材料有很多途径可以达到高优值，即按照要求调整其特有的参数，经设计有关的物理组元来满足材料性能。此外还可应用复合材料的复合效应来设计、制造各种功能复合材料。目前，运用乘积效应已经成功地设计出新型功能复合材料。功能复合材料具有较大的设计自由度。

从某种意义上说，功能复合材料的设计要比结构复合材料的设计复杂。结构复合材料设计主要考虑力学性能，力学性能的计算设计有比较成熟的理论与计算式。而功能复合材料性能的设计则不同，由于功能特性广泛，材料的功能体现比较复杂，而且没有统一的、成熟的设计理论。功能复合材料的设计原则主要是：①首先考虑关键的性能；②兼顾其他性能；③选择性能分散性小的材料；④采取尽可能简单、方便的成型工艺；⑤合理的经济性。

### 8.1.2.2　功能件金属基复合材料的基体选择

功能用金属基复合材料随着电子、信息、能源、汽车等工业技术的不断发展，越来越受到各方面的重视，面临广阔的发展前景。这些高技术领域的发展要求材料和器件具有优异的综合物理性能，如同时具有高力学性能、高导热、低热膨胀、高导电率、高抗电弧烧蚀性、高摩擦系数和耐磨性等。单靠金属与合金难以具有优异的综合物理性能，而要靠优化设计和先进制造技术将金属与增强物做成功能复合材料来满足需求。例如电子领域的集成电路，由于电子器件的集成度越来越高，单位体积中的元件数不断增多，功率增大，发热严重，需用热膨胀系数小、导热性好的材料做基板和封装零件，以便将热量迅速传走，避免产生热应力，来提高器件可靠性。又如汽车发动机零件要求耐磨、导热性好、热膨胀系数适当等，这些均可通过材料的组合设计来达到。

由于工况条件不同，所需用的材料体系和基体合金也不同。目前已有应用的功能金属基复合材料（不含双金属复合材料）主要有用于微电子技术的电子封装材料，高导热、耐电弧烧蚀的集电材料和触头材料，耐高温摩擦的耐磨材料，耐腐蚀的电池极板材料等。主要选用的金属基体是纯铝及铝合金、纯铜及铜合金、银、铅、锌等金属。

用于电子封装的金属基复合材料有：高碳化硅颗粒含量的铝基（$SiC_p/Al$）、铜基（$SiC_p/Cu$）复合材料，高模量、超高模量石墨纤维增强铝基（$Gr/Al$）、铜基（$Gr/Cu$）复合材料，金刚石颗粒或多晶金刚石纤维铝、铜复合材料，硼/铝复合材料等。

用于耐磨零部件的金属基复合材料有：碳化硅、氧化铝、石墨颗粒、晶须、纤维等增强的金属基复合材料，所用金属基体主要是常用的铝、镁、铜、锌、铅等金属及合金。

用于集电和电触头的金属基复合材料有碳（石墨）纤维、金属丝、陶瓷颗粒增强铝、铜、银及合金等。

功能用金属基复合材料所用的金属基体均具有良好的导热、导电性和良好的力学性能，但有热膨胀系数大、耐电弧烧蚀性差等缺点。通过在这些基体中加入合适的增强物就可以得到优异的综合物理性能，以满足各种特殊需要。如在纯铝中加入导热性好、弹性模量大、热膨胀系数小的石墨纤维、碳化硅颗粒就可使这类复合材料具有很高的热导率和很小的热膨胀系数，满足了集成电路封装散热的需要。

随着功能金属基复合材料研究的发展，将会出现更多的品种。

### 8.1.2.3　功能复合材料的可靠性

功能材料的可靠性是指系统或部件在给定的使用时期内，在给定的环境条件下，能够顺利地完成原设计性能的概率，或者说能够正常工作的能力。复合材料可靠性的合理评价是影响复合材料发展的主要原因之一。与结构材料相比，功能复合材料由于其材料、工艺和结构特点所定，要提高其可靠性的难度和复杂性是显而易见的。

（1）组分材料的多重性　功能复合材料是由功能体和基体构成，除了功能体与基体的相对含量和结合情况对其性能有影响外，功能体与基体的性能对复合材料的整体性能更有直接的影响。例如树脂基复合材料，其基体由树脂、固化剂等添加剂组成，而树脂又是合成得到的。因此要提高复合材料的性能可靠性，必须从构成复合材料的组元材料的质量控制开始。

（2）材料-结构-工艺的一体化　虽然所有材料的成分-工艺-组织结构-性能是一个密切相

关的有机整体，但是这种系统一体化的特性在功能复合材料中特别明显。功能复合材料的制备往往在材料成型的同时，其产品结构、性能也就定型了。因此，工艺过程中的每一步都会直接影响复合材料产品的功能特性。金属基功能复合材料也是如此，在制备过程中，功能体在金属基体中的分布情况和功能体与基体间的界面情况等都是影响复合材料的工艺性因素。所以，要提高功能复合材料的可靠性，控制好复合材料的工艺因素是关键。

目前功能复合材料从设计到制备全过程中的可靠性还存在着许多问题，如材料特性知识的缺乏、实验数据比较少、材料性能的分散性、制备工艺的不稳定性、制备技术和装备的不完善等。功能复合材料质量的客观评价与有效控制对提高其性能可靠性至关重要。基本上可通过三个方面来实现：一是原材料质量的稳定性和复合材料制备过程工艺质量的控制；二是对复合材料进行抽样检测；三是用无损检测技术对复合材料及其产品构件进行质量评价。不断地进行试验和分析研究，从中找出规律，使功能复合材料的一体化设计-制备-评价过程不断地完善、改进和优化，提高其产品的可靠性。

### 8.1.3 金属基功能复合材料的设计方法

#### 8.1.3.1 复合材料物理性能的复合准则

复合材料不同组元参数的复合，物理性能的实际复合效果也有所不同。在复合材料物理性能方面，通过定量关系来预测其复合效果远落后于复合材料力学性能的研究。因此，许多情况的物理性能的复合效应仍然需要依靠大量的试验数据来判断。作为粗略的近似，经常应用如下通式的混合定律：

$$P_c^n = \sum P_i^n V_i \qquad (8.1)$$

式中，$P_c$ 和 $P_i$ 分别为复合材料和组分的某些性质；$V_i$ 为组分的体积分数。并联模型时，$n=1$；串联模型时，$n=-1$。

复合材料的物理性能由组分的性能和复合效应所决定。要改善复合材料的物理性能或者对某些功能进行设计时，往往更倾向于应用一种或多种填料。相对而言，可作为填料的物质种类很多，可用来调节复合材料的各种物理性能。当然也得注意，为了某种理由而在复合体系中加入某物质时，可能会对其他性质产生副作用。因此，需要针对实际情况对加入物质的性质、含量及其与基体的相互作用进行综合考虑。

复合体系具有两种或两种以上的优越性能，称为组合复合效应。许多力学性能优异的复合材料同时也具有其他良好的功能性质。下面列举一些典型例子。

（1）光学性能与力学性能的组合复合 玻璃纤维增强聚酯复合材料同时具有充分的透光性和足够的比强度，这些复合特性对需要透光的建筑结构制品是很有用的。国外研究开发的氢化丁苯橡胶/聚丙烯、蒙脱石/尼龙等新型纳米复合材料具有良好的透光性和传统透光材料所没有的高强度和耐冲击性能。

（2）电性能与力学性能的复合 玻璃纤维增强聚合物基复合材料具有良好的力学性能，又是一种优良的电绝缘材料。这种复合材料在高频作用下，仍能保持良好的介电性能，又具有电磁波穿透性，可制作雷达天线罩。

（3）电性能/热性能/力学性能的组合复合 金属基复合材料除了具有高模量、高强度的特点外，还具有高抗冲击性以及高导电和导热性，可以使局部的高温热源和电荷很快地扩散消失，有利于解决热气流冲击、雷击问题。在传统的导电材料中加入增强物以进一步提高强度和耐热性能，如 $Al_2O_3/Cu$ 弥散强化复合材料具有很高的强度，而导电性能与铜相比几乎没有下降，可满足电气产品高性能、高容量的需求。

#### 8.1.3.2 功能复合材料调整优值的途径

衡量一个功能复合材料的优劣是很难用单一的物理参量来比较的，需要进行综合评价。功能复合材料可以通过改变复合结构的复合度、对称性、尺度和分布及周期性等因素，较大幅度地调整物理张量组元的数值，找到最佳组合，获得最高优值（figure of merit）。

（1）调整复合度（compositivity） 复合度是参与复合各组分的体积（或质量）分数。

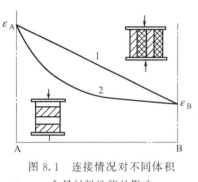

图 8.1 连接情况对不同体积
含量材料性能的影响
1—并联；2—串联

由于把物理性质不同的物质复合在一起，可以改变各组成的含量，使复合材料的某物理参数在较大范围内任意调节。同时材料的布局结构（如两种材料并联或串联）也能得到不同的变化。例如介电性质为 $\varepsilon_A$ 的 A 物质与 $\varepsilon_B$ 的 B 物质复合则可得到如图 8.1 所示的结果。并联和串联的公式就是常用的混合法则（或称混合率）。

并联时
$$\varepsilon = V_A \varepsilon_A + V_B \varepsilon_B \tag{8.2}$$

串联时
$$\frac{1}{\varepsilon} = \frac{V_A}{\varepsilon_A} + \frac{V_B}{\varepsilon_B} \tag{8.3}$$

（2）调整连接方式（connectivity） 复合材料中各组分在三维空间中互相连接的形式是可以任意调整的。各种材料组分具有不同的几何形状，如颗粒状（零维，以 0 表示）、纤维状（一维，以 1 表示）、片膜状（二维，以 2 表示）和网络状（三维，以 3 表示）。可以根据需要选择不同形状的组分进行复合。例如需要功能材料是各向异性的，可用 0-3 型（或 3-0 型），即颗粒分散在连续介质或网络中；如果要求具有单向性能则可用 1-3 型，使沿纤维状功能体轴向的某性能远大于其他轴向性能；2-2 型复合时可有并联与串联情况（图 8.1）。连接方式的数目 $C_n$ 与复合材料中所含组分数目 $n$ 有关，可按式(8.4) 计算：

$$C_n = \frac{(n+3)!}{(n! \times 3!)} \tag{8.4}$$

（3）调整对称性（symmetry） 复合材料的对称性是功能复合材料各组分内部结构及其在空间几何布局上的对称特征。对称性描述的方法有结晶学点群（crystallographic point group）、居里群（cutie group）和黑白群（black and white group）等。在许多情况下，复合材料的对称性仍可用结晶学中的 32 类点群来描述。有时，复合材料的对称性不能用结晶学点群来描述，就需要引入无限转轴，这时可用居里群表示。居里群有 $\infty\infty$m、$(\infty/m)$ m、$\infty\infty$、$\infty$m、$\infty/m$、$\infty 2$ 和 $\infty$七种。不同功能复合材料的对称性须选用不同的描述方法。例如对 0-3 型复合材料，如果把球形颗粒分散在基体中可构成各向同性的复合材料，其居里群表示为 $\infty\infty$m，其光率体为一圆球；但如果用针形颗粒并按一定的方向排列，则复合材料的对称性呈各向异性，其居里群为 $(\infty/m)$ m，此时可产生双折射行为。而光率体为一旋转椭球体并属正光性。尽管材料不变，但改变了分散相的形状并使之在空间对称性上发生变化，其光学性质就会完全不同。

（4）调整尺度（scale） 当功能体尺寸从微米、亚微米减小到纳米时，原有的宏观物理性质会发生很大的变化，这是由于物体尺寸减小时表面原子数增多引起的。当达到纳米尺度时材料的表面为主要成分，如直径为 2nm 时，其表面的原子数将占总数的 80%，出现了量子尺寸效应。另外，在原有周期性的边界条件上发生变化会使物理性质出现新的效应。因此，改变复合材料功能体的尺寸可使复合材料物理性能发生很大变化。如产生协同效应，使复合材料的电学、光学、光化学、非线性光学等出现异常的行为。

（5）调整周期性（periodieity）　一般随机分布的复合材料是不存在周期性的，即使存在一定统计平均的近似周期关系，也不能因此而产生功能效应。然而，如果采用特殊工艺使功能体在基体内呈结构上的周期分布，并使外加作用场（如光、声、电磁波等）的波长与此周期呈一定的匹配关系，便可产生功能作用。例如，将经极化的压电陶瓷纤维按一定的周期距离排列在聚合物基体中，如果施加一定波长的交变电压于此功能复合材料上，使之成为谐振器，则会发生比单纯用压电陶瓷时大得多的振动。这是因为复合材料中的聚合物基体比陶瓷模量小很多，因此产生很大的增幅，从而出现机械放大行为。

由于工艺难度大等因素的限制，在上述五种调节方法中，一般仅用复合度相连接方式对功能复合材料的性质进行调节。尽管如此，这已为设计复合材料提供了很大的自由度。

### 8.1.3.3　利用复合效应创造新型功能复合材料

复合效应是复合材料特有的效应。结构复合材料基本上通过其中的线性效应起作用，但功能复合材料不仅能通过线性效应起作用（如复合度调节作用利用加和效应和相补效应），更重要的是可利用非线性效应设计出许多新型的功能复合材料。

乘积效应是在复合材料两组分之间产生可用乘积关系表达的协同作用。例如把两种性能可以互相转换的功能材料，热-形变材料（以 X/Y 表示）与另一种形变-电导材料（Y/Z）复合，其效果是：

$$(X/Y)(Y/Z) = X/Z \tag{8.5}$$

即由于两组分的协同作用得到一种新的热-电导功能复合材料。借助类似关系可以通过各种单质换能材料复合成各种各样的功能复合材料。表 8.2 列出了部分实例。这种耦合的协同作用之间存在一个耦合函数 $F$，即

$$f_A F f_B = f_C \tag{8.6}$$

式中，$f_A$ 为 X/Y 换能效率；$f_B$ 为 Y/Z 换能效率；$f_C$ 为 X/Z 换能效率。$F \to 1$ 表示完全耦合，这是理想情况，实际上达不到。因为耦合还与相界面的传递效率等因素密切相关，还需要深入研究。

表 8.2　部分单质换能功能材料以乘积效应取得的结果

| A 相换能材料<br>（X/Y） | B 相换能材料<br>（Y/Z） | A-B 功能复合材料<br>（X/Y）（Y/Z）=（X/Z） | 用途 |
| --- | --- | --- | --- |
| 热-变形 | 形变-电导 | 热-电导 | 热敏电阻,PTC |
| 磁-形变（磁致伸缩） | 压力-电流（压电） | 磁力-电流 | 磁场测量元件 |
| 光-导电 | 电-变形（电致伸缩） | 光-形变（光致伸缩） | 光控机械,运作元件 |
| 压力-电场 | 电场-发光（场致发光） | 压力-发光 | 压力过载指示 |
| 压力-电场 | 电场-磁场 | 压力-磁场 | 压磁换能器 |
| 光（短波长）-电流 | 电流-发光（长波长） | 光（短波长）光（长波长） | 光波转换器（紫外-红外） |

除了乘积效应外，还有系统效应、诱导效应和共轭效应等，但机理还不很清楚。从实际现象中已经发现这些效应，但还未应用到功能复合材料中。

在大部分弹性系统中，物体在形变时受到了相同方向的力分量，所以其刚度是正的。负的结构刚度（力/位移的比值）能发生在被抑制的材料体系中，如紧固连接件，具有一定的储存能。弹性模量和应力应变比值是材料刚度的衡量参数。一般复合材料具有正的刚性组元（positive-stiffness constituents），因此具有各组元的组合性能，其模量不会超过组元的

性能。

Jaglinski 等[6]研究了一种锡基复合材料（Sn-BaTiO₃）。钛酸钡具有铁弹性、铁电性，其相变具有晶体的体积变化和形状变化两类，在 $T_c$ 接近 120℃时发生立方到四方相的相变，在 5℃时产生四方到正交相的相变。在这些复合材料中，钛酸钡夹杂单独存在于基体中，受到周围基体的抑制。如果钛酸钡夹杂不被抑制，则会发生体积相变。这种抑制作用稳定了钛酸钡夹杂的负的体积模量（negative bulk modulus，or inverse compressibility）。具有 150～210$\mu m$ 尺寸的多晶体钛酸钡粒子在这些复合材料中可压缩为小于 1$\mu m$，所以在 BaTiO₃ 夹杂中储存了很大的弹性能。与周期性复合的材料相比，由惯性共振效应（inertial resonant effects）而表现出了负的曲折（negative refraction），因此使复合材料具有负的体积模量。

这种复合材料的黏弹性模量（viscoelastic modulus）远高于其组元的模量，甚至从本质上说该复合材料的模量要比金刚石大。图 8.2 显示了含有体积分数 10% BaTiO₃ 的 Sn-BaTiO₃ 复合材料在一个很窄的温度范围内具

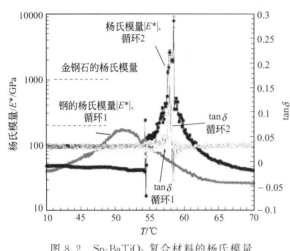

图 8.2 Sn-BaTiO₃ 复合材料的杨氏模量 $|E^*|$ 和黏弹性损耗角 tanδ 随温度的变化

有很高的模量，甚至比金刚石的模量还要高。δ 为应力和应变之间的相角，tanδ 为黏弹性介质损耗角正切，$|E^*|$ 为复合黏弹性模量的绝对值。BaTiO₃ 的杨氏模量为 100GPa，而 Sn 的杨氏模量为 50GPa。

这些复合材料在高温条件下应用具有很好的潜在优势。

### 8.1.4 仿生复合材料的设计[1]

#### 8.1.4.1 生物材料结构的功能特点

生物由于有着优化的复合组织结构而具有优良的性能特性，为仿生复合材料的设计展示了诱人的前景。应该说，几乎所有的生物都具有复合材料的结构。

（1）生物材料的复合特性 经过多少年进化后生存下来的生物，其结构都符合环境的要求，并且达到了优化的高水平。组成单元的层次结构在植物界和动物界都非常普遍。植物细胞和动物骨骼都可视为生物材料的增强"纤维"；木材的宏观结构是由树皮、边材和芯材组成的复合材料，而微观结构是由许多功能不同的细胞构成。在木材超细结构中的细胞壁可以看作多层的复合柱体，每层中微纤维的升角都是不同的，这些结构特点对木材的力学性能有很大的贡献。

（2）生物材料的功能适应性 无论是从形态学的观点还是从力学的角度来看，生物材料都是十分复杂的。这是长期以来自然进化选择的结果，是由功能适应性所决定的，应该说基本上是符合自然界的最小能量原理、最大（小）阻力原理和最优功能化原理的。

例如对于动物的骨骼结构来说，骨骼承担了大部分的外来载荷，即使骨的外形不规则且内部组织分布不均匀，但承受高应力区的骨骼往往是具有高密度和高质量的物质区域。再如，树木具有负的向地性，一旦在外界环境作用下树木发生了倾斜，偏离了正常位置，那么就会在高应力区产生特殊结构，力图使树干重新恢复正常位置。这些说明了树木具有某种反

馈能力和自我调节能力。

（3）生物材料的创伤愈合　生物有机体的显著特点之一是具有再生机能，受到损失破坏后机体能自行修补愈合。例如，骨折后断裂处的血管破裂，形成了以裂口为中心的血肿和血凝块，初步将裂口连接。骨折后，裂口附近的骨内膜和骨外膜开始增生和加厚，成骨细胞大量生长而制造出新的骨组织，即逐渐产生出骨痂。与此同时，裂口内的纤维骨痂将逐渐变成软骨，进一步增生而形成中间骨痂，然后中间骨痂和内外骨痂合并，在成骨细胞和破骨细胞的共同作用下将原始骨痂逐渐改变成正常骨。

### 8.1.4.2　功能复合材料的仿生设计内容

广义生物材料的内涵比较丰富，一般可有生物改进材料（bio-improvement）、分子生物材料（biomolecules）和受生物启发的材料（bio-inspired）等。根据仿生的主要目的，可将材料的仿生设计分为以下几类。

（1）材料的结构仿生　从不同层次进行材料的结构仿生，目前已经进行到比较深的层次。近年来在生物矿化和分子组装方面也有了新的进展。例如，李恒德和崔福斋等对人骨的微观结构和力学性能进行了系统而深入的研究，在此基础上研制了生物相容性良好的羟基磷灰石涂料及生物活性涂层，设计和制备了羟基磷灰石/胶原纳米复合材料和 $Al_2O_3$/纤维增强树脂层状仿生复合材料，材料的韧性等性能得到了显著提高。还有人以氮化硅为主制成了仿生珍珠层陶瓷，其强韧水平达到了很好的程度。

（2）材料的功能仿生　生物材料的结构功能一体化体现得十分完美。功能仿生主要体现在生物传感器、生物芯片和化学-力学一体化功能等。智能材料发展的理想途径应该是通过功能仿生研究来进行。

（3）材料的过程仿生　生物体能在温和的自然环境下合成与制造出通常人们需要在高温、高压条件下才能合成的材料。例如蜘蛛能在常温的水溶液中把可溶性蛋白质变成不溶性蛋白纤维束，强度很高；鲍鱼能利用简单的 $CaCO_3$ 产生超硬的外壳。

人们受到启发而进行的仿生制备过程也取得了很大的进展。人造蜘蛛丝已经可用来制造防弹衣。生命过程的最大特点是能够通过新陈代谢进行自恢复、自修复和自我更新。生命体或生物材料是一个开放体系，具有耗散结构，能够通过从外界补充能量和物质，通过自组织而产生。对传统工程材料的研究，人们往往都着人力研究裂纹的萌生和扩展，在思维和思路上却很少研究裂纹的缩小与消灭，很少着眼于材料内部组织结构和性能恢复与更新。应该说，生物材料的特殊过程给人们以很大的启发，可以从另一条路来设计和改进材料。

根据耗散结构理论，一个远离平衡的开放系统通过不断与外界交换物质和能量，在外界条件变化达到一定阈值时，能从原来的无序状态变成时间、空间和功能的有序状态。这种非平衡条件下新的有序结构称为耗散结构。从耗散结构和自组织过程的观点来看各种非平衡高技术可知，它们的共同特点都体现了开放体系在远离平衡态时的自组织过程。从这样一个统一的观点来看问题，就有可能从材料制备和处理的研究中探索出更多的有效新途径。图 8.3 示意了体系在微小的扰动下其动态参量的变化情况。在特殊约束值 $\lambda_c$ 以上，体系因微小扰动而离开了不稳定的状态，进入新的稳定状态——耗散结构。曲线 a，$\lambda < \lambda_c$，为稳定态；曲线 b 为不稳定态；曲线 c，$\lambda > \lambda_c$，为新的稳定态。

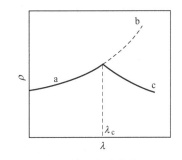

图 8.3　体系在微小扰动下动态参量的变化

## 8.2 热功能复合材料的设计[1~3,7~9]

Maxwell（1873）和 Rayleigh（1892）是最早对含夹杂复合材料进行了有效传导系数的计算。后来 Eshelby、Hill、Hashin 等进行了开拓性的工作。目前，有关复合材料物理特性的研究很多，这里仅简单介绍代表性的工作。

### 8.2.1 复合材料比热容加和性原理

复合材料的比热容与组分材料比热容之间的关系比较简单。研究表明，混合物的热容等于其组分物质的热容之和，其数学表达式为：

$$mC_P = \sum m_i C_{Pi} \tag{8.7}$$

式中，$m$、$C_P$ 分别表示混合物的质量及其比热容；$m_i$ 和 $C_{Pi}$ 分别表示 $i$ 组分的质量和比热容。事实上，除极少数几种物质外，纽曼-卡普定律是相当准确的。

复合材料的界面相可以看成是数种组分材料某种形式的化合物，而整个复合材料则可看成是各组分材料及界面相材料的某种混合物。把式(8.7)及纽曼-卡普定律运用到复合材料中便可得：

$$C_P = \sum M_i C_{Pi} \tag{8.8}$$

式中，$M_i$ 为各组分材料的质量分数。复合材料比热容与各组分材料比热容间的关系符合混合率，属典型的平均复合效应。

### 8.2.2 复合材料热膨胀系数的计算

表征材料受热时线度或体积变化程度的热膨胀系数，是材料的重要热物理性能之一。在工程技术中对于那些处于温度变化条件下使用的结构材料，热膨胀系数不仅是材料的重要使用性能，而且是进行结构设计的关键参数。材料的热膨胀性能的重要性还在于它与材料抗热震的能力、受热后的热应力分布和大小密切相关。特别是复合材料结构设计中常常使用各向异性的二次结构，材料的热膨胀系数及其方向性就显得尤其重要。

热膨胀系数分为线膨胀系数和体膨胀系数。线膨胀系数 $\alpha$ 和体膨胀系数 $\beta$ 的定义为：

$$\alpha = \frac{\left(\frac{\partial L}{\partial T}\right)_P}{L} \tag{8.9}$$

$$\beta = \frac{\left(\frac{\partial V}{\partial T}\right)_P}{V} \tag{8.10}$$

式中，$L$ 为材料的线度；$T$ 为材料的温度；$V$ 为材料的体积。

定义上述两个参数为真膨胀系数，即在某一温度点上的膨胀系数。工程上使用更多的是平均膨胀系数，相应的参数定义为：

$$\bar{\alpha} = \frac{\frac{\Delta L}{\Delta T}}{L} \tag{8.11}$$

$$\bar{\beta} = \frac{\frac{\Delta V}{\Delta T}}{V} \tag{8.12}$$

式中，$\Delta L$ 为材料线度的变化量；$\Delta T$ 为材料温度的变化量；$\Delta V$ 为材料体积的变化量。为方便起见，常将平均膨胀系数记作 $\alpha$ 和 $\beta$。一些组分材料和复合材料的热膨胀系数见表8.3和表8.4。

表 8.3  一些组分材料的热膨胀系数

| 材　　料 | $\alpha/\times10^6\mathrm{K}$ | 材　　料 | $\alpha/\times10^6\mathrm{K}$ |
|---|---|---|---|
| 石英玻璃 | 0.5 | 聚乙烯 | 120 |
| A 玻璃 | 10 | 聚丙烯 | 100 |
| 铁 | 12 | 聚四氟乙烯 | 140 |
| 铝 | 25 | 尼龙 66 | 80～100 |
| 铜 | 15 | 尼龙 11 | 15 |
| 环氧树脂 | 50～100 | 橡胶 | 250 |
| 碳化硅 | 3.5 | 聚碳酸酯 | 70 |
| 氧化铝 | 7.5 | ABS 塑料 | 90 |
| 镍 | 13.5 | 酚醛 | 55 |
| 聚酯树脂 | 100 | 聚苯乙烯 | 140 |

表 8.4  某些复合材料的热膨胀系数

| 复合材料 | $\alpha/\times10^6\mathrm{K}$ | 复合材料 | $\alpha/\times10^6\mathrm{K}$ |
|---|---|---|---|
| 30%玻璃纤维/聚丙烯 | 40 | 30%碳纤维/聚酯 | 9 |
| 40%玻璃纤维/聚乙烯 | 50 | 石棉纤维/聚丙烯 | 25～40 |
| 35%玻璃纤维/尼龙 66 | 24 | 30%玻璃纤维/聚四氟乙烯 | 25 |
| 40%碳纤维/尼龙 66 | 14 | 玻璃纤维/ABS | 29～36 |
| 单向玻璃纤维/聚酯 | 5～15 | 25% SiC/Al | 18 |

复合材料的热膨胀系数与其组分材料的性能（热膨胀、模量、泊松比等）、数量和分布情况有关。这里以颗粒填充式相分布为例说明复合材料热膨胀系数的计算，热膨胀只考虑因温度变化以及由此而产生的内应力带来的材料尺寸变化，并假设：

① 在考虑的起始温度下，复合材料内部没有应力存在；

② 各组分材料的变形协调，即在所考虑的范围内温度变化时，各组分材料的变形程度相同；

③ 温度变化时，复合材料内部的裂纹和空隙的数量和大小不发生变化；

④ 温度变化时，复合材料内部所产生的附加应力均为张应力和压应力。

对复合材料的每一微小单元 $\Delta V$，如其变形不受整体材料的约束，则在温度升高 $\Delta T$ 时，其体积变形量 $\Delta(\Delta V)'$ 由构成此体积单元的组分材料的体膨胀系数 $\beta_i$ 和温升 $\Delta T$ 所决定：

$$\Delta(\Delta V)' = \Delta V\beta_i\Delta T \tag{8.13}$$

事实上，此体积元的变形受整体材料的约束，其实际变形 $\Delta(\Delta V)$ 由复合材料的体膨胀系数 $\beta_i$ 和温升 $\Delta T$ 所决定，即

$$\Delta(\Delta V) = \Delta V\beta_C\Delta T \tag{8.14}$$

两种情况下的变形量差别是由此体积元和与周围材料间的应力作用导致。如以 $\sigma_i$ 表示该体积元与周围材料间的拉应力，根据虎克定律有：

$$\sigma_i = \frac{\Delta(\Delta V) - \Delta(\Delta V)'}{\Delta V}k_i \tag{8.15}$$

式中，$k_i$ 是体积元 $\Delta V$ 的体积模量。与杨氏模量的关系为：

$$k_i = \frac{E_i}{3\times(1-2\mu_i)} \tag{8.16}$$

根据以上各式，可以得到下面的关系式：

$$\sigma_i = k_i(\beta_C - \beta_i)\Delta T \tag{8.17}$$

考虑到复合材料的内应力之和应为零，并将复合材料等分为 $n$ 个体积元，则有：

$$\sum_{i=1}^{n} k_i(\beta_C - \beta_i)\Delta T = 0 \tag{8.18}$$

设该两相复合材料中的增强相体积分数为 $V_R$，则由增强相材料构成的体积元个数等于对 $nV_R$ 取整后的数值 $m = [nV_R]$。而连续相基体材料构成的体积元个数 $nm$。以 $K_R$ 和 $K_M$ 分别表示增强相和增强相的体积模量，以 $\beta_R$ 和 $\beta_M$ 表示二者的体膨胀系数，则可有：

$$\sum_{i=1}^{m} K_R(\beta_C - \beta_R)\Delta T + \sum_{i=1}^{n-m} K_M(\beta_C - \beta_M)\Delta T = 0 \tag{8.19}$$

即：

$$V_R K_R(\beta_C - \beta_R) + (1-V_R) K_M(\beta_C - \beta_M) = 0 \tag{8.20}$$

所以

$$\beta_C = \frac{\beta_R K_R V_R + \beta_M K_M(1-V_R)}{K_R V_R + K_M(1-V_R)} \tag{8.21}$$

式（8.21）即是两相复合材料的体膨胀系数与组分材料性能间的关系式。图 8.4 是两种两相复合材料体膨胀系数的计算值和实验值的比较，吻合得较好。

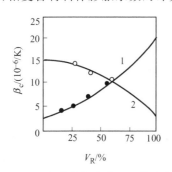

图 8.4　复合材料在常温下体膨胀
系数与增强相体积分数间的关系
1—Al/SiC；2—W/MgO

只要多种材料组成的复合材料，其组分材料是各向同性的，那么复合材料的膨胀系数也可以用上述方法来计算，表达式为：

$$\beta_C = \frac{\sum_i \beta_i K_i V_i}{\sum_i K_i V_i} \tag{8.22}$$

式中，$\beta_i$ 为 $i$ 组分的体膨胀系数；$K_i$ 为 $i$ 组分的体积模量；$V_i$ 是 $i$ 组分的体积分数。

在宏观上，颗粒填充复合材料一般是各向同性的。设 $\alpha_i$ 为组分材料的线膨胀系数，利用复合材料体膨胀系数与线膨胀系数间的近似关系（$\beta = 3\alpha$）和式（8.22）可得到复合材料的线膨胀系数 $\alpha_C$：

$$\alpha_C = \frac{\sum_i \alpha_i K_i V_i}{\sum_i K_i V_i} \tag{8.23}$$

# 8.3　热防护梯度功能材料设计[9~12]

梯度功能材料是指随着材料的组成、结构沿某一方向连续变化，其各种性能也发生连续变化的一类新型非均质复合材料。梯度功能材料涉及的功能范围比较广泛，包括力学、化学、光学、磁性及生物特性等，通常称为 functionally graded materials（FGM）。自从 1987 年日本学者平井敏雄等提出了梯度功能材料的概念后，引起了世界范围内的重视。

## 8.3.1　基本设计思想

热应力缓和型 FGM 一般是指金属-陶瓷梯度功能材料，它是一种使金属和陶瓷的组分和结构呈连续变化的复合材料。复合材料的一侧是陶瓷，具有很好的耐热性能，而另一侧为金属，具有很好的强度及热传导性。在界面处，由于成分和结构是连续变化的，所以使温度梯度所产生的热应力得到充分缓和。这种梯度功能材料存在着一个以热应力大小为目标的最优化设计问题。其优化设计的目标就是选择一个梯度分布函数，最大限度地缓和热应力。热防护梯度功能材料的研究体系如图 8.5 所示。

金属-陶瓷梯度功能材料的设计思想如图 8.6 所示。梯度功能材料的目的是获得最优化的材料组成和组分的分布（图中曲线）。其设计程序为：首先根据热防护梯度功能材料构件的形状和使用的热环境，以设计知识库为基础选择可能合成的材料组合和制造方法；其次是选择表示组成梯度变化的分布函数，并以材料物性数据库为依据进行温度和热应力的解析计算，几经反复直到使热应力和最佳的分布，确定其组分和结构，最后进行材料的合成制备。其设计计算过程都是由计算机辅助设计系统来完成的。

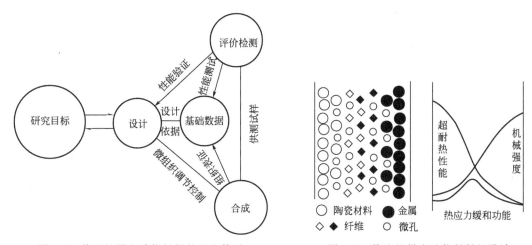

图 8.5　热防护梯度功能材料的研究体系　　　　图 8.6　热防护梯度功能材料的设计

图 8.7 是热防护梯度功能材料逆向设计程序（inverse design procedure）框图。人们通常用成分分布函数来对梯度功能材料进行最优化设计。成分分布函数有几种表达式，其中最简单的表达式为：

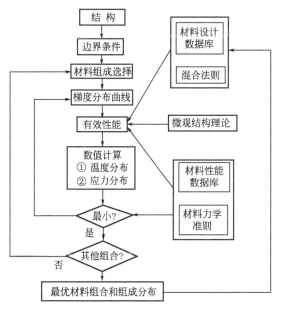

图 8.7　热防护梯度功能材料逆设计框图

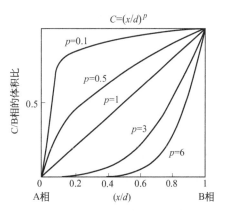

图 8.8　梯度功能材料的梯度成分分布曲线

$$C = \left(\frac{x}{d}\right)^p \tag{8.24}$$

式中，$C$ 表示 B 相的体积比；$d$ 为材料的厚度；$x$ 是从 A 相的表面作为起点的距离；$p$ 为梯度分布系数。图 8.8 是不同梯度分布系数下的成分分布曲线。当 $p=1$ 时，成分随着材料的厚度呈直线变化；当 $p<1$ 时，A 相和富 A 相的层变薄，B 相和富 B 相的层变厚；当 $p>1$ 时，则相反。

### 8.3.2 基本设计方法

在热防护梯度功能材料的设计中，所需要的物性数据和有关的数学模型及其热应力解析方法是主要研究解决的内容。目前，已提出了许多方法，下面简单作一些介绍。

梯度功能材料的物性参数，如弹性模量、泊松比、热导率和热膨胀系数等，主要取决于梯度层中的组成和微观结构。目前，梯度功能材料物性参数的推定方法主要有三种：实测法、复合法则法和微观力学法。实测法试样的取样和测试都很复杂，一般不采用。复合法则可半定量地确定不同混合比例复合材料的物性参数。而最简单和常用的混合律为线性混合律，如式(8.25)所示：

$$P = \varphi_1 P_1 + \varphi_2 P_2 \tag{8.25}$$

式中，$P$ 为梯度功能材料的物性参数；$P_1$、$P_2$ 分别为组分 1 和 2 的物性参数；$\varphi_1$、$\varphi_2$ 分别是组分 1 和 2 的体积分数。一般的表达式为：

$$P = \varphi_1 P_1 + \varphi_2 P_2 + \varphi_1 \varphi_2 Q_{12} \tag{8.26}$$

式中，$Q_{12}$ 是与 $P_1$、$P_2$、$\varphi_1$、$\varphi_2$ 有关的函数。

复合律虽然比较简单，但不够精确，对材料微观结构对物性的影响没有反映出来，所以提出了微观力学法。微观力学法分为二相平均场理论和三相平均场理论，是最精确的方法，缺点是计算比较麻烦。目前，采用较多的是 Wakashima 等提出的幂函数分布形式。如梯度功能材料由组成 1 和组成 2 构成，其成分沿 $X$ 方向呈一维连续变化，则组成 1 的体积分数 $\varphi_{B_1}$ 是 $X$ 的一元函数 $\varphi_{B_1}(x)$。可表示为：

$$\varphi_{B_1}(x) = \left(\frac{x}{d}\right)^n \tag{8.27}$$

式中，$d$ 为梯度功能材料的厚度；$n$ 为梯度指数。通过改变 $n$ 值大小可以改变 $\varphi_{B_1}(x)$ 曲线的形状。选取合适的 $n$ 值可满足设计要求。也有采用 Markworth 等提出的一元二次函数的分布形式，如式(8.28)：

$$\varphi_{B_1}(x) = a_0 + a_1 x + a_2 x^2 \tag{8.28}$$

式中，$a_i(i=0, 1, 2)$ 为可变参数。$a_i$ 值取决于约束条件和制备工艺。由于 $\varphi_{B_1}(0) = 0$，$\varphi_{B_1}(d) = 1$，所以 $a_i$ 中只有一个独立变量，可选 $a_1$ 或 $a_2$。为保证 $0 \leqslant \varphi_{B_1} \leqslant 1$，$a_2$ 需满足 $-d^{-2} \leqslant a_2 \leqslant d^{-2}$。比较式(8.27)和式(8.28)可见，前者给定的组成分布可调范围大，而后者用于热应力解析计算比较方便。

梯度功能材料具有极大的应用价值，目前的研究主要集中在优化设计上[10]。对具体应用目标，必须以材料设计为核心，对其组成-结构-性能的体系进行深入研究。FGM 热应力解析方法主要有解析法和有限元法。梯度功能材料的热应力解析方法要综合考虑制备过程和使用过程两类热应力分布情况，通过使它们互相抵消来做出最优设计。热应力解析一般是针对梯度形成的平板和圆筒两种常见的形状，根据需要按照定常热传导或非定常热传导用有限元法来进行计算设计[11]。目前用解析法进行热应力分析的工作相对比较少，且大多只限于描述具有线性成分分布的热弹性分析。从目前的水平看，梯度功能材料设计不是一次设计就可完成的，而是要经过多次的设计-合成-性能评价的反复过程才能得到比较好的结果。

Giannakopoulos 等[13]研究了不同成分梯度情况下的热残余应力分布。应用有限元方法对成分和梯度层性能连续和平稳变化的情况进行了应力分析和优化设计。研究结果表明当成分分布为三次方函数对称变化时，在 Ni/FGM 和 FGM/Al$_2$O$_3$ 的界面处残余应力呈连续而光滑地变化，在 FGM 层中弹性应力呈抛物线形变化，同时在 FGM 层中间应力为零。这些研究结果可指导优化设计 FGM 结构成分的分布，从而使残余应力分布最为合理。

热防护梯度功能材料主要是陶瓷-金属系梯度材料。已有报道的有 TiC/Ni、TiC/Ti、TiC/NiAl、TiN/Ti、TiB$_2$/Cu、TiB$_2$/Ni、TiB$_2$/Al、ZrO$_2$/Mo、ZrO$_2$/3Y$_2$O$_3$/Ni 等。也有陶瓷-非金属系和合金-非金属系的梯度材料。冯忆艰等提出了将梯度功能材料应用于内燃机燃烧室的设想[12]，也可用于制造低损耗的光导纤维、抗辐射的核反应堆的某些部件以及在极端条件下使用的零部件。陶光勇等[14]基于热弹性力学和辛普生法，采用解析法研究了 W/Cu 梯度功能材料板的残余热应力和在稳态梯度温度场的工作热应力的大小和分布状况。研究结果表明：随成分分布指数的增大，残余热应力与工作热应力的最大值是先减小后增大，成分分布指数取 1 时对缓和热应力具有明显的作用；随着梯度层数的增加，工作热应力的最大值逐渐减小。但当梯度层数达到 6 时，随着梯度层数的增加，缓和效果并不明显；当梯度层厚度增加到 5 时，工作热应力的最大值大约为非梯度材料工作热应力最大值的 50%。

# 8.4 其他功能复合材料的设计

### 8.4.1 阻尼复合材料[1,8,15,16]

阻尼功能复合材料是指具有把振动能吸收并转化成其他形式的能量而消耗，从而减小机械振动和降低噪声功能的一种功能材料。阻尼功能复合材料的种类很多，金属基阻尼功能复合材料是其中的一种。

复合材料的阻尼特性可通过对数衰减率 $\delta$ 与阻尼因子 $\eta$（又称为损耗因子）两种方式来描述。对数衰减率 $\delta$ 定义为振幅衰减时两相邻振幅之比取自然对数，阻尼因子 $\eta$ 定义为单位弧度的阻尼能量损失与峰值势能之比，通常用式（8.29）表示：

$$\eta = \tan\delta = \frac{D}{2\pi W} = \frac{E''}{E'} \tag{8.29}$$

式中，$D$ 为材料振动一周所损耗的振动能；$W$ 为材料振动一周所储存的最大应变能；$E''$ 为损耗模量；$E'$ 为储能模量。

大多数的金属基复合材料都具有比基体合金材料较好的阻尼性能。因为第二相的加入增加了基体中的位错密度等晶体缺陷，第二相本身就具有好的阻尼性能，以及两相结合界面吸收振动能量等。但是金属基复合材料的阻尼性能仍处于较低的水平，室温时大多处在比阻尼系数小于 1% 的低阻尼范围。提高或改善金属基复合材料的阻尼性能可以采用以下方法。

（1）用高阻尼基体金属　选择阻尼性能好的金属作为制备金属基复合材料的基体，如 Zn-Al、Mg-Zr 等，将它们与常用的增强剂（碳纤维、石墨纤维等）复合。此类复合材料中，阻尼性能是由基体金属提供的。以 Zn-Al 合金为基体，以石墨纤维、碳纤维、颗粒和晶须等为增强物的金属基复合材料，由于 Zn-Al 合金的阻尼产生于两相的塑性流动，增强物的加入不会改变这种情况，所以此类复合材料的阻尼性能和力学性能都能达到较高的水平。

（2）用高阻尼增强物　因为纤维的弹性模量通常远大于基体和复合材料的弹性模量，应变能主要集中在纤维上，所以纤维对复合材料阻尼性能的贡献是主要的。采用石墨颗粒作为高阻尼增强物的作用，是与铸铁中石墨片变形吸收振动能量的作用一样，把片状石墨加入到Al或其他金属基体形成的金属基复合材料中可大大提高阻尼性能。例如用SiC颗粒和石墨颗粒混杂的方法可以制备刚度和阻尼俱佳的复合材料。此类混杂复合材料的阻尼性能主要由石墨颗粒贡献，而刚度主要由SiC颗粒决定。

（3）设计高阻尼界面　金属基复合材料的阻尼性能与其实际界面层的性能有关。根据界面层阻尼理论，一定厚度的强结合界面层本身的阻尼性能对复合材料的阻尼有极大影响；而弱结合界面层，其内部所发生的微滑移对复合材料的阻尼能作出更多的贡献。

目前对金属基复合材料阻尼的研究仍处在早期阶段。多数研究结果认为，适用于MMC的阻尼机制包括点缺陷弛豫、位错阻尼、晶界阻尼、热弹性阻尼和各种形式的界面阻尼，通常只有一两种阻尼机制是主导的，是综合了应变振幅、温度和频率的影响。多数研究者认为，基体位错阻尼和界面阻尼是最重要的。

### 8.4.2　零膨胀复合材料的设计模拟[17,18]

材料零膨胀性能对提高航空航天结构和电子设备等的热几何稳定性有重要意义。卫星天线和电子器件等工作环境复杂，不均匀温度分布和大的温度变化引起较大的热变形，造成信号失真；大的温度变化往往引起大的温度应力，造成结构破坏。因此，零膨胀材料的研制备受关注。研制零膨胀材料的重要方法是从材料学的角度，利用化学方法制备具有合适原子结构的材料。利用温度升高时原子间距离变大和原子振动引起原子间距离变小相互抵消的原理，实现材料的零膨胀。

#### 8.4.2.1　零膨胀材料设计问题的提法和求解方法

复合材料由多相材料复合而成，其宏观等效性能取决于各相材料的性能和排列方式。通过调整复合材料的微结构（各组分材料、分布方式、含量等）可改变复合材料的等效性能。连续体拓扑优化方法被公认为是优化领域的最具有挑战性的研究课题之一，是近20年来该领域的研究热点。通过设计微结构可实现特定性能材料的设计，借用结构拓扑优化技术设计特定性能材料是重要的研究课题。这种基于结构设计观点设计材料的方法已成为零膨胀材料设计的一种有效的新方法。

在选定组分材料的条件下，通过调整复合材料的微结构以实现零膨胀是一种新的零膨胀材料设计方法。其机理是通过各组分间热变形的相互制约实现宏观等效热膨胀性能为零。假设具有零膨胀性能的复合材料是二相热膨胀系数大于零的实体材料（分别计为MAT-Ⅰ和MAT-Ⅱ）和空心（记为MAT-c）构成的微结构（单胞）在空间中周期性重复复合而成。零膨胀材料的设计就是设计微结构形式，即在一定设计区域上设计三相材料的分布方式，以使复合材料的某些方向或全方向的热膨胀系数为零。这与连续体结构拓扑优化的设计目的类似。

借鉴连续体拓扑优化的思想，设计区域的每点均看成是由三相材料构成的复合材料，以三相材料的体分比在设计域的变化描述材料的分布形式。为计算方便，将设计区域离散成有限元网格，每个单元内各相材料的体分比不变。此时，材料分布可由以下参数描述：

$$X = (f_s^1, f_1^1, f_s^2, f_1^2, \cdots, f_s^e, f_1^e, \cdots, f_s^{N_e}, f_1^{N_e})^T \qquad (8.30)$$

式中，$N_e$ 表示单元总数；$f_s^e$ 为单元 $e$ 的实体材料的体分比；$f_1^e$ 表示MAT-Ⅰ在实体材料中所占的体分比。假设二相实体材料的弹性常数分别为 $E_{ijkl}^1$、$E_{ijkl}^2$，热膨胀系数分别为 $\alpha_{ij}^1$、$\alpha_{ij}^2$。固体材料的弹性常数和热膨胀系数可以用简单的混合率模型来表示。因此，单元材料的等效材料性能可表示为：

$$E_{ijkl}^e = (f_s^e)^\xi [f_1^e E_{ijkl}^1 + (1-f_1^e) E_{ijkl}^2] \qquad (8.31)$$

$$\alpha_{ij}^e = f_1^e \alpha_{ij}^1 + (1-f_1^e) \cdot \alpha_{ij}^2 \qquad (8.32)$$

式中，$\xi$ 为罚因子，可以取 $\xi=3\sim10$ 之间的整数，这里取 $\xi=3$。有关罚因子的选取原则可见相关文献的论述。单元 $e$ 的材料性质在两相材料的性质确定之后就完全取决于设计参数 $f_s^e$ 和 $f_1^e$。设计参数的不同取值反映了材料的分布：①当 $f_s^e=0$ 时，表示第 $e$ 号单元为空心；②当 $f_s^e=1$，$f_1^e=0$ 时，表示第 $e$ 号单元为 MAT-Ⅱ；③当 $f_s^e=1$，$f_1^e=1$ 时，表示第 $e$ 号单元为 MAT-Ⅰ。

在优化模型中，应选择合适的目标函数，通过对函数的最小（或最大）化，以实现材料具有特定性能的目的。这里，目标函数的一种合适形式为复合材料的等效性能数值与所要求的数值（设计值）的差的平方。

材料具有零膨胀性能的同时，对刚度、各向同性、实体材料总量等还有要求，因此还需要确定约束函数。约束函数中应包含这些要求，如材料的体积约束、材料性质的对称性约束和宏观材料刚度约束。根据目标函数和约束函数，问题优化设计可由下列各式表示：

$$\min: f(X) = (\alpha_{11}^H)^2 + (\alpha_{22}^H)^2 \tag{8.33}$$

$$V_1^{low} \leqslant V_1 \leqslant V_1^{up}, V_2^{low} \leqslant V_2 \leqslant V_2^{up} \tag{8.34}$$

$$E_1^{low} \leqslant E_1^H, E_2^{low} \leqslant E_2^H \tag{8.35}$$

$$(\alpha_{12}^H)^2 = 0 \tag{8.36}$$

$$\frac{(E_{1111}^H - E_{2222}^H)^2}{(E_{1111}^H + E_{2222}^H)^2} = 0 \tag{8.37}$$

$$\frac{[(E_{1111}^H + E_{2222}^H) - 2(E_{1122}^H + 2E_{1212}^H)]^2}{(E_{1111}^H + E_{2222}^H)^2} = 0 \tag{8.38}$$

以上优化问题采用修正的可行方向方法求解。特定的材料分布方式所对应的材料性能由均匀化理论获得。直接求解以上优化问题各式，往往会出现棋盘效应，实体材料和空心材料交替出现，拓扑的形式不清晰。作者采用滤波法处理棋盘效应问题。滤波方法的基本思想是，在计算任意单元 $m$ 的材料性质以及目标函数和约束函数的敏度时，将该单元的材料体分比取相关单元的加权平均值。具体的公式与过程可见原始文献。

#### 8.4.2.2 设计结果与分析

金属/陶瓷复合材料在工程中应用广泛。作为算例，以金属和陶瓷为实心材料，设计具有各向同性性质的零膨胀材料。陶瓷材料和金属的弹性模量具有相同的量级，而热膨胀系数相差一个数量级。因此，二相实心材料的弹性模量取相同的数值，$E=20\times10^5$ MPa，而 MAT-Ⅰ 和 MAT-Ⅱ 二相材料的热膨胀系数分别取 $\alpha_Ⅰ=2.4\times10^{-6}$/K，$\alpha_Ⅱ=2.4\times10^{-5}$/K。设计域为单位边长的正方形，并用 $60\times60$ 的方形网格离散。为保证材料性质的对称性，假设材料的分布具有两个对称轴，独立的设计变量仅取设计域四分之一部分的单元材料含量描述参数，此时设计变量的总数为 $30\times30\times2=1800$。

各向同性零膨胀材料设计所得结果如图 8.9 所示。此时，材料的等效热膨胀系数几乎为零。水平和竖直方向的热膨胀系数分别为 $3.2270\times10^{-10}$/K 和 $5.4764\times10^{-10}$/K，比所用实体材料的热膨胀系数小 4 个数量级。为了选取合适的初始设计以获得良好的微结构设计方案，以随机抽样法形成初始设计。抽样满足正态分布，其均值和方差分别取 0.7 和 0.25。求解优化问题获得优化结果如图 8.10 所示。此时，水平和竖直方向的膨胀系数分别为 $-6.7218\times10^{-9}$/K 和 $3.9974\times10^{-9}$/K。材料的热膨胀系数比初始实体材料的热膨胀系数小 3 个数量级，接近于零。比较图 8.9 和图 8.10 的微结构形式发现，不同初始设计所获得的零膨胀材料设计有较大差别，但热膨胀系数相差不大，均接近于零，说明初始设计对微结构形式的优化设计结果有影响。热膨胀系数均接近于零，说明存在微结构形式不唯一的可能性。

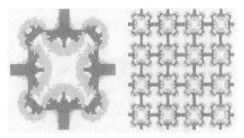

图 8.9　零膨胀材料微结构设计结果
黑色部分和斜交叉线部分分别表示 MAT-Ⅰ 和
MAT-Ⅱ，白色部分为无材料区

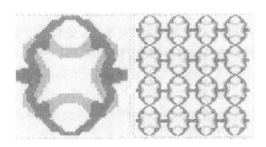

图 8.10　零膨胀材料微结构设计结果
正态分布随机抽样形成初始设计，黑色和浅色分别
表示 MAT-Ⅰ 和 MAT-Ⅱ，白色部分为无材料区

### 8.4.2.3　材料零膨胀行为的模拟验证

微结构形式复杂的材料制备需要先进的制备工艺，实验验证非常困难。为了检验所设计的拓扑形式能否实现膨胀系数为零，采用模拟验证的方法予以验证。分析图 8.10 的微结构拓扑形式，发现这种结构能够实现零膨胀的原因：膨胀系数较小的材料 MAT-Ⅰ 组成一个环，温度升高时向外膨胀，同时膨胀系数较大的材料 MAT-Ⅱ 组成的圆弧伸长。这样使得 MAT-Ⅰ 组成的环的顶点向内收缩，致使单胞整体上膨胀系数为零。

为了验证所设计材料的零膨胀行为，将图 8.10 所示的微结构周期性重复，形成复合材料。从复合材料中取出部分材料，通过测量该试件在温度变化后的变形，获得其热膨胀系数。由于微结构复杂和制备工艺的限制，试件制备非常困难，通过实验验证其零膨胀性质难度很大。数值模拟技术及其软件已相当成熟，在保证计算模型逼近实验的试件、边界条件、载荷的条件下，数值模拟实验是一种可行的方法。作者在研究中采用了这种模拟验证的方式。

采用拓扑优化技术设计三相材料的分布可以获得零膨胀材料的微结构形式。采用实验模拟方法，即有限元方法计算均匀升温下试件的热变形以确定材料的等效热膨胀系数，验证了设计方案的零膨胀（低膨胀）性质。

# 本 章 小 结

功能复合材料的种类也比较多，主要分为磁功能复合材料、电功能复合材料、光功能复合材料、热功能复合材料、摩擦功能复合材料、阻尼功能复合材料、防弹功能复合材料等类型，应根据不同的功能要求来选择不同的功能体和基体。功能复合材料的设计要比结构复合材料的设计复杂。功能复合材料优化的途径主要有：调整复合度、调整连接方式、调整对称性、调整尺度、调整周期性等。

功能复合材料中较引人注目的是生物功能仿生复合材料。目前的功能仿生研究主要体现在生物传感器、生物芯片和化学-力学一体化功能等方面。智能材料发展的理想途径应该是通过功能仿生研究来进行。生物功能仿生复合材料一般也都是属于纳米仿生复合材料。为达到与生物组织的有机连接，生物功能仿生复合材料必然将向半生命化方向发展，组织电学适应性和能参与物体物质、能量交换的功能已成为生物材料应具备的条件。

## 习题与思考题

1. 试述功能复合材料的主要类型及其应用。
2. 功能复合材料设计主要有哪些特点？

3. 查阅文献，举例说明功能复合材料设计的乘积效应。

4. 功能复合材料调整优值的途径主要有哪些？

5. 自然界生物材料结构的功能特点有哪些？目前进行的功能复合材料仿生设计主要在哪些方面开展了研究？

6. 阻尼功能复合材料设计的主要途径有哪些？

# 参 考 文 献

[1] 吴人洁主编. 复合材料. 天津：天津大学出版社，2000.

[2] 张佐光主编. 功能复合材料. 北京：化学工业出版社，2004.

[3] 戴起勋，赵玉涛等编著. 材料科学研究方法. 北京：国防工业出版社，2004.

[4] 益小苏主编. 先进复合材料技术研究与发展. 北京：国防工业出版社，2006.

[5] 于化顺主编. 金属基复合材料及其制备技术. 北京：化学工业出版社，2006.

[6] Jaglinski T，Kochmann D，Stone D，et al. Composite Materials with Viscoelastic Stiffness Greater Than Diamond. Science，2007，315：620～622.

[7] 熊家炯主编. 材料设计. 天津：天津大学出版社，2000.

[8] 赵玉涛，戴起勋，陈刚主编. 金属基复合材料. 北京：机械工业出版社，2007.

[9] ［美］S. Suresh，［瑞士］A. Mortensen 著. 功能梯度材料基础——制备及热机械行为. 李守新等译. 北京：国防工业出版社，2000.

[10] Toshio Nomura，Hideki Moriguchi，Keichi Tsuda. et al. Material design method for the functionally graded cemented carbide tool. Inter. J. of Refractory Metal & Hard Materials，1999，17：397～404.

[11] Chen B S，Tong LY. Thermomechanically coupled sensitivity analysis and design optimization of functionally graded materials. Computer Methods in Applied Mechanics and Engineering，2005，194：1891～1911.

[12] 冯忆艰，桂长林，王虎等. 功能梯度材料研究及其在内燃机中的应用. 合肥工业大学学报（自然科学版），2004，27（6）：597～601.

[13] Giannakopoulos A E，Suresh S，Finot M，et al. Elastoplastic analysis of thermal cycling：Layered materials with compositional gradients. Acta Metall. Mater.，1995，43（4）：1335～1354.

[14] 陶光勇，郑子樵，刘孙和. W/Cu 梯度功能材料稳态热应力分析. 中国有色金属学报，2006，16（4）：694～700.

[15] 鲁云，朱世杰，马鸣图等. 先进复合材料. 北京：机械工业出版社，2004.

[16] 杨大智主编. 智能材料与智能系统. 天津：天津大学出版社，2000.

[17] 刘书田，曹先凡. 零膨胀材料设计与模拟验证. 复合材料学报，2005，22（1）：126～132.

[18] 曹先凡，刘书田. 基于拓扑描述函数的特定性能材料设计方法. 固体力学学报，2006，27（3）：217～221.

# 第 *9* 章
# 材料成型加工过程模拟设计

计算与模拟设计可以进行一些理论和实验暂时还做不到的研究，因此材料成形工艺模拟仿真技术的研究成了材料科学与工程前沿领域的研究热点。根据美国科学研究院的测算，模拟仿真可提高产品质量 5～15 倍，增加材料出品率 25%，降低工程技术成本 13%～30%，降低人工成本 5%～20%，增加投入设备的利用率 30%～60%，缩短产品设计和试制周期 30%～60%[1]。

从 1962 年丹麦学者首次采用有限元法计算了凝固过程温度场以来，很多研究人员开展了材料成形加工工艺的计算模拟，到目前为止，已取得了丰硕的成果。通过计算机模拟，可深入研究材料的结构、组成及其各物理化学过程中宏观、微观变化的机制，并由材料成分、结构及制备参数的最佳组合进行材料设计。材料加工过程模拟将成为制造业新产品过程设计非常有效的工具。新一代精确成形技术与多学科多尺度模拟计算是国际上材料加工技术研究的两个重要前沿领域。随着环境、资源和能源问题的日益突出，绿色材料和绿色加工技术是生态可持续工业发展模式的关键，因此更赋予了材料成形加工学科领域的新思路、新方法，也使材料成形加工计算模拟技术增添了新活力、新内涵。

## 9.1 概述

按照材料加工过程特点，材料成型加工过程的计算机模拟主要有液态成形模拟、塑性成形模拟和连接成形模拟等类型。材料成形过程是一个极其复杂的高温、动态和瞬时的过程，难以直接观察。为了使材料获得最佳的性能，必须控制制备工艺过程，以使材料的成分、组织处于最佳的状态，同时也使缺陷的危害减小到最低的限度。基于知识的材料成形工艺模拟仿真技术是使材料成形工艺从经验试错走向科学指导的重要手段，是目前材料科学与制造科学研究的前沿领域和研究热点[1,2]。利用计算机模拟材料成形过程，可确定最佳的工艺参数，有效地控制工艺过程，减少试验次数，预测产品的质量。在塑性成形过程中，工件发生很大的塑性变形，一般情况下位移和应变存在几何非线性关系；在材料的本构关系中也存在物理非线性；工件与模具之间同样是状态非线性，所以金属塑性成形的问题很难得到精确解。有限元法是非线性分析的最强有力的工具，也是塑性成形过程模拟的最流行的方法。

近年来，计算机软硬件的快速发展和数值计算方法的不断改进和完善，相应的软件也不断推出，材料塑性加工过程计算机模拟技术在分析金属成型、微观结构的变化等问题的研究方面具有无可比拟的优越性。目前，材料塑性加工数值模拟技术取得了长足的进展，已基本达到了实用化，在许多大型企业中得到了应用。以有限元方法为基础的计算机模拟技术是 20 世纪技术发展的巨大成果，新材料、新工艺、新产品的现代制造技术模式具有高要求、高精度、低成本的特点，这就要求深入了解和掌握材料的成形机理、各工艺过程的变化规律，在此基础上并能在计算机上实现过程显现，以不断开拓科学的工艺和设计方法，最终实现优化设计与制造。因此，计算机模拟技术及优化设计方法的研究成为国内外研究的热点。目前，计算机模拟技术的发展主要有以下几个方面[3,4]。

（1）从宏观模拟向微观模拟深入　过去的研究主要集中在成形过程模拟和工艺缺陷的预报。目前逐渐实现了宏观和微观的结合，例如模拟塑加工过程中的晶粒演化、织构变化、相变及第二相析出等微观结构的变化。材料模拟模型涉及到微观演化数学模型和本构模型，特别是各向异性材料模型、损伤模型、板材成形极限线（FLD）等。因此，一方面要研究和建立微观组织优化设计的目标函数，应考虑晶粒大小及分布、再结晶晶粒尺寸及程度等重要参数，另一方面要研究选择合适的优化设计变量。研究对象涉及结晶、再结晶、重结晶、扩散、偏析、相变等微观层次。

（2）进行高精度、高效的三维有限元模拟　目前，二维大体积金属成形过程有限元模拟技术已趋成熟，国内外开发了许多商品软件，多适用于二维问题、伪三维问题及简单三维问题的分析。近年来，金属成形工业对三维过程模拟提出了更高更精确的要求，虽然有很大的难度，但随着计算模拟方法的完善和计算机技术的进步，开发出使用更方便、适用范围更广的三维有限元程序已成必然。

（3）从单目标优化设计到多目标优化设计的渗透　金属成形通常在高温下进行，工件的塑性成形是一个十分复杂的热学、力学交叉的综合过程。其中，热处理是材料加工中不可缺少的工艺环节，这是一个包含温度、相变、应力/应变相互作用的复杂过程。要实现组织性能预测的数值模拟，必须通过大量实验，使模拟技术建立在可靠的试验数据基础上，并建立准确的数学模型，将组织场-变形场-温度场三者进行耦合计算，达到成形过程与热处理工艺的模拟与质量控制相结合，使模拟结果更精确。

（4）不断开发新的模拟技术　有限元方法是数值分析的巨大成果。但当网格高度畸变时，这种以单元为基本概念的方法就有很多难处理的问题。为解决这一问题，一种新的无网格数值方法正在迅速地发展。无网格方法是将连续体离散为有限数目的质点，位移场函数在没有明显网格的情况下通过这些质点的插值得到。该方法在处理弹塑性、裂纹扩展、移动界面、高速碰撞以及具有大变形特征的工业成形问题时，具有很重要的研究价值和广阔的应用前景。

（5）重视提高数值模拟的精度和速度　目前还需加强这方面的基础研究，同时也要重视物理模拟及精确测试技术。

（6）研究工作重点由共性问题逐步转向难度更大的专用特殊问题　主要解决特种成形工艺及工艺优化问题，以及成形缺陷的有效控制等问题。

## 9.2　铸造工艺过程的数值模拟

铸件充型凝固过程计算机模拟仿真是科学发展的前沿领域，是改造传统产业的必由之路。经过几十年努力，目前已进入工程实用化阶段。

铸造工艺CAD和凝固过程模拟主要涉及计算机辅助绘图、计算机辅助工艺及工装设计和凝固过程模拟分析（CAE）三方面的内容。国外商品化软件的研究和开发主要集中在凝固过程的模拟分析软件部分。这不仅仅是因为这部分内容高技术含量密集，而且也因为这部分内容的通用性强，可应用在不同合金、不同形状、不同工艺的铸件，所以有利于软件的通用化及商品化。因此，在这个基础平台上应用铸造CAE的同时，往往还需要进行二次开发，以建立全面的铸造CAD/CAE系统。

铸造 CAE 研究起步于 20 世纪 60 年代。经过 20 多年的研究取得了三个方面的重要突破，商品化软件才成为现实。①具有能处理三维复杂形体的图形功能；②硬件和软件费用大幅度降低；③计算机操作系统及软件对用户友好，即一般技术人员稍加培训就可独立操作运行。

1989 年世界上第一个铸造 CAE 商品化软件在德国第 7 届国际铸造博览会上展出，它以温度场分析为核心内容，在计算机工作站上运行。同时展出的还有英国 FOSECO 公司开发的 Solstar 软件，可以在微机上运行，但对有限元分析作了很大的简化。20 世纪 90 年代以来，铸造 CAE 商品化软件功能逐渐增加。德国的 MAGMA、法国的 Simulor 及日本的 Soldia 等软件都增加了三维流场分析功能，大大提高了模拟分析的精度。铸件的三维应力场问题复杂，由于当时对铸件应力场本质问题还认识不足，认为在微机上难以实现。

目前，德国 MAGMA 软件已具有三维应力场分析功能。国外铸造 CAE 商品化软件的功能一方面向低压铸造、压力铸造及熔模铸造等特种铸造方向发展，另一方面又从宏观模拟向微观模拟发展。其中美国的 PROCAST 及德国 MAGMA 软件已增加球墨铸铁组织中石墨球数及珠光体含量的预测功能。在这方面国内虽然起步较晚，但进展迅速，目前国内开发的商品化软件的部分功能已与国外软件相当，可以满足生产的一般需要。

1999 年，在美国召开了第 8 届国际铸造、焊接及凝固过程模拟会议。会议内容十分精彩丰富，反映了世界各国在这一领域的研究成果及发展动向。铸造过程的计算机模拟技术的研究重点正在由宏观模拟走向微观模拟。微观模拟的尺度包括纳米级、微米级和毫米级，涉及结晶形核长大、树枝晶与等轴晶转变到金属基体控制等各方面。宏观模拟的研究集中在铸件应力分析及流场模拟方面。

### 9.2.1 凝固过程数值模拟基本方法

凝固微观过程的模型化及其数值模拟，是对铸件凝固组织的相形态、晶粒度、枝晶间距等微观组织和微观缺陷形成过程的模拟。通过模拟，可优化设计铸造工艺、保证铸件内在质量，以达到提高产品的使用性能。

几何造型与有限差分网格划分。将 CAD 平台产生的铸件、铸型等的几何模型进行计算单元划分，这是数值分析的前提。国内外研究者及用户在微机上都选用 AUTOCAD 建立几何模型，而在工作站上则用通用的商品化软件包，如 PRO/E、CADDSS、1-DEAS 及带有 STL 文件格式的模块，可以方便地选用 STL 输出格式作进一步的有限差分网格划分。

铸件充型过程的数值模拟。铸件充型过程在铸造生产过程中起着重要的作用，许多铸造缺陷，如夹渣、缩孔、冷隔等都与充型过程有关。为获得优质铸件，对充型过程进行数值模拟很有必要。其研究多数以 Solution Algorithm 法为基础，引入体积函数处理自由表面，并在传热计算和流量修正等方面进行研究改进。有的研究在对层流模型进行大量的实验验证后，用 K-ε 双方程模型模拟铸件充型过程的紊流现象。目前，虽然有许多计算方法，如并行算法、三维有限单元法、三维有限差分法、数值方法与解析方法混合的算法等，但是到现在仍然没有找到最好的算法，各种算法各有优劣，应用的侧重点不相同。在提高计算速度方面，有人提出了一种基于 DFDM 的算法，对于规模为一百万单元（铸件单元为 300000）的系统可减少存储量 80MB。

目前常用的网格是矩形单元（2D）或正交的平行六面体单元（3D）。日本提出了一种新的网格划分法，即无结构非正交网格。这种技术是通向较高精度充型模拟的可能途径之一。砂型铸造的充型模拟研究在铸造过程计算机模拟领域中占主导地位。消失模铸造、金属型铸造等充型模拟研究工作也已开始。充型模拟的一个发展趋势是辅助设计浇注系统。

控制方程包括质量、动量、能量、体积函数及 K-ε 双方程，其通用形式为：

$$\frac{\partial}{\partial t}(\rho\phi)+\frac{\partial}{\partial x}(\rho\mu\phi)+\frac{\partial}{\partial y}(\rho\upsilon\phi)+\frac{\partial}{\partial z}(\rho\omega\phi)=\frac{\partial}{\partial x}\left(\varGamma_\phi\frac{\partial\phi}{\partial x}\right)+\frac{\partial}{\partial y}\left(\varGamma_\phi\frac{\partial\phi}{\partial y}\right)+\frac{\partial}{\partial z}\left(\varGamma_\phi\frac{\partial\phi}{\partial z}\right)+s_\phi$$

式中，$\phi$ 是通用应变量；$\varGamma_\phi$ 是输运系数；$S_\phi$ 是源项。

对上述控制方程进行有限差分离散之后，先用 SOLA 方法求解层流方程组，再解 K-ε 方程，以便得到 $\mu_t$ 的初始分布，然后再求解紊流控制方程组。

1995 年英国伯明翰大学公布了他们设计的铸件充型流场数值模拟软件及以实验件为算例的模拟计算结果和浇注试验的测试验证结果。

### 9.2.2 温度场数值模拟及收缩缺陷预测

铸件凝固过程数值模拟是铸造 CAD/CAE 的核心内容，其最终目的是优化工艺设计，实现铸件质量预测。其中，在温度场模拟的基础上进行缩孔、缩松的预测是其中一项重要内容。传热计算多采用三维有限差分方法。能量方程为：

$$\rho_p^c\frac{\partial T}{\partial t}=\frac{\partial}{\partial x_j}\left(\lambda\frac{\partial T}{\partial x_j}\right)+Q$$

铸钢件的缩松判据可采用 $G/R^{1/2}$，并将其由二维扩展到三维进行缩松形成的模拟，而且采用新的定量等效液面收缩量法来预测一、二次缩孔的形成。球墨铸铁件可采用动态收缩膨胀累积法预测缩孔。对于同时存在多个补缩域的铸件，则采用多热节法预测缩孔、缩松方法，即对铸件凝固过程中同时存在的多个补缩域进行判别，并将其划分为多个熔池孤立域，在每个孤立域中利用上述方法预测缩孔、缩松。这些缩孔、缩松定量预测的方法已经在铸造生产中得到应用。

### 9.2.3 应力场的模拟

铸造过程应力场的模拟计算能够帮助技术人员预测和分析铸件裂纹、变形及残余应力，为控制应力应变造成的缺陷，优化铸造工艺、提高铸件尺寸精度及稳定性提供科学依据。国外有关铸件应力分析及变形模拟研究的主要特点如下。

① 多数采用热-力耦合的模型来模拟铸件凝固过程中物理过程变化现象，包括传热、传质、应力及缺陷形成等。许多研究是先预测铸件中的应力及砂型和铸件的气隙，并由此计算界面热阻，反过来再进行热分析。还有一些研究是把热分析、流体流动和应力分析等结合起来，同时进行模拟充型过程、预测缩孔、预测热裂及应力分析和残余应力的估算。

② 应力分析采用的模型有热弹塑性模型、热弹黏塑性模型、热弹性模型及弹性-理想塑性模型等。这些模型都属于热弹黏塑性的范畴。采用的模拟方法多为有限元法，也有人采用有限体积法、控制体积有限差分法等。关于热-力耦合分析的许多研究都采用商品化的软件，如 ABAQUS、CASTS、ANSYS、PHYSICA 等。

在国内，清华大学和大连理工大学都进行了这方面的研究。在对铸造应力进行模拟分析时，由于应力变形做功引起的热效应同温度变化和凝固潜热释放的热效应相比可忽略不计，所以一般铸造过程的热分析和应力分析可单独进行，只需将温度变化的数据转变为温度载荷加入应力解析即可。为了充分利用现有的凝固模拟技术成果，使有限差分法 FDM 在温度场模拟等方面具有方便快捷的优势及应力场模拟功能都能得到充分发挥，利用已经成熟的有限元法 FEM 软件走集成技术的道路，清华大学柳百成院士采用 FDM/FEM 集成技术的方法，进行了铸造过程三维温度场、应力场数值模拟分析[1]。图 9.1 为凝固过程 FDM/FEM 集成热应力分析系统。

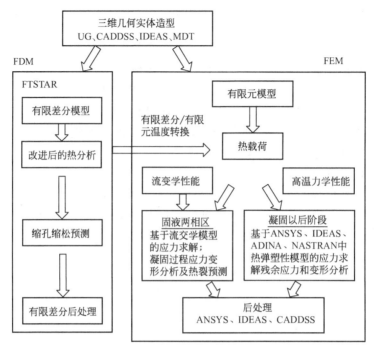

图 9.1　凝固过程 FDM/FEM 集成热应力分析系统框图[1]

采用典型的应力框试件对 FDM/FEM 集成模拟软件进行了校核。结果表明，模拟结果显示的应力分布趋势正确，数值基本吻合，软件系统的整体运行得到了考核。采用此模拟分析系统完成了机床床身灰铁铸件及发动机缸体铸铁件的残余应力模拟分析。

## 9.2.4　铸件微观组织的模拟[1,5]

微观模拟是一个比较新的研究领域。通过计算机模拟来预测铸件微观组织形成，进而预测铸件的力学性能和工艺性能，最终控制铸件的质量。微观模拟虽然是个较新的领域，但已取得了显著的进展。现在已经能够模拟枝晶生长、共晶生长、柱状晶和等轴晶转变等合金微观组织变化。微观组织形成的模拟可分为三个层次：毫米、微米和纳米量级。宏观量如温度、速度、变形等，可以利用相应的方程计算，通常采用有限元法或有限差分法求解。在微观范围内，则采用解析的方法来分析枝晶端部、共晶薄层或球粒的动力学生长。近年来，随机方法如 Monte Carlo 法或 Cellular Automaton 法已被用于晶粒组织形成及生长的模拟中。这些技术综合考虑了非均质形核、生长动力学、优先生长方向和晶粒间的碰撞。

最近 Rappaz 等对凝固过程中的枝晶组织模拟进行了回顾，评述了随机论方法（stochastic）和决定论方法（determinstic）的发展状况。虽然二者都可以预测柱状晶和等轴晶组织，但相比而言，决定论模型已经可以把凝固过程中所涉及到的物质守恒方程与晶粒形核和长大的微观模型耦合起来。而随机论方法则只能将能量方程与形核和长大结合起来。决定论方法更接近于实际凝固过程的物理机制，特别是考虑了宏观偏析和固态传输。随机论方法更适合于描述柱状晶粒组织的形成（如结晶选择、组织形成等）及柱状晶和等轴晶的相互转变。

在边长为 18mm 的样品上进行了凝固微观组织的模拟。图 9.2 是模拟结果，图 9.3 是实际实验结果。两种结果都表明在试样的中心截面处有三个区域：表面薄层的细等轴状晶体，垂直于模壁的平行柱状晶和样品中心的大等轴状晶体。这是因为不同的浇注温度所产生的，较高的浇注温度将使柱状晶区域扩大。

(a) $T_p$=1823K  (b) $T_p$=1798K  (c) $T_p$=1773K

图9.2  柱状到等轴晶转变的模拟结果[5]

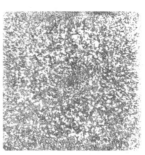

(a) $T_p$=1823K  (b) $T_p$=1798K  (c) $T_p$=1773K

图9.3  柱状到等轴晶转变的实验结果[5]

对于树枝状晶的生长，假设在计算范围内铁水的温度是均匀的。图9.4显示了计算模拟得到的三维树枝状晶生长情况，图9.5是由Glicksman实验得到的树枝状晶组织。由模拟结果和实验结果的比较可知，两者是非常吻合的。图9.6是模拟计算得到的中心截面浓度与温度的分布。对$k<1$的合金，溶质从固-液界面处被排斥到液相，这就导致了较低的固相浓度和较高的液相浓度。初晶和二次枝晶连接处，颜色最深的地方，浓度是最低的。虽然枝晶中心的温度高于液相，但枝晶其他地方是低的[图9.6(b)]。由于固-液界面处凝固潜热的存在，所以在许多地方具有相对较高的温度。

不少研究者对三维Cellular Automaton（CA-FE）有限元模型模拟的原理及应用作了阐述。FE方法用来计算三维铸件的温度场，CA形核和生长算法则用来预测晶粒组织的形成。二者结合可以对枝晶生长动力学及潜热释放进行模拟。三维CA-FE模型可以模拟定向凝固叶片精密铸造过程中的柱状晶的竞争生长、晶粒在过冷液体中的延伸及多晶生长。

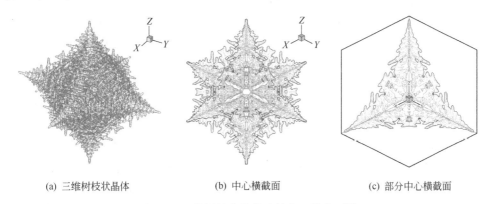

(a) 三维树枝状晶体  (b) 中心横截面  (c) 部分中心横截面

图9.4  三维树枝状晶体及其中心横截面[5]

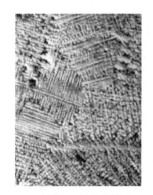

(a) 三维树枝状晶体生长　　　　　　　　(b) 树枝状晶体的横截面

图 9.5　典型的实际树枝状晶体[5]

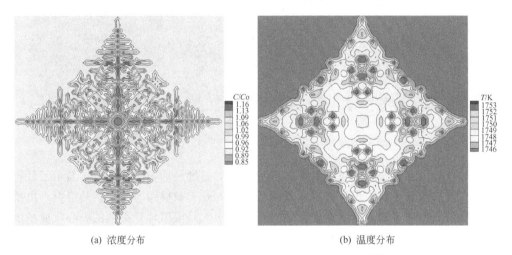

(a) 浓度分布　　　　　　　　　　(b) 温度分布

图 9.6　计算模拟的中心截面浓度与温度的分布[5]

　　相场方法（phase field method）的研究是进行直接微观组织模拟的研究热点。相场理论通过微分方程反映了扩散、有序化势及热力学驱动力的综合作用。相场方程的解可以描述金属系统中固液界面的形态、曲率以及界面的移动。把相场方程与温度场、溶质场、流速场及其他外部场耦合，则可对金属液的那个过程进行真实的模拟。已有的工作有：多个晶粒生长时多元相场的耦合；枝晶生长过程中相场与温度场或溶质场的耦合；在包晶和共晶凝固中双相场与溶质场的耦合；当存在强迫对流时相场与速度的耦合。

　　球铁微观组织的模拟仍然是主要的研究方向之一，国内外的研究水平基本相当。G. Lesoult 使用球铁凝固的物理模型，模拟了过共晶与共晶球铁冷却中非共晶奥氏体的形成，并且重新讨论了糊状区的概念，所使用的初生石墨、共晶石墨的形核和生长模型与凝固动力学的模型是相似的。M. Wessen 还研究了 Cu、Mg 和 Ti 对铁素体形成的影响，重点模拟了共析转变中 Cu、Mg 和 Ti 对铁素体形成的影响。通过模拟实验观察认为，单纯的扩散模型是难以表达奥氏体向铁素体和石墨的转变。S. M. Yoo 以汽车曲轴为例对球铁微观组织进行了模拟，并将模拟结果与实验结果进行比较，两者的石墨球数量与尺寸基本吻合，但共析转变模型尚需进一步改进。清华大学柳百成等按照凝固动力学理论建立了冷却凝固过程微观组织形成的数学模型，并且开发了三维有限差分软件，用于模拟球铁件的微观组织和预测冷却曲线及硬度。还提出了石墨球的扩散界面控制生长模型，晶粒生长过程中的碰撞因子由

材料设计教程

计算确定。

微观组织模拟是一个复杂的过程,既包括随机出现的晶胞的计算,也包括溶质扩散引起的各微观区域的熔点变化计算,还包括晶胞碰撞、搭接后自由能的计算。这一过程的计算量之大、计算时间之长、开辟数组之多是前所未有的。因此对微观组织进行模拟比凝固和充型过程模拟困难更大。到目前为止,国外的研究虽然已取得了一定进展,但在很多方面还有待于改进,国内在这方面的研究工作刚起步。未来的发展方向是:在理论上对形核和生长过程建立精确的物理数学模型,考虑对流、偏析等因素对微观组织形成的影响,以得到准确的模拟结果;在实际应用方面,选择合适的计算方法与手段,使得在目前的硬件水平下能够对真实的“铸件”进行微观组织的模拟计算。

# 9.3  材料连接成型过程模拟[6,7]

材料连接成形计算机模拟主要是指焊接工艺过程的模拟。目前的研究主要有焊接热过程、焊接冶金过程、焊接热应力、残余应力和变形等方面的模拟。焊接冶金过程包括对焊缝金属的结晶过程、焊缝和热影响区组织预测、最佳焊接工艺选择等,这是焊接计算机模拟中最重要的课题。目前,还没有建立起通用、综合、直接反映焊接真实过程的模型。焊接领域采用数值模拟方法研究的对象主要有:焊接熔池中流体动力学和热过程、热源和金属之间的相互作用、焊接应力与变形、焊接冶金过程、焊接接头的力学性能、焊接质量评估、特殊焊接过程的分析。目前在焊接过程的数值模拟中,基本上是以有限元方法为基,配以解析法、有限差分法、蒙特卡洛(MC)等方法。实际应用时,常常是各种方法交叉使用。

## 9.3.1  焊接热循环主要参数的数学模型

焊接热过程是影响焊接质量和生产效率的主要因素之一。焊接热循环主要参数可以通过数学模型来表达和计算。数学模型不但可以描述影响热循环各物理量基本参数的关系,而且也是建立焊接模拟软件的理论基础。几十年来,世界各国的焊接工作者根据传热学理论和不同的假设条件建立了众多的数学表达式。主要有雷卡林解析法、纯导热数值解(差分法和有限元法)和对流-传导三维模型三大类别。

数学解析法是以一些假设的边界条件为前提的,因此其计算结果也将带来一定的误差。但是用实测的方法虽然可以得到比较真实地描述焊接热循环的特征曲线,却不能反映出影响热循环基本参数的因素及其内在关系。所以,实际操作时都把计算公式与实际测量结果相结合,或用经验系数对计算结果进行修正,从而获得比较切合实际的结果。

### 9.3.1.1  峰值温度(加热最高温度 $T_{max}$)

根据经典焊接热传导理论,对于高速运动的热源焊件上某点的温度取决于焊接线能量、该点距热源中心线的距离以及试件的材质和尺寸等。对于厚大焊件,热流看作是三维导热,电弧看作点热源,则距离热源为 $r_0$ 的某点,经 $t$ 秒后,该点的温度可表达为:

$$T(r_0,t) = T_0 + \frac{E}{2\pi\lambda t}\exp\left(-\frac{r_0^2}{4at}\right) \tag{9.1}$$

对于薄板的对接焊,热流沿板厚方向均匀分布,为二维导热,热源可看作是线状热源。则距离热源为 $y_0$ 的某点经 $t$ 秒后,该点的温度可写成:

$$T(y_0,t) = T_0 + \frac{E/\delta}{2(\pi\lambda pct)^{1/2}}\exp\left[-\left(\frac{y_0^2}{4at}+bt\right)\right] \tag{9.2}$$

式中,$E$ 为焊接线能量,J/cm;$T_0$ 为焊接初始温度,℃;$a$ 为热扩散率,cm²/s,$a=\lambda/$

$c\rho$；$\lambda$ 为材料的热导率，J/(cm·s·℃)；$c$ 为材料的比热容，J/(g·℃)；$\rho$ 为材料的密度，g/cm³；$b$ 为薄板的表面散温系数，1/s，$b=2a/c\rho\delta$，其中 $a$ 为表面散温系数，J/(cm²·s·℃)；$\delta$ 为板厚，cm；$r_0$ 为厚板焊件上某点距热源运行轴线的坐标距离，cm，$r_0=\sqrt{y_0^2+Z_0^2}$；$y_0$ 为薄板焊件上某点距热源运行轴线的垂直距离，cm；$t$ 为热源到达所求点所在截面后开始计算的传热时间，s。

由式（9.1）、式（9.2）可以看出，距热源 $r_0$（或 $y_0$）某点的温度变化是时间 $t$ 的函数。当热循环达到峰值时，温度变化速度应为零，即 $\partial T/\partial t=0$，$t=t_{\mathrm{m}}$，则峰值温度为：

点热源：
$$T_{\mathrm{m}}=T_0+\frac{2E}{\pi ec\rho r_0^2}=T_0+\frac{0.234E}{c\rho r_0^2} \tag{9.3}$$

线热源：
$$T_{\mathrm{m}}=T_0+\frac{1}{2}\sqrt{\frac{2}{\pi ec\rho}}\frac{E/\delta}{y_0}\left(1-\frac{by_0^2}{2a}\right)=T_0+\frac{0.242E}{\delta c\rho y_0}\left(1-\frac{by_0^2}{2a}\right) \tag{9.4}$$

美国的 C. M. Adams 和日本的木原博及稻垣道夫等根据热传导微分方程，通过大量的试验，积累了不同材质、不同板厚、不同焊接线能量及不同预热温度下的测量数据，对经验公式进行了修正。Adams 的峰值温度 $T_{\max}$ 的计算公式为：

三元热流：
$$T_{\max}-T_0=\frac{E}{2\pi e\lambda a}\times\frac{1}{2+R^2} \tag{9.5}$$

二元热流：
$$\frac{1}{T_{\max}-T_0}=\frac{4.13c\rho\delta y'}{E}+\frac{1}{T_{\mathrm{M}}-T_0} \tag{9.6}$$

式中，$T_{\mathrm{M}}$ 为母材的熔点，对于钢约 1350℃；$y'$ 为离开熔合线的距离，cm，$y'=y-y_0$，其中 $y$ 为垂直电弧中心线的距离，$y_0$ 为焊缝宽度的 1/2。$R=v\sqrt{y^2+Z^2}/2a$，其中 $v$ 为焊接速度，cm/s。

### 9.3.1.2 高温停留时间 $t_{\mathrm{H}}$

从理论上直接推导在一定温度以上停留时间的计算式还存在困难，目前采取的是理论计算和图解法相结合的方法。下面介绍的是无量纲判据公式及其图解法。

当某点的热循环最高温度及预热温度确定后，对于厚大构件高速运动热源，可以将式（9.1）、式（9.3）中的 $T_0$ 移项后相除，则可得到

$$\frac{T-T_0}{T_{\mathrm{m}}-T_0}=\frac{r_0^2}{4at}\exp\left(1-\frac{r_0^2}{4at}\right) \tag{9.7}$$

令 $\theta=(T-T_0)/(T_{\mathrm{m}}-T_0)$，$\theta$ 为温度无量纲参数。对于钢，$T_{\mathrm{m}}$ 大约为 1500℃，当 $T$ 在约 1000℃ 时，晶粒会长大，此时 $\theta=0.67$。$\tau_{3\mathrm{H}}=4at/r_0^2$，$\tau_{\mathrm{H}}$ 为时间无量纲参数，则得：

$$\theta=\frac{1}{\tau_{3\mathrm{H}}}\exp\left(1-\frac{1}{\tau_{3\mathrm{H}}}\right) \tag{9.8}$$

根据式（9.8）可绘出温度与时间的无量纲关系。

图 9.7 显示了峰值温度 1350℃ 时实际焊接 HAZ 与模拟试样的最大奥氏体晶粒尺寸。焊接热影响区的物理模拟组织与实际焊接热影响区组织具有一定的差别，其主要的原因是由于晶粒尺寸、奥氏体转变、化学成分和组织均匀性等方面在模拟条

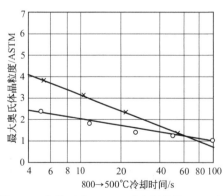

图 9.7 峰值温度 1350℃ 时实际焊接 HAZ 与模拟试样的最大奥氏体晶粒尺寸
×—实际焊接 HAZ；○—模拟试样；
钢化学成分：0.17C，1.34Mn，0.31Si，0.025Al

件和实际情况之间存在的差异。因此，在实际操作时，往往要进行一些修正。通常的方法是将模拟的最高加热温度适当降低，或提高加热速度，或施加一定的拘束应力。

### 9.3.1.3 瞬时冷却速度 $V_C$ 的计算

焊接热影响区离熔合线不同距离的各点的热循环曲线是不同的。式(9.1)、式(9.2)给出了焊件上某点的温度随时间变化的关系，因此各点在某时刻的冷却速度可根据式(9.1)、式(9.2)，代入不同的 $r_0$ 或 $y_0$ 值，确定该点在某瞬时（或某时刻）的温度，然后将温度对时间求导而得到。熔合线附近是焊接接头最薄弱的环节，人们最关心的是其冷却速度。对于厚大部件，根据推导可得到焊缝及熔合线附近的冷却速度为：

$$V_C = \frac{dT}{dt} = -2\pi\lambda\frac{(T-T_0)^2}{E} \qquad (t>0) \tag{9.9}$$

同理，设 $y_0 = 0$，根据式(9.2)可以推导出薄板对接焊缝及熔合线附近的冷却速度为：

$$V_C = \frac{dT}{dt} = -2\pi\lambda c\rho\frac{(T-T_0)^3}{(E/\delta)^2} \qquad (t>0) \tag{9.10}$$

对厚板和薄板，由于按照三维或二维不同的传导方式来计算，瞬时冷却速度的计算结果差别很大。当薄板的厚度增大到一定尺寸时，对冷却速度的影响逐渐降低。因此有必要确定区别厚板和薄板的临界厚度 $\delta_{cr}$。从理论上，由薄板过渡到厚板时，式(9.9)和式(9.10)应该相等。所以，可得到：

$$\delta_{cr} = \sqrt{\frac{E}{c\rho(T-T_0)}} \tag{9.11}$$

由式(9.9)可看出，$\delta_{cr}$ 不是一个固定值，它随被焊金属的物理性质、焊接线能量 $E$ 及预热温度的不同而变化。实际应用时，应按实际板厚是否超过 $\delta_{cr}$ 来确定应用什么公式。因此，在式(9.9)右边可增加一个修正系数 $K$，修正系数 $K$ 是无量纲参数 $\varepsilon$ 的函数。

$$K = f(\varepsilon), \qquad \varepsilon = \frac{2E}{\pi c\rho\delta^2(T-T_0)} \tag{9.12}$$

计算得到 $\varepsilon$ 值后，可在图 9.8 中查到 $K$ 值，然后计算中厚板上焊缝或熔合线附近某点的冷却速度。大量试验得到：当 $\varepsilon \geq 2.5$ 时，可采用薄板公式计算；当 $\varepsilon < 0.4$ 时，可直接用厚板公式计算；在 $0.4 < \varepsilon < 2.5$ 时，才用式(9.12)计算。

焊接热传导的数值分析，目前还存在一些主要的问题：

① 材料的热物理性能数据不足，特别是在高温下的数据还是空白；

② 热源分布参数的确定还缺乏系统而准确的资料；

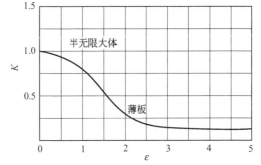

图 9.8 修正系数 $K$ 与无量纲参数 $\varepsilon$ 的关系

③ 电弧功率有效利用系数的资料比较分散，正确选取直接影响了计算精度；

④ 焊接熔池的流体动力学状态分析和精确描述还比较困难。

### 9.3.2 焊接热裂纹的模拟技术

焊接热裂纹是焊接接头中最危险的焊接缺陷。按照产生的条件、机理和基本特征，大致可分为热裂纹、冷裂纹、再热裂纹、层状裂纹和应力腐蚀开裂五大类。利用物理模拟技术可比较方便、高效和精确地研究材料的热裂倾向。热裂纹模拟试验方法有模拟后进行试验和模拟过程中进行试验两种类型。比较而言，在热模拟过程中进行试验更能全面和真实地反映裂纹产生的过程和条件。

由于焊接热裂纹一般是在冷却过程中形成的，所以冷却过程的拉伸试验对于研究焊接裂纹更具有实际意义。在进行冷却过程拉伸试验时，应根据不同的试验目的，首先将试样加热到液相线温度（研究结晶裂纹）或零强温度（研究热影响区中裂纹）或零稳温度以下 20～30℃（研究材料的热塑性），在峰值保温 0.5～3s 后，再以 30～70℃/s 的冷却速度冷却到不同的试验温度，在试验温度停留 0.5s，然后进行快速拉伸（50mm/s），测得断面收缩率，从而绘制冷却过程中的温度-热塑性曲线，并可得到冷却过程中的零塑性温度 $D$ 点。

脆性温度区间（brittleness temperature range，BTR）是反映材料热裂敏感性的重要参数。脆性温度区通常是指在固相线附近，固-液并存时的温度区间，其上限是熔池金属凝固过程中形成液态脆性薄膜"骨架"的温度，下限为实际的凝固终了的附近温度。BTR 大小不但反映了材料的结晶裂纹的敏感性，而且也可以用来预测液化裂纹的产生倾向。

零塑性区间 NDR（nil-ductility range）的物理意义是指热影响区中熔池周围附近塑性基本为零的区域的温度范围。其温度上限是加热时所测得的零塑性温度，下限为冷却时所测得的零塑性温度。NDR 是衡量液化裂纹与多边化裂纹敏感性的重要参数。

用物理模拟方法分别测得 40CrMnSiMoVA 和 30CrMnSiNi2A 钢的零塑性温度区间 NDR 及脆性温度区间 BTR，从而比较两种中碳超高强度结构钢的液化裂纹倾向。试验在 Gleeble-1500 试验机上进行，采用水冷铜卡头快速冷却。加热速度为 150℃/s，冷却速度为 70℃/s，峰值温度为 1415℃，在真空室内进行。在各试验温度下保温 0.5s 后以 10mm/s 的速度将试样拉断，测量断面收缩率及断裂强度。试验结果：对于 40CrMnSiMoVA 钢，NDT 为 1360℃，DRT 为 1250℃，所以其零塑性温度区间 NDR 为 110℃。由于冷却试验时峰值温度取 1415℃附近，所以得到该钢的脆性温度区间 BTR 为 165℃。对于 30CrMnSiNi2A 钢，测得 NDT 为 1380℃，DRT 为 1370℃，所以 NDR 为 10℃，BTR 为 45℃。从而可认为 30CrMnSiNi2A 钢比 40CrMnSiMoVA 钢有较强的抗液化裂纹能力。

研究者在 Gleeble 试验机上用热拉伸法研究了铝合金的液化裂纹倾向。将 LD$_2$ 铝合金圆棒试样以 60℃/s 的加热速度升温到试验温度（350℃以上）后停留 0.2s 快速拉断，求得加热过程的零塑性温度为 600℃。在不拉伸情况下，将试样加热到 650℃时热电偶脱落，此时试样均温区开始整体熔化，可以认为 650℃是材料的液相线温度。冷却过程的热拉伸试验，参照 650℃这熔化温度点，将试样加热到峰值温度 618℃后，保温 1s，然后以 14℃/s 的速度冷却到试验温度，再快速拉断，得到冷却过程的热塑性曲线和塑性恢复温度 540℃，从而测得零塑性温度区间 NDT 为 60℃（600～540℃）。同样，测得 6061 铝合金的 NDT 为 30℃，从而判定 LD$_2$ 合金比 6061 铝合金有较大的热裂倾向。

焊接凝固裂纹的产生主要取决于材料凝固裂纹阻力和凝固裂纹驱动力两个方面的因素。董志波等[8]研究了 SUS310 不锈钢在裂纹敏感温度区间内焊缝金属动态应变场演化过程三维模拟计算。利用动态单元再生技术，解决了焊接熔池的变形、初始温度的变化和凝固收缩等三个因素对焊接凝固过程的影响规律。在商用软件 MARC/MENTAT 上运行计算，数值模拟计算得到的驱动力与实验测量的凝固裂纹阻力曲线进行了比较，预测了实验条件下 SUS310 不锈钢的凝固裂纹敏感性，预测结果与实验结果相符。凝固裂纹产生的力学条件可由图 9.9 推断，当焊缝所受的拉伸应变与材料临界塑性曲线之间的关系如图中 a 时，产生凝固裂纹的条件为：$\varepsilon(T) > \varepsilon_C(T)$；产生凝固裂纹的临界条件：$\varepsilon(T) = \varepsilon_C(T)$；不产生凝固裂纹的条件：$\varepsilon(T) < \varepsilon_C(T)$。$\varepsilon(T)$ 为凝固裂纹的驱动力，$\varepsilon_C(T)$ 为凝固裂纹的阻力。图 9.10 比较了模拟计算得到的三个位置的驱动力曲线与 Matsuda 测量的阻力曲线结果。从图

中可知，焊缝中心线上三个不同位置的驱动力曲线，焊缝中心位置的驱动力最小，收弧处的驱动力最大，说明在收弧处比焊缝的其他位置更容易产生凝固裂纹。因此，通过模拟计算得到的凝固裂纹驱动力曲线与实验测得的凝固裂纹阻力曲线比较，可以预测凝固裂纹的敏感性。

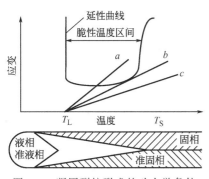

图 9.9  凝固裂纹形成的动力学条件

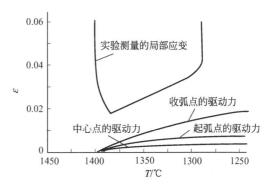

图 9.10  模拟计算预测焊接凝固裂纹

### 9.3.3  焊接应力与残余应力的模拟预测[7,9~11]

焊接过程是一个热力耦合的过程。焊接热弹塑性分析包括四个基本关系：应变-位移关系（相容性条件）；应力-应变关系（本构关系）；平衡条件和边界条件。在热弹塑性分析过程中，既要计算温度场，又要计算应力应变场，选择的单元不仅是自由度为温度的热单元，具有热传导、对流能力，而且要能够进行热力耦合分析。进行热弹塑性分析时往往还要作一些假设：材料的屈服服从米赛斯屈服准则；塑性区内的行为服从流动法则并具有应变硬化；弹性应变、塑性应变与温度应变是可分的；与温度有关的力学性能、在微小时间增量内的应力-应变呈线性变化。

应用有限元分析方法对焊接热弹塑性应力求解过程：首先将构件划分成有限个单元，然后逐步加上温度增量。每次温度增量加上后，计算各节点的位移增量、每个单元内的应变增量。再由应力-应变关系式求得各单元的应力增量。这样，就可了解整个焊接过程中动态应力应变的变化过程和最终的残余应力与变形的状态。因为焊接问题包含了材料性能随温度剧烈变化以及大变形等非线性因素，要得到高的计算精度和保证解的收敛性是相当困难的。改善三维有限元分析精度的主要途径有：①采用稳定而可靠的计算方法，保证焊接温度场的计算精度；②采用修正的弹性到塑性时的加权系数；③对材料在高温时的性能进行合理处理；④合理确定温度计算步长，科学地划分不同区域的网格；⑤对三维块体单元在某些板较薄且承受弯矩的地方，采用缩减积分以防止"锁定"现象。

黄嗣罗等[9]采用有限元分析软件 ANSYS，对 SA335 P91 钢管全位置对接打底焊温度场和应力应变场进行了三维数值模拟。在理论分析基础上，建立了焊接瞬态温度场和应力应变场三维移动热源模型。研究得到了全位置焊时左右焊道交汇处（90°）的瞬态轴向应力和环向应力分布及应力应变随时间变化的规律。模拟结果表明：在闭合小孔区内表面的轴向和环向应力均为拉应力，且环向应力比轴向应力大；该处在高温凝固阶段的瞬态应力随小孔停留时间的延长和焊接电流的增大而减小，而其应变的变化则随之增大，这就是造成打底焊时在小孔闭合区容易产生

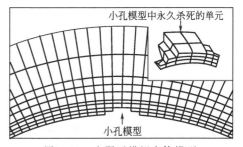

图 9.11  有限元模拟实体模型

凝固裂纹的主要原因。

在模拟过程中,采用能够进行瞬态分析的 8 节点三维热实体单元 solid70,共有 3400 个单元,节点总数为 5000 个。计算中将辐射与对流所产生的作用进行合成,用对流系数表示,以综合表示焊接过程外界环境的影响。图 9.11 是有限元模拟实体模型,图 9.12 显示了距始焊 90°位置在不同时刻内表面轴向的分布情况。图 9.13 为不同焊接条件下小孔中心轴向应力随时间的变化。

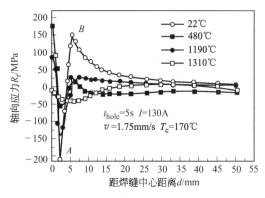

图 9.12　距始焊 90°位置不同时刻内
表面轴向应力分布

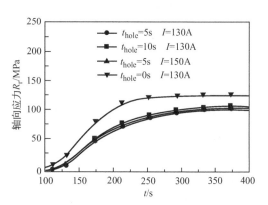

图 9.13　不同焊接条件下小孔中心轴向
应力随时间的变化

焊接残余应力与变形之间存在一定的关系,二者可通过焊接过程中产生的非协调性应变联系起来。邓化凌等[10]以焊接切应变为基础,利用边界元的直接法,推导得到了通过焊接变形求解二维焊接残余应力的数学模型。给定焊缝中初应变的初值,根据焊接构件边界上已知的信息,由边界积分方程求出边界上所有未知的位移分量和表面力分量。在边界位移已知的条件下,应用该模型可对焊接构件内部残余应力进行求解。构件边界上的应力可由弹性体的边界应力和边界面力的关系,通过物理方程和几何方程求出。

图 9.14 表示了垂直于焊缝截面纵向残余应力的计算模拟结果与测量值的比较,图 9.15 为平行于焊缝截面横向残余应力的模拟结果与实验值的比较。通过计算实例,验证了模型的可行性。由于焊接构件的边界一般情况下为自由边界,垂直于边界的面力为零。因此,只要增加边界位移的信息量,提高其测量精度,就可提高应用该模型求解焊接残余应力的可靠性和精确度。

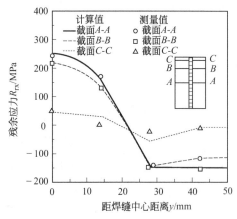

图 9.14　垂直于焊缝截面的纵向残余应力 $R_{rx}$

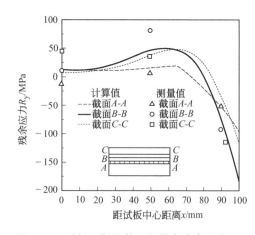

图 9.15　平行于焊缝截面的横向残余应力 $R_{ry}$

电子束焊接残余应力的实测难度较大，且成本高。因此采用数值模拟的方法来预测焊接残余应力的大小及分布具有重要的意义。陈芙蓉等[11]利用三维有限元分析程序，建立了TC4钛合金板电子束焊接温度场和残余应力场的模型，重点分析了高压和中压两种工艺参数条件下所产生的焊接残余应力。图9.16为高压工艺和中压工艺条件下两种接头焊缝中心及近焊缝区的纵向及横向残余应力的比较。

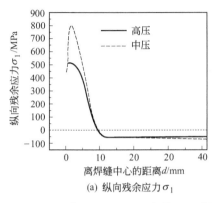

(a) 纵向残余应力 $\sigma_l$

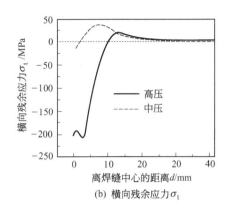

(b) 横向残余应力 $\sigma_t$

图 9.16　高压和中压工艺条件下两种接头焊缝中心及近焊缝区残余应力的比较

经过计算模拟表明，所建立的 TC4 钛合金有限元模型能够进行残余应力的分析。计算结果表明，采用中压工艺参数电子束焊接接头残余应力的峰值比高压工艺条件下的残余应力峰值高，而且其残余应力的分布更集中于焊接接头中段。其原因是由于中压工艺焊缝宽，热影响区较大，受热和塑性变形区域较大，因此造成的残余应力较大。

# 9.4　金属塑性成型模拟

## 9.4.1　金属塑性成型模拟的基本步骤[7]

与一般的有限元结构分析相似，塑性成形过程模拟也可分为建立几何模型、建立有限元模型、给定边界条件、计算求解和后处理等几个步骤。

### 9.4.1.1　建立几何模型

一般的有限元分析软件都提供简单的几何造型功能，可满足简单几何形状的成形模拟建模需要。形状简单的工件和模具可以利用分析软件生成。模具型面往往包含自由曲面，需要用 CAD 系统造型。分析软件一般都具有 CAD 系统的文件接口，以便读入在 CAD 系统中生成的设计结果。

由模具设计人员用 CAD 软件设计的几何模型，往往不能完全满足有限元分析的要求，如曲面有重叠、缝隙，包含过于细长的曲面片等。因此，需要进行检查和修改，消除这些缺陷。另外，原始设计中包含的一些细小特征，如凸台、拉延筋等，应该删除，以免导致在这些区域产生过多细小的单元，不必要地增加计算工作量。

### 9.4.1.2　建立有限元分析模型

分网是将问题的几何模型转化为离散化的有限元网格。分网时要根据问题本身的特点选择适当的单元类型。根据问题的几何和受力状态的特点，尽可能地选用比较简单的单元类型，例如平面应变问题和轴对称问题仅在平面内进行离散化，尽量不用三维单元；冲压成形模拟中采用壳单元，尽量不用实体单元等。一般来说，采用三角形和四面体单元容易对复杂区域自动分网，具有很强的适应性。四边形和六面体单元计算精度较三角形和四面单元精度高，但是复杂区域难以剖分成全部为四边形或六面体单元，尤其是难以实现全自动剖分。如果可能，应尽量采用四边形和六面体单元。为便于在计算中根据曲率变化和应变梯度的变化灵活地进行网格密度的调整，提高模拟精度，也常常采用可变节点数的过度单元。

网格划分方法主要有两类：一类是映射法，或称为结构化的方法。使用这种方法容易控制，可实现特定的设计意图，但操作麻烦，网格的质量不一定好。另一类是自由的或非结构化的方法。这类方法所依据的算法很多，因为自动化水平高，生成的网格质量好，能适应各种复杂的情况，使用也比较方便。

分网后应检查网格的质量，其中包括单元各边应尽可能相等、单元内角应尽可能平均等。另外，为使离散后的有限元模型尽可能逼近原模型的几何形状，应控制离散化前后表面之间的最大偏差。对于检验不合格的单元，需要调整网格控制参数重新分网，或进行局部的手工调整，如移动节点位置、网格加密等。

功能强的分析软件所提供的材料模型种类比较多，可根据实际问题的主要特点、精度要求和可得到的材料参数选择合适的模型。越是复杂的模型，其计算精度越高，但计算量也会增大，输入的材料参数也要求越多。

对于准静态的成形过程，应尽可能选用静力学算法求解，以避免采用动力算法时人为引入的惯性效应，同时静力学算法求得的应力场也更为准确，有利于回弹预测的准确性。对于高速成形过程，应采用动力算法求解，以便考虑惯性效应的影响。另外，对于静力学算法不易收敛的准静态问题，也可利用动力算法对强非线性问题的强大处理能力进行求解，但要仔细地考察惯性效应带来的误差。

在冲压成形过程模拟中，可根据需要选择增量法或逆算法。在冲模概念设计阶段，可采用逆算法，快速地评价不同的工艺方案，同时设计合理的毛坯形状。在冲模详细设计和调试阶段，应采用增量法以便得到精确的模拟结果。在体积成形模拟中，如主要关心成形过程中工件的变形情况，应采用刚塑性有限元法，以减少计算量。如还要考虑工件卸载后的残余应力分布，则应采用弹塑性有限元方法。

### 9.4.1.3　定义工具和边界条件

成形模拟中的位移边界条件主要是对称性条件，利用对称性可大为减小所需的计算量。热分析中的边界条件主要有环境温度、表面换热系数等。

在成形模拟中直接给定工件所受外力的情况是很少见的。工件所受的外力主要是通过工件与模具的接触施加的。建立几何模型时应定义工具的几何形状，分网时要建立工具表面的有限元模型。为了使工具的作用能正确的施加到工件上，还需要定义工具的位置和运动、接触和摩擦、其他工艺参数三方面的性质。

### 9.4.1.4　求解和后处理

成形过程模拟由于具有高度的非线性性质，计算量很大，但求解过程一般不需要使用者干预。如果计算出现异常情况或使用者想改变计算方案，可以随时中止计算进程。在塑性成形过程中，尤其是体积成形中，网格可能会发生严重的畸变。在这种情况下，为保证计算的正常进行需要重分网格，然后再进行计算。

后处理通常是通过直接读入分析结果数据文件激活的。分析软件的后处理模块能提供工件变形形状、模型表面或任意剖面上的应力-应变分布、变形过程的动画显示、选定位置的物理量与时间的函数关系曲线等。另外，成形模拟软件还提供一些专门的手段以预测长形质量和缺陷。

国际上较知名的体积成形专用模拟软件有 DEFORM、FORGE3、MARC/Auto Forge

等，其中在中国应用较多的是 DEFORM。DEFORM（design environment for forming）软件是由美国 SFTC 公司开发的，这是一套基于过程模拟系统的面向金属塑性加工及相关行业的有限元分析软件。可以模拟锻压、轧制、挤压、粉末成型等多种加工工艺，也可模拟切断、冲裁、热处理等辅助工艺。DEFORM 软件具有良好的用户界面、数据准备和处理简单等特点。

### 9.4.2 钢锭锻造形变过程模拟[12]

Grzegorz 等研究了在自由伸长工艺条件下铁砧形状对锻件形变分布的影响。工艺参数的选择主要是为了获得优化的伸长，设计的拉拔量最大为 50%，以能实现它们对锻件形变分布影响的评价。应用商用 Forge2D® 软件进行计算，使用有限元方法模拟塑性变形过程。假设锻件为 30mm×30mm×100mm 的长方形坯料，材料是含 Cr-Mo 的低碳合金钢，热加工温度取 1150℃。

在模拟过程中分析了变形的分布情况。图 9.17 为在平的铁砧锻造过程中变形量为 50% 的有限元网络。角度 $\alpha=0°$ 有利于材料的折叠现象的发生。同时会产生我们所不愿看到的中心区域的轴向内应力，这是由于材料流变机制所致的。

为避免不良现象的发生，采用了带斜面的铁砧，如图 9.18 所示。图 9.19 是在 $\alpha=45°$ 的铁砧上，施加流动应变为 25% 的情况。在材料表面无折叠现象的发生，也没有过度的拉伸应力产生。材料沿着水平方向平缓地流动，这是理想的锻造方法。

图 9.20 为 $\alpha=45°$ 流动应变为 50% 的情况，我们可以看到材料沿着轴向过度拉长，这可能导致凝固性能的降低。同时材料开始沿铁砧表面折叠。这种方法由于 50% 的流动应变过大而不合适。图 9.21 为钢坯在锻造过程中铁砧工作表面相对于压力方向倾斜和变形分布图。图 9.21(a) 所示 $\alpha=45°$，流动应变为 25%，可保证锻造的有效性。

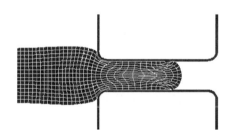

图 9.17　流动应变为 50% 时的变形网格

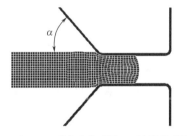

图 9.18　在 $\alpha=60°$ 流动应变为 25% 时的变形网格

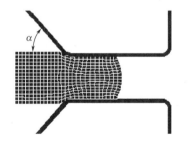

图 9.19　在 $\alpha=45°$ 流动应变为 25% 时的变形网格

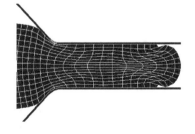

图 9.20　在 $\alpha=45°$ 流动应变为 50% 的情况

铁砧形状计算及模拟研究结果表明，铁砧与工件之间的角度 $\alpha=45°$ 时，锻坯不会产生表面折叠和轴向区域过度拉长等缺陷。而 $\alpha$ 为 60° 和 0° 时，很有可能产生以上各种缺陷。在实际应用中也证明了这些模拟结果。

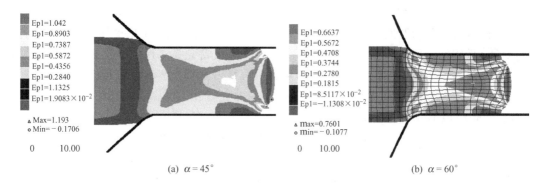

(a) $\alpha = 45°$            (b) $\alpha = 60°$

图 9.21 流动应变为 25% 时锻造时的变形分布

### 9.4.3 AZ31 合金深拉伸过程模拟[13]

镁合金板具有高强度，具有较大的工业应用，但在室温条件下有限的延性和形变性能，影响了它的直接应用。早期研究发现，制耳现象的产生不仅取决于拉伸时的初始组织，在很大程度上与拉伸时的组织变化有关。Tom Walde 等应用有限元法模拟研究了 AZ31 镁合金深拉伸过程中产生制耳的现象。

#### 9.4.3.1 模拟模型

（1）VPSC 自组织模型 VPSC（viscoplastic self-consistent）模型首先是由 Lebensoho 和 Tomé 用于形变组织的模拟。在 VPSC 模型中，组织是由晶体位向来表示的，每个方向有一个权重。对单晶来说，由速率敏感连续功率定律来描述：

$$\varepsilon_{ij}^{pl} = \left\{ \dot{\gamma}_0 \sum_{s=1}^{s} \frac{m_{ij}^{s} m_{kl}^{s}}{\tau^{s}} \left( \frac{m_{mn}^{s} \sigma_{mn}'}{\tau^{s}} \right)^{n-1} \right\} \sigma_{kl}' = M_{ijkl}^{c(sec)} (\sigma') \sigma_{kl}' \tag{9.13}$$

式中，$\dot{\varepsilon}^{pl}$ 是塑性变形的应变速率；$\dot{\gamma}_0$ 是一个参考应变速率；$\tau^{s}$ 为滑移孪生系 $s$ 的参考应力；$s$ 是滑移孪生系的数量；$m^{s}$ 为几何 Schmid 张量；$\sigma'$ 为晶粒中偏应力张量；$n$ 是应力指数，$M^{c(sec)}$ 称为晶粒的正割黏弹性柔性张量（secant viscoplastic compliance tensor），对于孪生，如果分切应力在一个方向上，切变是唯一可能。另外，等式（9.13）中孪生系统的加和贡献为零。在宏观塑性应变速率张量 $\dot{E}^{pl}$ 和宏观偏应力 $\sum'$ 之间同样可由宏观正割黏弹性柔性张量 $M^{sec}$ 来描述：

$$\dot{E}^{pl} = M^{(sec)} \sum' \tag{9.14}$$

晶粒中的宏观应力偏差 $\sum'$ 和偏应力张量 $\sigma'$ 之间的关系为：$\sigma' = B^{c} \sum'$，其中 $B^{c}$ 为伴随张量。同样可引入自组织等式：

$$M^{(sec)} = \langle M^{c(sec)} B^{c} \rangle \tag{9.15}$$

等式右边 "⟨⟩" 内为所有晶粒的平均值。有了宏观塑性变形速率后，每个晶粒的应力可按下述方法计算：采用 Taylor 假设，每个晶粒的应变速率等同于宏观应变速率，应用迭代法计算，有关应力由式（9.13）计算；用两个迭代程序计算自组织等式（9.15）；$M^{c(sec)}$ 由式（9.13）计算，第一个 $M^{(sec)}$ 应用 Voigt 平均值估算：

$$[M^{(sec)}]^{-1} = \langle [M^{c(sec)}]^{-1} \rangle \tag{9.16}$$

通常，由 $M^{(sec)}$ 值计算伴随张量 $B^{c}$。然后，由等式（9.15）应用平均值 $\langle M^{c(sec)} B^{c} \rangle$ 修正 $M^{(sec)}$ 估计值。迭代是重复使用的，直到平均值等于输入的有一定限制的张量。由新的 $M^{(sec)}$ 决定内部循环和新的宏观应力计算，即：

$$\sum' = [M^{(sec)}]^{-1} \dot{E}^{pl} \tag{9.17}$$

在每个晶粒的输出循环中，如果晶粒平均应力和宏观应力一致，则停止计算。

（2）Voce 硬化定律的修正　滑移系参考应力服从于等式(9.18)：

$$\dot{\tau}^s = \frac{\mathrm{d}\hat{\tau}^s}{\mathrm{d}\Gamma} \sum_{s'} h^{ss'} \dot{\gamma}^{s'} \tag{9.18}$$

这里，$\dot{\gamma}^s$ 为滑移系 $s$ 的切变速率；$h^{ss'}$ 为硬化基体，硬化函数 $\hat{\tau}^s$ 通常由下面关系式表示：

$$\hat{\tau}^s = \tau_0^s + (\tau_1^s + \theta_1^s \Gamma)\left[1 - \exp\left(-\frac{\theta_0^s \Gamma}{\tau_1^s}\right)\right] \tag{9.19}$$

式中，$\tau_0^s$、$\tau_1^s$、$\theta_0^s$ 为参数，$\Gamma$ 是晶粒所有滑移系上的累积切变。

（3）重新取向孪生模型　孪生是一个重要的形变形式，特别在室温情况下。在晶粒中，孪生体积分数变化为：

$$\dot{g}^{n,t_i} = \frac{\dot{\gamma}^{n,t_i}}{\gamma_{t_i}} \tag{9.20}$$

其中，$\dot{\gamma}^{n,t_i}$ 是 $n$ 方向的切变速率，由孪生系 $t_i$ 实现；$\gamma_{t_i}$ 是孪生的特征切变。

在晶粒中，$n$ 方向孪生的体积分数与整个多晶变化速率相关：

$$\dot{f}^{n,t_i} = f^n \dot{g}^{n,t_i} \tag{9.21}$$

式中，$f^n$ 是 $n$ 方向的体积分数。多晶体中孪晶的总体积分数 $F_R$ 为：

$$F_R = \sum_N f^n \sum_{t_i} g^{n,t_i} \tag{9.22}$$

这里，$g^{n,t_i}$ 是 $\dot{g}^{n,t_i}$ 的积分。所有已经因孪生而改变位向的晶粒可由式 $F_E = \sum_m f^m$ 计算，并定义新值为：

$$F_T = X + Y\frac{F_E}{F_R} \tag{9.23}$$

式中，$X$、$Y$ 是后决定的模型参数。在每个时间步长中，每个方向上的孪生体积分数 $g^{n,t_i}$ 可与新值比较。如果 $g^{n,t_i}$ 大于 $F_T$，晶粒中该方向就转变为孪生方向。PTR（predominant twin reorientation scheme）模型的特点是具有最大形变能的主要晶粒改变它们的位向。如果 $F_R$ 快于 $F_E$，则新值 $F_T$ 提高，由于孪生变慢而该方向的速率也改变。

### 9.4.3.2　试验结果和模型参数测定

模型参数的测量试验是在磁性合金 AZ31（厚度为 2.7mm）的热轧板上进行的。在钢板的心部和距表面 0.7mm 两个位置上测量位向分布函数（orientation distribution function，ODF）和 7 个磁极数字（{10.0}、{00.2}、{10.1}、{10.2}、{11.0}、{10.3}、{11.2}）。应用 Labotex 程序计算。

模型参数由计算的应力-应变曲线和实验曲线进行调整而决定。计算采用了 1000 个单方向组织的初始测量值。考察了三个不同的形变模型：基本滑移 {00.1}⟨11.0⟩，在 {11.2}⟨11.3⟩ 上的 ⟨c+a⟩ 滑移和 {10.2}⟨10.1⟩ 孪生。图 9.22 表示了厚度方向测量值和计算结果，在轧制和厚度方向上，材料表现了明显的拉伸-压缩的一致性，拉伸的初始屈服应力人约为压缩的 2 倍。应强调的是，参数的调整使计算曲线和实验结果具有很好的一致性。

应用 AZ31 合金模拟参数研究了深拉伸时不同组织对制耳发展的影响。研究了各种单一组织和复合组织的模拟。组织的位向由三个 Euler 角（$\phi_1$，$\phi$，$\phi_2$）来表征。轧钢板的典型组织的基面为 $\phi=0°$，如 $\phi=90°$，则表示 $c$ 轴线平行于钢板平面。图 9.23 为有限元模拟模型。直径为 15mm、厚度为 0.32mm 的圆片在直径 10mm 的模具中进行深拉伸。图 9.24 为模拟结果，说明很强地取决于材料的初始组织。为进一步了解组织变化对制耳形成的影响，计算模拟研究了（0°，0°，0°）和（0°，90°，0°）两种组织状态的情况。在图 9.25 中，比较了组织调整和不调整的结果。显然，（0°，0°，0°）组织状态容易产生制耳。

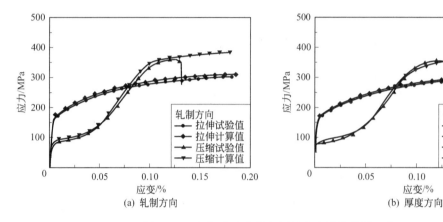

图 9.22 应力-应变曲线的测量值和计算结果比较

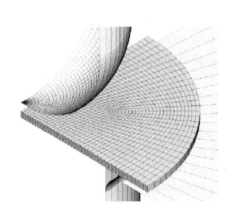

图 9.23 深拉伸模拟的有限元模型

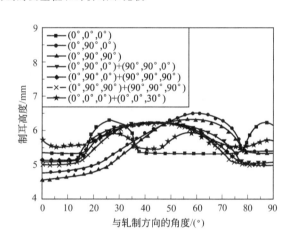

图 9.24 不同初始组织对产生制耳的影响

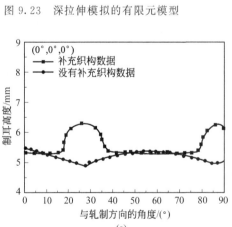

(a)

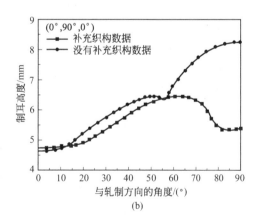

(b)

图 9.25 在（0°，0°，0°）组织（a）和（0°，90°，0°）组织（b）状态下形成制耳的计算模拟

### 9.4.4 控轧钢形变诱发相变的计算机模拟[14]

#### 9.4.4.1 形变诱导相变的Monte Carlo 模拟

Gottstein 等建立的位错密度与应变、应变速率和变形温度之间的关系模型。根据 Gottstein 等建立的位错模型计算变形储存能。得到可动位错密度增加速率为：

$$\dot{\rho}_m^+ = \frac{\dot{\varepsilon} M}{bF} \tag{9.24}$$

式中，$b$ 为柏氏矢量；$F$ 为可动位错平均自由程；$M$ 为多晶体泰勒因子。

变形结束后，可能发生回复和再结晶，在这过程中位错密度会降低。回复过程阶段的位错密度 $\rho_T$ 和再结晶阶段的位错密度 $\rho$ 可表示为：

$$\rho_T = \rho_0 \exp\left(-\frac{t}{\tau_0}\right) \tag{9.25}$$

$$\rho = \rho_T - (\rho_T - \rho_0) X \tag{9.26}$$

式中，$\tau_0$ 是与温度、玻尔兹曼常数、激活能相关的参考时间；$X$ 为再结晶分数。

因此，如设 $G$ 为切变模量，则变形储存能可用位错密度来表示：

$$\Delta G_{def} = \frac{1}{2} Gb^2 \rho \tag{9.27}$$

变形所需的外加应力可表示为使变形胞内和胞壁发生变形所需应力之和，即

$$\sigma_{ext} = M(f_i \tau_i + f_w \tau_w) \tag{9.28}$$

$$\tau_i = \tau_{effi} + \alpha Gb \sqrt{\rho_i} \tag{9.29}$$

$$\tau_w = \tau_{effi} + \alpha Gb \sqrt{\rho_w} \tag{9.30}$$

式中，$\alpha$ 为系数；$\rho_i$ 为胞内不可动位错密度；$\rho_w$ 为胞壁内不可动位错密度。

为计算连续冷却相变动力学，首先必须计算出 $\gamma \rightarrow \alpha$ 平衡相变的热力学参数，包括平衡相变开始温度 $A_{C_3}$、终了温度（即珠光体平衡转变开始温度）$A_{C_1}$、临界形核所需要的最大体积自由能差 $\Delta G_V$ 及不同转变温度下平衡 $\gamma$ 相中碳的摩尔分数 $x_c^{\gamma/\alpha}$ 和 $\alpha$ 相中碳的摩尔分数 $x_c^{\alpha/\gamma}$，以及相变化学自由能之差 $\Delta G_{chem}$ 等。考虑变形储存能对平衡相变温度 $A_{C_3}$ 和 $A_{C_1}$ 以及平衡摩尔分数 $x_c^{\gamma/\alpha}$、$x_c^{\alpha/\gamma}$ 的影响，采用超组元模型和修正的 KRC 化学势模型计算所需的热力学参数。

#### 9.4.4.2 相变模型及变形对相变动力学的影响

假设奥氏体晶粒为 Tetrakaidecahedron 形状（14 个面，24 个顶角的多面体），铁素体为球形形核、长大。根据经典形核理论和奥氏体晶粒的几何形状，铁素体可在四种不同的位置上形成：晶粒内部的均匀形核、晶界形核、晶粒间界棱形核和界隅形核。所以奥氏体晶粒的形核速率可表示为：

$$\frac{dN}{dt} = \sum N_n^i f^* \exp\left(-\frac{\Delta G^{i*} \lambda}{kT}\right) \exp\left(-\frac{Q_D}{kT}\right) \tag{9.31}$$

式中，$N_n^i$ 为晶粒所能提供的第 $i$ 种形核方式的位置数量；$f^*$ 为铁原子的特征频率；$k$ 为玻尔兹曼常数；$T$ 为绝对温度；$Q_D$ 为铁原子晶界扩散激活能；$\lambda$ 是比例常数；$\Delta G^{i*}$ 为第 $i$ 种晶核临界形核功，其大小随形核位置而变化。

采用 J. M. Christian 提出的界面移动控制型相变模型，$\gamma/\alpha$ 界面移动速度与自由能之差成正比：

$$v = M_0 \exp\left(-\frac{Q}{RT}\right) \Delta G^{\alpha/\gamma} \tag{9.32}$$

式中，$M_0$ 为界面移动系数；$Q$ 为激活能；$\Delta G^{\alpha/\gamma}$ 为反应后的 $\gamma$ 相与 $\alpha$ 相的摩尔自由能之差，包括奥氏体相的变形储存能。变形对相变动力学的影响模拟结果见图 9.26～图 9.28。

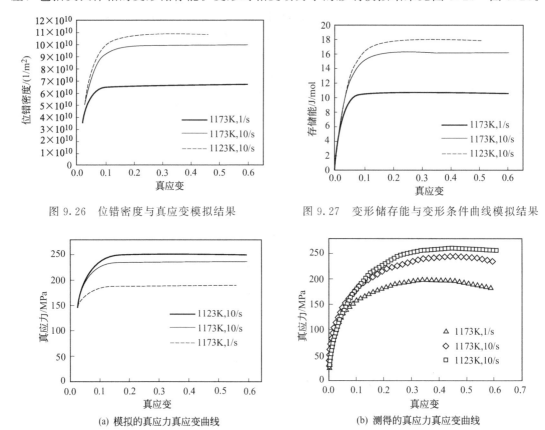

图 9.26  位错密度与真应变模拟结果

图 9.27  变形储存能与变形条件曲线模拟结果

(a) 模拟的真应力真应变曲线

(b) 测得的真应力真应变曲线

图 9.28  应力应变曲线的模拟结果与实验结果

### 9.4.4.3  相变动力学实验结果与模拟结果

实验条件：将试样加热到 1273K，并保温 10min，然后快速冷却到 1173K，以 1/s 的速率变形；冷却到 1173K，以 10/s 的变形速率变形；冷却到 1123K，以 10/s 的变形速率变形。所有的实验真应变均为 0.6。变形后所有的试样立即以 15K/s 的冷却速度冷却，直到相变结束。模拟了该实验条件下变形对奥氏体向铁素体转变动力学的影响。

文献报道了实验数据：加热后相变前的奥氏体晶粒尺寸为 50μm，相变结束后铁素体晶粒尺寸为 13μm（1/s，1173K）、12μm（10/s，1173K）、11μm（10/s，1123K），对应的形核密度在 $10^{14}$～$10^{15}$ 数量级。按照位置饱和机制形核，其形核密度为 $8.6\times10^{14}\,\mathrm{m}^{-3}$，过冷度 $\Delta T=60\mathrm{K}$，冷却速度为 15K/s。采用上述模型进行计算模拟，结果如图 9.29（a）所示。文献测得的转变曲线如图 9.29（b）所示。比较可见，模拟的相变实际开始温度和实验测定的转变温度均在 980～1000K。由于 1173K（10/s）和 1123（10/s）变形时的变形储存能较 1173K（1/s）的高，所以在相同的冷却条件下，实际相变开始温度有所提高。模拟的相变结束时铁素体的体积分数为 78.8%，实验测得结果为 80% 左右；在 1173K（1/s）、1173K（10/s）和 1123K（10/s）条件下相变终了温度的实验结果分别为 860K、870K 和 880K，而模拟结果为 850K、861K 和 875K。因此，模拟结果和实验结果是基本一致的。由于变形储存能的提高，使得相变开始温度提高，计算得到的各变形条件下的相变平衡开始温度分别为 1054K（1/s，1173K）、1058K（10/s，1173K）、1060K（10/s，1123K），较无变形时的平

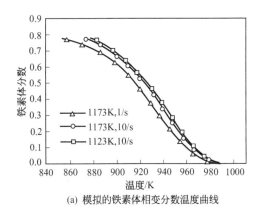

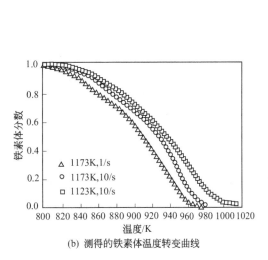

(a) 模拟的铁素体相变分数温度曲线　　　　(b) 测得的铁素体温度转变曲线

图 9.29　相变曲线的模拟结果与测定结果

衡温度 1046K 分别提高了 8K、12K、14K。最终的铁素体体积分数都接近 80%，所以变形对最终铁素体体积分数无明显的影响。

### 9.4.5　薄板冲压工艺一体化模拟技术[7,15~16]

薄板冲压技术在汽车、轻工、航空等领域应用广泛，特别是在车身覆盖件成形上，更是不可缺少。薄板冲压过程包含以大位移、大变形为特征的几何非线性，以塑性变形为特征的材料非线性和以接触摩擦为特征的边界非线性，其设计计算极其复杂。工程中常用的传统冲压工艺和模具设计是以简化理论模型和经验公式为基础，依据工程师的实践经验设计出工艺和模具的初步方案，经过反复试模修正，以达到零件设计要求。对比较复杂的新产品模具，这种方法不仅耗费大量的时间和财力，还常常难以达到质量要求。这是导致新车型开发周期长的重要原因。

近十年来，国内外逐渐完善的冲压过程仿真理论和技术（CAE）为冲压工艺与模具设计提供了现代化手段。通过将 CAE 系统与成熟的模具 CAD/CAM 系统集成形成的 CAD/CAE/CAM 一体化技术以及基于 CAE 的冲压成型新工艺，可大大提高冲压工艺和模具的设计水平以及模具的制造质量，缩短设计制造周期，提高冲压件质量。因此这项技术已成为汽车、航空等工业的关键技术。近年来，我国在这方面的主要研究成果包括[15]以下方面。

① 提出了薄板冲压工艺过程设计和分析的具有创新内容的系统理论和方法。包括显式加载隐式卸载的混合计算方法、基于局域概念的冲压成型一体化算法、基于弹塑性理论的摩擦模型、显示仿真算法中接触应力计算的质量密度因子法、三维应力状态板壳理论与混合单元理论、板壳的交叉降阶积分法、基于经验与仿真材料的参数反求理论、超大规模计算中的计算任务动态分配方法和多 CPU 间的定时通讯理论。对促进我国相关学科的发展起到了积极的作用。

② 研究开发了五大具有自主知识产权和创新内容的冲压工艺软件。冲压仿真 CAE 自动建模系统 CADEM-1 在国内最先利用模具表面 NC 数控轨迹数据作为网格生成的几何数据源，不仅可避免发生几何信息丢失与失真，而且建模效率可提高数倍至数十倍。实现结构化四边形网格自动优化，对常用汽车冲压件成型在同样精度下可将仿真模型网格单元减少近 20%~40%，有效减少了计算工作量。冲压仿真 CAE 系统 CADEM-Ⅱ 采用交叉降阶积分法，消除了国内外仿真算法常用的人为沙漏控制参数，从理论和算法上保证了大变形冲压件计算的可靠性，排除了工程中常常遇到的沙漏现象。在模具与工件接触界面的处理方面，采

用独特的基于虚拟接触块的一体化全自动接触搜查法，局部质量密度因子法和非线性摩擦定律，使冲压计算中的接触边界条件计算不仅有理论上的重大创新，而且在保证精度的前提下提高了速度。如对于国际标准算例 S 型大梁冲压模拟，该系统所需的总时间为国际著名软件 LS-DYNA3D 的 79%，而接触处理时间仅为 27%。冲压并行仿真系统 CADEM-P 采用基于最小边界的优化方法进行仿真模型的初始化分区，不仅使不同 CPU 上的计算工作量达到平衡，并且实现了 CPU 间通讯量的最小化。基于 CAE 的冲压工艺分析与设计系统 CADEM-Ⅲ 在国内最先采用壳体失稳理论预测冲压中的起皱趋势，从而消除有限元网格尺寸对起皱预测准确性的影响，显著提高起皱预测的可靠性。采用基于仿真的毛坯反算技术，实现复杂零件的毛坯形状和尺寸迭代反求。材料参数反求软件系统 MPAR 在国内外最先实现冲压成型参数反求与标准测试实时联机，通过使用全程记录的测试数据和使用活度计算原则，计算出材料本构特性参数和摩擦特性参数。

③ 开发了冲压工艺综合试验技术与装备。研究结果表明，仿真技术虽然能解决许多传统方法难以解决的复杂工程问题，但仿真不能取代全部的试验研究，仿真技术只有与试验技术有机结合才能产生最好的效果。试验配合仿真要解决的基本问题至少包括四个方面：与仿真方法匹配的材料本构特性参数的获得；冲压件与模具间摩擦特性参数的获得；不同形状和尺寸的拉延筋的特性参数的获取；仿真考题的试验验证。根据以上需要，开发了一套冲压工艺综合试验技术与装备，利用同一系统完成上述四种不同的功能。

④ 发明了拉延模具的斜拉延筋工艺技术并研制了相应的模具。为解决冲压工艺方案中常出现的起皱或拉裂等成型缺陷，除在压边圈的压料面上设置有传统的直线或环线拉延筋外，还在压边圈的压料面上创新性地设置有斜拉延筋。斜拉延筋与传统拉延筋区别在于传统拉延筋主要提供板材在冲压中的具有被动性质的流动阻力，而斜拉延筋提供流动阻力外，还可提供具有主动性质的引导材料流动的作用力。这就使得斜拉延筋对材料流动具有很好的控制作用，在拉延件冲压特别是深拉延件冲压中能有效克服拉延件的起皱或拉裂等成型缺陷，防止角部起皱或拉裂效果很好，从而提高成品率和成品质量。

⑤ 冲压模具 CAD/CAE/CAM 一体化技术应用示范。该项目成果已在湖南大学汽车技术研究开发中心、上汽五菱汽车有限公司等企业建立起应用示范点。解决的关键技术问题主要包括根据应用示范点的已有基础，开发和建立不同 CAD、CAE 和 CAM 系统间数据通讯的模式和接口；开发了冲压过程 CAE 参数自动选择和优化功能，以降低对 CAE 系统使用人员的专业理论知识的要求，更好地满足生产实际的需要；根据企业的特点，提供 CAD/CAE/CAM 一体化技术培训，并在一些单位实行"技术带土移栽"，即连人带技术转移到企业技术中心；开发和建立了专用数据库系统和专家系统，以支持专门种类模具的 CAD/CAE/CAM 一体化技术的应用；选择企业最迫切需要解决的最有代表性的问题进行 CAD/CAE/CAM 一体化技术应用的系统性演示，从而促使该技术比较快地投入实际工程应用。该技术的推广给企业带来了很大的经济效益。

目前，国际上已出现了一批塑性成形模拟技术的软件。这些软件都是采用有限元法进行数值计算的，基本上分为两类：一类是通用有限元软件的功能扩充后用于塑性成形模拟，如 ANSYS、ABAQUS 等；另一类是专门为塑性成形模拟开发的软件，如用于冲压成形模拟的 DynaForm、AutoForm、PAM-STAMP、OPTRIS 等。冲压成形软件采用的有限元求解算法各有特点，如 DynaForm 是采用显隐耦合算法，AutoForm 采用全拉格朗日列式的静力隐式算法。为了全面支持冲压工艺和冲模设计相衔接，接口文件格式有 IGES、VDAFS、NASTRAN 等。

# 本 章 小 结

在一定的材料组分条件下，材料的成形与制备工艺过程决定了组织与性能，因此材料的工艺过程是一个关键。为了获得预先设计的材料组织结构，就必须精确地设计和控制材料工艺过程。材料加工工艺过程的模拟设计是材料设计研究的一大热点。

目前，在各种材料的加工制备方面的模拟都取得了很好的进展，特别是在金属材料的凝固过程与组织预测、材料的冷成型与热成型加工、焊接技术和注射成形过程等方面的研究成果已得到了很好的应用。

## 习题与思考题

1. 材料加工领域的模拟设计主要应用哪些数学方法？
2. 凝固过程数值模拟主要包含哪些内容？
3. 有关铸件应力分析及变形模拟研究的主要特点是什么？
4. 用相场方法进行微观组织模拟有什么优点？
5. 通过学习并查阅文献，总结我国在薄板冲压工艺一体化模拟技术方面所取得的成果。
6. 材料焊接过程中产生残余应力的主要原因是什么？其计算模拟的特点是什么？

## 参 考 文 献

[1] 《柳百成院士科研文选》编委会. 柳百成院士科研文选. 北京：清华大学出版社，2003.
[2] Wen S，Farrugia D C J. Conf. on advances in materials and processing technologies. Ireland，University of Tehran，1999，123.
[3] 李依依，李殿中，黄成江等. 材料制备的计算机模拟. 中国有色金属学报，2004，S1：150～158.
[4] 肖亚航，雷改丽，傅敏士. 材料成形计算机模拟的研究现状及展望. 材料导报，2005，19（6）：13～16.
[5] Liang Z J，Xu Q Y，Liu B C. 3D Modeling And Simulation of Dendritic Growth During Solidification. The fourth international conference on physical and numerical simulation of materials processing (ICPNS'2004)，Shanghai China，2004，5.
[6] 牛济泰编著. 材料和热加工领域的物理模拟技术. 北京：国防工业出版社，1999.
[7] 董湘怀主编. 材料加工理论与数值模拟. 北京：高等教育出版社，2005.
[8] 董志波，魏艳红，刘仁培等. 不锈钢焊接凝固裂纹的三维数值模拟. 材料科学与工艺，2006，14（4）：353～357.
[9] 黄嗣罗，薛勇，张建勋等. 管对接全位置焊应力应变场三维有限元数值分析. 焊接学报，2006，27（4）：73～76.
[10] 邓化凌，马杭. 焊接残余应力求解的边界元数学模型. 焊接学报，2006，27（4）：93～96.
[11] 陈芙蓉，解瑞军，张可荣. 数值计算模拟工艺参数对电子束焊接残余应力的影响. 焊接学报，2006，27（2）：55～58.
[12] Grzegorz Banaszek，Anna Kawalek，Henryk Dyja. Distribution of deformations in the process of elongation of WCL steel ingots in profile forging dies. The fourth international conference on physical and numerical simulation of materials processing (ICPNS'2004)，Shanghai China，2004，5.
[13] Tom Walde，Hermann Riedel. Simulation of earing during deep drawing of magnesium alloy AZ31. Acta Mater. ，2007，55（3）：867～874.
[14] 翁宇庆等著. 超细晶钢——钢的组织细化理论与控制技术. 北京：冶金工业出版社，2003.
[15] 中国机械工程学会. 机械工业科学技术重大进展. 中国机械工程学会会讯，2003，1：9～16.
[16] 戴起勋，赵玉涛等编著. 材料科学研究方法. 北京：国防工业出版社，2004.

# 第10章
## 材料变形与断裂的介观设计

材料的形变与断裂一直是材料科学与工程领域研究的热点，主要的问题是材料的韧-脆转变规律及其机理和材料中裂纹萌生与微观结构之间的关系。

随着环境条件（特别是温度）的变化，材料往往会表现出韧-脆转变的行为。Griffith 理论成功地解释了玻璃、陶瓷等脆性材料实测强度远低于理论强度的内在原因，并指出材料中存在的微裂纹是造成低应力脆断的根源。要弄清楚裂纹尖端的物理过程，必须对裂纹尖端区域材料的微观结构和缺陷特征及其在外力作用下的演化过程有深入的了解。20 世纪 90 年代以来，科学家们围绕这个问题进行了大量的研究与探索，取得了许多重要的成果。深入研究使人们认识到，裂纹尖端发射位错可能是确定材料韧脆行为的重要现象之一。

复合材料整体性能的优劣与复合材料界面结构密切相关，界面问题是复合材料特有而重要的问题。因此，复合材料形变断裂规律和界面处裂纹的形成扩展机制成了新的基础性研究课题。

材料的位错理论及断裂理论的长足进展和计算机技术的快速发展，近年来使材料变形与断裂模拟设计方面的研究也取得了很大的成果。

## 10.1 概述[1~3]

材料力学行为的研究一直是力学、材料科学和固体物理学领域的重要研究课题。基于连续介质假设的宏观、细观力学已基本解决了材料的设计、使用和制造等方面的许多问题，但是在研究微观尺度的缺陷行为时，如位错动力学、位错结构、晶界结构、晶界与位错的相互作用、裂纹尖端的位错发射及裂纹尖端的原子结构等方面，用连续介质方法没有得到很好的解释。从本质上讲，材料的宏观强度归结于微观上原子间的相互作用，材料的塑性变形来源于原子间的相互运动，材料的强化和韧化都与位错运动密切相关。因此，直接从原子尺度对材料的微观力学行为进行研究显得非常必要。

国际上近年来取得的几项研究成果为材料微观力学行为的研究奠定了基础。①Rice 提出了位错发射不稳定堆垛能 $\gamma$ 的参数，用来描述裂纹尖端的位错发射；②微观实验技术得到了重大突破，已实现了原子分辨率的观察和测量，为原子尺度微观力学理论分析提供了实验依据；③镶嵌原子法的提出为原子多体势理论注入了活力，是描述原子尺度微观过程的有力工具。

20 世纪 80 年代初，美国橡树岭国家实验室利用透射电子显微镜原位拉伸装置在 Ni-Cr 不锈钢等材料的单晶薄膜试样上研究了不同载荷下的裂尖形变特征，特别仔细地观察了裂尖位错发射现象。研究证实了裂尖前方的塑性区是由已发射位错的反塞积群所组成，而在裂尖与塑性区之间还存在着一个无位错区。肖纪美、楮武扬等在脆性材料金属间化合物 TiAl 和

Ti$_3$Al+Nb(Ti-24Al+Nb)中研究了裂纹尖端位错行为及纳米微裂纹在无位错区中的形核过程。发现脆性材料和韧性材料一样,在透射电子显微镜原位拉伸时,裂纹尖端能发射很多位错。同样,这些从裂尖发射出来的位错在平衡后也形成了反塞积群。

解决由大量原子组成的非线性多体动力学问题可采用分子动力学方法。分子动力学方法在材料科学各领域的研究中得到了广泛的应用。20世纪80年代以来,许多科学家的研究成果推动了这一模拟研究领域的快速发展。如早期的Bullough、Cotterill和Doyama分别采用Born-Mayer和Morse势对位错核心的晶格及位错的扩展进行了分析和模拟,Zhou等模拟了晶界偏析对晶界变形和破坏的影响,Hoagland等就晶体取向与裂纹的几何关系对裂纹尖端位错发射的影响进行了分析。进入21世纪来,发展更快,如Deshpande等应用离散位错动力学处理了α-Fe在单调周期载荷下裂纹尖端附近位错结构[4,5],Yang等应用离散位错动力学方法模拟了铜单晶在循环变形条件下初始阶段形成的位错结构[6]。以往,在运用分子动力学方法进行研究时,常采用对势函数、二维模型或理想模型,都存在一些明显的不足。随着研究的发展,现在常采用多体势函数以及真实的三维原子几何模型对原子尺度的动力学过程进行模拟,可比较真实地反映了材料的微观动力学过程。Jakobsen等[7]研究了金属和合金在塑性变形过程中的位错行为,采用一种新的X射线衍射方法获得了位错结构的动态数据。这些研究可以对位错自组织现象得到合理的解释,对于指导新的基于物理的塑性建模具有重大意义,对材料强度与加工硬化的机理及材料设计也是非常有帮助的。

对强韧结构复合材料的扩散与复杂断裂形式的数值模拟,其难点在于最终概念上的开始屈服和断裂模型的近似计算。发挥了积极作用的研究成果包括黏附断裂模型的改进、混合应力-应变的公式表示、连续性的牵引-位移模型与损伤表现的计算数字表示法。事实表明:分等级的公式表示法增加了在原子级别描述损伤机制的可能。

材料失效和使用寿命的预测是工程学最古老的问题,也是没有完美解决的科学问题之一。即使在现代,经过一个世纪的断裂力学的研究以及在计算应力分析出现之后,材料失效的预测仍然极大地依赖于收集经验数据。尽管在材料屈服行为是线弹性时,应力分析是预测贯穿结构载荷分布的极好的工具,然而一旦损伤开始,预测就显得有难度了。基本难点是强韧工程复合材料(包括玻璃等脆性材料)损伤演化过程的描述,包括通过微尺度(如显微裂纹、聚合体中的细裂纹、金属的塑性)来描述从原子尺度到结构宏观尺度极其复杂的非线性过程。材料的设计和预测已成为一个新的挑战,我们不仅需要知道所有的机理,同样需要对每一个能准确反映失效过程的机理都建立一个物理模型和数学模型。由于各种复合材料的优点极其广泛的应用,为提高其使用寿命,复合修补的技术吸引了许多研究者和工程师的注意。Ayatollahi等[8]应用三维有限元方法研究了复合修补对含有裂纹复合材料的应力密度因素和T-应力的影响规律。

目前对失效预测有两个主要的途径:bottom-up法与top-down法。同时研究top-down法与bottom-up法有许多优点。使用top-down法的灵敏度可指明在那些区域建模的机理,同时使用bottom-up法的结果来研究在机理与top-down模型融为一体时所使用的最佳参数形式。遗憾的是,top-down法与bottom-up法一般都由不同的研究者在分别进行不同的研究,很少有报道表明是用两者进行交叉联合研究问题的。

## 10.2　颗粒增强铝基复合材料的力学行为模拟

颗粒增强金属基复合材料的增强相主要是采用化学稳定性和热稳定性良好的陶瓷颗粒,

如氧化铝和碳化硅等。研究初期，由于受制备工艺的限制，颗粒含量一般都在20%（体积）以下。随着Lanxide工艺的诞生，高体积分数增强相的复合材料成为可能。研究发现，当陶瓷颗粒含量超过40%（体积）时，铝基复合材料的某些功能表现突出，其热膨胀系数可与集成电路芯片匹配，尺寸稳定性与铍合金相当，比刚度是铁合金的2～3倍。目前已成功地应用于空间反射镜、电子封装等领域，发展前景广阔。

### 10.2.1 高体积分数颗粒增强复合材料力学行为模拟[1]

从结构上看，在高体积分数颗粒增强铝基复合材料中，陶瓷颗粒在材料中形成了基本连续的骨架，而铝金属则填充于骨架的空隙中。复合材料的特殊结构及许多性能影响因素使得材料的力学模型及数值计算变得相当复杂。

为建立高体积分数颗粒增强铝基复合材料的力学模型，对复合材料中颗粒、基体及材料损伤形式做一些假设，如表10.1所示。图10.1为复合材料损伤机理示意图。

表10.1　复合材料力学模型假设条件

| 颗　粒 | 基　体 | 损　伤 |
|---|---|---|
| 同质、同尺寸弹性圆球 | 理想弹塑性 | 界面脱黏 |
| 弹性响应类似半空间 | 圆柱连接体 | 基体破坏 |
| 六面、八面、十二面接触 | 轴向均匀 | 颗粒断裂 |
| 不考虑颗粒的尺寸效应 | 轴对称分布 | |

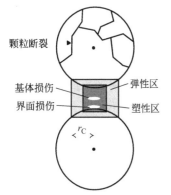

图10.1　复合材料损伤机理示意

基体损伤采用最大应变准则，颗粒损伤采用最大应力准则，应用有限元法可实现复合材料损伤过程的模拟。图10.2～图10.3为单轴拉伸和三点弯曲应力条件下复合材料应力-应变曲线和断裂形貌的数值模拟结果，应力-应变曲线中同时也给出了材料的实际试验结果。由图可知，计算结果中模量预测比较精确，塑性、强度等预测也较好，同时相对应的破坏形貌与实际情况也吻合较好。这说明所建立的力学模型与实际材料有较好的一致性。

### 10.2.2 颗粒尺寸效应的数值模拟[1]

大量的研究结果表明，颗粒增强金属基复合材料的力学性能不仅与颗粒含量、颗粒材料模量及颗粒形状等因素有关，而且还将强烈地依赖于颗粒的尺寸效应。显然，研究颗粒尺寸效应规律对进一步提高复合材料性能具有很主要的应用价值。下面的研究严格基于塑性应变梯度理论，对颗粒增强金属基复合材料中的各种影响因素的耦合作用进行分析。

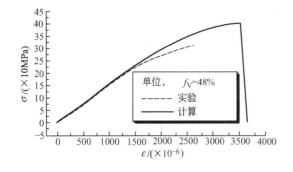
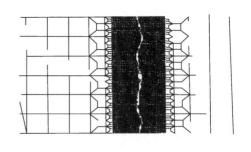

图10.2　复合材料单轴拉伸应力-应变曲线和断裂形貌的数值模拟结果

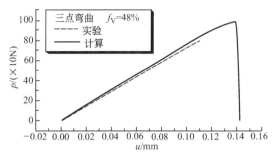
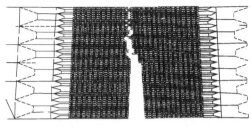

图 10.3　复合材料三点弯曲应力-应变曲线和断裂形貌的数值模拟结果

选择椭球形和圆柱形两种颗粒形貌，颗粒构元模型的几何尺寸描述如图 10.4 所示。已知参数为：$f_P$ 为颗粒体积分数；$V_P^{1/3}/L$ 为颗粒尺寸；$k=A/B=R/H$ 是颗粒长径比。

在复合材料中，颗粒/基体杨氏模量比固定（等于 3）的条件下，研究了颗粒尺寸和体积分数对复合材料应力-应变曲线的影响。结果表明：当颗粒体积分数相同时，复合材料的应力-应变曲线随颗粒尺寸的减小而升高；当颗粒尺寸一定时，应力-应变曲线随颗粒体积分数的增加而升高。颗粒体积分数固定（等于 0.4）的条件下，颗粒/基体杨氏模量比增加，复合材料应力-应变曲线升高。颗粒长径比增加，应力-应变曲线也升高。当颗粒尺寸比较大时，颗粒形状对应力-应变曲线的影响较大，圆柱形颗粒使应力-应变曲线的升高更为显著；随颗粒尺寸的减小，两种颗粒的结果趋于一致。随颗粒尺寸的增加，复合材料的强度单调下降，但下降趋势逐渐减缓（图 10.5）。

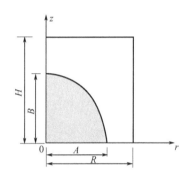

图 10.4　颗粒构元模型的
几何尺寸描述

对于不同的颗粒尺寸，复合材料的应力-应变曲线的计算结果与实验结果的比较如图 10.6 所示，由图可知，两者在趋势上基本一致。因此，计算模拟结果是成功的。

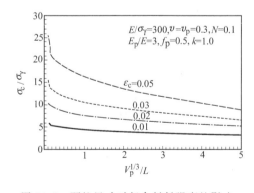

图 10.5　颗粒尺寸对复合材料强度的影响

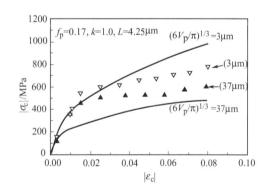

图 10.6　计算结果与实验结果的对比
（以 2124Al/SiC 为例）

## 10.2.3　颗粒增强铝基复合材料的界面力参数[0]

基体和增强相间的界面性能对于复合材料的强韧性有很大的影响。为了准确的评估材料性能和研究界面对其的影响，Lin 等结合实验得到的微观结构提出了一种新颖的混合/逆反方法（hybrid/inverse numerical method）。这种方法集混合/逆反方法、有限元分析和改进的 GA 法（improved genetic algorithm，GA）于一身。采用非连续的 4 点界面元来模拟金属基复合材料的界面性能，同时通过实验测量了该材料的取代区域。通过观察界面的失效情况，采用上述方法来预测 4 个未知的界面参数。因此，这些参数可以合理地模拟同样情况下的失效情况。

应用 ABAQUS 软件进行了 Al/Al$_2$O$_3$ 复合材料的界面性能的数值模拟。Al-10％Al$_2$O$_3$ 复合材料拉伸试样如图 10.7(a) 所示。采用目标网格技术得到现场的应力和应变场。许多微观结构区边界的取代区域，包括不同形状的 Al$_2$O$_3$ 都通过实验给定，图 10.7(b) 为这种区域的一个样本，通过试验获得未变形微观区域的边界取代物，它可用做 FE 分析的输入值。图 10.7(c) 为变形微观区域的网格图。

通过实验观察最初的失效是以沿着最大增强相边界形成裂纹而发展成的。在平面应力条件下进行 FE 计算，运用 ABAQUS 软件建立平面应力条件下的微观结构模型。图 10.7(c) 表示用来分析图 10.7(b) 微观区域的有限元网格。它是通过 CAE 程序得到的。通过上述方法得到的微观区域的边界取代物可用于判断 FE 分析中 FE 网眼的边界结点的取代物。计算时使用的材料的参数和实际的参数是一致的。

如图 10.8 所示制定逆反问题的关键是构建合理的目标函数 $\phi$，$\phi$ 可表示 FE 模拟得到的

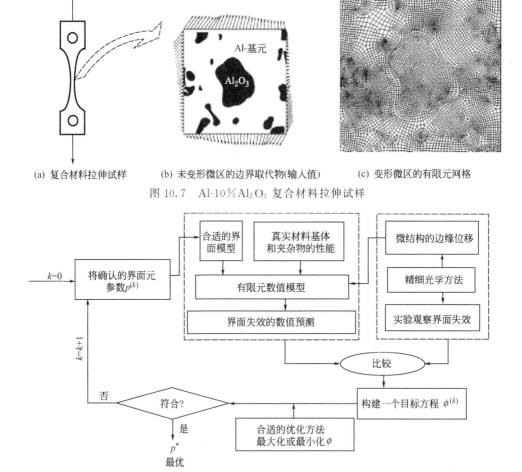

(a) 复合材料拉伸试样　　(b) 未变形微区的边界取代物(输入值)　　(c) 变形微区的有限元网格

图 10.7　Al-10％Al$_2$O$_3$ 复合材料拉伸试样

图 10.8　界面参数的实验结果和模拟值之间差别的逆反问题求解程序

界面失效模型和实验得到模型间的不符合程度。在分析中，一种优化方法是寻找合适的参数 $p*$，可通过 $p*$ 来研究 $\phi$ 的极值。同时要指出的是，在界面元中参数是未知的。图 10.8 为程序的主要进行步骤，$k$ 为优化时的进行步数。详细情况不再介绍，可见原文。

在基体和 $Al_2O_3$ 杂质的界面处的结合力是比较弱的，界面强度相对比较低。计算模拟研究结果表明：对于复合材料，界面拉伸强度、界面切变强度分别为基体的 $48\%$、$28\%$；而且界面切变强度较低，大约是界面拉伸强度的 $60\%$。因此，材料的失效总是从界面处最薄弱的环节开始。所以，从应用的观点来说，该方法可为实际复合材料设计分析和使用提供定量表征界面性能的近似值。

### 10.2.4 复合结构界面裂纹形成的模拟[3,10~12]

在材料科学中，复合材料的增强相形式有纤维、棒、颗粒等。为了提高材料的性能，尽可能设计在断裂前能形成更多的裂纹、吸收更多能量的材料，即具有高韧性的材料。

目前对失效预测有两个主要的途径：bottom-up 法与 top-down 法。bottom-up 法是在 20 世纪断裂和位错理论初期发展起来的，它试图借助于量子力学和经典分子动力学来建立原子和分子作用的模型来模拟失效。bottom-up 法的难点在于模拟时间间隔与材料的尺寸。目前所建立的那些模型所反映的机理并不适用于大范围、长时间的实际情况。bottom-up 模拟法能反映小范围的失效机理，但难以较好地描绘工程材料复杂的失效演化过程。top-down 法主要研究工程应用的必要性，以宏观的工程模型开始研究。可以通过单一的曲线拟合数据得以确定；通过实际失效形式修改模型就可以预测在试验中没有测试到的情况（载荷和几何结构）。在实际模型设计时，设计者可根据实际情况进行调整，总能做出有用的预测。

同时研究 top-down 法与 bottom-up 法有许多优点。使用 top-down 法的灵敏度来指出建模的机理，使用 bottom-up 法的结果来研究材料行为机理和两模型合为一体时使用最佳的参数形式。遗憾的是，top-down 法与 bottom-up 法一般都被不同的团体分别进行不同的研究，仅在某些特殊场合才有互相交流研究信息的可能。

当裂纹开始出现的时候，扩展矢量 $p$ 是描述应用于裂纹表面使材料应力均衡的一个参数。其构成规律是 $p(u)$ 关系，也就是 $p$ 与不连续位移 $2u$ 的关系。这种关系通常被称为黏附模型。材料表现出来的任何一种联合的损伤机理可以通过混合应力-应变与扩展位移的公式表示法来模拟。在 top-down 建模中，$\bar{\sigma}-\bar{\varepsilon}$ 与 $p(u)$ 按照经验被处理成合适的函数。bottom-up 模型可以从第一性原理计算预测 $\bar{\sigma}-\bar{\varepsilon}$ 与 $p(u)$。

图 10.9(a) 与图 10.10(a) 显示了模拟试验所得到的必要特征。图 10.9(a) 中起主导作用的撕裂裂纹看起来是清晰的水平线（在一个 $H$ 形中），最终跨越样品，趋向于包含裂缝的孤立的窄条；板层之间的楔形分层看起来就像是撕裂裂纹的影像区域；无数的微裂纹出现于横向板层中的纤维之间。模拟是基于几何结构与载荷计算应力分布的有限元模型。特殊模型特征可以通过使用常规原理与非线性构成规律用有限元公式表达出来。在这些模拟中，脱层损伤（delamination damage）使用一个合理函数形式 $p(u)$ [图 10.9(b) 中的插图表明了黏附规律的形式：$u_1 \geq 0$；$p_i(u_i) = -p_i(-u_i)$，$i=2,3$，这里 $p_i$ 与 $u_i$ 是 $p$ 与 $u$ 的函数，直角坐标 2 与 3 表示裂纹的平面] 的黏附模型来模拟，$p(u)$ 是通过在聚合体分离-黏附试验中单独测定的。从 top-down 法的角度来看，描述一个完整的模型在图 10.10(a) 所示的模拟试验中是突出的。图 10.10(a) 中撕裂裂纹很短，裂层不再是楔形而是凸形，并且扩散微裂纹出现于主要的 $\pm 45°$ 板层中。在这些模拟中，期望其沿着撕裂裂纹安置。但撕裂裂纹的一个表现还是会出现：在相同的位置会形成剪切损伤带 [图 10.10(b)]。损伤带不仅在局部很高（由应力集中孔引起的局部应力状态的不稳定性），也会发展成自由扩展裂纹。从 bottom-up

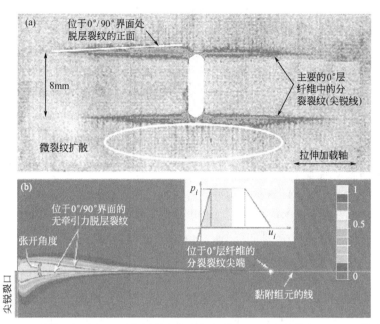

图 10.9 （a）X 射线照相术揭示层状纤维复合材料损伤机理，含有纵向（0°）和横向（90°）纤维板层，拉伸载荷；（b）黏附模型 0°～90°板层之间元素的损伤水平图
（蓝色，弹性材料；灰色，失效材料）

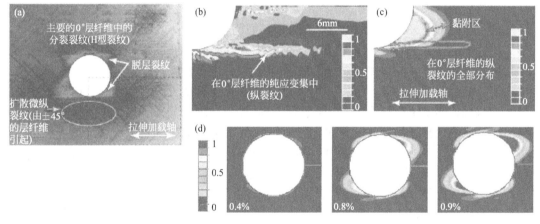

图 10.10 （a）含有成角度的（±45°）纤维板层和一个圆孔分层图；（b）0°板层中估计的连续损伤分布，表明剪切应力集中于纵裂形式；（c）0°与 45°板层之间黏附区域的估计损伤
（蓝色是未损伤的；灰色是完全失效的材料）；（d）在有标记的外加应变下 0°与 45°板层之间黏附区域损伤的开始与演化，蓝色是未损伤材料；红色是裂纹的自由扩展

法精密标度材料性能的角度来看，一个不连续的裂纹模型和一个连续损伤表现是不同的。但在一些结构的工程性能方面还是大部分相同的。

图 10.11 表示了在载荷下缺口前沿纤维受力和应变的模拟状态。模拟试验对象为 35%（体积）SiC 纤维增强 Ti-6Al-4V 合金基体的金属基复合材料。在模拟基体变形时的连续规律时，用一个黏附模型来控制纤维失效，用另一个模型模拟纤维基体的界面间摩擦。模拟反映了纤维失效事件的顺序，以及分区切断负荷引起的严重基体变形的详细情形。有限元方法模拟可提供缺口尖端应力应变场的变化过程，形变微观机理和实验观察结果进行比较。实际

模拟结果表明了初期的塑性变形是集中在缺口尖端附近基体中［图 10.11(a)］。基体的塑性应变大部分集中在缺口前端比较窄的区域，沿着纤维断裂面产生了很高的塑性应变值，如图 10.11(b) 所示。图 10.11(c)、(d) 分别示意了第一根和第二根纤维断裂时的轴向应力分布情况。虽然纤维上承受的最大拉应力是在缺口前端附近［图 10.11(c)］，但第一根纤维的断裂却发生在缺口的上方［图 10.11(d)］，这是应力应变综合的结果。然而，第二次断裂的纤维并不是在最近的第二根纤维，而是第三根纤维先发生了断裂。当然第二根纤维受到了很大的应力，随后即发生断裂［图 10.11(e)］。

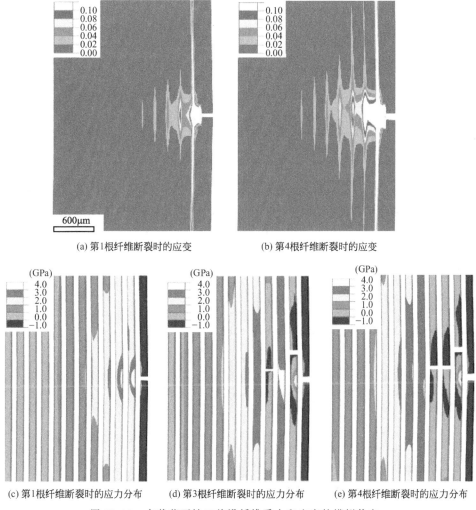

(a) 第1根纤维断裂时的应变　　　　　　(b) 第4根纤维断裂时的应变

(c) 第1根纤维断裂时的应力分布　　(d) 第3根纤维断裂时的应力分布　　(e) 第4根纤维断裂时的应力分布

图 10.11　在载荷下缺口前沿纤维受力和应变的模拟状态

# 10.3　裂端扩展过程的分子动力学模拟[2]

在以往的分子动力学模拟分析中，很多研究者采用对势函数，但对势连晶体的弹性性质都无法准确描述，其模拟结果只能是定性的。有的研究者采用二维模型或理想模型进行模拟，但忽略了晶体变形的三维真实特征，因而不能充分地描述原子的运动。下面介绍的是采用多体势函数以及真实的三维原子几何模型对原子尺度的动力学过程进行模拟，比较真实地反映了材料的微观动力学过程，计算模拟选择的材料为铜晶体和铝晶体。

### 10.3.1　计算模型

#### 10.3.1.1　势函数

在镶嵌原子法的框架下提出的势函数有许多种，这里仅介绍采用被广泛使用的方法。该方法由 Finis 和 Sinclair 根据镶嵌原子法提出的多体势，经 Ackland 等构造。这一多体势函数可用于许多金属的微观过程的模拟。假设晶体的总势能为：

$$U_{\text{tot}} = -\sum_i \rho_i^{1/2} + \frac{1}{2}\sum_j \sum_{i(i \neq j)} V(r_{ij}) \tag{10.1}$$

式中，$\rho$ 是密度态的二阶矩，可表示成：

$$\rho_i = \sum_{i(i \neq j)} \phi(r_{ij}) \tag{10.2}$$

式中，$V$ 和 $\phi$ 是原子间距 $r_{ij}$ 的函数。对于 fcc 结构的铜，Ackland 等采用的函数形式为：

$$V(r) = \sum_{k=1}^6 a_k (r_k - r)^3 H(r_k - r) \tag{10.3}$$

$$\phi(r) = \sum_{k=1}^2 A_k (R_k - r)^8 H(R_k - r) \tag{10.4}$$

式中，参数 $a_k$、$r_k$、$A_k$、$R_k$ 通过拟合弹性常数、点阵常数、空位形成能、结合能以及压强和体积关系确定。$H(x)$ 为 Heaviside 函数，该势函数的形式可描述大多数 fcc 金属晶体。

#### 10.3.1.2　求解方法

内部原子遵循牛顿定律：

$$F_i = -\frac{\partial U_{\text{tot}}}{\partial r_i} = m_i \dot{v}_i \tag{10.5}$$

计算中采用了蛙跳法（leapfrog algorithm）：

$$v_i\left(t + \frac{\Delta t}{2}\right) = v_i\left(t - \frac{\Delta t}{2}\right) + \frac{F_i}{m_i}\Delta t \tag{10.6}$$

$$r_i(t + \Delta t) = r_i(t) + v_i\left(t + \frac{\Delta t}{2}\right)\Delta t \tag{10.7}$$

$$v_i(t) = \frac{1}{2}\left[v_i\left(t + \frac{\Delta t}{2}\right) + v_i\left(t - \frac{\Delta t}{2}\right)\right] \tag{10.8}$$

式中，$m_i$ 为第 $i$ 个原子的质量；$v_i(t)$ 和 $r_i(t)$ 分别为第 $i$ 个原子的速度和位置。计算中时间步长选为 $1.18 \times 10^{-14}$ s，因此计算结果都是时间步长上非平衡瞬时过程的结果。第 $i$ 个原子的应力状态可由势函数求出，即：

$$\sigma_{\alpha\beta}^i = \frac{1}{2\Omega^i}\sum_j \left[V^t(r_{ij}) - \rho_i^{1/2}\phi^i(r_{ij})\right]\frac{r_{ij}^\alpha r_{ij}^\beta}{r_{ij}} \tag{10.9}$$

采用裂纹扩展方向为（110）方向，裂纹面为 {111} 晶格面，裂纹前缘线为 〈112〉 方向，如图 10.12(a) 所示。前面为研究不全位错运动方向上位错发射的不稳定堆垛能，选取裂纹扩展方向为 〈112〉 方向，裂纹面为 {111} 面，裂纹前缘线沿 〈112〉 方向 [图 10.12(b)]。图 10.12(c) 是以 〈112〉 为旋转轴旋转，使滑移面与裂纹面成一定的角度，研究裂纹尖端的韧脆破坏的情况。而图 10.12(d) 表示了裂纹位于晶粒 1 中，晶界面位于裂纹前方，与裂纹面垂直。与裂纹前缘线平行。

Yafang Guo 等[13] 根据 Finnis-Sinclair 多体势经验函数（Finnis-Sinclair N-body potential），应用各向异性线弹性连续理论和应力强度因素 $K_I$，模拟研究了 5K 低温下 bcc-Fe 晶体中裂纹发展过程。模拟研究发现：在裂尖 $\langle 010 \rangle$ 方向可形成孪晶；在 $\langle 110 \rangle$ 裂尖处，既有孪生现象，也可发生再结晶；在 $\langle 110 \rangle$ 裂尖处，还发现了 hcp 新相。裂尖处的应力集中可由新相和孪生的形成等形式来释放。Yafang Guo 等[14] 还采用分子动力学方法研究了 NiAl 合金在低温下裂尖扩展过程，研究发现：在足够大的应力情况下，在裂尖处可形变诱发

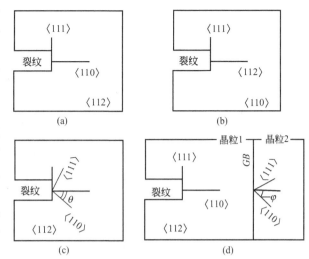

图 10.12　模拟采用的裂纹与晶体几何

相变，产生马氏体。Ayatollahi 等[8] 研究了采用复合修补方法增强含有裂纹复合材料的途径。研究认为这是非常有效的，而应力密度因素是一个重要的参量值。对于评价应力密度因素和其他断裂参数，应用由 Code Abaqus V5.8 软件提供的三维有限元方法进行分析模拟具有最好的精度。

## 10.3.2　裂纹尖端位错发射

位错的运动速度与加载速率相关，加载速率越高，位错的运动速度越快。研究发现，刃型不全位错可以以小于剪切波速的亚声速和大于剪切波速而小于膨胀波速的超剪切波速运动，但达到膨胀波速时，晶格发生破坏。这说明膨胀波速是位错运动的极限速度。

对应力状态的分析发现：在位错发射之前，分子动力学模拟结果与弹性解结果相吻合；但当位错发射后，弹性解高于模拟结果。图 10.13 给出了两者的比较，其加载速率为 $\dot{K}_I = 0.05012 \mathrm{MPa} \cdot \mathrm{m}^{1/2}/\mathrm{ps}$。

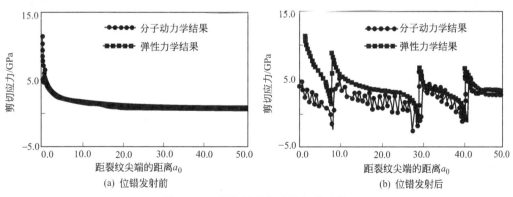

图 10.13　模拟结果与弹性解的比较

Rice 把沿剪切方向施加均匀剪切得到的不稳定堆垛能 $\gamma_{SF}$ 应用于裂纹尖端。但裂纹尖端的剪切应力状态并不均匀，所以有必要分析这种不均匀剪切对位错发射的临界应力强度因子及不稳定堆垛能的影响。

Cheung 等及 Rice 都计算过 $\gamma_{SF}$，但是其结果有很大的不确定性。从晶格的构形分析可

发现，由于位错是一个自平衡和亚稳定构形，完整位错刚好形成时，从局部来看位错构形是不可能失稳的 [图10.14(a)]，只有继续加载到图10.14(b) 的构形时，才可能发生局部失稳而发生位错的发射 [图10.14(c)]。

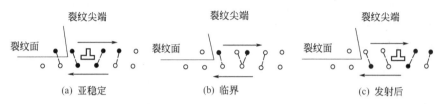

图 10.14　裂纹尖端位错的状态

Rice 和 Beltz、Khantha 等研究过温度对位错发射和位错运动的影响，采用了热激活和弹性力学方法。Y. W. Zhang 等首先采用了分子动力学方法进行模拟分析，再根据热激活理论来建立位错发射的临界值与温度之间的关系。对不同温度下的裂纹尖端位错发射的情况下进行模拟和分析。从模拟结果发现：随着温度的上升，发射位错的应力强度因子的临界值下降；在相同载荷水平下，更多的位错被发射出来；温度较高时，位错的运动速度不均匀。另外，还发现位错离开裂尖的速度对温度并不敏感。

假定由温度诱导的激活能与温度成线性关系，根据单位位错线长度的激活能，可得到在温度 $T$ 时位错发射的临界条件为：

$$Ab^2 \left[ \ln \left( \frac{Ab}{K_{\mathrm{IIe}}} \sqrt{\frac{2\pi}{r_0}} \right) - 1 \right] - \frac{2\alpha k_{\mathrm{B}} T}{b} = 0 \tag{10.10}$$

式中，$\alpha$ 为与材料和加载速率有关的参数，$k_{\mathrm{B}}$ 为玻尔兹曼常数。由此得到在温度 $T$ 时，位错发射的临界应力强度因子为

$$K_{\mathrm{IIe}} = K_{\mathrm{IIe}}^0 \exp \left( -\frac{2\alpha k_{\mathrm{B}} T}{Ab^3} \right) \tag{10.11}$$

由于 $K_{\mathrm{IIe}}^0$ 与材料和加载速率等因素有关，在这里取 $T=0\mathrm{K}$ 时分子动力学的模拟值 $K_{\mathrm{IIe}}^0 = 0.2376\mathrm{MPa \cdot m^{\frac{1}{2}}}$。在 $\alpha=0.9$ 时，方程(10.11) 和分子动力学模拟结果进行对比，两者是相当吻合的。Rice 等提出了当裂纹面与滑移面之间成 $\theta$ 角时，I 型加载下裂纹尖端发射位错的临界应力强度应子为：

$$K_{\mathrm{Ie}} = \frac{\sqrt{\gamma_{\mathrm{us}} p(\theta)}}{f(\theta)} \tag{10.12}$$

式中，$f(\theta) = \cos^2 (\theta/2) \sin (\theta/2)$，$p(\theta) = \Lambda_{\alpha\alpha}^{-1} (\theta)$，$\Lambda_{\alpha\beta} = R_{\alpha\gamma} \Lambda_{\gamma\delta}^k R_{\delta\beta}$。其中 $\Lambda_{\gamma\delta}^k$ 是与材料弹性各向异性系数有关的矩阵；$R$ 为旋转矩阵；$\gamma_{\mathrm{us}}$ 是位错发射的不稳定堆垛能。

由于位错发射的不稳定堆垛能 $\gamma_{\mathrm{us}}$ 与材料、温度和加载速率等因素有关，所以有很大的不确定性。采用 $\theta=70°$ 时的分子动力学结果求得 $\gamma_{\mathrm{us}}$ 值为 $0.438\mathrm{J/m^2}$。图 10.15 为采用这一值的方程(10.12) 与分子动力学结果。可以看出，虽然最小值都发生在 $\theta=70°$

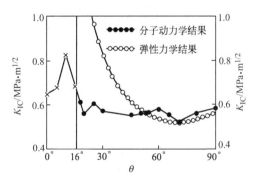

图 10.15　模拟的分子动力学解和公式计算的应力强度因子临界值随 $\theta$ 的变化

时，但两者的结果却相差较远。研究发现，裂纹尖端原子的排列对裂纹尖端变形的影响较为敏感。并随着外加载荷的变化，裂尖的原子发生弛豫，但弹性解却不能反映这一过程。另外，裂尖发射的位错在裂纹前方受阻时，将抑制裂纹尖端的位错发射，使裂纹易于产生脆性破坏。Ⅰ型加载下，位错发射后将产生三种影响：①产生屏蔽效应；②裂尖产生钝化；③裂尖形状的改变导致力的改变。根据研究分析，要想建立准确的裂纹破坏的断裂准则，则必须考虑位错发射后的裂纹尖端形状的变化。

### 10.3.3 三重嵌套模型和关联参照模型

以上分析清楚地说明分子动力学模拟方法可以充分体现离散原子（分子）系统的晶体点阵特征，可真实地描述晶体结构、晶界特征、原子偏聚、空位形成、位错运动、原子扩散等纳米尺度以下的变形机制与力学行为。但是现阶段分子动力学方法存在着某些缺陷：

① 分子动力学模拟采用的多体势是用经验及半经验方法建立起来的，理论基础较弱。

② 分子动力学模拟是飞秒至皮秒时间尺度上的原子、分子运动，而宏观力学过程是在微秒、毫秒或更长时间尺度上完成的，两者存在数量级以上的巨大差异。分子动力学模拟的只是超短时的原子、分子运动，而不是真实的材料变形断裂过程。

③ 现有分子动力学分析方法，难以正确模拟温度对材料力学行为的影响。

空间尺度大的巨大差异可以通过增大模拟块尺寸来弥补，但这需要使用超级巨型计算机。另一种途径是引入宏观、细观、微观三重嵌套模型来解决。

1982年M. Mullins首先提出了有限元法和分子动力学相结合的嵌套模型。嵌套模型由两部分组成。内部是离散原子系统的分子动力学模拟块，外面由有限元网格所包围。分子动力学模拟块尺寸较小，约几十纳米至几百纳米。原子之间的相互作用力由原子作用势所决定，其作用力具有一定的力程，这和连续介质的作用力的作用方式并不一样。内部分子动力学模块的原子相互作用能反映裂尖的晶格效应和非线性特征；能描述裂纹尖端的位错发射、裂纹扩展等真实的力学行为。外部有限元法基于连续介质力学假定，描述材料的尺寸可以是细观力学范围的微米量级，也可以是更大范围内的宏观尺寸。嵌套模型的内力在不同区域是用不同方法描述的，适当地处理好两个模块交叠层处的力学量和几何量的传递尤其重要。

谭鸿来和杨卫等提出了一种三重嵌套模型。下面作简单介绍。

纳观区尺度在10nm左右，细观区为外径$10\mu m$的区域，它与纳观区的结合层需考虑位错的传递。细观区内既有随机分布的位错，又有来自纳观区的传递位错（从裂纹尖端发射出来，穿过纳观区进入细观区）。内径为$10\mu m$、外径为1mm的区域是宏观的区域，这个区域的力学行为可用弹-黏塑性本构关系来描述。三重嵌套模型的关键环节是交叠层的过渡。

图10.16绘出纳观与微观结合的计算模型。把外层细观区划分成480个单元，径向共20层，每层24个单元。有限元网格的内半径10nm，外

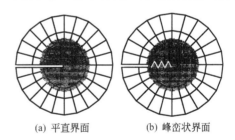

(a) 平直界面　　(b) 峰峦状界面

图10.16　界面断裂原子/连续
介质结合模拟的初始构形

半径为$30\mu m$。内层为离散原子系统，内层的半径为12.5nm。在原子与连续介质的交叠层采用自动设计的粒子/连续介质交叠模型，交叠层的径向厚度为4～5个原子间距。在交叠层中粒子与其所处位置有限元物质点有相同的位移和应力。

汤奇恒和王自强提出了关联参照模型，成功地实施了柔性位移边界条件和较好地解决了位错穿越边界问题。图10.17是关联参照模型，（a）表示一个具有单边裂纹的分子动力学模

拟块体，区 1 为分子动力学模拟的主要区域，区 2 是分子动力学的边界区，$S_R$ 表示从裂尖发射的位错；(b) 是设想的一个单边裂纹的无限大连续体，连续介质的弹性常数 $E$、$G$、$\nu$ 同单晶体一样。真实的分子动力学模拟块体 [图 10.17(a)] 与设想的连续介质 [图 10.17(b)] 有关联。关联参照模型有两个要求：①图 10.17(a) 的分子动力学模拟块体的边界区 2 的原子位移由其关联的图 10.17(b) 连续介质区 2 给出；②假定有 $N_T = N_1 + N_2$ 个位错从裂尖发射。图 10.17(b) 区 1 的 $N_1$ 个位错，其位置由图 10.17(a) 分子动力学模拟块体的原子构形图确定。图 10.17(b) 区 3 中的 $N_2$ 个已发射的位错，其位置由细观力学位错塞积理论确定。

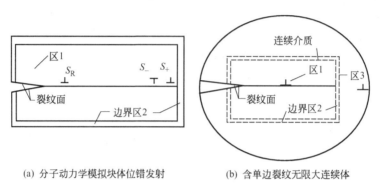

(a) 分子动力学模拟块体位错发射          (b) 含单边裂纹无限大连续体

图 10.17　关联参照模型示意图

图 10.18 是应力沿裂纹延长线的分布。由表达式 (10.13) 分子动力学计算得到的结果与修正后弹性解符合很好，分子动力学计算的应力曲线没有弹性解曲线光滑。弹性解剪切应力采用 $K_1$ 应力场，位错芯位置的应力用 Peierls 公式 (10.14) 修正，消除应力的奇异性。从应力分布图上看，应力在位错芯附近波动得很厉害，说明晶体内的位错对应力分布影响很大，这是由于位错芯附近的原子发生了很大的畸变。

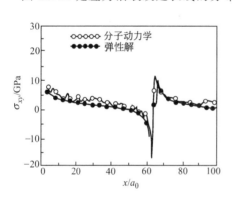

图 10.18　应力沿裂纹延长线的分布
$(\dot{K}_1 = 0.802\mathrm{MPa} \cdot \mathrm{m}^{1/2}/\mathrm{ps})$

$$\sigma_M = \frac{1}{\Omega_0} \sum_{i,j,i \neq j} \left[ \frac{1}{2} \phi' \left( \frac{r_{ij}}{r_{1e}} \right) + F' \left( \frac{\rho_i}{\rho_e} \right) \frac{\rho'_{i,j}}{\rho_e} \right] \frac{r_{ij}^k r_{ij}^l}{r_{ij}} \tag{10.13}$$

$$\sigma_{xy} = \frac{Gb}{2\pi(1-\nu)} \times \frac{x}{x^2 + \xi^2} \tag{10.14}$$

式中，$k$，$l$ 是坐标分量；$r_{1e}$ 是第一近邻；$\rho_e$ 是平衡位置的电子密度；$i$、$j$ 为原子编号；$\xi$ 为位错芯半径；$b$ 为 Burgers 矢量的大小；$G$ 和 $\nu$ 是剪切模量和泊松比。

## 10.4　周期载荷下裂纹扩展的分子动力学模拟[4~6,15]

K. Nishimura 等对由数百万原子构成的 α-Fe 进行了分子动力学模拟分析，目的就是弄清楚在周期载荷的作用下材料断裂和塑性变形的过程。在周期载荷作用下，运用分子动力学模拟分析了由一条裂纹和两个倾斜晶粒边缘构成的裂纹尖端体系的机械行为。在第一次加载时为了释放集中的应力，在裂纹尖端发现了相变和尖端位错的释放。之后由于尖端位错不能超越晶粒边缘，当它们到达晶粒边缘时会产生位错的堆积。第一次卸载时，由裂纹尖端产生的尖端位错又回到了裂纹的尖端并在系统中消失。还可以观察到在裂纹的尖端会产生空位，裂纹的扩展是以原子级的尺寸增长的。因此可以结论性地指出，这是疲劳断裂初级阶段的裂纹扩展机制，即通过位错的释放和吸收，裂纹与空位相结合而不断扩展的。

### 10.4.1 研究方法

Deshpande 等[4,5]应用离散位错动力学处理了在单调周期载荷下裂纹尖端附近位错结构，Yang 等[6]应用离散位错动力学方法模拟了循环变形条件下初始阶段形成的位错结构。由于疲劳模拟是一个耗费时间的工作，因此应用分子动力学方法来研究疲劳损伤的报道很少。Inobe 等运用分子动力学方法对纳米尺度的多晶体 α-Fe 疲劳断裂进行了模拟研究。

在分子动力学模拟分析时，材料可以看成是由许多微粒构成。这些微粒或原子通过其他原子对其的作用力而运动，而且原子的运动可以通过牛顿运动定律来表示。假设 α-Fe 原子间的相互作用力是原子间的距离的函数。使用 Johnson 假设，计算 α-Fe 在 0K 时的晶格常数和弹性常数。最初我们将原子分配在 bcc 点阵的结点上，并给定在 300K 温度下遵守 maxwell 分布的原子速度。图 10.19 为晶体位向和裂纹坐标系之间的关系。对 bcc 晶体结构，{110} 面是密排面，{112} 和 〈111〉 是滑移面和滑移方向。图中的粗实线表示密排面 {10$\bar{1}$}，包含了滑移方向，为观察面，也是分子动力学模拟结果表示的面。在 α 面上 β 方向的局部应力张量 $\sigma_{\alpha\beta}$ 可由式(10.15) 计算：

$$\sigma_{\alpha\beta} = \frac{1}{V_b} \sum_i^{N_b} m_i v_i^\alpha v_i^\beta - \frac{1}{2V_b} \sum_i^{N_b} \sum_{j(j\neq i)}^{N_b} \frac{\partial \phi(r_{ij})}{\partial r_{ij}} \times \frac{r_{ij}^\alpha r_{ij}^\beta}{r_{ij}} \tag{10.15}$$

式中，$V_b$ 为每个块的体积；$N_b$ 为块中的原子数量；$m_i$ 是原子 $i$ 的质量；$v_i^\alpha$ 和 $v_i^\beta$ 是原子 $i$ 速度矢量的两个分量；$r_{ij}^\alpha$ 和 $r_{ij}^\beta$ 是原子 $i$ 到 $j$ 位置移矢量的两个分量。图 10.20 为分子动力学模拟分析系统简图。垂直的边为自由表面，最上和最下水平层各有 4 层原子；沿 Z 方向的 6 个原子层被施加周期边界条件；在 XZ 平面上引入裂纹，长为 $200a$，$a$ 为晶格常数；X、Y 方向各长 $200a$ 和 $600a$。

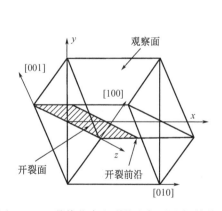

图 10.19　晶体位向和裂纹坐标系之间的关系

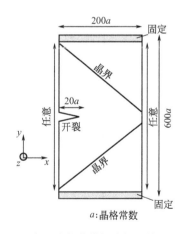

图 10.20　分子动力学模拟分析系统及边界条件

对于评估晶界边缘能量和结构有很多的分子动力学模拟的分析。Wolf 通过改变 α-Fe 的微观定位角计算了对称倾斜边界的能量。微观定位角的轴方向是 〈110〉，因此，随着微定位角的改变，晶界边缘的能量会改变。在 〈110〉{112} 上最低的晶粒边缘能量是 $200\text{mJ/m}^2$，我们称其为 〈110〉{112} 晶粒边缘。图 10.21 为 〈110〉{112} 晶粒边缘的原子结构图。图

中 $z$ 方向上有两层原子,黑和白的分别表示在不同层上的原子。〈110〉{112} 的晶粒边缘的结构和其他大分区域是一样的,如图 10.21 实线所示。〈110〉{112} 晶粒边缘显示了良好的一致性和连续性。图 10.22 为第一次加载时裂纹尖端的原子结构图。

图 10.21 卸载时 〈110〉{112} 晶粒
边缘的原子结构

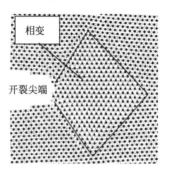

图 10.22 第一次加载时裂纹尖端的原子结构

## 10.4.2 模拟结果与分析

图 10.22 为第一次加载时在 1200 步长后的模拟裂纹尖端原子构造。在裂纹尖端实线所示的金刚石状的区域,其结构不同于 bcc 结构。在这个区域中观察到了六角形的原子结构,还证实了 $z$ 方向上的堆垛顺序是 ABABAB。经分析,在裂纹尖端的区域为 hcp 结构。它的形成是由于应力集中而导致的,因此我们称其为相变区 (图 10.22)。

图 10.23 为第一次加载时裂纹尖端和〈110〉{112} 晶界边缘驻留应力的演变情况。在图 10.23(a) 中可以观察到由 bcc 到 hcp 的转变,而且在裂纹尖端的右上方还可看到一个六角形的应力分布区,在该区域中高应力和低应力区接触在一起。根据位错理论,位错周围的

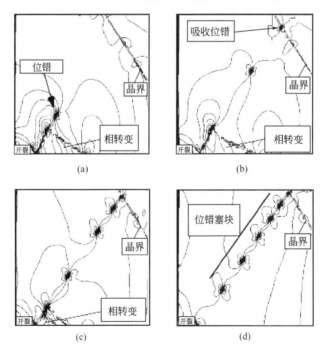

图 10.23 第一次加载时在裂纹尖端和〈110〉{112} 晶界
边缘间的驻留应力演变情况

弹性应力场有一个拐点存在于中心位错周围。并且拉伸和压缩应力区分别位于滑移面的两侧面。因此可以指出在裂纹尖端右上方的六角区中有边界位错存在。其滑移系是〈111〉{121}，这符合 α-Fe 的情况。

研究结果表明，裂纹尖端的应力集中通过相变和位错的释放来缓解。从裂纹尖端的〈111〉{121} 系中释放出的位错被晶界吸收，如图 10.23(b) 所示。图 10.23(c) 为裂纹尖端放出的位错，在裂纹尖端和晶界间有三个位错。从图中可以看到，不仅尖端位错的释放导致相变区的减少，而且由于位错无法超越晶界而在晶界处堆积。最后它们会形成稳定的结构，而相变区会消失，如图 10.23(d) 所示。这一过程可以用以下的步骤来解释。由于裂纹尖端应力集中导致密度降低而使 hcp 比 bcc 的结构更稳定，因此在裂纹尖端发生了 bcc 到 hcp 的转变。之后由于裂纹尖端发射位错，释放了应力集中，又导致密度的增加，因此产生了 hcp 向 bcc 的逆转变，相变区消失。当然，这过程在实验中是难以观察到的。

图 10.24 为第一次加载时裂纹尖端的原子结构图。发现由于尖端位错的释放导致了裂纹尖端的塑性钝化。最初和最新的裂纹在图中分别用实线和虚线表示。同样可以证实在 α-Fe 中滑移是有选择性的，它的滑移系是 [111] (121)，这就意味着尖端裂纹位错来自于裂纹的右下层。图 10.25 为最初和最后的裂纹尖端情况，后者可明显看到裂纹的增长。

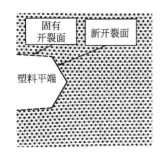

图 10.24　首次加载时
裂尖处原子结构

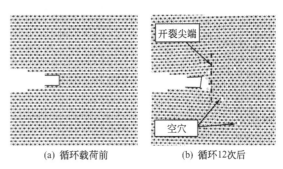

(a) 循环载荷前　　　　　　(b) 循环12次后

图 10.25　最初和最后的裂纹尖端结构及裂纹扩展情况

根据以上分析，可以得到疲劳断裂初期的裂纹扩展情况。在接近门槛值时，裂纹每周扩展的很小，接近原子尺寸。在模拟中，加载时裂纹尖端发出的位错和卸载时位错被吸收都可以看到。而且上述过程的发生导致了空位的形成。并且随循环周次的增加，空位会变多。因此裂纹是通过空位来扩展的。这和 Chaung 的研究结果是一致的。

必须指出的是，z 方向的周期边界条件会减少位错环的形成和降低它们的活动性能。因此，研究在三维情况下复杂的位错行为对于裂纹的扩展是一个有待解决的问题。

最近，Saxena 等[16]报道了采用有限元法从微观、介观和宏观跨尺度研究韧性材料断裂的裂纹扩展规律。研究认为如能精确预测疲劳断裂临界值，则在评价结构的完整性和材料选择方面具有很好的工程意义。

## 本 章 小 结

为充分发掘材料的潜力，应对材料进行系统的综合设计，才能有效地提高材料的强度和韧性。而材料的强度与韧性又具体体现在材料受力时的变形和断裂行为及其机理上，因此材料与力学的交叉结合是目前高性能先进材料开发的一个主流方向。

固体变形直至破坏的过程，跨越了从原子结构到宏观现象的 9～11 个尺度量级。尺度效应是反映材料宏微观跨层次性的核心科学问题，不同的尺度效应常源于不同的物理机制。由于问题的复杂性，往往使科学家难以设计材料微结构的力学效应。杨卫教授等在宏微观断裂力学和纳米力学领域的研究已经取得了杰出的成果。

材料的变形与断裂过程的研究也必须建立数理模型上，常采用解析方法及数值计算方法，对各种材料进行优化设计。通过从微观到宏观的形变与断裂机理的深入研究，找出提高材料强韧综合性能的方法与措施，在材料的组分、微结构、界面性质和制备工艺等方面进行系统的优化设计。

## 习题与思考题

1. 在材料形变与断裂研究方面的模拟设计主要采用了哪些方法？
2. 材料形变与断裂方面模拟设计研究的难点或关键问题是什么？
3. 材料形变与断裂的模拟设计主要涉及哪些基本理论？
4. 复合材料形变与断裂模拟的关键问题是什么？
5. 应用分子动力学方法模拟材料的力学行为还存在哪些缺陷？

## 参 考 文 献

[1] 黄克智，王自强主编. 材料的宏微观力学与强韧化设计. 北京：清华大学出版社，2003.

[2] 黄克智，肖纪美主编. 材料的损伤断裂机理和宏微观力学理论. 北京：清华大学出版社，1999.

[3] Brian Cox and Qingda Yang. In Quest of Virtual Tests for Structural Composites. Science，2006，314：1102～1107.

[4] Deshpande V S，Needleman A，Van der Giessen E. A discrete dislocation analysis of near-threshold fatigue crack growth. Acta Mater. 2001，49 (16)：3189～3203.

[5] Deshpande V S，Needleman A，Van der Giessen E. Discrete dislocation modeling of fracture crack propagation. Acta Mater. 2002，50 (4)：831～846.

[6] Yang J H，Li Y，Li SX，et al. Simulation and observation of dislocation pattern evolution in the early stages of fatigue in a copper single crystal. Mater. Sci. Eng. A，2001，299 (1/2)：51～58.

[7] Bo Jakobsen，Henning F Poulsen，Ulrich Lienert，et al. Formation and Subdivision of Deformation Structures During Plastic Deformation. Science，2006，312：889～892.

[8] Ayatollahi M R，Hashemi R. Computation of stress intensity factors ($K_I$，$K_{II}$) and $T$-stress for cracks teinforced by composite patching. Composite Structures，2007，78：602～609.

[9] Lin X H，Kang Y L，Qin Q H，et al. Identification of interfacial parameters in a particle reinforced metal matrix composite Al6061-10％$Al_2O_3$ by hybrid method and genetic algorithm. Computational Materials Science，2005，32：47～56.

[10] Marc Lavine. The Right Combination. Science，2006，314：1099.

[11] Carlos González，Javier L Lorca. Multiscale modeling of fracture in fiber-reinforced composites. Acta Mater.，2006，54 (16)：4171～4181.

[12] Pinho S T，Iannucci L，Robinson P. Physically-based failure models and criteria for laminated fibre-reinforced cpmposites with emphasis on fibre kinking：Part I：Development. Composites A，2006，37 (1)：63～73.

[13] Guo Y F，Zhang D L. Atomistic simulation of structure evolution at a crack tip in bcc-iron. Mater. Sci. and Eng. A，2007，448：281～286.

[14] Guo Y F，Wang Y S，Wu W P，et al. Atomistic simulation of martensitic phase transformation at the crack tip in B2 NiAl. Acta Materialia，2007，55：3891～3897.

［15］ Nishimura K，Miyazaki N．Molecular dynamic simulation of crack growth under cyclic loading．Computational Materials Science，2004，31：269～278.

［16］ Sanjeev Saxena，Ramakrishnan N．A comparison of micro，meso and macroscale FEM analysis of ductile fracture in a CT specimen (mode I )．Computational Materials Science，2007，39：1～7.

# 第11章
## 材料表面技术模拟与设计

目前表面技术的应用极其广泛，已经遍及各行各业，包含的内容也十分广泛，可用于耐蚀、耐磨、修复、强化、装饰等，也可以是光、电、磁、声、热、化学、生物等方面的应用。表面技术的应用使材料表面具有原来没有的性能，大幅度拓宽了材料的应用领域，充分发挥材料的潜力。

材料的许多物理、化学及电化学和力学性能都与材料的表面、相界、晶界等界面有着非常密切的关系。许多零部件及器件在实际服役过程中起主要作用的是材料表面，工程材料的破坏、断裂与失效等过程也往往起源于材料的各种界面，特别是表面。为了提高材料的某种性能（如耐磨损、耐腐蚀、抗氧化等），发展了各种表面技术。因此，已逐步形成了材料表面工程这一重要的交叉分支学科。

## 11.1 概述

表面工程技术是表面处理、表面涂镀及表面改性等工艺技术的总称。表面工程技术主要涉及材料表面的腐蚀、摩擦磨损和功能特性三大因素，目前已成为 20 世纪 80 年代以来世界十大关键技术之一。

表面工程技术通过运用各种物理、化学或机械方法来改变材料表面状态、化学成分、组织结构或形成特殊覆层，使基材表面具有不同于基材的某种特殊性能，从而满足工件的使用要求。表面工程技术主要有表面化学热处理（如渗碳、氮化等）、表面热处理（如感应加热处理、激光处理等）、表面涂镀（如各种材料电镀、化学镀、各种材料喷涂等）、表面功能薄膜（如磁控溅射、化学气相沉积、分子束外延）等工艺技术。在工艺技术方面也进行了许多模拟设计或优化设计的研究，如吴钢等[1]根据激光相变硬化理论计算模型，编制了模拟激光束扫描作用下沿着工件纵向硬化层分布的有限元计算程序。可以结合分段扫描工艺及参数优化设计，实现硬化层分布均匀性的控制，其有效性从模拟和试验两方面得到了验证。Shi 等[2]根据相似理论应用 ANSYS 有限元分析软件研究了激光冲击成形过程，在试验条件下模拟分析的结果是满意的。Frank 等[3]应用 Monte Carlo 方法模拟了电化学沉积过程中二维横向吸附扩散对相变动力学的影响。应用 KJMA 理论（theory of Kolmogorov, Johnson and Mehl, and Avrami）分析了实验数据。根据微观分析结果，证明了 KJMA 理论服从于形核速率 $I$ 和界面生长速度 $v$ 的乘积 $Iv^2$。在一定范围内，降低形核速率引起了从连续到岛状形核的逐步过渡，岛状形核能均匀发生。

由于晶体材料与外界相互作用是通过材料表面来完成的，因此材料表面的结构特征无论从基础理论的发展还是从技术应用的角度看，都是非常重要的。近年来，表面与界面起突出作用的新型二维材料及其技术发展很快，如薄膜与多层膜、超晶格、超细微粒与纳米材料等研究开发。除了传统的材料表面处理技术（如渗碳、氮化、渗金属、感应加热、涂镀等）

外，最近发展比较快的有表面功能薄膜、反应膜、复合涂（镀）层等技术，这些新技术的发展既涉及二维新材料的开发，也包含了应用技术的开发。表面技术的内涵非常广泛，已逐渐发展成为一个很重要的涉及多学科交叉的分支领域。

例如，超硬材料研究领域的一个热点是氮化碳等薄膜的开发。在薄膜材料研究过程中，分析薄膜的生长模式，建立理论模型对分析新材料的微观结构与特殊性能有着很重要的作用。除了使用现代先进的仪器设备外，利用分子动力学模拟方法在原子水平上模拟成膜的过程与结构，是一个有力的研究手段。1996 年，Chubaci 等[4]利用自己开发的动力学程序 TRIM 模拟了 C、N 离子束在 Si（100）面沉积的物理过程，模拟结果与 C-N 膜的实测数据（C/N 比率）相当一致。Frauenheim 等使用基于第一性原理的紧束缚分子动力学方法研究了各种 C-N 体系的行为[5]，包括在化学气相沉积金刚石中的掺杂行为，N 在化学气相沉积金刚石生长过程中的影响和超硬 $C_3N_4$ 晶体可能形成的结构等。吕华威[6]采用 Stillinger-Weber 二体和三体作用势，模拟了衬底温度为 1000℃时团簇沉积 C-N 薄膜的过程。分子动力学分析表示，团簇初始能量和衬底温度对团簇在衬底表面的扩散能力以及所沉积薄膜的结构有很大的影响。郭玉宝等[7]使用 Materials Studio 程序包中的 CVFF 力场，对甘氨酸分子在单壁纳米管中的吸附和扩散行为进行了模拟。Resende 等[8]应用分子动力学方法模拟了 $Cu_{13}$ 团簇在 Cu（010）面上沉积过程。模拟结果表明，元胞尺寸对模拟结果的影响很小，即使用小尺寸模拟也能获得可靠的结果，对沉积过程进行了定量的描述，并且计算了 800K 温度下团簇中心的扩散系数。Seung Hyeob Lee 等[9]使用 Tersoff 势能函数研究了无定形碳薄膜的原子结合特征。模拟结果表明，入射能量在 50～70eV 之间时，能获得高致密、$sp^3$ 杂化和有残留应力的薄膜，并且与实验观察结果一致。毕凯采用分子动力学方法研究了晶态、液态和非晶态 $\beta$-$C_3N_4$ 的微观结构变化情况，以第一性原理探讨了 C、N 原子和 CN 团簇在硬质合金表面的吸附结构、吸附能和吸附机理[10]。

# 11.2 多晶薄膜生长过程的模拟

## 11.2.1 FACET 模型及模拟分析

Jie Zhang 等[11]研究发展了多晶体薄膜生长模型 FACET。FACET 具有两个主要计算单元的多次计算模型：原子水平上的 Monte Carlo 一维动态计算模型和实时特定范围内的二维平面形核及生长模型。在 11.2.1 节中主要介绍他们的研究工作。FACRT 模拟软件可在 http://ceaspub.eas.asu.edu/cms/上免费下载使用。

### 11.2.1.1 模拟模型

要完全描述薄膜的生长过程，目前是非常困难的事。抓住最重要的物理过程，建立基本的模型，需要作一些合理的假设：薄膜为二维状态；小平面和晶界之间用分隔线，晶界用双线；每个晶核有自己的生长方向。这些假设限制了模拟的精度，但最大地减少了计算成本。当原子沉积到表面后，就向周围扩散，扩散的速率决定了晶体的生长速度，从而控制了薄膜最后的组织形态。知道原子的扩散激活能，就可利用 Monte Carlo 方法计算原子流速率。为了在没有二维计算模型情况下进行模拟，发展了新的一维 KLMC 模型，试验证明，1D-KLMC 模型与 3D-KLMC 模型是比较吻合的。

许多因素都能影响岛状形核速率，如温度、气体压力、沉积速度、杂质和缺陷等。目前，对于非均匀形核还没有很好的模型来描述，所以形核速率和组织等都由使用者输入有关参数来处理。形核完成后，在小平面之间的沉积和扩散情况决定了每个小平面的生长速率。

在每个时间步长模拟时，FACET 都计算了每个小平面的长度、沉积在该平面上的原子数和扩散进入或离开该平面的原子数。这样根据计算出的每个小平面上净原子数来说明晶核的生长。详细情况可参见原文。

FACET 设计的目标是为多晶体薄膜生长的实际试验提供一个通用的工具。FACET 模型主要为使用者给出下列主要的参数：沉积速率、沉积时间、基片温度、晶核密度、无规或规则晶核的分布、晶核结构和流量情况。共有 10 种因素可变化调整，基片也可选择。

### 11.2.1.2　多晶体薄膜生长的影响因素

下面对一般状态下各因素的影响进行讨论。一般状态是指：温度为 298K，无倾斜角度的 PVD 直接沉积，微观上每单位长度薄膜为 100 个晶核的形核密度，非均匀形核组织，沉积速率为 10 原子/(nm·s)。模拟对象为沉积 Cu 薄膜。

（1）薄膜厚度　沉积速率和时间对薄膜厚度有很大的影响。这里讨论的是薄膜厚度和表面粗糙度及平均晶粒尺寸的关系。虽然各种不同情况下的模拟，但薄膜厚度作用规律是一致的。随着薄膜厚度的增加，薄膜中平均晶粒尺寸是线性地增大；而表面粗糙度同样随薄膜厚度的增加而增大。根据模拟显示的结果，可得到下面的关系式：

$$D = aH + D_0 \tag{11.1}$$

$$R_a = cH^d, \quad R_{ms} = eH^f \tag{11.2}$$

式中，$D$ 是平均晶粒尺寸；$H$ 为薄膜厚度；$a$ 是与沉积参数相关的常数；$D_0$ 是初始晶粒尺寸；$c$、$d$、$e$、$f$ 为常数。

（2）基片温度　由 1D-KLMC 计算模拟可知，提高基片温度，将增大平面之间的热流速率，有效地增加从 {100} 面到 {111} 面的原子流。图 11.1(a) 显示了在 600K 温度下一般模拟的小平面微观组织，图 11.1(b) 为在 298K 温度下的一般状态的组织结果。两种状态下平均晶粒尺寸和粗糙度的模拟结果比较如图 11.2 所示。根据模拟结果数据分析可知：温度在 298~600K 时，随温度的提高，由于原子的扩散速率增大了，所以表面粗糙度有所下降。

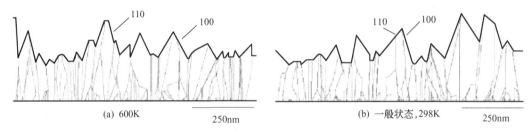

图 11.1　微观晶体组织的比较

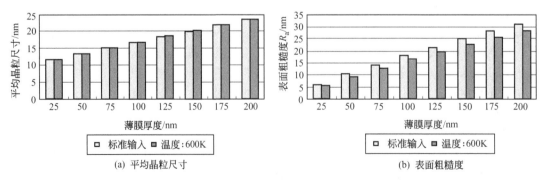

图 11.2　一般状态 298K 和 600K 情况下微观结构的比较

（3）流场条件　等流场类似于 CVD 情况，碰撞因素是非常低的，每个晶体小平面都可以接受相同的原子流。由模拟结果比较可知，在等流场条件下薄膜晶粒明显粗大。这两种情况下薄膜结构的比较如图 11.3 所示。由于等流场条件下在所有方向都促进了晶体的生长，使晶粒紧密接触，因此等流场条件下薄膜晶粒平均尺寸显著增大，而表面粗糙度变化不大。对于 Cu 薄膜来说，根据最小能量原理，{110} 面上原子结合力比 {100} 和 {111} 要强，具有最低的扩散阻力，容易吸附原子，能连续得到从相邻晶粒扩散来的原子，因此，促使其生长得比较快。图 11.4 表示了 Cu 薄膜中具有 {110} 晶面的晶粒长得特别快的模拟情况。图 11.5(a) 是在 150℃时 Cu 薄膜沉积在 TiW 基片上的 SEM 显微图像，图 11.5(b) 为相同条件下的模拟结果，两者的表面形貌是非常相似的。

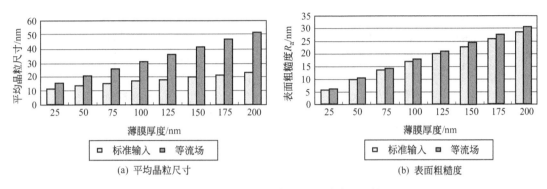

(a) 平均晶粒尺寸　　　　　　　　(b) 表面粗糙度

图 11.3　两种情况下薄膜微观结构的比较

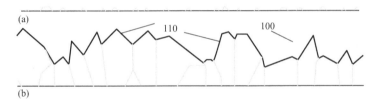

图 11.4　Cu 薄膜中 {110} 晶面快速生长模拟图

（a）初始晶核；（b）在 10 原子/(nm·s) 速率时经过 30s 后的晶粒生长情况

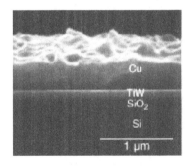
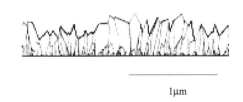

(a) CVD(80min)Cu薄膜SEM图像　　　(b) FACET模拟截面,150℃,等流情况

图 11.5　Cu 的 CVD 薄膜截面 SEM 图像及模拟情况

流场角度对条件薄膜微观结构也有较大的影响，流场角度是指沉积原子流方向与基片表面法线方向之间的角度。图 11.6 为不同流场方向沉积薄膜微观结构的比较，从图中可知，沉积过程中改变流场角度可促使晶粒的快速长大，也同样明显地增加了表面粗糙度。图 11.7 在一般状态下改变不同流场方向沉积薄膜微观结构的比较。

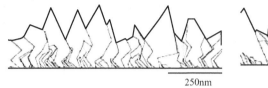 

| | |
|---|---|
| (a) 改变流场角度3次,每次为45°,150s | (b) 恒定45°,150s |

图 11.6　不同流场方向沉积薄膜晶体生长的比较

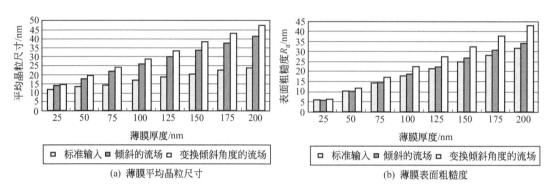

| (a) 薄膜平均晶粒尺寸 | (b) 薄膜表面粗糙度 |
|---|---|

图 11.7　在一般状态下改变不同流场方向沉积薄膜微观结构的比较

Giménez 等[12] 应用典型的 Monte Carlo 方法和点阵气模型模拟了沉积金属的表面过程，重点研究了温度及表面缺陷对等温吸附线和不同吸附热的影响。新建立的模拟模型简单而有效，节省了计算时间。在模型计算中应用了多体势函数，考虑了最近邻原子间成对吸附的相互作用。作为例子，在 Ag/Au（100）、Ag/Pt（100）等系统中进行了模拟分析。

### 11.2.2　薄膜岛状结构形成的动力学 Monte Carlo 模拟

在前几年通过扫描电子显微镜试验，在 Al-Cu-Fe 基底上沉积 Al 的初始阶段发现了具有准晶的表面上形成了星形岛状（starfish islands ensembles）原子群，如图 11.8 是 T. Cai 等[13] 得到的实验结果。

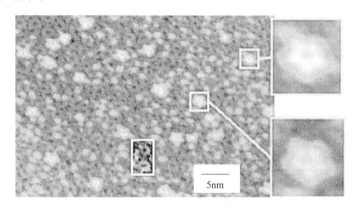

图 11.8　在 Al-Cu-Fe 基底上 PVD 沉积 Al 过程初始阶段时表面的 STM 图

这一新的发现吸引了许多研究者的注意，以前基本上都集中在研究平衡态薄膜结构等问题上。现在的努力是要描述在沉积过程中远离平衡态的纳米尺度微观组织的演化过程。Ghosh 等利用动力学 Monte Carlo 方法模拟了该过程[14]，下面作简单介绍。

对于 Al 原子和 Al-Cu-Fe 基底表面结合，引入一个原子间相互作用的势能面（potential

energy surface，PES）。吸收位置群和星形岛状结合体应能相互协调，根据势能面 PES 分析确定星形（starfish，SF）群的存在。Al 沉积在 Al-Cu-Fe 基底表面，吸附形成星形群，表明了它们具有强的结合力。研究发现 SF 群的中心结合力最强，围绕中心还有 5 个结合力较小的呈圆周形势阱，也存在不完全的星形（incomplete starfish，ISF）群。这里由 PES 分析第一层的情况：图 11.9(a) 中间为一个完整星形结合体，SF 中心有低的势阱；图 11.9(b) 为不完全星形结合体，中心的势阱较完整星形结合体的要低些；如果是单原子吸附，则比 SF 和 ISF 处的势阱更低。

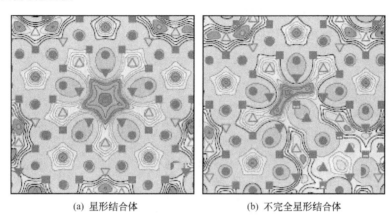

(a) 星形结合体    (b) 不完全星形结合体

图 11.9  在 Al-Cu-Fe 基底上沉积 Al 过程
的局部 PES（$1.6 \times 1.6 nm^2$）
○、△、▽、□分别表示 1～5 层的原子；
实心符号为 Al 原子，空心符为 Cu，半实心的符号表示 Fe

T. Cai 等定义了无序结合网格（disordered-bond-network，DBN）来连接相邻局部吸附的位置，以此方法来描述或预测沉积原子团的稳定性及发展趋势。为稳定沉积的 Al 原子团，必须实现 Al-Al 原子间的有效吸附结合。稳定星形岛状，就是要中心原子和周围邻近原子之间有较稳的结合力。星形 SF 岛状的结合在图 11.10(a) 中以短划线来表示，在这些结合线范围内原子的跃迁离开是不可能的。图 11.10(b) 中的点划线表示了 ISF 的结合范围。

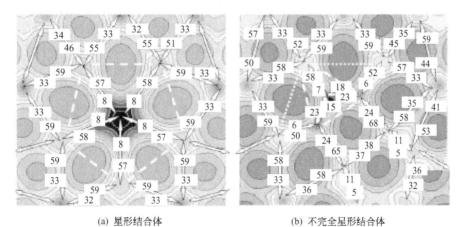

(a) 星形结合体    (b) 不完全星形结合体

图 11.10  在 Al-Cu-Fe 基底上沉积 Al 过程的 DBN 局部视场（$1.3 nm \times 1.3 nm$）
数字表示 Al 跃迁势垒，为表面最大值 1.3eV 的
百分数，最靠近箭头表示跳跃的方向

T. Cai 等发展了无序结合网格-点阵气相模型（DBN lattice-gas, DBN-lG），描述沉积过程。图 11.11(a) 为在 0.13% 流量强度下沉积 Al 吸附层形貌的典型模拟结果，0.13% 流量强度是指计算模拟 270 个位置范围内，有 36 个 Al 原子被吸附。较强结合的位置是 SF 中心、具有 ISF 核心的二聚体和较稳结合力的孤立体（用圆圈表示），这些孤立体大部分都会发展为 SF 和 ISF 原子团。图 11.11(b) 是流量强度为 0.4% 时经过 360s 后的吸附层模拟结构，图中已有 2 个完整的 SF，这是由沉积过程中原子团聚产生的，而不是由吸附层原子重排得到的。在这 10min 的沉积过程中，已明显产生了四个 ISF 核心。需要注意的是这里的模拟是一维持的，没有多层或 3D 的生长情况，但模拟结果说明发生多层或 3D 生长要在较高的沉积覆盖层，至少要在 0.4% 左右的流量强度以上。

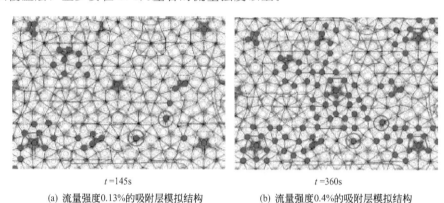

| $t=145s$ | $t=360s$ |
| (a) 流量强度0.13%的吸附层模拟结构 | (b) 流量强度0.4%的吸附层模拟结构 |

图 11.11    在不同流量强度下沉积 Al 的典型模拟结果

●表示不可逆填满具有强结合力的位置，相当稳定的二聚体中心用实线条连接，
在完全星形岛中的吸附原子及其相应的部分同样也由实线条连接

### 11.2.3    基于 Wolf-Villain 模型的薄膜生长模拟[15]

Wolf-Villain（WV）模型是应用计算机模拟研究理想的分子束外延生长（molecular beam epitaxy, MBE）简单模型，对于高质量薄膜的研究是非常有效的。这方面的研究报道较多，建立的模型也较多，但在解决原子的解吸、突出和体缺陷等问题时受到了限制。在实际 MBE 生长过程中，许多因素会影响薄膜的表面结构，如 ES 势垒（Ehrlich-Schwoebel potential barrier）。ES 势垒是一个附加的势垒，以阻止吸附原子在台阶边缘上方从上台阶扩散到下台阶。许多研究都证实了 ES 势垒是在表面生长时产生"土丘"（mound）的原因。Rangdee 等研究了在低温下薄膜生长过程中 ES 势垒对 WV 模型模拟的影响。

#### 11.2.3.1    理论基础与 WV-ES 模型

设模拟研究一维平面基底，大小为 $L$ 长的点阵位置。为理解 MBE 生长过程中表面形貌（或粗糙度）变化，定义表面宽度：

$$W(L,t) \equiv \left[ (h - \bar{h})^2 \right]_x^{1/2} \tag{11.3}$$

式中，$h(x, t)$ 为任意位置 $x$ 处和时间 $t$ 时的表面高度；$\bar{h}$ 是表面的平均高度；$[\cdots]_x$ 表示整个基底上的平均值。这时可以对表面粗糙度进行定量表征。表面宽度取决于基底大小和生长时间：

$$W(L,t) \sim t^{\beta}, \quad t \ll L^z \tag{11.4}$$

$$W(L,t) \sim L^{\alpha}, \quad t \gg L^z \tag{11.5}$$

式中，$\beta$ 是生长指数；$\alpha$ 是粗糙度指数；$z = \alpha/\beta$ 是动平衡指数。

高度相关函数（height-height correlation function）和粒子扩散流（particle diffusion current）两个计算工具可用于表面结构分析。高度相关函数被定义为：

$$G(r) = [h(x)h(x+r)]_x \quad (11.6)$$

式中，$h$ 表示表面高度与平均高度的

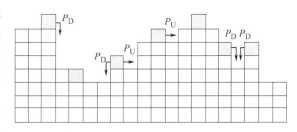

图 11.12　在一维基底上 WV-ES 模型
扩散规律示意图

偏差，即 $h = h - \bar{h}$；$r$ 是在一维基底上两个位置间的距离。该相关函数能决定在表面的什么地方出现"土丘"。粒子扩散流可分析表面生长的趋势。模拟过程中为测量粒子扩散流 $J$，可将基底倾斜 $\theta$ 角，所以 $h(x) = x\tan\theta$。

在原 WV 模型中，考虑了 ES 势垒的影响，建立了改进型的 WV-ES 模型。引入概率 $P_U$ 和 $P_D$，$P_U$ 和 $P_D$ 分别表示一个吸附原子在弛豫后连接在上（下）台阶的概率，如图 11.12 所示。WV-ES 模型描述的扩散规律为：一个原子以平均速率沉积在某随机的位置上，根据 WV 模型原理要寻找一个最合适的位置。实际扩散过程是由 $P_U$ 和 $P_D$ 控制的，如果这原子要扩散到上（下）台阶，就存在一个 $P_U$ 和 $P_D$ 的概率问题。如果这原子不扩散，则吸附在初始的位置上。在建立的模型中，取 $P_U > P_D$，这就使原子附着在上台阶比下层台阶要合理。ES 势垒的大小由 $P_D/P_U$ 的比值所决定。如 $P_U = P_D = 1.0$，则就是原来 WV 模型的描述。

### 11.2.3.2　模拟结果与分析

图 11.13 表示了 WV-ES 模型模拟的表面结构形貌随时间的变化，三种不同时间（$10^4$ML、$10^5$ML、$10^6$ML）的结构形貌有明显的差异［ML 是沉积单原子层（one mondayer）所需的时间］。随时间的延长，"土丘"数量减少而变大。当固定 $P_U = 1.0$，$P_D$ 的变化改变了势垒的强度。模拟发现：随 $P_D$ 的减小，表面出现了深的沟槽，即土丘峰逐步变得尖锐了（图 11.14）。

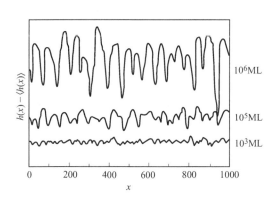

图 11.13　WV-ES 模型表面
结构形貌随时间的变化
基底大小 $L = 1000$，$P_U = 1.0$，$P_D = 0.5$

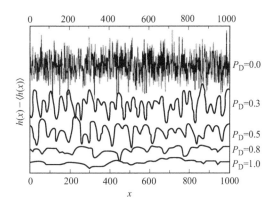

图 11.14　WV-ES 模型在 $t = 10^6$ML 时
表面结构形貌
$L = 1000$，$P_U = 1.0$

WV-ES 模型的模拟结果说明了 ES 势垒引起了 WV 模型中统计性能的变化，结构形貌也从动态的粗糙表面变化为规则的"土丘"形式。为了进一步研究表面"土丘"的形成，又考察了相关的函数和模型中的粒子扩散流。图 11.15 为 WV-ES 模型中倾斜角度 $\tan\theta = 0.5$

时的粒子扩散流。模拟发现：当固定 $P_U=1.0$、$P_D<0.8$ 时，粒子扩散流 $J$ 为负值；$P_D>0.8$ 时 $J$ 为正值。这说明 $P_D>0.8$ 时 ES 势垒太弱难以影响系统，表面结构几乎没有明显的"土丘"形成；当 $P_D<0.8$ 时，ES 势垒较强明显地影响了系统，表面产生了图 11.14 所示各种形状的"土丘"。图 11.16 表示了 WV-ES 模型的高度相关函数随 $r$ 的变化规律。对 $P_D=0.8$ 的情况，$G(r)$ 曲线没有明显的振荡；而当 $P_D=0.3$ 时振荡就比较显著，而且 $G(r)$ 曲线第一次与零线条相交点的位置要比 $P_D=0.8$ 时小很多，说明平均"土丘"半径要小，这和图 11.14 结构形貌分析相一致。模拟研究结果表明，ES 势垒增加，表面"土丘"的平均高度增大，而平均半径减小。

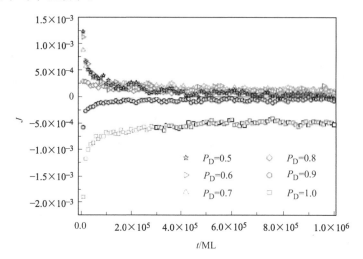

图 11.15　WV-ES 模型中粒子扩散流
（倾斜角度 $\tan\theta=0.5$，$P_U=1.0$）

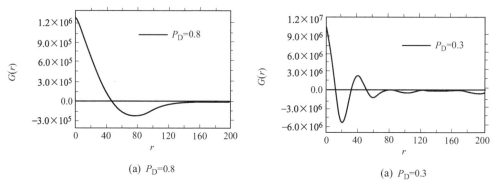

(a) $P_D=0.8$　　　　　　　　　　(a) $P_D=0.3$

图 11.16　WV-ES 模型的高度相关函数
（$L=1000$，$t=10^6\,\mathrm{ML}$，$P_U=1.0$）

## 11.3　表面涂覆层制备的数值模拟

薄膜材料的制备方法很多，不同的方法，其膜的成长过程及其理论也是各不相同的。

### 11.3.1　PVD 法和 CVD 法的数值模拟[16]

在用 PVD 和 CVD 方法制备薄膜材料时，气体分子在高温和真空条件下的运动是非常复杂的。一般认为遵循压力 $P$ 和气体分子密度 $n$ 与温度 $T$ 的乘积成正比，即：

$$P = nkT \tag{11.7}$$

式中，$k$ 为 Blotzmann 系数。假设气体分子为完全弹性碰撞，则按 Maxwell-Blotzmann 理论，分子运动速度函数可表示为：

$$f(\bar{\nu})\,\mathrm{d}\bar{\nu} = \frac{4}{\sqrt{\pi}}\left(\frac{m}{2kT}\right)^{3/2}\bar{\nu}\exp\left(-\frac{m\bar{\nu}^2}{2kT}\right)\mathrm{d}\bar{\nu}, \quad \bar{\nu} = \sqrt{\frac{8kT}{\pi m}} \tag{11.8}$$

式中，$m$、$\bar{\nu}$ 表示分子的质量和平均热运动速度。

分子团在单位时间内的撞击次数 $\phi$ 设为 $\phi = n\pi R^2 \bar{\nu}$。$R$ 是分子团的直径，每次分子撞击时的平均飞行距离 $\lambda$ 定义为

$$\lambda = \frac{1}{\sqrt{2\pi mk\sigma^2}} \tag{11.9}$$

分子团在真空中运动，将蒸发到基板表面并发生碰撞，在表面的入射频率 $\Gamma_n$ 可表示为：

$$\Gamma_n = \frac{p}{\sqrt{2\pi mkT}} \tag{11.10}$$

向基板表面蒸发的分子中，一部分吸附在表面并凝缩为薄膜，一部分将由于弹性反射而脱离表面。设 $n$ 为 $t$ 时刻内在表面吸附的原子数；$J$ 为入射角；$s$ 为吸附系数，则：

$$s = \frac{1}{J} \times \frac{\mathrm{d}n}{\mathrm{d}t} \tag{11.11}$$

分子团从和基板表面接触开始到由于弹性碰撞脱离表面的停留时间 $\tau_a$ 为：

$$\tau_a = \tau_0 \exp\left(\frac{E_a}{kT}\right) \tag{11.12}$$

式中，$E_a$ 表示脱离吸附时的活性化能。在这停留时间才得以向表面扩散的分子团便形成安定相的薄膜。因此，决定薄膜成长模态的一个主要过程是在停留时间内原子向基板表面扩散的过程。其扩散距离 $X$ 符合扩散抛物线一般规律，即 $X = (D\tau_a)^{1/2}$，$D$ 为扩散系数。

在薄膜成长过程中，薄膜和基板的原子间相互作用力很小和扩散激活能也很大时，扩散距离就很小。这样，原子之间得不到有效的碰撞，难以在表面形核，就会脱离表面。从薄膜成长的初始阶段到生成晶核被称为气相生成过程。在这个过程中，结晶的生长速度 $R$ 与气体的蒸汽压力 $p$ 和结晶表面的饱和蒸汽压力 $p_e$ 成比例：

$$R = \frac{\alpha V_c}{4}\left[n(V) - n_e(V_e)\right] = \frac{\alpha V_c(p - p_e)}{\sqrt{2\pi mk_B T}} \tag{11.13}$$

式中，$V_e$ 为原子体积；$\alpha$ 是原子在结晶表面的凝缩系数，表示在结晶表面上吸附的原子被组合到结晶体中的比例数；$n$ 和（$V$）表示把蒸气作为理想气体时原子数的密度和平均速度；$n_e$ 和（$V_e$）表示基板表面的热平衡状态时饱和蒸汽的原子数密度和平均速度；在 $\alpha = 1$ 状态下，把表面的扩散束定义为 $J_S$，根据 Fick 扩散定律，则吸附原子的扩散方程可表示为：

$$\frac{\partial n_1}{\partial t} = D\nabla^2 n_1 - \frac{n_1}{\tau_a} + \frac{R_1}{V_e} \tag{11.14}$$

这就是常用的 BCF（Burton-Cabrera-Frank）理论。根据该理论，作为一维问题设表面为 $y$ 轴，由于表面扩散在某阶段流入表面的原子束为：

$$J_S\left(\frac{\lambda}{2}\right) = -D\left(\frac{\mathrm{d}n_1}{\mathrm{d}y}\right)_{y=\lambda/2} \tag{11.15}$$

设薄膜层高为 $d$，表面单位面积中的格子数为 $N_0$，则成长速度 $R$ 为

$$R = \frac{\mathrm{d}J_\mathrm{S}\left(\frac{\lambda}{2}\right)}{\left(\frac{N_0\lambda}{2}\right)} \tag{11.16}$$

在稳定状态下，扩散方程可表示为：

$$D\,\nabla^2 n_1 - \frac{n_1}{\tau_\mathrm{a}} + \frac{R_1}{V_\mathrm{e}} = 0 \tag{11.17}$$

边界条件为：① $X_\mathrm{s} \ll \lambda$ 时，$y = \pm\lambda/2$，$n_1 = n_\mathrm{step}$；② $X_\mathrm{s} \gg \lambda$ 时，$y = 0$，$n_1 = \infty$。当 $(\mathrm{d}n_1/\mathrm{d}y)_{y=0} = 0$，按①的边界条件，可得到：

$$n_1(y) = \frac{R_1}{V_\mathrm{c}}\tau_\mathrm{a} + \frac{\left\{n_\mathrm{step} - \left(\frac{R_1}{V_\mathrm{c}}\right)\tau_\mathrm{a}\right\}\cosh\left(\frac{y}{X_\mathrm{s}}\right)}{\cosh\left(\frac{\lambda}{2X_\mathrm{s}}\right)} \tag{11.18}$$

$$R = \frac{d}{N_0}\left(\frac{R_1}{V_\mathrm{c}} - \frac{n_\mathrm{step}}{\tau_\mathrm{a}}\right)\frac{2X_\mathrm{s}}{\lambda}\tanh\frac{\lambda}{2X_\mathrm{s}} \tag{11.19}$$

如果忽略再蒸发，从上式凝缩系数可表示为薄膜层坡度 $s$ 的函数，即

$$\alpha(\theta) = \frac{s}{s_1}\tanh\frac{s_1}{s}, \quad s = \tan\theta = \frac{d}{\lambda}, \quad s_1 = \frac{d}{2X_\mathrm{s}} \tag{11.20}$$

这就得到了薄膜的成长状态。

另一方面，当薄膜非常薄的情况下，如在纳米级薄膜中，薄膜的力学性能与宏观性能截然不同。为了预测薄膜内应力状态和薄膜的力学性能，也必须根据上述的薄膜成长理论和分子动力学来考虑这问题。因此，提出了按宏观测试得到的温度场来控制按分子统计热动力学中温度场的方法，并获得了繁殖的运动速度：

$$V^\mathrm{new} = \left(\frac{T_\mathrm{C}}{T}\right)^{1/2}V^\mathrm{old}, \quad T = \frac{\sum\limits_i m_i(V^\mathrm{old})}{3Nk_\mathrm{B}} \tag{11.21}$$

式中，$T_\mathrm{C}$ 是宏观测试温度；$k_\mathrm{B}$ 和 $N$ 是 Boltzmann 系数和分子团的分子数。

当分子运动速度确定后，就可得到分子间的距离向量 $r^{\alpha\beta}$。因为势能函数 $U$ 和距离向量有关，而内部应力可表示为由分子速度 $v$ 代表的应变和通过势能对距离的微分得到的原子间相互作用力的关系，即应力张量 $\sigma$ 为：

$$\sigma = \frac{1}{V}\left(\sum_\alpha v^\alpha \otimes v^\alpha - \sum_\alpha\sum_{\beta(\neq\alpha)}\frac{\partial U r^{\alpha\beta} \otimes r^{\alpha\beta}}{\partial r^{\alpha\beta} \mid r^{\alpha\beta}\mid}\right) \tag{11.22}$$

式中，$V$ 是分子团的整体体积。利用分子团的应力状态，薄膜的弹性系数矩阵 $C$ 可表示为：

$$C = \frac{1}{V}\sum_\alpha\sum_{\beta(\neq\alpha)}\left[\frac{\partial^2 U(r^{\alpha\beta})}{\partial(r^{\alpha\beta})^2} - \frac{1}{r^{\alpha\beta}}\times\frac{\partial U(r^{\alpha\beta})}{\partial r^{\alpha\beta}}\right]\frac{(r^{\alpha\beta}\otimes r^{\alpha\beta})\otimes(r^{\alpha\beta}\otimes r^{\alpha\beta})}{\mid r^{\alpha\beta}\mid} \tag{11.23}$$

从上式可以预测超薄膜，包括纳米级薄膜的力学性能和力学行为。特别要注意的是，在薄膜和表面复合材料的制备中，往往有附加加热、恒温或冷却等宏观温度控制条件，因此在进行分子动力学的计算中，也可利用这些宏观温度条件来控制分子运动的速度。这样，就有可能实现外界宏观条件和材料内部微观结构之间的关系。这些问题受到了广泛的重视，当然还有待于深入的研究。

### 11.3.2　等离子热喷涂数值模拟方法[16]

热喷涂过程主要应考虑温度和固液两相组织变化的凝固问题，还要考虑由于激冷和凝固

收缩产生的非弹性变形。而且这些现象往往是相互影响的，所以考虑它们的耦合作用是非常重要的。

根据连续介质热力学的混相理论，混相介质物体的物理性质可以按统计物理学的方法来计算，即将有限体积内各相物理性质表示为：

$$\chi = \sum_{I=1}^{N} \chi_I \xi_I, \sum_{I=1}^{N} \xi_I = 1 \tag{11.24}$$

式中，$\chi$ 为混相介质物体的物理性质；$\chi_I$ 和 $\xi_I$ 分别为 $I$ 相介质的物理性质和体积率。在等离子热喷涂中，如果只考虑由于凝固导致的液固两相组织时，则式(11.24) 可写成：

$$\chi = \chi_s \xi_s + \chi_I (1 - \xi_s) \tag{11.25}$$

进一步考虑由于凝固而产生的潜热，按 Fourier 定律，比热容和热焓的关系为 $c = T(\partial \eta / \partial T)$，所以凝固过程中液固两相区的热传导方程就可描述为：

$$\rho c \dot{T} - \frac{\partial}{\partial x_i} \left( k \frac{\partial T}{\partial x_i} \right) - \sigma_{ij} \dot{\varepsilon}_{ij}^{\mathrm{vp}} - \rho_s l_s \dot{\xi}_I = \rho \gamma \tag{11.26}$$

式中，$T$ 表示物体的温度；$\sigma_{ij} \dot{\varepsilon}_{ij}^{\mathrm{vp}}$、$\rho$ 表示物体内应力所做的功和密度；$k$ 为热导率；$\gamma$ 是从物体外部提供的热量；$c$ 和 $l_s$ 分别为物体的比热容和由于物体内的相变带来的潜热。

在等离子热喷涂的传热过程中，物体的热边界条件可表示以下两种形式：

介质传热 $\qquad\qquad -k \frac{\partial T}{\partial x_i} n_i = h(T - T_{\mathrm{w}}) \tag{11.27}$

辐射传热 $\qquad\qquad -k \frac{\partial T}{\partial x_i} n_i = \Gamma(T^4 - T_{\mathrm{w}}^4) \tag{11.28}$

式中，$h$ 和 $T_{\mathrm{w}}$ 表示传热系数和全体周围的温度；$\Gamma$ 是辐射传热的 Stefan-Blotzmann 系数。凝固中的固相率可由 Scheil 方程来计算：

$$\xi_s = 1 - \phi^{-1(1-k_0)} \tag{11.29}$$

式中，函数 $\phi$ 可根据材料的液固两相平衡状态来决定；$k_0$ 表示凝固时的偏析系数。

在等离子热喷涂过程中，由于温度的急剧变化而带来的非弹性变形和残余应力是造成表面损伤和破坏的根源，所以正确分析热喷涂后薄膜内部的应力状态是很重要的。特别是等离子热喷涂，材料是不断地被覆盖在基板表面上的，因此实际的应力状态是伴随表面层成长和急冷凝固而变化的。如果认为在某个瞬间覆盖表面的材料是均匀的，覆盖层是液体状态，可以认为覆盖层的凝固时产生的内应力只对被覆盖的表面层内部应力状态产生影响，而被覆盖层内的应力状态并不影响覆盖层的凝固和变形。所以，就可以在利用有限元法来计算等离子热喷涂过程中，采用附加元的方法来处理附加单元内的温度场，并以此来计算被覆盖层表面的热应力和变形。

在等离子热喷涂中的应变率 $\dot{\varepsilon}_{ij}$ 可以被表示为弹性应变率 $\dot{\varepsilon}_{ij}^{\mathrm{e}}$、热膨胀导致的应变率 $\dot{\varepsilon}_{ij}^{\mathrm{T}}$、凝固收缩导致的应变率 $\dot{\varepsilon}_{ij}^{\mathrm{m}}$ 以及按黏塑性模型考虑的非弹性应变率 $\dot{\varepsilon}_{ij}^{\mathrm{vp}}$ 的总和。考虑凝固过程中材料的硬化，屈服函数 $F$ 中的屈服应力便被表示为：

$$\sigma_y = \sigma_y(T, \overline{\varepsilon}^{\mathrm{vp}}) = \sigma_{y0} + H'(T)\overline{\varepsilon}^{\mathrm{vp}} \tag{11.30}$$

式中，$H'$ 是硬化系数。在这个本构方程中，当屈服应力 $\sigma_y = 0$ 时，就可以表示为具有热膨胀和凝固收缩的 Maxwell 黏弹性流体模型：

$$\dot{\varepsilon}_{ij} = \frac{\partial}{\partial t}\left(\frac{1+\nu}{E}\sigma_{ij}\right) - \frac{\partial}{\partial t}\left(\frac{\nu}{E}\sigma_{kk}\delta_{ij}\right) + \alpha \dot{T}\delta_{ij} + \beta \dot{\xi}_s \delta_{ij} + \frac{1}{2\mu}s_{ij} \tag{11.31}$$

在完全的金属黏性流体状态，上述方程还可采用牛顿黏性流体模型，即：

$$\sigma_{ij} = 2\mu\dot{\varepsilon}_{ij} - p\delta_{ij}, p = \frac{1}{3}\sigma_{kk} \tag{11.32}$$

对于上述方程的数值解，常采用有限元方法求解。例如，考虑了凝固潜热的热传导方程的有限元形式为：

$$[P]\{\dot{T}\} + [H]\{T\} = \{Q\} \tag{11.33}$$

$$[H] = [H_\lambda] + [H_h] + [H_f] \tag{11.34}$$

$$\{Q\} = \{Q_h\} + \{Q_f\} + \{Q_m\} + \{Q_\lambda\} + \{Q_\sigma\} \tag{11.35}$$

式中，$[P]$、$[H_\lambda]$、$[H_h]$、$[H_f]$ 分别是热量矩阵、热传导刚度矩阵、传热矩阵；$\{Q_h\}$、$\{Q_f\}$、$\{Q_m\}$、$\{Q_\lambda\}$ 和 $\{Q_\sigma\}$ 分别为介质传热、辐射传热、潜热、外部热量和非弹性功带来的热量所构成的向量。通过对时间的差分，可以得到在热喷涂中某时刻温度场的数值解。因为这是一类非稳定非线性的问题，必须采用求非线性解的方法，如用 Newton-Raphson 法来求解式(11.35) 的联立方程组，得到收敛解。

对于非弹性问题的数值解，同样可以采用有限元方法，而且往往采用增量法来求解应力和应变场。具体来说，在某一时间间隔 $t_k = t_{k-1} + \Delta t$ 内，对非弹性应变进行泰勒展开后，就可以得到下面的应变量方程：

$$\{\Delta\varepsilon^{vp}\}_k = \{\Delta\dot{\varepsilon}^{vp}\}_{k-1}\Delta t + \zeta G_{k-1}\{\Delta\sigma\}_k\Delta t, \zeta \in [0,1] \tag{11.36}$$

$$G_{k-1} = \left(\frac{\partial\{\dot{\varepsilon}^{vp}\}}{\partial\{\sigma\}}\right)_{k-1} \tag{11.37}$$

因此，应力增量可表示为：

$$\{\Delta\sigma\}_k = [D^e]\{\Delta\varepsilon^e\}_k = [D^e](\{\Delta\varepsilon\}_k - \{\Delta\varepsilon^{vp}\}_k - \{\Delta\varepsilon^m\}_k - \{\Delta\varepsilon^T\}_k) \tag{11.38}$$

并得到非弹性矩阵或弹-黏塑性矩阵 $[D^{vp}]$：

$$[D^{vp}]_k = ([1] + [D^e]\zeta G_{k-1}\Delta t)^{-1}[D^e] \tag{11.39}$$

根据变分原理，并利用上述方程，就可以得到下面的非线性的有限元联立方程组：

$$[K_\varepsilon]\{\Delta u\} = \{\Delta L(T, \xi_s, \sigma_{ij})\} \tag{11.40}$$

式中，$[K_\varepsilon]$ 和 $[\Delta u]$ 是整体有限元刚度矩阵和变形增量；$\{\Delta L(T, \xi_s, \sigma_{ij})\}$ 是包括了在热喷涂中某时刻的温度、固相体积率和应力场的载荷向量。这一非线性问题，在具体求解方程时，必须不断地修正式(11.40) 中的非弹性矩阵，并同传热问题的数值解析一样使用 Newton-Raphson 法来求方程式(11.40) 的收敛解。

从上面有限元方程的求解步骤，就可以看到考虑温度场、固相体积率以及应力应变场的耦合作用是必要的。图 11.17 是求解这一问题的具体程序框图。按照这计算机流程编制有限元程序就可以得到模拟热喷涂过程中的残余应力，从而可预测薄膜的强度。同样，利用这种方法只要使用领域成长型的有限元变网格方法也可模拟不同材料的多次喷涂过程，预测表面结构，包括基板内的温度场、材料制备中的凝固状态以及计算多次喷涂所得到的表面复合结构内的残余应力。

### 11.3.3　等离子喷涂温度场数值模拟[17]

树脂基复合材料具有比强度高、比刚度高的特点，在航空航天领域有很好的应用前景。但目前限制其应用的主要原因是它的耐热性。随着飞行速度的提高，发动机温度升高，如果温度接近树脂基复合材料的玻璃化温度，那么材料的强度和刚度都会明显下降。在复合材料表面利用带离子喷涂方法制备金属涂层，并在此基础上喷涂陶瓷涂层可解决这问题。而金属材料层的选择至关重要，因为树脂可能会因喷涂熔化状态的金属而导致温度升高，产生烧蚀现象。在理论上利用数值模拟方法可计算出喷涂过程中及随后冷却阶段基体温度分布，

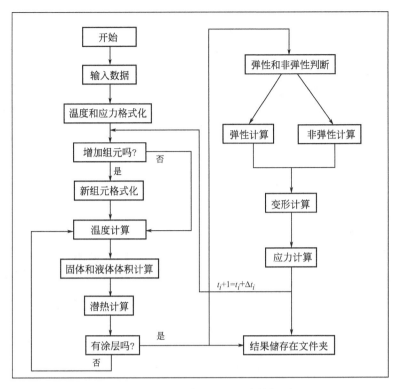

图 11.17　热喷涂的有限元计算框图

结合时间与温度综合分析烧蚀发生的可能，找到合理的金属涂层材料。

　　程世杰等利用等离子喷涂方法在聚酰亚氨基复合材料表面喷涂金属防护层。涂层材料分别采用 Al、Cu、Zn 和 Ni，应用 ANSYS 软件进行了温度场数值模拟研究。在厚度为 0.5mm 的复合材料表面利用等离子喷涂方法分别制备 Al、Cu、Zn 和 Ni 四种金属涂层。利用喷涂来回三次移动形成的三层涂层结构，每层厚度为 0.005mm，涂层总厚度为 0.015mm。利用商业分析软件 AN2SYS8.0 进行有限元发现，采用单元为 PLANE13，该单元是四边形四节点线性单元，具有热分析能力。利用逐层激活涂层方法模拟喷涂过程。

　　图 11.18 是喷涂 Al、Cu、Zn 和 Ni 四种金属时，喷涂过程中（0～1000s）基体及涂层的温度随时间的变化情况。图中曲线从上到下分别为 $y=0.5$、$y=0.499$、$y=0.498$、$y=0.497$ 处的温度变化曲线。从图中可知，由于采用间隔式喷涂方式，使界面温度线呈波浪形，峰值即为涂层金属的熔点温度。在喷涂结束后，涂层开始向外释放热量，温度降低。

　　图 11.19 为不同涂层及基体在喷涂结束时与结束 1000s 时刻的温度分布。图 11.19(a) 是以 Al 为涂层材料时的情况：在界面处温度发生突变；喷涂结束 1000s 时涂层及基体温度下降，但是界面处仍有突变，此时基体温度反而比涂层温度高。图 11.19(b) 为 Zn 涂层的情况，基本上与 Al 相似。图 11.19(c) 和图 11.19(d) 分别为 Cu 和 Ni 涂层的温度分布。Cu 涂层没有出现类似于 Al 和 Zn 涂层中基体温度高于涂层的情况，而是涂层温度高于基体，基体温度在很短时间内已达到了 900℃，500s 以后基体近界面处仍保持在 400℃ 以上的高温，因此基体材料会受到热的破坏作用。Ni 金属因为高熔点而不可避免的给基体带来高热量。

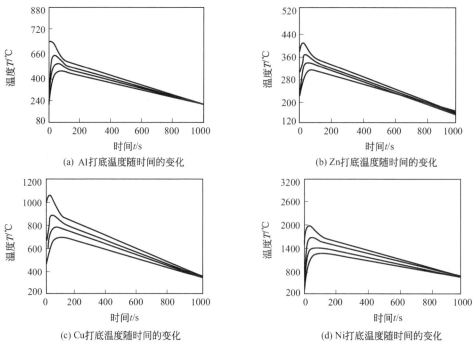

(a) Al打底温度随时间的变化

(b) Zn打底温度随时间的变化

(c) Cu打底温度随时间的变化

(d) Ni打底温度随时间的变化

图 11.18　近界面处喷涂过程温度随时间变化的模拟曲线

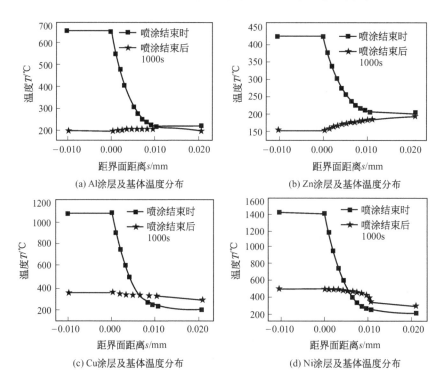

(a) Al涂层及基体温度分布

(b) Zn涂层及基体温度分布

(c) Cu涂层及基体温度分布

(d) Ni涂层及基体温度分布

图 11.19　涂层及基体在喷涂结束时与结束 1000s 时的温度分布

　　涂层及基体温度场的数值模拟结果表明，Cu 和 Ni 金属涂层在喷涂过程中向基体输入的热量高，冷却时间长，基体长时间处于 371℃ 以上，最高温度达 900℃，这些温度都高于基体材料的耐热温度，容易造成树脂基复合材料的烧蚀。Al 和 Zn 熔点低，热输入量小，冷却快，不会造成基体复合材料的破坏。试验结果验证了数值模拟结果的正确性。

# 11.4　表面涂覆残余应力的模拟计算

### 11.4.1　热喷涂残余应力分析及模拟[18]
#### 11.4.1.1　热喷涂残余应力分析

在热喷涂过程中，残余应力总是存在的。当热喷涂粒子冲击到固体材料表面和随后的冷却过程中，由于热胀冷缩的原因都会产生拉应力。而且由于涂覆材料与基底的热膨胀系数的差别，因此在热喷涂冷却过程中将产生残余应力。残余应力的性质与大小主要取决于两者热膨胀系数的差值大小，残余应力可能是拉应力也可能是压应力。

建立模型，对残余应力进行计算预测是一种很好的方法，可以对各种工艺进行分析，选择优化的工艺参数，从而最大限度地减小残余应力。影响残余应力的主要参数有涂层和基底材料及其在热喷涂过程中温度、涂层厚度和孔隙率等。研究表明：残余应力随涂层厚度的增加和沉积温度的提高而增大。根据线弹性理论可给出应力 $\sigma_{kl}$ 和应变 $\varepsilon_{ij}$ 之间的关系：

$$\sigma_{kl} = C_{klij}\varepsilon_{ij}^{el} \tag{11.41}$$

式中，$C_{klij}$ 是四阶刚性张量。为了计算加热和冷却过程所产生的应力大小，系统的总应变 $\varepsilon_{ij}$ 可认为是弹性应变 $\varepsilon_{ij}^{el}$ 和热应变 $\varepsilon_{ij}^{th}$ 的和：

$$\varepsilon_{ij} = \varepsilon_{ij}^{el} + \varepsilon_{ij}^{th} \tag{11.42}$$

其中，$\varepsilon_{ij}^{th} = \alpha_{ij}(T - T_{ref})$，$\alpha_{ij}$ 是热膨胀张量；$T$ 为涂覆温度；$T_{ref}$ 为不产生应力时的温度。

模型中应用了平面应力分析理论，认为材料的弹性是各向同性的，并且没有塑性变形。所建立的应力模型可适用于不同类型界面涂层的分析。

#### 11.4.1.2　热喷涂模拟试验结果与分析

在不锈钢 AISI316 基底上喷涂 Metco-Diamalloy 1003 不锈钢合金层进行了模拟试验。图 11.20 是根据数值模型对热喷涂进行模拟的涂层形貌。采用与实验相同的模拟喷涂工艺，主要参数为：喷枪以 0.5m/s 的恒速来回平移 4 次，粉末输送速度为 50g/min。在 $x$ 方向 0.25mm 处取涂层截面（图 11.20），模拟的剖面和相应的实验结果如图 11.21(a) 所示。模型计算的平均厚度为 162$\mu$m，孔隙率为 2.86%，平均粗糙度为 23$\mu$m（1mm 宽的剖面范围）。相应的实验结果为：平均厚度为 172$\mu$m，孔隙率＜3%，平均粗糙度为 8$\mu$m。第 2 次模拟采用了 0.25m/s 的喷枪移动速度，其他参数不变，图 11.21(b) 显示了第 2 次模拟的剖面和相应的实验结果。模型计算结果和实验结果的比较为：涂层平均厚度为 296$\mu$m，实验测得 298$\mu$m；计算的孔隙率为 3.01%，测量值是＜3%；整个范围平均粗糙度为 30$\mu$m，局部范围平均粗糙度为 8$\mu$m，实验测量值为 7.7$\mu$m。因此，在涂层厚度和孔隙率方面计算模拟预测和实验值非常一致，而粗糙度计算值要比实验结果高。粗糙度的差别可能是实际测量精度条件的限制，当然也可能是模型的问题。

针对不同的喷涂情况进行模拟和实验研究。模拟试验了在不锈钢 AISI316 基底上喷涂 Metco-Diamalloy 1003 不锈钢合金层所产生应力情况；对实际喷涂后得到的微观形貌结果输入系统，进行实际模拟；利用有限元方法分析模拟了各种不同喷涂工艺参数和各种喷涂材料的应力分布情况，如在 AISI316 不锈钢基底上喷涂 WC-12%Co 涂层。

图 11.22 是在不锈钢 AISI316 基底上喷涂 Metco-Diamalloy 1003 合金层所产生应力情

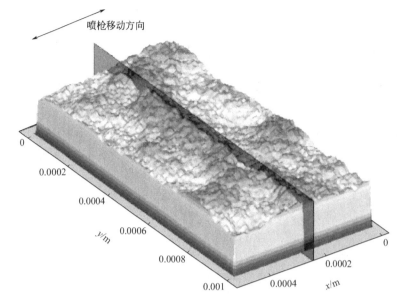

图 11.20　HVOF 喷涂工艺涂层形成的模拟

喷枪移动速度为 0.5m/s

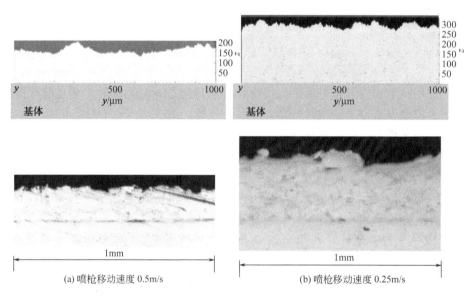

(a) 喷枪移动速度 0.5m/s　　　　　　(b) 喷枪移动速度 0.25m/s

图 11.21　涂层纵截面的模拟（上）和实验结果（下）比较

况的模拟结果。图 11.22(a) 是实验所得涂层的剖面形貌，图 11.22(b) 是根据微观形貌结果进行相应的计算模拟图。图 11.22(c) 表示涂层中最大主应力等值线分布情况的计算模拟结果。由等值线可知，在基底和涂层的界面上残余应力是最大的，因此失效往往是在这些界面处首先发生。靠近涂层表面的应力等值线与表面形貌有关。图 11.22(d) 表示了在 $y$ 方向（图 11.20 所示）沿着两个不同水平面通过涂层的最大主应力变化情况。一个是 $z/l = 0.25$（$l$ 是图像宽度）水平面，紧靠涂层/基底的界限面，结果表明有较高的应力水平；另一个是 $z/l = 0.45$，靠近涂层表面处，应力较前者小一个数量级。图 11.22(e) 为沿 $z$ 方向 $z/l = 0.45$ 平面上的最大主应力变化情况，表明在涂层/基体界面处有不连续的尖锐的应力峰。

增加涂层厚度也会增大残余应力，因此较厚的涂层容易在涂层/基底界面处产生裂纹。在不锈钢 AISI316 基底上喷涂 Metco-Diamalloy 1003 不锈钢合金层进行了模拟研究，采用了 0.5m/s 和 0.25m/s 的喷枪移动速度，其他条件相同。如前所述，0.5m/s 喷枪移动速度得到的平均厚度为 $172\mu m$，界面处最大残余主应力为 0.455GPa［图 11.22(c)］；0.25m/s 的喷枪移动速度得到的涂层平均厚度为 $296\mu m$，计算模拟的界面处最大残余主应力为 1.10GPa。由此可知，在这种情况下后者的厚度增加了 70%，而界面处的残余应力是前者的约 2.5 倍。

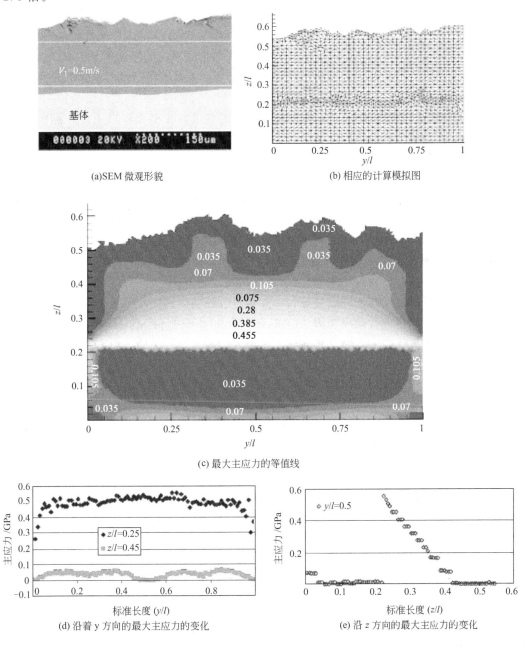

(a)SEM 微观形貌

(b) 相应的计算模拟图

(c) 最大主应力的等值线

(d) 沿着 y 方向的最大主应力的变化

(e) 沿 z 方向的最大主应力的变化

图 11.22　在不锈钢 AISI316 基底上喷涂 Metco-Diamalloy 1003 合金层所产生应力情况的模拟结果

HVOF 工艺，喷枪移动速度 0.5m/s，涂层从 350℃ 冷却到基底温度 25℃

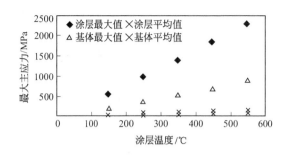

图 11.23　在 WC-Co 涂层和不锈钢
基底间最大主应力的变化

HVOF 工艺，基底温度为 25℃

图 11.23 表示了在不锈钢 AISI316 基底上喷涂 Metco-Diamalloy 1003 合金层时涂覆温度对主应力的影响。当基体温度保持在 25℃时，残余应力随涂覆温度的提高而明显增大。因此，对基体的预热可有效地减小涂层的残余应力。

应用相应的有限元方法也可计算涂层的残余应力，也可得到类似的结果。高应力存在于涂层/基体界面处，残余应力的数值随涂层厚度的增加和涂覆温度的提高而增大，但后者可通过对基体的预热来减小。

### 11.4.2　高温梯度复合涂层残余应力数值分析[19,20]

进入 21 世纪后，世界上对绿色环境有着严格的要求，在很大程度上，产品的可靠性、有效性、维护性和成本往往难以综合平衡。首先是动力工业将面临一个重大的挑战，其中一个重要的问题是如何提高内燃机的燃烧温度和减少冷却系统。为此，许多工作者对先进陶瓷涂层进行了研究，如由等离子喷涂或电子束沉积（EB-PVD）热阻涂层（TBCs）技术已被广泛应用于透平部件的制备工艺上，但涂层剥落等性能的可靠性是目前存在的最大问题。VascoTeixeira 对涂层的孔隙率和基片弹性对高温梯度涂层残余应力进行了数值分析研究[19]。

#### 11.4.2.1　功能梯度涂层残余应力数值分析

采用弹性双轴模型，利用功能梯度材料（functionally gradient material，FGM）的热应力分析模型，可对梯度层厚度和成分分布等参数对各种功能梯度涂层残余应力的影响进行系统的分析。模型中应用弹性叠层型方法（elastic lamination-type approach）来计算 FGM 残余应力。在弹性双轴模型中，假设材料性能是温度的函数，每层的应力不超过材料的屈服应力，没有塑性应变；并且不考虑在沉积工艺过程中所产生的残余应力。

每层的应力由求解 $n$ 得到，在平衡状态下平面应力 $F$ 的总和为零，即

$$\sum_{i=l}^{n} F_i = 0 \tag{11.43}$$

假设每层之间都是完全结合的，其他的关系式可由在界面处应变 $\varepsilon$ 的相容性得到：

$$\varepsilon_i = \varepsilon_{i+1}, \quad \varepsilon_i = \alpha \Delta T_i + \frac{F_i}{E_i t_i} + \frac{t_i}{2R} \tag{11.44}$$

式中，$\alpha$ 是热膨胀系数；$\Delta T$ 是温度差；$F_i$ 为组元的平面应力；$E_i$ 为组元 $i$ 的弹性模量；$t_i$ 为厚度；$R$ 是 curavture 半径，设 $R \geqslant t_i$。如层状结构被弯曲，则弯曲量可由式（11.45）给出：

$$\sum_{i=1}^{n} M_i + \sum_{i=1}^{n} F_i \left( \sum_{j=1}^{i} t_j - \frac{1}{2} t_i \right) = 0 \tag{11.45}$$

式中，$M_i = E_i I_i / R$，$M$ 是弯曲量；$I$ 是惯量。梯度涂层的结构为陶瓷层和金属层，在它们之间是一个梯度复合的 Ni-Cr 金属和 $ZrO_2$-$Y_2O_3$ 陶瓷的中间层。中间梯度层的数值模型可处理成有限层的完全结合，每一层都有一定材料性能的变化。组元的有效性计算可由渐进式方法或微观力学方法来实现，这里采用渐进式方法。复合材料的物理性能假设为各纯组元的组合。应用已建立的中间梯度层分布函数模型。设材料 A 的体积分数为 $V_A$，在给定的

层中，可表示为位置的函数：

$$V_{A}=\left(\frac{z}{t_{g}}\right)^{n} \tag{11.46}$$

式中，$z$ 为纯组元 B 与 $ZrO_2$ 界面处到相应层的中心距离；$t_g$ 是梯度范围的厚度；$n$ 是控制非线性成分梯度的指数。为分析方便，这里取最简单的线性形式，$n=1$。在 TBCs 中所定义的梯度仅仅是不同材料不连续的复合层，而 FGM 结构的重要特点是不同材料成分连续渐变的梯度复合层，理想情况下成分变化是一个连续函数。图 11.24 是常用于气体透平部件 TBCs 复合涂层和梯度功能复合涂层 FGM 的示意结构，图 11.24(a) 是由双层结构的阻热涂层 TBCs，图 11.24(b) 为理想的连续变化 FGM 结构。

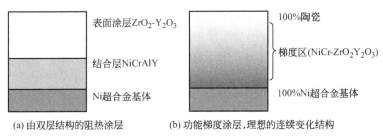

图 11.24　复合涂层示意结构

### 11.4.2.2　模拟结果与分析

（1）FGM 涂层成分分布及厚度对残余应力的影响　A. E. Giannakopoulos 等[20]应用有限元方法对成分和梯度层性能连续和平稳变化的应力进行了分析和优化设计。图 11.25 显示了不同成分梯度情况下的热残余应力分布。图 11.25(a) 表示在 FGM 层中成分浓度随 $z/h$ 线性地变化，在 Ni/FGM 和 $FGM/Al_2O_3$ 的界面处应力产生突变，在 FGM 中间几乎为零；图 11.25(b) 表示了当成分分布为三次方函数对称变化时，在 Ni/FGM 和 $FGM/Al_2O_3$ 的界面处残余应力呈连续而光滑地变化，在 FGM 层中弹性应力呈抛物线形变化，同时在 FGM 层中间应力为零。这些研究结果可指导优化设计 FGM 结构成分的分布，从而使残余应力分布最为合理。

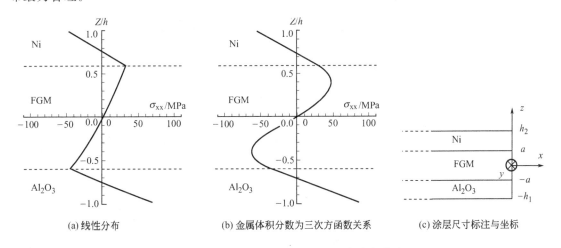

图 11.25　应用双轴应力平板模型预测 FGM 层残余应力分布（$a/h=0.6$）

Vasco Teixeira 研究了涂层厚度的影响[19]。对没有梯度的双层 TBC 和具有一定梯度 TBC 的研究结果表明，优化梯度及其厚度是减小残余应力的主要因素。增厚梯度层可给两种材料的弹性性能提供一个渐变的基础，这样可有效地减小热膨胀系数（coefficient of thermal expansion，CTE）和失配应变。不同梯度层厚度的 TBC 对表面层 $ZrO_2$ 的应力几乎没有什么影响，没有梯度的双层 TBC 的表面应力随厚度的增厚而明显地增大（图 11.26 中 "—o—" 所示结果）。因此，如图 11.24（b）所示的 $ZrO_2$-NiCrAlY 功能梯度复合涂层适用于高温条件下的部件，一定厚度的表层 $ZrO_2$ 可保护金属层以避免被氧化和腐蚀。

（2）基底材料的弹性模量对残余应力的影响　基底合金材料的弹性对没有梯度的双层 TBC 的残余应力有较大的影响。研究采用三种典型的基底合金材料：IN617、IN100 和 CM-SX-4。IN617 和 IN100 有几乎相同的弹性模量，但 IN100 有较大的热膨胀系数 CTE；CM-SX-4 有较低的 CTE，而弹性模量约为 IN617、IN100 的一半。表 11.3 列出了这些合金材料的主要参数。

基底合金材料对涂层残余应力影响的模拟结果如图 11.27 所示。由图可知，影响最大的因素是基底的热膨胀系数 CTE，IN100 由于有最大的 CTE，所以基底/涂层界面处具有最大残余拉应力，而 $ZrO_2$ 表层为较大的压应力。但是，基底弹性模量对残余应力的分布规律没有很大的作用。

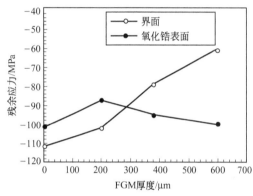

图 11.26　在氧化锆和 NiCrAlY 复合涂层中 FGM 厚度对残余应力的影响

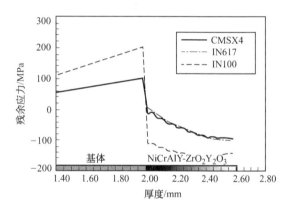

图 11.27　在阻热梯度涂层 TBC 中基底合金材料对残余应力分布的影响

表 11.3　模拟所用合金材料的弹性模量和热膨胀系数

| 涂层功能 | 材料 | 弹性模量 $E$/GPa | $\alpha$/($\times10^{-6}$ $K^{-1}$) | 泊松比 $\nu$ |
| --- | --- | --- | --- | --- |
| 基底 | IN617 | 214 | 13.4 | 0.288 |
| 基底 | IN100 | 215 | 16.2 | 0.31 |
| 基底 | CMSX-4 | 125 | 14.4 | 0.3 |
| 结合涂层 | NiCrAlY | 170 | 12.5 | 0.25 |
| 表面层 | $ZrO_2$-$Y_2O_3$ | 80 | 8.6 | 0.23 |

（3）表层孔隙率对梯度 TBC 涂层残余应力分布的影响　沉积参数或热辐射都会影响涂层的微观组织、孔隙率和物理性能。因此，涂覆工艺产生的孔隙率增大，会降低平面弹性模量。试验分析了具有梯度的 TBCs 和相关结果，不同的孔隙率可模拟为不同的弹性模量。在不同工艺条件下的 $ZrO_2$ 涂层中比较典型的弹性模量数值在 $20\sim100$GPa 之间。模拟试验应力分布情况表明，减小弹性模量，仅降低了靠近 $ZrO_2$ 表面层处的压应力，而具有梯度中间层的应力几乎没有什么变化。在 $ZrO_2$-NiCrAlY 梯度复合层靠近基底的部分其合金度是比较高的，这里的陶瓷成分影响明显比 100%$ZrO_2$ 的表面层要小。功能梯度层有效地减小了残余应力，其减小程度或趋势取决于不同弹性模量金属基底和陶瓷涂层。在实际应用中，高温

工作条件有可能促进涂层的氧化及材料蠕变等现象，也将会改变功能梯度涂层的应力分布及大小。因此，计算模拟的模型应考虑这些因素。

# 本 章 小 结

现代材料科学与工程关键技术中的一个核心问题是如何描述不同材料怎样在原子和化学水平上结合而成固体表面的。材料表面的界面结构表现出完全不同于体材料的物理和力学性能。表面技术计算设计的主要任务是揭示发生在表面、界面上各种现象的物理内涵本质。材料的物理性能、力学性能、化学性能和电化学性能都与材料的界面有着非常密切的联系。而材料的表面又是材料界面中非常重要和突出的一类。

材料表面技术范围不仅仅是指喷涂、镀覆、化学热处理、PVD、CVD、磁控溅射等工艺技术，现代纳米材料的包覆技术、各种功能纳米薄膜制备技术等也都属于材料的表面技术范畴。在表面技术过程中，应该说大部分是属于材料非平衡状态的演化过程。最具有挑战性的设计任务是非平衡状态下的组织、性能预测和各种材料转变过程的模拟预报。

## 习题与思考题

1. 材料表面技术主要有哪些类型？有哪些关键问题需要研究探索？
2. 主要有哪些计算模拟技术在材料表面技术中得到了应用？
3. 试举例说明计算模拟技术在材料表面技术领域中的成功应用。
4. 理想的热功能梯度涂层应具备哪些结构与性能特点？
5. 影响表面涂覆层残余应力的因素主要有哪些？
6. 试述 Monte Carlo 方法在表面技术领域的应用。

## 参 考 文 献

[1] 吴钢，宋光明. 激光相变硬化纵向层深分布模拟与均匀性控制. 金属热处理，2006，31（10）：24～28.

[2] Shi Y J. Shen H，Yao Z Q，et al. Application of similarity theory in the laser forming process. Computational Materials Science，2006，37：323～327.

[3] Stefan Frank，Per Arne Rikvold. Kinetic Monte Carlo simulations of electrodeposition：Crossover from continuous to instantaneous homogeneous nucleation within Avrami's law. Surface Science，2006，600：2470～2487.

[4] Chubaci J F D，Ogata K，Fujimoto F，et al. Formation of carbon nitride a novel hard coating. Nuclear Instruments and Methods in Physics Research，1996，B116：452～456.

[5] Frauenheim Th，Jungmickel G，Sitch P，et al. A molecular dynamics study of N-incorporation into carbon systems：doping，diamond-growth and nitride formation. Diamond and Related Materials，1998，7：348～355.

[6] 吕华威. C-N 薄膜的生长及团簇沉积成膜的分子动力学模拟［学位论文］. 北京：清华大学，2000.

[7] 郭玉宝，杨儒，曹维良等. 物理化学学报，2004，17（4）：437.

[8] Resende F J，Costa B V. Molecular dynamics study of the copper cluster deposition on a Cu（010）suface. Surface Science，2001，481（1-3）：54～66.

[9] Seung Hyeob Lee，Churl Seung Lee，Seung Cheol Lee，et al. Surface and Coating Technology，2004，177-188：812～817.

[10] 毕凯. 氮化碳微观结构及团簇沉积的分子动力学模拟［学位论文］. 江苏大学，2006.

[11] Zhang J，Janmes B. Adams. Modeling and visualization of polycrystalline thin film growth. Computational Materials Science，2004，31：317～328.

[12] Giménez M C，Ramirez-Paster A J，Leiva E P M． Mont Carlo simulation of metal deposition on foreign substrates． Surface Science，2006，600：4741-4751.

[13] Cai T，Ledieu J，McGrath R，et al． Pseudomorphic starfish：nucleation of extrinsic metal . atoms on a quasicrystalline substrate． Surface Science，2003，526：115～120 .

[14] Ghosh C，Liu D J，Schnitzenbaumer K J，et al． Island formation during Al deposition on 5-fold Al-Cu-Fe quasicrystalline surfaces：Kinetic Monte Carlo simulation of a disordered-bond-network lattice-gas model． Surface Science，2006，600：2220～2230.

[15] Rachan Rangdee，Patcha Chatraphorn． Effects of the Ehrlich-Schwoebel potential barrier on the Wolf-Villain model simulations for thin film growth． Surface Science，2006，600：914～920.

[16] 鲁云，朱世杰，马鸣图等主编． 先进复合材料. 北京：机械工业出版社，2004.

[17] 程世杰，高嘉爽，刘爱国等. 聚酰亚胺复合材料等离子喷涂温度场数值模拟. 焊接学报，2006，27（7）：101～104.

[18] Ghafouri-Azar R，Mostaghimi J，Chandra S． Modeling development of residual stresses in thermal spray coatings． Computational Materials Science，2006，35：1326.

[19] Vasco Teixeira． Numerical analysis of the influence of coating porosity and substrate elastic properties on the residual stresses in high temperature graded coatings． Surface and Coatings Technology，2001，146/147：79～84.

[20] Giannakopoulos A E，Suresh S，Finot M，et al． Elastoplastic analysis of thermal cycling：Layered materials with compositional gradients． Acta Metall. Mater. ，1995，43（4）：1335～1354.

# 第 **12** 章
## 材料模拟设计研究进展

材料设计源于材料的开发与应用。随着科学技术的发展，对材料的研究提出了更高的要求，对新材料的开发也寄予了很大的希望，新材料的不断涌现是人类社会文明发展的迫切需要。这是对材料科学与工程的一大挑战，同时也是材料学科快速发展的极好机遇。例如，航空航天工业提出的耐高温耐烧蚀新材料，国防工业正在开发的各种隐身材料，海洋开发所需要的特殊抗腐蚀材料，电子通讯技术元器件所要求的新材料，微器件、微机械的纳米技术和纳米材料，还有新能源材料、环境材料等，都是一个全新而非常诱人的研究领域。

因此，世界各国都投入了大量的人力、物力和财力，竞相研究开发，以期争夺高新技术制高点。当代材料科学和工程是一个国家科技和经济发展的基础，也是世界强国竞争的焦点和国力较量。生命、信息、能源、环境和纳米科技的发展赋予材料科学新的内涵，提供了新的生长点和广阔的发展前景。材料领域的创新层出不穷。材料科学和工程的发展将进入一个全新的平台。

## 12.1 极端条件下的 ab initio 模拟[1]

与正常热力学条件下的材料计算相比，极端条件（如压力、温度）下缺少必要的实验数据，因此精确的模型是至关重要的。在极端条件下材料的状态也可能变得更为复杂，如原子化学键性质也可能会有所变化，从而引起材料中对应的原子配位也会相应改变；温度或压力等热力学参数的改变，可能会导致相变。

一个成功的材料理论应该可以在任意的热力学条件下计算材料的微观结构，预测材料的有关力学性能和物理性能。第一性原理计算设计方法有量子化学、多体振荡理论、量子蒙特卡洛（QMC）方法、密度泛函理论（DFT）等方法。由于 DFT 的 ab initio 模拟具有不需要任何实验输入就可经过计算预知材料性能的优点，所以在计算设计中发挥着越来越主要的作用。ab initio 模拟为探索在人为控制条件下无法得到的材料性能提供了可能性，在某种意义上，它是唯一可用于在这种条件下凝聚态物质的定量模型。最近几年来，人们致力于研究极端条件下的材料性能，取得了许多进展。

### 12.1.1 ab initio 分子动力学模拟模型

ab initio 分子动力学（MD）方法的实现是在 MD 模拟的每一时间步骤求解描述电子结构的 KS 方程，然后用得到的解来计算作用于原子核的力。反过来，这些力又用来计算 MD 模拟下一时间步骤的原子核位置。KS 方程是描述每个电子的单粒子波函数 $\varphi(r)$ 的一组非线性微积分偏微分方程：

$$-\Delta\varphi_i + V(\rho, r)\varphi_i = \varepsilon_i \varphi_i \qquad i = 1 \cdots N_{el} \tag{12.1}$$

$$V(\rho, r) = V_{ion}(r) + \int \frac{\rho(r')}{|r-r'|} dr' + V_{XC}[\rho(r), \nabla\rho(r)] \tag{12.2}$$

$$\rho(r) = \sum_{i=1}^{N_{el}} |\varphi_i(r)|^2 \tag{12.3}$$

$$\int \varphi_i^*(r)\varphi_j(r)dr = \delta_{ij} \tag{12.4}$$

这些方程的结构是描述置于电子-离子及电子-电子交互作用有效势 $V(\rho, r)$ 中的独立电子的一组单粒子薛定谔方程。有效势包括电子密度 $\rho(r)$ 产生的静电势 $V_H(r)$ 和交换关联项 $V_{XC}$，近似密度泛函的选择决定泛函的形式 $V_{XC}(\rho, r)$。在大多数过程中，KS 方程的解必须保持正交，其数值解通常依靠于以一组基本函数解的发散为基础的离散化。许多技术上的进步使压力下材料性能的实际计算成为可能。如 Wentzcovitch 将最初的 MD 方法延伸到 ab initio 模拟中，并进行了高压 ab initio 计算，Focher 等提出了一种进行 DFT 电子结构计算的方法，该方法在尺寸可变单元中仍保持不变的结果。

### 12.1.2　高压下材料结构的鉴别

通常，在高压下形成的晶体是多晶体。采用 X 射线衍射检测方法只能提供有限的晶体结构信息，不能完全确定准确的晶体对称性，特别是晶体空间群。ab initio 方法在这个搜查过程中能提供很有用的帮助，因为它能提供一种以热力学和热力学稳定性为基础的测试，将结构区分开来。候选晶体结构被作为 ab initio 模拟的输入，模拟时原子的位置被松弛，以使得能量最小化。如发现结构是局部稳定的，就可以进行高温 MD 模拟，以测试其可能的亚稳定性。最后，当确定满意的结构后，可以用对应外部应力的 ab initio 计算证明应力是各向同性的，而且确实与实验进行时的压力相符合。最近，ab initio 计算被用来帮助确认新的 $CO_2$ 高压相。DAC 实验观察到了 $CO_2$ 在高压下的新的三维聚合晶相，它不是分子相。$CO_2$ 的键特征在转变期间会发生变化，从以弱相互作用结合的分子集合体转变到强键合的共格网络。ab initio 模拟用于研究 $SiO_2$ 相图中的许多候选相，并确认鳞石英相（图 12.1）是再现实验观察到的单胞衍射特征的最好结构。

### 12.1.3　高压化学反应

ab initio 计算模拟也可用来研究远离平衡态的过程。例如，ab initio 模拟描述化学键的形成和断开的独特能力使它们很适合研究在热黏稠液体中的化学反应。最近，Manaa 等对高温高压下的硝基甲烷分解进行了 ab initio MD 模拟计算，结果如图 12.2 所示。他们考虑的条件与爆炸的情况类似，得出了分解过程的第一步是分子间质子分离反应的结论。这些模拟结果提供了各种不同化学种类在分解早期阶段出现（和消失）的直接证据。考虑到这时存在的极端条件反而是有利的，它使得有可能容易地观察到小于一个皮秒内发生的化学反应。

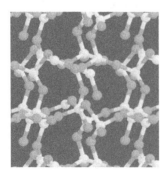

图 12.1　高压实验时的聚合
二氧化碳（$CO_2$-V）结构

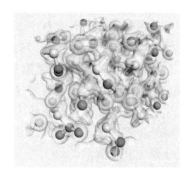

图 12.2　热黏稠硝基甲烷的模拟结构
（红色是氧，蓝色是氮，灰色是碳，绿色是氢）

但在正常情况下直接观察气相或液体中发生的化学反应要困难得多，因为这些反应在模拟所采用的时间量级内很少发生。

### 12.1.4 熔化温度的计算

用分子模拟来研究材料的平衡态热力学（即相图）有几种方法。其中，热力学积分法是一种能够在系统热力学条件改变时计算自由能变化的计算模拟技术。这种方法能确定材料相图的相界面，如溶化线、溶解线等。

最近，Vocadlo 和 Alfé 计算了最高压力达 150GPa 下铝（FCC 结构）的溶化温

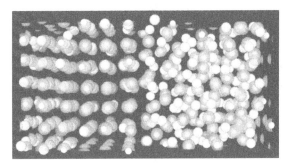

图 12.3　LiH 的溶化温度的 ab initio 两相
计算模拟的快照

（Li—黄球，H—白球，电子电荷密度用蓝色等值面
表示，左边为有序固相区，右边为无序液相区）

度。固相自由能用准谐和近似计算得到，而液相自由能则由一系列单独的 ab initio MD 模拟的热力学积分获得。Ogitsu 等将两相模拟法应用于 ab initio MD，以找出高压下 LiH 的溶化温度。在两相模拟法中，研究者计算由两个区域组成的试样的 MD 轨迹：一部分是固体，一部分是液体，两部分处于相互接触状态，如图 12.3 所示。模拟在恒压 $P$ 和恒温 $T$ 条件下进行，如果 $P$、$T$ 的条件使得平衡相是一种固体，那么试样在模拟期间将逐渐转变为固体，也就是固相区域逐渐长大而液相区域逐渐消失。当在不同的温度下重复使用时，能够确定出材料在任一给定压力下的熔点，进而确定相图中的溶化线。同样，该方法也可用于计算铝等其他金属的溶化线。

ab initio 模拟作为一种与实验研究互补的工具，其重要性很快得到了承认。不断进步的更精确的密度泛函和求解 KS 方程的更为有效的数值运算法则，为改进模拟尺寸和精确性作出了贡献。但是，有限时间内的分子模拟不能捕捉在比较长的时间内发生的一些动态过程，这种限制在传统 MD 方法中明显存在，在 ab initio 计算中更为剧烈，其计算成本比传统的 MD 方法要大几个数量级。因为绝大多数的 ab initio 方法是以 KS 方程为基础的，所以也受到了现有密度泛函的所有已知缺点的限制。所有密度泛函都能适当描述材料的一般趋势，但不能正确预测单粒子激发光谱能带隙的大小，所以 ab initio 方法无法准确地预知绝缘体转变为金属的压力值。如要克服这缺点，需要用更精确的电子结构方法。改进的量子 QMC 方法成为具有竞争性的电子结构计算方法。同时，DFT 在描述强关联电子起重要作用的系统方面也存在缺陷，这限制了其在过渡金属等系统的计算有效性。在电子关联很重要的情况下，已经提出了更精确的电子相互作用模型，如与 DFT 相结合的动态平均场方法（DMF）。这些研究都是热点研究的主题，不断的研究，不断地进步，会进一步提高 ab initio 方法在材料科学中的实用性。

## 12.2　高分子材料设计的新方法[2]

传统的自由基聚合（FRP）具有不需要苛刻的聚合条件等一些优点，但其最主要的局限性在于对工艺的一些关键元素不能控制，不能具备具有可控的分子组成、链结构、分子量及其分布、定位官能化的特定结构聚合物。

在十多年以前，可控/活性自由基聚合（CRP）还是一个矛盾的说法。由于自由基聚合的链终止反应受扩散速率的控制，对自由基聚合各个方面的全面控制被认为几乎

是不可能的。现在已发展了多种 CRP 技术，克服了 FRP 的局限性，如图 12.4 所示。CRP 使这种控制成为可能，可控/活性自由基聚合（CRP）已经是高分子材料设计的一种新方法，是具有预定结构的功能高分子材料的合成技术，图 12.5 为采用 CRP 技术获得不同的分子结构示例。CRP 技术为材料的设计，如生物轭合物、有机/无机复合材料、表面拴系共聚物等材料的制备，为设计预定结构的功能高分子的合成技术提供了很好的契机。

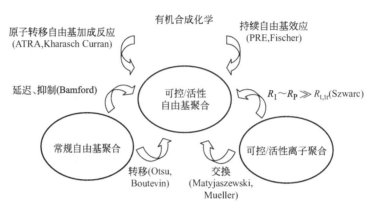

图 12.4 综合几个化学领域的 CRP 技术进展

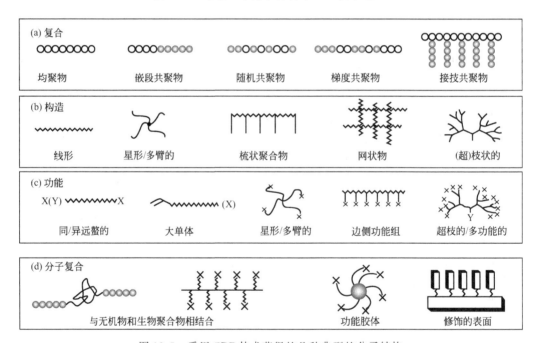

图 12.5 采用 CRP 技术获得的几种典型的分子结构

在许多的 CRP 技术方法中，稳定自由基聚合（SFRP）、过渡金属催化的原子转移自由基聚合（ATRP）和通过可逆加成-裂解链转移聚合（RAFT）三种方法最具有前景。三种方法均依靠建立动力学平衡的方式来增长链的寿命。稳定自由基聚合（SFRP）通常指的是硝基氧调整聚合，但也可以包括各种有机金属（图 12.6）。平衡向反应左侧移动（失活，$K_{deact}$），在持续自由基效应的影响下，形成过量的休眠种。在 CRP 方法中，由于增长链的数量很大，被终止的链仅占链总数的很小一部分（<10%）。因此 CRP 相当于"活"的聚合

体系。针对 ATRP 所用的各种过渡金属开发了新的配位元体，可以使催化体系的活性较原体系提高 10000 倍。ATRP 途径如图 12.7 所示。RAFT 是与烷基碘化物、甲基丙烯酸酯大分子单体和二硫酯进行降级链转移，通过可逆加成-裂解链转移的聚合方法（图 12.8）。

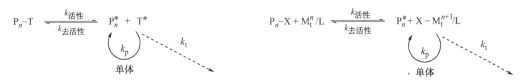

图 12.6　稳定自由基聚合（SFRP）方法　　　　图 12.7　过渡金属催化的原子转移自由基聚合（ATRP）方法

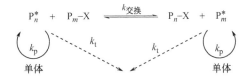

图 12.8　通过可逆加成-裂解链转移的聚合（RAFT）方法

## 12.3　纳米晶金属的形变

### 12.3.1　金属纳米晶形变机理模拟[3~8]

现在已有可能合成由平均尺寸小于 100nm 晶粒组成的多晶金属。但这些材料是如何进行塑性变形的，还是一个尚待探索的基础问题。下面的工作是基于通过原子级计算机模拟获得的分析结果。

传统金属材料的塑性变形主要是由于位错运动的结果，强度随晶粒尺寸减小而增加的规律就可以用位错在晶界产生塞积来解释，这也就是著名的 Hall-Petch 关系。根据传统的位错理论简单地外推到纳米领域，可能会得出这些纳米晶粒材料不能或难发生塑性变形的结论。随着晶粒的不断细小，位错活动会逐步变得非常困难。然而，由于界面的体积分数逐渐增加，晶界变化的过程变得更为有效。有时材料随晶粒尺寸进一步减小而变得较软，这种情况被称为反 Hall-Petch 行为。图 12.9 为纳米铜的 Hall-Petch 曲线。纳米 Cu 的屈服强度由拉伸、压缩和硬度试验获得，试样为各种方法合成的纳米 Cu。起始的斜率与粗晶粒铜一样，但在大约小于 50nm 时开始弯曲。

采用三维分子动力学（MD）计算机模拟纳米材料的形变行为，目的是将模拟结果与应力应变实验数据进行对比，并且揭示晶界结构和形变机制之间的关系。Schiotz 等用 MD 方法模拟计算了平均晶粒尺寸为 4.7~46.8nm 的铜样品的应力应变曲线，模拟中使用的应变速率为 $5 \times 10^8/s$。对计算机模拟结果分析，表明晶界滑移和晶内滑移均有可能，晶界是作为位错的源和汇。仔细分析在恒定拉伸载荷下滑移时的晶界结构表明，滑移包括了很大部分的不连续原子活动，或者经过几个原子的混合运动。如图 12.10 所示，伴随着原子缓慢横贯晶界的移动，而产生上晶粒相对于下晶粒的滑移，位移矢量表示原子位置的变化。这类原子活动可认为是应力协助的自由体积的迁移，在所有的情况下，在无序区域存在的过多的自由体积起了重要的作用。

目前还很难评估晶界滑移和位错机制的相对重要性。有报告说，5nm 晶粒的纳米铜在形变 10% 的极其短暂的起始阶段，位错的作用只占应变的 3%，主要是通过晶界滑移协调来

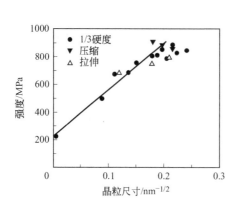

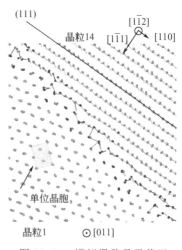

图 12.9　纳米 Cu 的强度-晶粒尺寸关系　　　　图 12.10　模拟滑移晶界截面

进行的。有研究认为，在 1.2GPa 应力下，平均晶粒尺寸为 5nm 的铝试样的形变主要是通过晶界协调过程发生的。但是，将应力提高到 1.5GPa，主要形变机制转变为全位错的活动。

　　MD 揭示的位错活动称为"部分协调"，该过程经常伴随有应力协助的自由体积的迁移。计算机模拟过程只能观察到全位错，如图 12.11 所示。从纳米 Ni 模拟图看到了正在扩展的不全位错，而全位错在纳米 Al 中观察到。这些模拟结果如何在实验中得到验证，仍然是一个没有解决的问题。模拟图像也有可能是 MD 模拟时间范围内的一种假象。

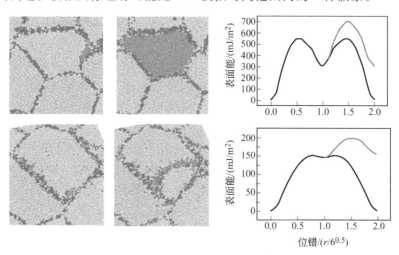

图 12.11　由纳米 Ni（两左上方图）和纳米 Al（两左下方图）模拟得到的典型形变机理
右图为二种势能的一般二维层错能曲线（黑色为不全位错和全位错的形成，红色为孪晶形成）

　　因为在纳米 Ni 和 Al 形变后，没有观察到层错密集堆积形成网络状的图像。用 TEM 证明了仅零星存在的堆积层错。原位 TEM 应变研究也报告了有位错运动，但没有堆积层错的发展。XRD 显示了衍射峰宽化的可逆性，也证明了缺乏永久的残余位错网络。因此结论为：主要是释放全位错，并被晶界不断吸收，没有留下痕迹。

## 12.3.2　纳米压痕（刻痕、压坑）的原子模拟[9~11]

　　材料之间的表面接触行为依赖于它们的力学性能，纳米压痕技术现在已成为测定材料表面力学特性的普通手段。纳米压痕技术最主要的用途是测定硬度和弹性系数。纳米压痕技术采用的压印探针通常是由金刚石制作，能形成尖锐、对称的外形。材料在压力下会产生一些物理现象，例如在对铂单晶的压痕试验中发现了位错的活动，在硅材料的压痕测试过程中产生了相变。纳米压痕技术为理解应力下离散原子的重组、相变的机理和单个缺陷（如位错和剪切带）的形成，提供了很大的可能性。

为了设计材料的优化性能，需要了解基本的纳米机理。结合实验结果，自动原子模拟能提供纳米材料结构-性能之间重要的关系。模拟技术将成为使纳米材料从基本科学研究到实际应用的强有力工具。纳米材料的力学行为不同于传统材料，研究纳米压痕技术有助于研究纳米材料的力学行为。Kelchner 等首次通过分子动力学模拟证明，在对纯金的纳米压痕测试中，其屈服可能与位错环的均匀形核有关。并且这一结果后来在许多材料上进行的模拟所证实。由于模拟中的时间尺度通常要比实验过程小几个数量级，因此实验与模拟之间还是有较大的差距。由 Knap 等开展的多尺度建模研究证实了这种不一致的重要影响。Minor、Stach 和 Morris 等发展了一种新技术，将纳米压头和透射电子显微镜整合在一起，可以原位观察到压痕附近材料结构的变化。他们研究得到了铝压痕过程中的系列图像，观察到在第一塑性形变（the first plastic deformation）刚出现时，形成了晶格位错；纳米压头继续压下时，铝晶体内产生了复杂的位错网络（dislocation network）。

Szlufarska 等在纳米压痕（刻痕、压坑）原子模拟方面取得了很好的研究成果。图 12.12(a) 是 SiC 单晶压痕深度与载荷间关系的 MD 模拟，在 $P$-$h$ 曲线中载荷的下落对应了材料的塑性变形。图 12.12(b) 表现出了压头在试样上提出 0.05nm 的卸载过程，一直到 0.183nm，形变是弹性的，即图中方框形到圆形的数据变化。塑性变形发生在 $h=0.233$nm 处，反映在第 2 次卸载曲线中。

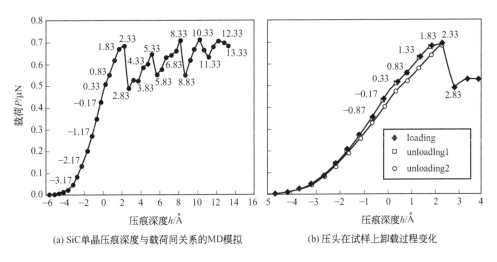

(a) SiC单晶压痕深度与载荷间关系的MD模拟　　(b) 压头在试样上卸载过程变化

图 12.12　纳米压痕深度与载荷间关系的 MD 模拟

图 12.13 是根据分子动力学模拟得到的 SiC 单晶在压头压力时原子结构排列的模拟图像。图 12.13(b) 是第 1 次载荷落下时原子结构。标注的矩形区域显示了原子层的滑移是和载荷相关的，同时发生了在压头下的位错形核，如图 12.13(c) 所示。在 SiC 材料中，呈局部拓扑学网的原子偏离了完整晶体的规则。在较小压入深度时，相关的各晶粒可协同形变；较大压入深度时，往往是单个晶粒独立反应的。

将分子动力学模拟（MD）和有限元（FE）模拟的结合起研究 Cu 压入的情况，如图 12.14 所示。从图 12.14(a) 可知，由 MD（红色）和 FE（绿色）计算的应力-应变曲线吻合得较好；图 12.14(c) 是形核后的结构变化，表明有一切变带已形成。图 12.14(d) 中，初始形核模型是由 FE 模拟方法得到的，彩色处对应了 Mises（米斯）应力。在预测形核位置、滑移面和 Burgers 矢量上，MD 和 FE 方法有很好的一致性。

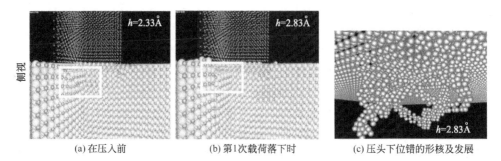

(a) 在压入前　　　　　　(b) 第1次载荷落下时　　　　(c) 压头下位错的形核及发展

图 12.13　根据分子动力学模拟得到的 SiC 单晶在压头压力时的原子结构排列

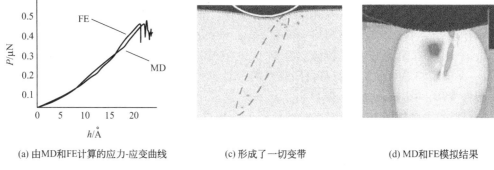

(a) 由MD和FE计算的应力-应变曲线　　　(c) 形成了一切变带　　　(d) MD和FE模拟结果

图 12.14　Cu 压入的分子动力学模拟（MD）和有限元（FE）模拟的结合

Miller 等研究了纳米压头压入单晶薄膜过程中的位错行为。压痕样品为六角形 Al 薄膜，其底表面固定在硬物质上。图 12.15 表示了厚度 $t=94.1\text{nm}$ 膜和厚度 $t=7.85\text{nm}$ 膜的两个模型，两者的压头直径都为 10nm。图 12.16 是根据原子水平应力计算得到的最大临界切应力 $\tau_c^{\max}$ 分布的断面模拟。图中最亮的地方显示为最大临界切应力区域，它并不是在位错核周围，而是在离开实际位错核的一个特殊的地方。很明显，这结果表明最大临界切应力与位错形核并不是对应的。

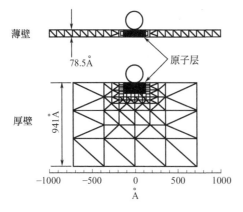

图 12.15　布氏硬度纳米压头模拟的几何模型

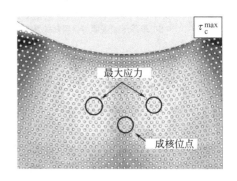

图 12.16　位错形核前 $\tau_c^{\max}$ 的断面轮廓模拟图

## 12.4 材料模拟设计应用进展实例

### 12.4.1 新材料开发

（1）储氢材料的计算研究[12]　为减少空气污染，以氢为燃料的车辆正在研究发展中。车辆用的储氢系统要求具有高的能量密度以获得和传统燃油车辆相当的性能。但是如何高效地储存氢气是一个挑战，关键是研究开发有效的储氢材料。为了研究储氢材料，美国能源部已经在其基金计划中设定了一个目标：行驶 300m 范围而不给车辆添加燃料。正在发展研究以达到这个目标的先进材料包括金属氢化物、合金、金属间化合物、钠和锂的铝氢化物、纳米管和碳基材料等。

根据研究发现，在 $NaAlH_4$ 中掺杂 2％Ti，是很有希望的储氢材料。对氢吸收-释放循环的多个阶段进行了研究。其动力学研究结果表明：相比之下，中间钙钛矿相 $Na_3AlH_6$ 不如氢释放循环的最终产物（钠的氢化物和铝）更具有活性。在 NaH 某些面掺杂 Ti 促进了氢

(a) 反应前　　　　(b) Ti-H-Al反应结合后[6]

图 12.17　吸收 H 过程的示意图

分子的放热离解吸收。应用密度函数理论进行计算，结果表明 NaH（001）面掺杂 2％Ti 原子是吸收氢的关键。利用密度函数理论可以用来了解电子结构、氧化状况、缺陷和储氢效率之间的关系。图 12.17 为 Al（001）面和最近邻的两个 Ti 原子层吸收 H 的示意图。

由美国密歇根大学 Omar M. Yaghi 领导的研究小组正在开展一个新的研究课题：用包含有机单元的苯环把八面体 $Zn_4O(CO_2)_6$ 群构成的多孔材料连接起来。这个三维有机体连接单元通过各种有机群起作用，长的连接单元（如四氢、四甲基苯、三苯基苯、1,3,5-苯三苯甲酸盐）能提供更多的孔，特别是 1,3,5-苯三苯甲酸盐连接单元可以提供特别大的表面积（$4500m^2/g$）。这是在设计储氢材料时需要考虑的一个至关重要的因素。氢的最大摄入率与每一分子式单元的有机环的数量有关：质量分数 0.9％～1.6％。在 77K 温度时，完全的氢摄入和释放能够在数分钟内实现。

发展至今，前景最好的储氢材料是阳离子二维分层材料 $Pb_3F_5NO_3$，它在 450℃ 仍然能够保持稳定。这种新材料层间的硝酸盐在周围是水的环境条件下，可以与铬酸盐、重铬酸盐、高铼酸盐、高锰酸盐、苯甲酸盐和对苯二甲酸互换。

（2）无铅压电陶瓷研究[13,14]　根据最新的研究，压电陶瓷材料和记忆元件中的铅都能被替代，$Pb(Zr,Ti)O_3 \rightarrow (Ba,Sr)TiO_3$。日本 Toyota 中心的研究与发展实验室和 DENSD 公司的研究人员发明了一种新型的无铅压电陶瓷材料。

目前大多数压电陶瓷材料的应用依赖于 Pb、Zr、Ti 或 Pb、Zr、Ti 族元素，其中包括质量分数超过 60％的 Pb。铅是铁电体随机存取存储器主要备选材料中的重要组成部分，如 $Pb(Zr,Ti)O_3$。新的替代物是对碱性铌酸盐基钙钛矿物在原来基础上的改进，具有与 Pb、Zr、Ti 相当的性能，如具有高的居里温度。这种新材料是环境友好型压电器件理想的备选材料。但根据最新的研究发现，应变工程学使 $BaTiO_3$ 能够应用于更多的环境友好型铁电体随机存储器。表 12.1 数据是在 1kHz 电场下测得的，比较可知，新型无铅压电陶瓷材料 LF4T 和传统压电陶瓷材料 PZT4 的大部分性能常数是相当的。图 12.18 是新型无铅压电陶

表 12.1 LF4T 和 PZT4 的性能特性常数的比较

| 压电性能 | 物理量/单位 | LF4T | PZT4 |
|---|---|---|---|
| 居里温度 | $T_c/℃$ | 253 | 250 |
| 耦合系数 | $K_p$ | 0.61 | 0.60 |
| 压电荷敏感系数 | $d_{31}/(pC/N)$ | 152 | 170 |
| | $d_{33}/(pC/N^{-1})$ | 416 | 410 |
| 压电电压系数 | $g_{31}/(10^{-3}V \cdot m/N)$ | 11.0 | 8.3 |
| | $g_{33}/(10^{-3}V \cdot m/N)$ | 29.9 | 20.2 |
| 相对介电常数 | $\varepsilon_{33}^T/\varepsilon_0$ | 1570 | 2300 |
| 标准应变 | $S_{max}/E_{max}/(pm/V)$ | 750 | 700 |

瓷材料的实际性能特性曲线。

美国 Wisconsin-Madison 大学 Choi 和 Pennsylvania 州大学 Biegalski 等研究者用共格外延生长法使 $BaTiO_3$ 薄膜内产生应变,增强了薄膜的铁电性能。结果表明铁电化温度升高,接近 500℃,而剩余极化强度比块体 $BaTiO_3$ 单晶至少增大了 250%。这些材料不仅能使无铅永久性存储器成为可能,而且更易投入使用,如 $(Ba,Sr)TiO_3$ 已经用于动态的随机存取存储器。图 12.19 是根据相图理论的计算机模拟结果。300℃时的含 $BaTiO_3$ 的薄膜,两种颜色表示四方晶体铁电相的偏振光作用。

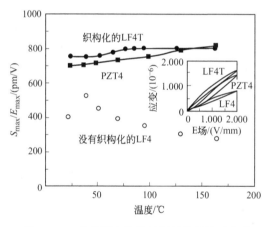

图 12.18 无铅压电陶瓷材料的性能特性曲线    图 12.19 根据相图理论的计算机模拟结果

(3) 新型超硬材料设计[15,16]  传统上认为超硬相是由轻元素 B、C、O、N 和高结合能量的短键配合而成。Cohen 等应用赝势和局域密度近似的第一性原理方法计算了 $\beta$-$Si_3N_4$ 和 $\beta$-$C_3N_4$ 的晶体轨道和结合能,并预言 $\beta$-$C_3N_4$ 具有类似 $\beta$-$Si_3N_4$ 的晶体结构,是一种理论设计的新材料。通过计算结果认为,立方 $C_3N_4$ 的体积模量($K_0$=496GPa)比金刚石($K_0$=446GPa)的高。经过几年的研究仍没有合成真正意义上的这种相。

在压力大于 18GPa、温度高于 2200K 下,类石墨 $(BN)_{0.48}C_{0.52}$ 直接发生固态相变,合成一种新型超硬相 c-$BC_2N$。根据 ATEM 观察,c-$BC_2N$ 的平均粒径为 10~30nm,制备较好的粒子是球形的,而最大粒子是规则立方体或四面体形态。试验得到的 c-$BC_2N$ 晶格参数 $a$=(0.3642±0.0002) nm,比金刚石(0.35667nm)和 c-BN(0.36158nm)大。c-$BC_2N$ 晶格参数与金刚石和 c-BN(图 12.20)理想混合所期望的参数值差异很大,从而证明了合成相与以前报道的被称为金刚石/c-BN 材料是完全不同的。$c-BC_{1.2\pm0.2}N$ 和 $c-BC_{0.9\pm0.2}N$ 的晶格参数分别是（$0.3598\pm0.0004$）nm 和（$0.3604\pm0.0004$）nm，与金刚石和 c-BN 理想混合的期望值几乎一致（图 12.20）。因此，c-BCN 体积模量较高，与金刚石和 c-BN 的混合理想值 400GPa 接近。因此，现在报道的合成类金刚石 BN-C 固溶体是已知固体中最大体积模量固体之一，仅次于金刚石（$K_0=446GPa$）。冲压合成的 $c-BC_{0.9\pm0.2}N$ 粉末在高温、高压下烧结成大块 c-BCN 样品，其努普硬度为 52GPa，只略低于 $c-BC_2N$，如图 12.21 所示。

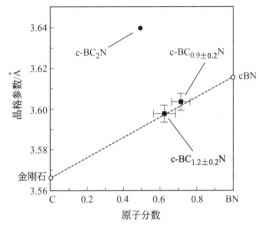

图 12.20　原子分数与晶格参数的关系

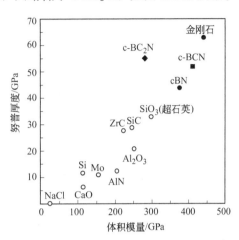

图 12.21　体积模量与努普硬度关系

一种可供选择的近似方法是寻找含有重元素但只有一个高配位数的化合物。晶格中氮原子结合键具有方向性，除了母体材料已经具备这种方向性键合的化合物（W 或 Os）之外，过渡金属氮化物的体积模量比它们的母体金属材料高，是有可能开发的超硬化合物。母体金属钼的体积模量为 267GPa，近来合成了过渡金属氮化物 $\delta-MoN$（$K_0=345GPa$）。铂的体积模量为 274GPa，Gregoryanz 等通过高压下合成贵金属氮化物试验，发现了人类第 1 个贵金属铂氮化物 PtN。这是在研究高温、高压、氮气气氛下金刚石触媒时意外而发现的。PtN 具有立方结构和高的体积模量 [（$372\pm5$）GPa]，经第一性原理计算，如果能合成锇的氮化物 OsN，其体积模量可能达到 $400\sim500GPa$，那就比金刚石还要硬。

（4）新型飞机铝合金——综合设计优化[17]　美国铝业集团和洛克希德-马丁战术航空系统公司最近共同研制了一种新型铝合金，它可以通过冶金平衡法来调整材料的强度和韧性，从而减轻飞机零部件的重量。这种铝合金中包含了少量锂。虽说与原先的铝合金相比其极限强度要低一些，但由于改善了韧性，其设计强度比原先的高出 6ksi（1ksi＝6894.76kPa），可达 29ksi，使脆性得到改善。

冶炼这种铝合金时，减少锂的含量可降低疲劳开裂。新的铝合金牌号为 2097-T861，首次用于 F-16 改进型战斗机机身舱壁、大梁和加强筋。舱壁厚度约 $4\sim6$in（1in＝0.0254m），它用于支承方向舵和整个尾翼，是飞机下层结构的一个重要部分。由于 2097 的相对密度较小，因而同一零件的重量可减轻 5%。在整架 F-16 飞机中，由于一些零部件采用 2097，其总重要比原先轻 15%。同时，经过一系列疲劳试验证实，该新合金材料制造的零部件寿命很长，大约为旧铝合金的 5 倍。在军用飞机中，特别是在战斗机中，零件的疲劳强度变得越来越重要。为了追求良好的飞行质量，驾驶员需要更加频繁地操作这些零件。洛克希德-马丁公司的奥斯汀说，战斗机往往要反复承受高达 9g 的重力加速度的考验。因此绝不允许有任何断裂，否则将破坏飞机舱壁，从而导致灾难。

（5）用于极端环境的材料开发[18]　　国防、航空和航天等领域正在考虑开发高超音速所必需的先进复合材料。对于特定高超音速的应用，如超音速燃烧冲压喷气发动机燃烧室、机翼前缘、火箭喷嘴和整流罩等所用的材料，必须有氧化性燃烧产物气体或空气条件下在2000～2400℃时保持它们的形状和强度。目前，没有简单的合金或陶瓷复合材料能在避免熔化、氧化及蒸发的同时，满足这些性能要求。基本的思路是在具有适当强度但没有抗氧化性的高熔点材料基体上，采用抗氧化/蒸发的涂层。航天飞机表面受到了最严格的再进入测试，其表面在非晶碳基体中的碳纤维绕制零件，采用 SiC 转化（扩散）涂层防止氧化/蒸发。该系统在 1600℃ 以下都是安全可靠的，为了在此基础上改善性能，试验了 $Zr(Hf)B_2$-SiC 复合高温陶瓷，现在正在研究 C-C、C-SiC 和 SiC-SiC 等复合材料基体。

一般认为，没有任何单一陶瓷材料具有足够的断裂韧度能阻止裂纹的扩展。因此，复合材料是唯一的选择，但是复合材料基体必须有与任何候选表面涂层材料不同的热膨胀系数。根据不同的匹配要求，通过计算模拟可进行初步的选择。在周期性氧化工作条件下，涂层需要封闭表面裂纹，以避免暴露基体，例如 C—C 复合材料。这种情况决定了抗氧化及蒸发的保护材料必须是一种柔韧、附着力强和玻璃质的氧化物，即 $SiO_2$。虽然 $SiO_2$ 的结构允许一些氧分子向内扩散，但其他氧化产物（SiO、CO 等）也能向外扩散，而又不会使得保护性氧化物薄膜失效。基体或涂层中的锆或铪的作用是在组织中形成氧化锆或氧化铪，将玻璃质横截面减到最小，而且还提高玻璃黏性，降低分子氧的扩散率。陶瓷中硼的作用是在较低温度下形成填充裂纹的玻璃相。

### 12.4.2　新理论研究

#### 12.4.2.1　超硬陶瓷晶体结构模拟设计[19]

美国的 Wisconsin 和 California 大学进行了超硬陶瓷晶体结构模拟设计的研究。他们用计算机模拟了涉及 1900 万个原子的形变过程，目的是要了解超硬纳米晶陶瓷的形变机制。

普通陶瓷具有脆性，而纳米结构的陶瓷具有高的硬度、良好的断裂韧性和超塑性。这些性能是非常有用的，如应用于陶瓷发动机、高速切削工具和医学植入技术等方面。纳米晶陶瓷具有这种特别的力学性能，是因为其晶界体积量比较大的结构特点。这种结构实际上也可以说是两相的混合物：脆性的晶粒和软性的非晶态晶界。该模拟试验用一个 16nm×16nm×7.2nm 尺寸大小的正方形压入装置，将其压入平均晶粒 8nm 大小的纳米 SiC 基体中，观察了在不同压痕深度下原子的移动和相互作用情况。试验发现：最初，晶粒全都一起移动；而在临界压痕深度处出现了交叉跨越，从相互结合的晶粒协同转变为个别晶粒的滑动和转动，即在纳米压痕的载荷-位移曲线上存在一个特性发生变化的点。当晶界产生塑性屈服时，这种现象就会发生。研究认为，因为晶界能移动，所以这种超硬纳米晶陶瓷材料的延性要比普通陶瓷材料的好，并且由于晶界参与了形变，因此在根本上保护了晶粒在形变过程中不受破坏。

有两种竞争机制在纳米晶 SiC 基体材料中起作用：在晶界边缘处原子的晶化和在晶粒内原子的无序状态或非晶态。在从形变被晶化机制控制到被原子非晶化行为控制的交叉点处有一个明显的突变。图 12.22（a）为压痕深度 $h=1.85nm$ 时压头附近 SiC 纳米晶粒的原子模拟图像，显示了无序原子与晶化有序原子间的竞争。图中白色区域是规则晶体原子，黄色的是无序原子，绿色表示无序转变为有序的原子，红色的是从有序转变为无序状态的原子。图12.22（b）说明了无序原子比例是压痕深度的函数关系，交叉点 $h_{CR}$ 表示为晶化有序状态（图中 1～2 区域）到无序状态（3～4 区域）的转折点。

通过模拟计算得到纳米晶 SiC 材料的硬度为 39GPa，这和实验数值相符。在晶粒大小为

$5\sim20nm$ 的样品上，实验测得的硬度是 $30\sim50GPa$。进一步的研究是希望如何来控制这个交叉点，以设计具有更高硬度而又不损害韧性的纳米晶陶瓷材料。这可能涉及改变晶界数量与晶界尺寸，或是加入某些杂质或掺杂物等。

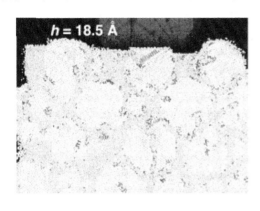

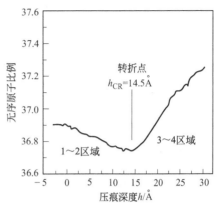

(a) 无序与有序原子间竞争的原子模拟

(b) 无序原子比例与压痕深度的函数关系

图 12.22　超硬陶瓷晶体结构原子模拟图像

### 12.4.2.2　固-液界面结构变化模拟[20]

Wayne D Kaplan 等研究了 $Al_2O_3$ 与液态 Al 界面结构，发现了一些与传统认识不同的新现象，通过计算机模拟和实验研究证明了当液相原子遇到固相晶体时，会变得更为有序，具有一定的有序度。为了能够直接观察到这个现象，研究人员将单晶氧化铝（$\alpha$-$Al_2O_3$，蓝宝石）加热到超过铝 660℃ 熔点的温度，并在高分辨率电子显微镜下进行高温原位观察。主要观察固态 $Al_2O_3$ 和熔化 Al 液之间原子尺度范围的界面，小滴 Al 液是在光滑的晶体表面形成的。另外，研究者还将氧气沿着界面输入，这样更容易观察随着 $Al_2O_3$ 晶体的原子型生长进入 Al 液的过程。并在高分辨率电子显微镜下进行实时录像，以捕捉每一个片段，发现液相原子中有两种截然不同的有序类型。图 12.23 是 Al 液滴在以 TEM 的 Al 样品上形成的 HRTEM 试验图像。样品温度为 660℃，晶体厚度约 20nm。图 12.24 为液态铝和氧化铝的界面图像及原子排列模拟。这是在约 750℃ 时获得的变动界面情况的放大图像，表示了平行于 Al（0006）面液相衬度的波动。由图可知，对于界面处原子位置情况（图中红色的是

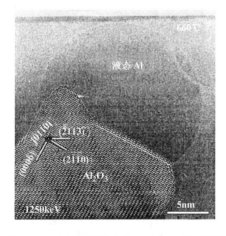

图 12.23　Al 液滴形成的 HRTEM 试验图像

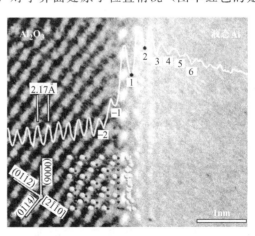

图 12.24　液态 Al 和 $Al_2O_3$ 的界面
图像及原子排列模拟

氧原子，黄色为铝原子），计算机模拟结果和电子衬度实验结果两者很匹配。图中示出了界面处第一层的液相原子。白色线是对于表面线扫描波动的平均强度，数值表示最小强度，其中负的数值与蓝宝石上的原子排列有关，正的数值是与 Al 液强度波动相关，两个黑点（1和 2）表示已可鉴别的 Al 液中规则排列的原子层。

固态晶体附近的液态金属有序化变化规律的研究很有实际应用价值，固-液界面结构变化与许多材料加工过程有着直接的联系，如焊接、晶体生长、液相外延生长、烧结等。进一步研究发现固-液界面的原子有序程度与材料的韧性有很大的关系。

### 12.4.2.3　金属-纳米管界面间的接触阻力研究[21]

东京大学研究发现控制金属纳米管界面间的接触阻力是可能的。基于纳米管的电子装置，其主要的技术困难是金属纳米管接触时有高的 Schottky 能垒，它阻碍了电子从金属连

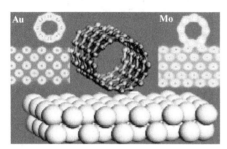

图 12.25　各为 5 层的 Mo、Au 和碳纳米管的接触情况

接线中进入纳米管。Tener Yildirirn 应用密度函数理论中的伪电位平面波方法，根据第一原理计算得到了结果。电子能量结构和半导体单壁纳米管与金属电极接触面的自洽场电子电位在很大程度上取决于金属类型，其接触距离也取决于金属类型。

研究人员用超微孔方法模拟了曲折线型（S型、O 型）的碳纳米管和五层金属（Mo 或 Au）接触的情况。如图 12.25 所示是根据计算结果模拟了各为 5 层的 Mo、Au 和碳纳米管的接触情况。对 Au（100）晶面（如图左上），一个弱的黏结体系

的形成伴随着一个 3.9eV 的巨大电位障碍，接触对电学性能和电荷密度的影响很小；对 Mo（100）晶面（如图右上）而言，其作用是非常强烈的（0.4eV），此时纳米管在界面上是可导的，而其相对的部位仍然是半导的。

### 12.4.2.4　纳米尺度小孔的制备技术[22]

美国劳伦斯利弗莫尔实验室（LLNL）和加州大学伯克利分校研究制造了一种膜，在这种膜上碳纳米管排列起来形成了小孔。膜为分离气体和液体提供了一种很有潜力的、廉价而有效的方法。

目前许多膜都是聚合物材料，这类膜不能用于高温，对于通透性和选择性之间的平衡能力也不是令人满意的。将碳纳米管应用于这类膜上，使优异的选择性和通透性成为了可能。研究者开发了一种与微电子机械系统（MEMS）兼容的膜制作工艺。其方法是用催化化学气相沉积法（CVD）在

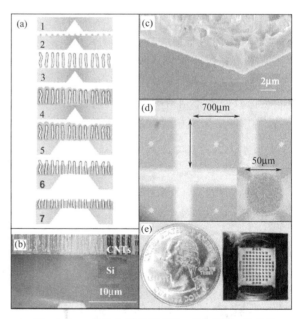

图 12.26　与微电子机械系统（MEMS）兼容的膜制作工艺和膜结构

1—纳米管形核；2—沉积催化剂和退火；3—纳米管生长；4—低压下化学蒸发与沉积 $Si_3N_4$；5—确定膜区域；6—蚀刻 $Si_3N_4$，露出纳米管；7—去除覆盖物，膜开始显示出气体的渗透

一张硅芯片上密集地植上了垂直排列的双层纳米管（DWNTs），然后采用低压 CVD 法用坚硬的 $Si_3N_4$ 基质将双层纳米管包裹起来，接着用离子研磨除去多余的 $Si_3N_4$，以反应离子蚀刻打开碳纳米管的末端，结果在硅芯片上得到了一层有缝隙的膜，纳米管在膜上形成了 $1.3\sim2nm$ 的小孔。同样的方法也可以用于制造由多层纳米管（MWNTs）构成的、具有更大孔的膜。图 12.26 显示了与微电子机械系统（MEMS）兼容的膜制作工艺和膜结构。图中 A 示意了制备过程。图中（b）为 DWNTs 截面的 SEM 图像；（c）为膜截面 SEM 图像；（d）是膜开放窗口的图像；（e）显示了一个有 89 个开放窗口的膜芯片，每个直径为 $50\mu m$。根据测量，通过 DWNT 膜的气流比用标准 Knudsen 扩散膜预测的气流超出了一个数量级。

分子动力学（MD）模拟表明，这可能是由于无摩擦的碳纳米管壁的存在，将气体-壁之间的碰撞从单一的扩散碰撞变成了镜面碰撞和扩散碰撞相结合的形式。对于水的通透性，这种膜也显示出了比用标准连续流模型预测的结果提高了三个数量级。分子动力学模拟表明，这种提高量是由于在纳米管内部形成了"水线"。但研究者指出，这种通透性的提高也可能是由于管内部光滑的表面造成的。

这种膜有着广泛的应用，包括从除去发电厂排放的 $CO_2$ 到水的脱盐处理等许多方面。

### 12.4.2.5　在原子尺度上设计$Si_3N_4$陶瓷[23]

美国橡树岭国家实验室研究人员已经在亚纳米尺寸下观察到了 $Si_3N_4$ 陶瓷中掺杂物的分离现象，进行了在原子尺度上设计 $Si_3N_4$ 陶瓷材料的研究。通过在生长过程中设计形成晶须状微结构形貌，就能克服 $Si_3N_4$ 陶瓷本身的脆性。晶粒形成控制的关键是在陶瓷烧结过程中加入各种类型的阳离子掺杂物。这些掺杂物被认为是驻留在晶间薄膜内，由于晶间薄膜很薄（$<2nm$），并且是非晶态的，因此难以描述它们的特征。通过使用具有单原子成像功能的描述透射电镜（STEM），观察到 La 原子出现在 1nm 厚的晶间薄膜内（图 12.27 为模拟图像）。

应用第一性原理计算的结果也证实了实验观察的结果，表明晶粒的形成取决于 $La_2O_3$ 的优先分离，即 La 原子在晶界上占据了阳离子的位置，而这些位置一般是 Si 原子的。Shibata 说，描述透射电镜和理论的完美结合，最终为材料性能的原子尺度工程研究创造了可能，为研究新一代陶瓷材料开拓了新的途径。研究人员正在研究不同掺杂体系的效果，如 Lu 对各向异性的晶体生长影响是很微弱的。

该研究成果使人们对晶体强度和高温蠕变行为有了更深的理解。研究者认为，把材料性能与晶间薄膜的原子模型联系起来将可以准确地预测或控制 $Si_3N_4$ 陶瓷的性能。

### 12.4.3　新材料制备技术

### 12.4.3.1　目前世界最小直径的纳米线[24]

Lieber 等在生长笔直的 Si 纳米线上测量出了它的最小直径，这么小直径的纳米线具有一般材料所截然不同的性能。研究者把 Au 纳米束作为催化剂，硅烷作为气相反应物，采用化学气相沉积法制造出了直径只有 3nm 的纳米线，该纳米线仅有 10 个原子宽，大约和 DNA 分子一样大。单分散的分子尺寸单晶硅纳米线可以在一种可控的方式下生长。在电子显微镜下发现，其结晶方向在很大程度上取决于纳米线的直径，这现象可用表面能量学理论来解释。图 12.28 显示了目前世界上最小直径的 3.8nmSi 纳米线，（a）是沿着〈110〉晶体方向生长的纳米线 TEM 实验结果；（c）为纳米线横截面；（b）和（d）是 5nmSi 纳米线点阵模拟像，模拟结果非常理想。

这样大小的纳米线，表面能的影响迫使纳米线的一个小平面产生一个六边形的横截面，并且这些纳米线没有出现可见的非晶态氧化物。这是因为氢作为载体在纳米线生长过程中起

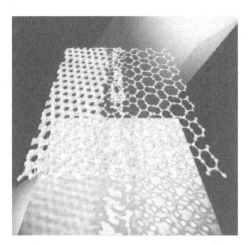

图 12.27　原子尺度上设计 $Si_3N_4$ 的模拟图像

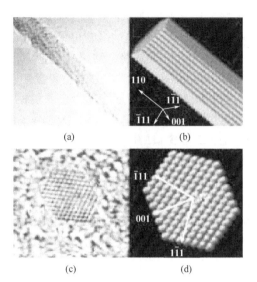

(a)　　　　　　　(b)

(c)　　　　　　　(d)

图 12.28　目前世界最小直径的 3.8nmSi 纳米线

(a) 纳米线 TEM 图像；(b) 纳米线模截面；

(c) 和 (d) 是 5nm 纳米线点阵模拟像

了使表面钝化作用的结果。这些研究成果为基础物理学和高性能设备的发展提供了非常好的机会。这么小的纳米线可以用来制造超快小型计算机和存储器的电子装置。

### 12.4.3.2　交叉分布纳米线制备[25]

美国 Harvard 大学和 California 技术学会发展了一种在一列列纳米规模装置中找出个别元素所在的方法，该方法在计算机、光电技术以及化学或生物传感器的纳米级集成装置上有很大的作用。显然该方向的研究成果为建立纳米级集成装置的体系结构迈出了关键的一步。

排列好的纳米线场效应管在特殊交叉点的表面有明显的变化。研究者将准备好的 Si 或 $SiO_2$ 的核心或外壳纳米线用流体引导组装沉积在纵横列队上。在这种体系结构中，一组纳米线构成输入或场效应管的入口，而第二个正交组作为输出或活动的渠道，作为入口介质的氧化物外壳的厚度是能够控制的。该问题的关键突破点是通过分子水平的修改以增强特殊点处输入线路的反应，能够将那些个别的交叉点区分出来。这就要允许一种输入有选择地打开或关闭需要的输出线路。研究者设计组装了一个两行两列和一个四行四列的纳米线场效应管，其中一种单独的输入线路只能找到另一条单独的输出线路，也就是说这个装置是作为产生复用和非复用信号的地址译码回路作用的。这样的布置还能使少量平版印刷法限定的小尺寸金属线趋于更加密集的纳米线排列，跨接不同的长度范围。图 12.29 是四层-四层交叉分布纳米线模拟设计，上面为模拟设计图，下面是实际试验的结果。

### 12.4.3.3　半导体纳米线生长[26]

美国的 California 大学、Berkeley 大学和 Lawrence Berkeley 国家实验室研究了控制纳米晶体的生长方向。研究证明了单晶的一维的半导体纳米线在对其形状和尺寸进行特别的控制条件下能够实现生长。为了确定用金属有机化学气相沉积法生长的 GaN 单晶纳米线的结晶生长方向，采用了不同的基体。当 GaN 纳米线在单晶 $\gamma$-$LiAlO_2$（100）面上生长时，沿着 $[1\bar{1}0]$ 晶向生长出了横截面为三角形的纳米线。与此对比，当 GaN 纳米线在单晶 MgO（111）面上生长时，在 [001] 晶向上生长出了横截面为六角形的纳米线。图 12.30 表示了半导体纳米线生长的试验和模拟结果。这些纳米线完全是由相同的 GaN 材料组成的，但在

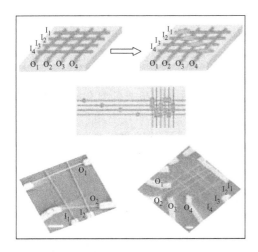

图 12.29　四层-四层交叉分布纳米线模拟设计

（上为模拟设计图；下为实际得到的结果）

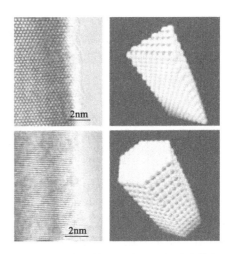

图 12.30　半导体纳米线生长的试验模拟

（左为实际试验结果，右图为模拟图像）

不同的基底上生长，发射光一下子转变了 100meV。发射光的差异清楚地表明了不同的晶体生长方向。这些纳米线长 $1\sim5\mu m$，宽 $15\sim40nm$。

拥有控制纳米线生长方向的能力，就能够确定各向异性的性能变化范围。例如，热导性、电导性、折射率、压电极化作用和能带隙等。研究者的目标是为控制所有半导体纳米线的方向性生长总结出一个普遍规律；并且在理论上也要取得一些重要的根本性突破，如这些纳米线具有相同的成分和晶体结构，但是载流子的移动、光发射和热导性在纳米线不同的结晶方向上是如何不同的。

### 12.4.3.4　各种纳米氧化锌结构的开发[27,28]

氧化锌（ZnO）是一种具有压电和热电复合性能的独特的半导体材料。在特别的生长条件下，使用固-气相热升华技术，氧化锌（ZnO）能够合成纳米梳、纳米环、纳米螺旋物/纳米弹簧、纳米弓形物、纳米带状物、纳米丝和纳米笼。在所有材料中，氧化锌在结构和性能方面也许是最为丰富的纳米结构一族。纳米结构的新颖之处使它可以应用在光电子、传感器、转换器，由于其生物安全性，也可以用在生化科学领域。图 12.31 为纳米氧化锌生长过程的模拟，图中（a）是 ZnO 结构模型的 ±(1000) 极性面；（b）～(e)表示了特定生长过程与相应的试验结果，上为计算模拟模型，下为实验结果。该过程显示了通过极性纳米带的自

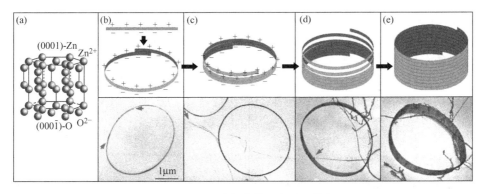

图 12.31　纳米氧化锌生长过程模拟

（a）ZnO 结构模型；（b）～(e)生长过程（上为模拟模型，下为实验结果）

我卷曲，实现了单晶纳米环的起始与形成。由于极性电荷的长程静电作用，纳米带折叠成有重叠的末端弯曲，形成了纳米环核；短程的化学键使得卷曲的环状结构更加稳定，并且自发的纳米带自我卷曲源于能量的最小化趋势。这是通过极性电荷、表面面积和塑性变形来实现的。

在气-固生长过程中，可以自发形成一种由超点阵结构纳米带组成的氧化锌刚性螺旋结构，这是最新发现的。开始于受控于 c-平面极性表面的单晶硬纳米带，它是一种转变为超点阵结构纳米带的不连贯结构变化。在变化过程中，由于刚性点阵旋转与扭曲导致形成了相同的纳米螺旋。纳米螺旋是由两种交互的、周期分布的长晶条纹组成，它们互相垂直于 c 轴。纳米螺旋通过转变为受控于 $(01\bar{1}0)$ 非极性表面单晶纳米带而终止。纳米螺旋形成是可操纵的，并且它的塑性性能是可测量的。这表明了在机电耦合传感器、转换器与共鸣器方面，应用纳米螺旋的可能性。

### 12.4.3.5　仿生模拟纳米尺度核/壳复合结构[29]

自然界植物中存在具有本征缺陷的三角形图案（triangular patterns）及费班纳赛数图案（fibonacci number patterns）。通过冷却过程中对几何因素及应力的控制，可以在直径为 $10\mu m$ 的显微结构表面得到同样的图案。中国科学院物理研究所 Chaorong Li 等在科学周刊上报道了他们在 Ag 核/SiO$_x$ 壳复合结构方面的研究成果。

在费班纳赛数图案中，基本组成单元主要有顺时针螺旋和逆时针螺旋两类，都是由费班纳赛数序列中相邻两个数字所决定。在雏菊、菠萝等植物中，生长于圆盘或圆锥状基体上的部分通常会具有这种费班纳赛数图案。但由于各种因素的影响，这种排列经常会出现偏差。显然，设计制备具有高度规则、统一而理想尺寸的微米或纳米级形貌图像，是一项非常具有挑战性的工作。应用宏观尺度下的物理方法来制备这种微观组织将是可以实现的。

通过使 Ag$_2$O 和 SiO 粉末以一定质量比（4∶1）的蒸发速率同时蒸发，在多晶蓝宝石基体上得到了 Ag 核/SiO$_x$ 壳结构。采用应力-驱动的自组装方法，在 Ag 核/SiO$_x$ 壳表面，得到了三角形和费班纳赛数图案。最初，在 Ag 核/SiO$_x$ 壳结构的表面观察到了呈棋盘状分布的涡流形貌〔如图 12.32 的（a）、（b）、（c）所示，为 SEM 图像〕，核/壳结构的球直径约 $10\mu m$，壳层厚度约 150nm。在其表面呈规则排列图案的小球就是应力点（stressed sites），也就是原始表面为降低应变能而形成的。经计算表明，应力分布状态符合有限元非平面几何理论。

当原始 Ag 核/SiO$_x$ 壳结构能很好地润湿基体时，它就会变成扁平的锥体，并且分布这上面的结点会排列成清晰的螺旋线。如图 12.33 中（a）、（b）所示，在一个大约为 $9.5\mu m$ 的锥形 Ag 核/SiO$_x$ 壳结构上，有 92 个结点分别呈 8 条顺时针螺线和 5 条逆时针螺线分布，形成了 5~8 的费班纳赛数图案。图 12.33 中的（c），原始 Ag 核/SiO$_x$ 壳尺寸大约为 $18\mu m$，约有 230 个结点分布其上，形成了 13~21 的费班纳赛数图案，与仙人掌花十分相似〔图 12.33(d)〕。只要能从 Riesz 的最小能量点排列问题中解出具体数值，就可以模拟这种形貌。数值模拟结果表明，在三角形图案中经常会产生 12 个五边形的缺陷。但从图 12.32 中可看出，实际情况周期性地出现了七边形。这说明，无论是自然界生长还是人工实验制备的球形结构，它们都没有达到完全理想的状态。

### 12.4.3.6　纳米晶体的自组装[30]

碲化镉（CdTe）纳米颗粒（nanoparticle，NP）在几何尺寸、表面化学以及各相异性的交互作用方面与蛋白质相似。Tang 等通过实验观察到由微粒状自组织形成了特别的薄板状组织结构，这种薄板类似于表面层（S-层）蛋白质的系统。根据实验结果，以半经验的 PM3

图 12.32　在近球状接受体上自组装三角形图案
(a) Ag 核/SiO$_x$ 壳，直径 $D \approx 9.1 \mu m$，弧线间距 $\delta \approx 0.82 \mu m$；(b) $D \approx 6.6 \mu m$，$\delta \approx 1.0 \mu m$；(c) $D \approx 11.5 \mu m$，$\delta \approx 1.78 \mu m$；(d) 一种密集排列的花芽，缺陷处已被框出

图 12.33　在锥形接受体上自组装费班纳赛数图案
横向直径约 $9.5 \mu m$ 的锥形 Ag 核/SiO$_x$ 壳
(a) 8 条顺时针螺线；(b) 5 条逆时针螺线分布；
(c) 螺线结点（ending of the spirals）（"+"处）；
(d) 仙人掌花结构

量子力学模型计算，并进行了 MonteCarlo 分子动力学模拟。计算模拟和相关实验结果表明，偶极矩、小的正电荷和定向厌水性引力是自组装过程的驱动力。实验数据结果重点分析了两类不同化学组织的固溶行为。以半经验的 PM3 量子力学模型计算单个 CdTe 纳米粒子。图 12.34 是对碲化镉 CdTe 自组装的计算模拟结果。图中（a）为在介观尺度下模拟得到的薄膜

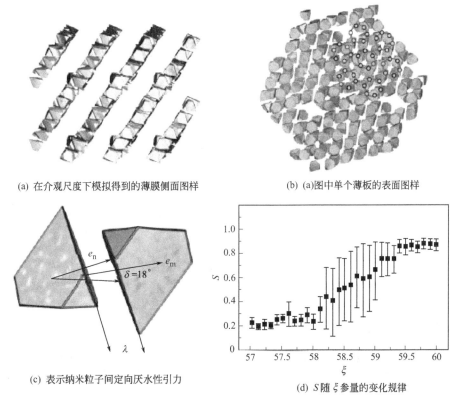

(a) 在介观尺度下模拟得到的薄膜侧面图样　　　(b) (a)图中单个薄板的表面图样

(c) 表示纳米粒子间定向厌水性引力

(d) $S$ 随 $\xi$ 参量的变化规律

图 12.34　碲化镉（CdTe）自组装的计算模拟

侧面图样；（b）是（a）中单个薄板的表面图样，薄板的基本尺寸是用6个纳米粒子组成的图形构成，用带点的圆圈标出；图(c)中 $e_n$ 表示两个面之间的垂直矢量；$e_m$ 表示指向NP质量中心的矢量。仅当 $e_n$ 和 $e_m$ 之间角度 $\delta < 18°$ 时，两个NP之间的力是吸引力。图（d）中表示了规则参数 $S$ 随 $\xi$ 参量的变化规律是成阶梯形分布的，误差范围表示了实验中的标准偏差。

### 12.4.3.7　$C_{60}$ 新材料开发[31~33]

Muthukrishnan等报道了 $C_{60}$ 和 $C_{70}$ 水和作用下形成自由能和相应熵值变化的计算。计算是根据经典的微观粒子理论并应用简单的蒙特卡洛（Monte Carlo）模拟技术进行的。新颖建模方法引入了含有溶质（$C_{60}$ 和 $C_{70}$）的结构参数，模拟方法利用了高斯03（Gaussian 03）的最佳结构，以及必要时引入温度因素的参量。

图12.35描绘了假设的 $C_{60}$ 原子簇的系统构成示意图。据估算，一个 $C_{60}$ 原子簇周围有55500个水分子包围着。不考虑溶质之间的相互作用。相对应的浓度为 0.001mol/L 时立方体的长度是 11.84nm。实验是在室温和常压下进行模拟，在 $10^5$ Monte Carlo 步长下，系统处于平衡状态。$C_{60}$ 的内径选择 0.7nm，如图所示，但对于其他溶质是不适用的。

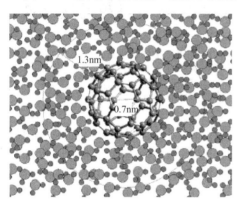

图 12.35　$C_{60}$ 分子的系统构成
大红色圈为水分子 $H_2O$，白色为氧，
蓝色小圈表示氢，虚线表示
$C_{60}$ 球形影响区域

Komatsu等首先报道了内嵌富勒烯的有机合成（碳笼中封装原子或分子）方法，经过修饰后形成各种 $C_{60}$ 的衍生物 At@$C_{60}$（At 表示内修饰原子或分子）。先前，他们合成了一种有着椭圆形 14 元环孔的开笼 $C_{60}$（化合物 1），其中分子氢产生量为 5%（$H_2$@1）；还有边缘含有硫原子的圆形 13 元环孔的 $C_{60}$（化合物 2），它能够使氢分子的产生量为 100%（$H_2$@2）。尽管如此，当 $H_2$@2 被加热到160℃时，$H_2$ 还是会跑掉。目前他们报道了一种减小 $H_2$@2 孔大小的四步反应，并且通过热反应产生 $H_2$@$C_{60}$ 来封闭环孔。

$H_2$@2 中的硫化物单元首先被氧化为亚砜单元，随即被光化学反应消除。在 80℃ 下使用 Ti(O) 使两个羰基还原耦合为 8 元环孔。在真空下 340℃ 加热两个小时就可使得环孔闭合，产生 $H_2$@$C_{60}$（混有 9% 的空 $C_{60}$ 笼）。采用将 $CS_2$ 溶液注入硅胶柱方法得到了 67% 产生量的 $H_2$@$C_{60}$，如图 12.36。这种分离步骤会产生 100% 的纯化。单独的反应能产生大于 100mg 的 $H_2$@$C_{60}$，但它却难以控制，并且只能产生几毫克的量。$C_{60}$ 的核磁共振信号的微弱变化（0.078ppm）表明了它的电学性能在很大程度上受未封闭 $H_2$ 的影响。$H_2$@$C_{60}$ 的稳定性与 $C_{60}$ 相当的，即使加热到 500℃ 保持 10min，$H_2$ 也没有跑掉。

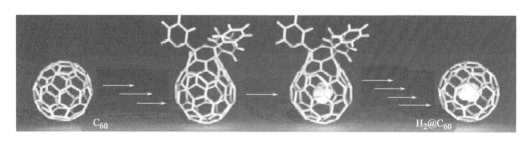

图 12.36　富勒烯球复合分子设计

研究者现在希望合成其他内嵌富勒烯如 $D_2@C_{60}$，$HD@C_{60}$ 与 $Ne@C_{60}$，也包括同类的 $C_{70}$ 分子。最终的目标是要能封装金属离子，并且使得内嵌金属富勒烯应用在分子电子装置上，如有机铁磁物质、超导体以及光致发光材料上。

德国科学家研制出一种碳纳米材料[34]，硬度超过了普通钻石。对富勒烯球进行高温处理，在 2226℃，压力控制在 200 标准大气压。该材料的密度比普通钻石高 0.3%，强度已超过了任何一种材料，该材料已被命名为"聚合碳纳米棒"。强度高的原因是纳米棒互相锁合产生的，而且其组织性能在高温下非常稳定，预测应用前景广阔。

## 本 章 小 结

材料科学理论和计算设计研究是一项目标十分明确而带有基础性的工作，需要坚持不懈地努力，发展材料科学理论和积累大量的试验数据最基础的工作。

材料品种繁杂，各类材料设计的复杂程度差别是很大的。对于不同材料，理论的第一性原理计算设计方法可实现的途径也有很大的差异，目前各种方法所能达到的研究水平也不尽相同。第一性原理计算设计方法在纳米新材料、微结构器件等方面有很好的应用前景。并且，研究的方法还与材料测试、表征所涉及的仪器设备密切相关。没有高精度的仪器，也就没有纳米材料和纳米技术的今天。现在的各种材料设计方法都有其优缺点，一般情况下不同的设计方法适用于不同的设计要求和场合。

材料设计领域的研究发展非常快，从微观到宏观，研究报道的成果层出不穷，有些成果突破了传统的理论，有些成果使人难以相信。而且很多研究方法、研究思路和研究成果都是原创性的。这对材料科学与工程的理论和实践都将会起到很重要的促进作用。

## 习题与思考题

1. 通过学习，你认为材料设计领域主要有哪些研究方向或内容？
2. 请查阅文献，进行分析，谈谈材料设计的发展趋势。
3. 试举 2～3 例来说明材料设计方法在新材料开发过程中所发挥的重要作用。

## 参 考 文 献

[1] Francois Gygi，Giulia Galli. Ab initio simulation in extreme conditions. Materials Today，2005，8 (11)：26～32.

[2] Krzysztof Matyjaszewski，James Spanswick. Controlled/living radical polymerization. Materials Today，2005，8 (3)：26～33.

[3] Helena Van Swygenhoven，Julia R Weertman. Deformation in nanocrystalline metals. Materials Today，2006，9 (5)：24～31.

[4] Jakob Schiotz，Karsten W Jacobsen. A Maximum in the Strength of Nanocrystalline Copper. Science，2003，301：1357～1359.

[5] Halena Van Swygenhoven. Grain Boundaries and Dislocations. Science，2002，296：66～67.

[6] Myjam Winning，Anthony D Rollett. Transition between Low and High angle grain boundaries. Acata Mater.，2005，53 (10)：2901～2907.

[7] Cheng S，Ma E，Wang Y M，et al. Tensile properties of in situ consolidated nanocrustalline Cu. Acata Mater.，2005，53 (5)：1521～1533.

[8] Ronald E Miller，Shilkrot L E，William A Curtin. A copled atomistics and discrete dislocation plasticity simulation of mamoindentation into single crystal thin film. Acata Mater.，2004，52 (2)：271～284.

[9] Izabela Szlufarska. Atomistic simulations of nanoindentation. Materials Today，2006，9（5）：42～50.

[10] Christopher A Schuh. Nanoindentation studies of materials. Materials Today，2006，9（6）：32～40.

[11] Ronald E Miller，Shilkrot L E，William A Curtin，et al. A coupled atomistics and discrete dislocation plasticity simulation of nanoindentation into single crystal thin films. Acta Mater. 2004，52：271～284.

[12] Santanu Chaudhuri，Ping Liu，Jumes Mukerman. Advances in hydrogen storage materials. Materials Today，2004，7（11）：30.

[13] Yasuyoshi Saito，Hisaaki Takao，Toshihiko Tani，et al. Lead-free piezoceramics. Nature，2004，432：84～87.

[14] Choi K J，Biegaiski M，Li Y L，et al. Enhancement of Ferroelectricity in Strained BaTiO$_3$ Thin Films. Science，2004，306：1005～1009.

[15] Vladimir L Solozhenko，Eugene Gregoryanz. Synthesis of superhard materials. Materials Today，2005，8（11）：44～51.

[16] Gregoryanz，et al. Noble metal nitrides under pressure. Materials Today，2004，7（7/8）：15.

[17] 杜宗潆. 美国研制新型飞机铝合金. http//：www. cctv. com，2005.

[18] Bob Rapp. Materials for extreme environments. Materials Today，2006，9（5）：6.

[19] Izabela Szlufarska，Aiichiro Nakano，Priya Vashishta. A Crossover in the Mechanical Response of Nanocrystalline ceramics. Science，2005，309：911～914.

[20] Oh S H，Kauffmann Y，Scheu C，et al. Ordered Liquid Aluminum at the Interface with Sapphire. Science，2005，310：661～663.

[21] Tener Yildirirn. Tailoring nanotube-metal contact resistance. Nanotoday，2003，12：6.

[22] Jason K Holt，Hyung Gyu Park，Yinmin Wang，et al. Fast mass transport through sub-2-nanometer carbon nanotubes. Science，2006，312：1034～1037.

[23] Naoya Shibata，Stephen J Pennycook，Tim R Gosnell，et al. Observation of rare-earth segregation in silicon nitride ceramics at subnanometre dimensions. Nature，2004，428：730～733.

[24] Wu Y，et al. Smallest diameter nanowires. Materials Today，2004，7（4）：15.

[25] Zhong Z H，Wang D L，Cui Y，et al. Nanowire Crossbar Arrays as Address Decoders for Integrated Nanosystems. Science，2003，302：1377～1379.

[26] Kuykendall，et al. Surprising control of nanowires. Materials Today，2004，7（10）：9.

[27] Wang Z L，Nanostructures of zinc oxide. Materials Today，2004，7（6）：26～33.

[28] Gao P X，Ding Y，Mai W J，et al. Conversion of Zinc Oxide Nanobelts into Superlattice-Structured Nanohelices. Science，2005，309：1700～1704.

[29] Li C R，Zhang X N，Cao Z X，Triangular and Fibonacci Number Patterns Driven by Stress on Core/Shell Microstructures. Science，2005，309：909～911.

[30] Zhiyong Tang，Zhenli Zhang，Ying Wang，et al. Self-Assembly of CdTe Nanocrystals into Free-Floating Sheets. Science，2006，314：274～278.

[31] Koichi Komatsu，Michihisa Murata and Yasujiro Murata. Encapsulation of Molecular Hydrogen in Fullerene C$_{60}$ by Organic Synthesis. Science，2005，307：238～240.

[32] Muthukrishnan A，Sangaranarayanan M V. Hydration energies of C$_{60}$ and fullerenes A novel Monte Carlo simulation study. Chemical Physics，2007，331：200～206.

[33] Mark Telford. Locking hydrogen into buckyballs. Materials Today，2005，8（3）：9.

[34] 潘雄. 德研制出硬度超过钻石的纳米材料. 功能材料信息，2006，3（1）：60～61.